商管叢書
全華圖書
BUSINESS MANAGEMENT
U0045073
創新
創業管理
Innovation and Entrepreneurial Management
主　編　魯明德
編　著　文金陵、陳珍妮、王世勳、曾曼意
連華德、趙榮輝、初炳瑞、韓駿逸
林業修、林天祥、簡義源

推薦序

近 10 年來「創新創業」這個議題，從中央部會到地方政府，從校園社團到社群組織，紛紛投入資金、人力、資源、空間……等，讓臺灣創業生態圈快速活絡起來，各種創業競賽、創業育成中心、產業加速器及共同工作空間成長迅速，更吸引國外資金、組織及人才在國內建立據點，讓臺灣許多新創企業在國內外發光發熱。

在學校裡，我們推動校園創新創業，從創意啟發、課程培訓、實作課程、競賽演練到新創公司成立，有一套完整輔導資源，讓大學生在校內就可以將自己的創新創意進行驗證，並鼓勵參加競賽獲得更多交流經驗，同時也會安排至新創企業實習，體驗一般打工與新創公司實習的不同；而學校是以教育為宗旨，讓創新創業的知識與技能扎根，未來無論是就業或創業，都已具備豐沛的實力與能量。

然而，在多年新創企業輔導的經驗中，看到許多懷抱創業熱情的青年朋友們，對於公司的核心能力或商業模式仍然不清楚，或者是其實是缺乏競爭力的，這些可能都是在創業前未經過評估而貿然創業所造成，這樣的情況，在我們的過往經驗中，都需要再進行大幅度的修正與調整。

由於科技的進步，目前的創業樣態大多屬於微型新創，特性是人數不多、主題聚焦，而魯老師的前一本書已針對微型企業有了詳盡的說明，這也是我目前輔導新創最好的工具書之一。

而這次新書將創新的概念與方法放在第一篇，運用不同的工具，將創新的思考更有邏輯地呈現，同時以各行業創新案例說明，並提供創業前該有的準備事項，讓想創業的一般青年，即使沒有像學校有系統的培育資源，也能藉由這本書達到創業成功的目的。

這次新書可說是魯老師將多年的新創輔導精華，不藏私並有系統地分享，實在令人佩服，也期望這本書能成為準備創業的青年們重要的工具書，臺灣新創圈也因此誕生出更多亮點企業。

高靖航 謹識

中原大學產學營運處 總監

2019 年 11 月

作者序

創意、創新、創業是教育部推動多年的政策，各校亦不遺餘力地在配合，每年學校的創新研發都不少，但要把這些研發成果真的應用去創業的，可說是鳳毛麟角，畢竟產業這一塊是最難架接的，若能有一個從創新到創業結合產業的系統概念，將更有助學子對創業的投入。

本書做為創新與創業的教材，著重在實務面的連結，結合創新、創業與產業實況，讓讀者對創新與創業有一全面性的認識，共分為三大部分，前三章介紹創新的概念及方法，第四章至第九章結合產業的創新思維，讓學生可以思索各產業的創業機會，最後五章則是創業應有的各項準備及資源。

俗話說：一個人走得快、一群人走得遠，有沒有辦法走得快又走得遠呢？感謝全華圖書的魏麗娟經理給我這個任務：想辦法走得快又走得遠。本書邀集國內各領域的專家學者一同撰寫，提供不同角度的思維與觀點，為了減少書中重複性的內容，在撰寫的過程中，經過多次的調整，但疏漏難免，尚乞各位先進不吝指正。

謝謝各位老師參與本書的討論與撰寫，才能在一年內完成這個不可能的任務，小弟才疏學淺，有賴大家的共同參與才能走得快又走得遠，雖然在這個過程中有些小意外，但瑕不掩瑜，總算如期付梓，謝謝全華圖書編輯部的芸珊、翊淳，妳們二位是本書上市幕後最大的功臣。

魯明德 謹識

2019 年 11 月

目錄

第一篇 創新概念與方法

第二篇 創新案例

Contents

目錄

Contents

NOTE

CHAPTER 01

啟發新思維

1-1 機會贏在起跑點

一、概述

回憶50年代幼齡教育以填鴨記憶的學習方式，讓我們吸收到正能量的分享與基礎教育，憶起童年玩樂的時光裡，沒有電視、沒有手機，只有大地在土地上創造一些圖騰作爲遊戲的益智，仍有回憶當年愉快興奮之憧憬。

我們一直相信，對於想要學習的幼齡學子「自由學習機會與空間」是很重要的，然而當時的家長沒有太多的時間教育我們學習，反而助長了我們獨立自主「自由創作的學習」環境，改造了我們創意發展的空間。

現在，幼齡學子在自發探索的幼稚園學習事物，贏取幼齡的好奇心，使得學童一直對學習各樣事情有興趣，現在幼兒、小學也必須背著沉重的書包上、下學，回家要補習。臺灣一般的小學教育早就在平常生活中（如電視、書籍、遊戲等）得到過多的腦力刺激，使得其他自我學習能力（如觀察力、注意力、推理能力、比較能力等等）也就弱化了。

一般小學或幼稚園藉由「活動的學習思維」方式，增強幼齡兒童一些記憶與技術，不代表幼齡兒童眞的變聰明或是「自我學習」能力變高了！換個思維是一種假象！家長在選擇學校時，應該注意的是自我學習推理能力、觀察力、注意力。

二、自我學習的經驗教學與教育方式

（一）著重記憶和考的試教學方式

記憶和考試的教學，愈是多樣廣泛，孩童的學習壓力愈沉重，看似啓發幼齡的興趣學習，其實不然。我們可以運用80/20法則的邏輯，培養卓越人才，在大學教育裡，減少制式化學習的內容，以使大腦有空間自行尋找、自我學習是必要的，不是靠補習來整理，重點複習碩、博士試題，這樣怎麼能有國際競爭力？

（二）以不同問題的啓發鼓勵的教學方式

啓發鼓勵的教學，不在規範中學習，然關於眞正的「學習」可以在中小學教育課程教導，如何深入「觀察與思考」的學習教育方式？若只是接受、聽話、覆誦就完成了學習，就可以「贏在起跑點」，其實就是「輸在終點」的預兆。倘若我們在幼兒起跑點的優勢，加上在規範中學習，長大後並非是卓越，也許是優秀。

當然，教育這件事是抱怨容易、改革難。我們也可以利用目前少子化教育教學的趨勢，把中小學教育制度改爲小班制，一則解決流浪教師的問題，二則讓幼齡教育可以享受較多的教學資源與老師的注意力，這樣才有可能開始眞正地「因材施教」。然而對父母與老師都學會以「謙卑學習」，遠離功利思維的觀點，作爲教育的成效，深刻地了解，眞正的「學習」都是從「心」開始的。

1-2 改變創造新價值

一、概述

改變創造新價值，將改變建構在企業的文化及人員的能力，利用資源增加知識與技能，以獎勵措施強化變革，自發性地變革爲優，執行過程中獎勵必須與績效掛勾，避免破壞團隊精神。

改變是愈變愈好的新價值，進而創造高價值，當組織開始萌芽創新價值產品時，就會增加設計的動能航向藍海的目標，配合環境變動，人類需求改變，取得方式的轉變，所以必須改變過去企業經營方式，以壓低成本、搶占銷售市場占有率，以大量傾銷等傳統商業手法，創造唯一有效能的競爭策略。

二、如何尋找新價值的藍海目標

組織在尋找新價值的藍海目標時，可以運用激發腦力、運用工具及建構人性化的三角循環架構分析。

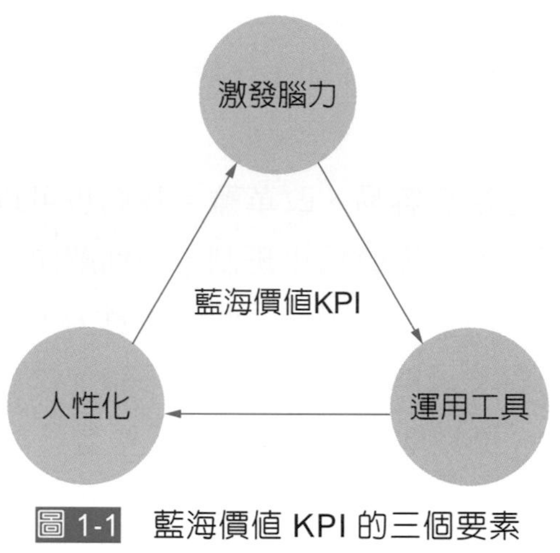

圖 1-1 藍海價值 KPI 的三個要素

（一）激發腦力

我們可以運用腦力激盪的思考方式來激發腦力，面對不同的問題以不同看法與觀點，做出不同處理方式達到最佳解決方案，以新穎與創新的方法來檢視其中機會與風險，提供顧客不同種類的價值，這些價值目前不可能也不重要，但未來是個趨勢目標願景，組織若要贏在起跑點必須正視這個議題。

隨著視野擴大，重新構思一個跨領域的產物，青年交響樂團的音樂與打擊樂器鏈結，也能想像、創造出不同的旋律來；資優生與放牛班學生壢來涇渭分明，若能改變傳統教學，以性向教學方式可以啓發創造社會不同類型的優質人才。

廚藝烹調製作亦然，例如：韭菜盒的美食製作方法，以不同的烹煮方式，內餡種類的多寡與調配比率，尋求最到位點，加上煎、炸製作不同，火候大小時間的不同，美食佳餚等級也不同，另外也可以想像去創造各種新穎種類的美食佳餚。

若組織執著於現況產業還能夠維持，但環境改變必須接納藍海策略的觀點，不再局限於現狀，要以開放心態擺脫現實，可以擴大視野確保未來產品市場定位的正確方向，若無法讓視野擴大或重新定位，再怎麼努力都是緣木求魚。

然而正確的觀點極爲重要，在實踐構思範疇中必須考量，新產品邊際效益的價值成本，這也是組織面臨最大的一項挑戰。

(二)運用工具

組織航向藍海甚至擁有藍海觀點，若缺乏創造市場的工具、研發的工具，也無法落實，企業由藍海觀點的策略思維，促成產品的誕生。能夠妥善運用這些工具，來搭配市場的需求擴大產能，利用工具創造市場新產能，以藍海觀點改變思維，變成商業上受人注目的新產品，創造嶄新的消費市場。

如果藉著不同的問題，改變策略性思考的正確觀點，運用工具來引領創新產品，就能重新洗牌，創造新市場的新客戶，所以在正確的時間提出最佳的問題、尋求最佳解答，就能創造先機強化競爭能力。

藉由新的構思提出新設計，一步一步解開核心問題，打開未來具有價值的產品。如何著手創造新需求？如何尋找出潛在客戶？重新定位市場新的價值？如何創造脫穎而出的新產品？將可行的商業模式與策略觀點，打造帶入市場？活用工具與架構的了解與動能，再透過示意圖彰顯關鍵要素的 KPI。

(三)建構人性化

因爲以人性爲出發點，信心爲柱石，在執行時接受度高、適應性強，可以激勵自己，建立以信心做爲推動變革效能的成果。但若要深入探討一些細節問題，必須設定流程以系統化地方式，運用組織，適切的團隊人員，克服前方的絆腳石，必須要考慮以實際可行的步驟航向藍海蛻變的思維，鏈結創意的構想與策略方針，添加組織人性面的思維邏輯。

大多數的組織從事變革，半數以上都是失敗，然其內部阻力為重要之原因，要如何化解內部阻礙？必須要懂得激勵與獎勵，突破自身意識形態本位主義，減少內部緊張與衝突所造成的內部阻礙，削弱改革活力與熱情的動力。例如：政府部會之間的本位主義，無法執行跨部會的問題解決，扼殺政府效能；其次，改革會不會讓基層員工民眾，未來享受更好的福利，更不用說官僚與公務保守心態所產生的阻礙。

雖然賞罰分明與結構改變在執行力上都有一些作用，但是掌握好激勵與獎勵的分際，必須建立在大家的「信心」上，也是創造轉型改變的重要關鍵因素，要做到這點，組織基本上要把執行變革之事，當成是自己的事，需要隨時關注大家的情緒與心理狀態的反應，掌握大家的信心，機動調整執行的事件，透過激勵與建立大家的信心，新策略才會克服內部阻礙。

我們既然要求民眾、顧客航向藍海，就應該使員工顧客，熟悉我們轉向新航道新界限的藍圖，成功航向藍海之後，組織變得更有創造力且更具活力。

引領藍海的柱石基本上是「人性化趨勢」，不能否認人性，反而可以超乎一般預期加持的動能，使我們更具有能力、更具有信心來迎合人性，激發我們前進的步伐，排除疑慮與恐懼，真正接受藍海存在與期望。

在理智和情感上受到認可的需求，使我們感覺到未來有價值有希望，例如：2018 年底在臺灣掀起的韓流風潮，不言可喻是一種期待，可預見未來在庶民人性下的新希望，藉由迎合信心的趨勢，組織就能改變團隊的心態，而且為了變革，創造內心的願景。航向藍海的歷程若要能夠成功，並非尋求任何人改變，而是在每一個執行階段中，減輕庶民的無奈與恐懼，增加庶民的信心，從根本上觸動人心。

企業面對的是一群更不願花錢、也更錙銖必較的消費者，造就內需市場低迷，儘管如此，回顧歷史也有令人振奮的人、事、物，例如：黃色小鴨在高雄港露臉並且風靡全台，其次是鐵獅玉玲瓏的演出也在高雄港露臉，100 萬以上人潮蜂擁而

至，鄰近旅館和周邊商品幾乎銷售一空；金門高粱酒也爲金門酒廠創下成立以來營收新高，然 2018 年底伊始，高雄韓流風潮，將低迷已久的庶民信心，找到新市場，通人氣、找通路，建構在這些企業或組織身上，消費緊縮與不景氣似乎並不存在。

三、企業價值存在的目的

企業價值存在的目的：一是「爲顧客創造價值」、二是「創造顧客想要的加值企業」，管理學之父彼得 ‧ 杜拉克（Peter Drucker）在《彼得 ‧ 杜拉克的管理聖經》中強調，企業價值是由顧客來決定的，唯有當商品或服務能夠滿足顧客的需求時，無疑讓顧客願意掏錢之際，才能夠把市場經濟活絡起來，市場做大了，進而將此資源轉爲庶民財富。

（一）企業以顧客為中心

企業是爲顧客服務，顧客認爲他想要購買的產品是什麼？他想要接受的服務是什麼？尤其是顧客心目中的「價值」是什麼？能夠讓顧客感覺到企業或組織的產品或服務的價值，性能與價格的比值（Capability / Price, C/P）夠高，甚至「物超所值」，購買行爲才會發生。

企業或組織要持續爲顧客或民眾創造價值，企業就必須提供更多更好的產品和服務，只有唯一途徑「創新」不斷與地氣連結。彼得 ‧ 杜拉克說，「創新」可以是設計、產品、行銷、價格上的創新，也可以是生產、製程、服務、組織的創新，甚至是爲舊商品「添加新元素」找到了新用途、新賣點，就都是一種創新。

（二）重建顧客價值

如何發掘創新議題，重建顧客價值，提供消費者全新體驗，爲企業在進行價值創新的思考方向，首先必須協助企業改變思維邏輯，衡量產品在國際市場的成本結構，增加市場競爭力，千萬不要爲迎合改變而改變。切忌產業內被視爲理所當然、習以爲常的因素應予消除，迎合顧客在意的新價值，並非企業提供了過多功能，若得不到顧客的需求，反而造成成本增加，削弱市場競爭力。

其次協助思考提升顧客價值與創造新需求，找出產業中有哪些盲點？企業必須想辦法解決，透過問題改善，協助企業開發出顧客想要的嶄新產品或服務的價值，創造新的市場需求並改變產業的新價格之策略，運用商業模式創新產品，透過組織流程與管理模式，爲自己創造獨特價值的新出路。

1-3 智慧科技與環境生態轉變的風潮

一、概述

現今隨著時代巨輪的快速轉變及生態環境的改變，創造價值爲一種新的創新力量，以商業生態轉型爲智能策略網路與大數據運用爲企業核心邏輯，以保護海洋、陸地生物生存，延續一個正向常態的嶄新思維與具體作爲，針對如何利用這些創意創新的變化帶來大好的前景。

二、商業生態轉型的核心價值

(一)網路與資料數據的結合力量

創新革命往往起於周邊沒有轉換成本或傳統包袱的拖累，而且在一個強大的領導者趨車先行，阿里巴巴集團一馬當先，商界的現今領先者已經透過這些策略取得成功，可以預見網路和資料數據，即將成爲未來企業塑造的基本經濟力量，企業創新策略成爲產品創新與服務先驅，作爲增強企業最大競爭優勢的源頭，網路與資料數據這兩股力量交互連結、互相依賴，由於網路與資料數據驅動彼此的成長，兩者前後串聯創造企業脫穎而出的競爭優勢，結合智慧企業的網路與資料數據，創造企業價值與獲取價值的新架構，永續發展組織的根本邏輯應用在事業上，從人工智慧領域的進展到協同技術的創新（例如區塊鏈），新的創新可能擴展延伸強化。

不過，在網路方面，公司的運作及資源不僅限於公司本身，企業在供應鏈網路中，將增強所有參與者彼此間互相依賴的程度，使公司與事業夥伴及平台間的關係密不可分。

組織的角色不再是管理員工，而是創造工具與環境條件，讓員工能夠快速把實驗性產品與服務串連起來，進行市場測試，把獲得正面反應的構想擴大規模。

從另一個不同的角度來看，組織的創新優化方法，是促進各部門與員工間的網路連結，在此同時，組織應該利用數據來建立一個可供全組織使用的組織記憶資料庫，並發展智慧指標系統來幫助工作流程改進。

實務上，這種可存取性需要內部工作流程在網路上、軟體化，並且仰賴活數據；換言之，組織必須變聰明，除了賦予創新活動，管理階層必須經由實驗持續調整願景，其次，管理階層必須使用點、線、面的架構，清楚了解組織的能力與價值主張在哪裡，符合公司的願景，贏得愈來愈多的成功。

(二)企業商業模式的改變

網路型營運模式及組織架構，將對傳統的企業經營觀念帶來許多微妙且非直覺的改變，其中，對企業及個人有重要涵義的最大一項改變是商業心態，不是事先規劃的，而是相互關連，透過點、線、面定位廠商的互動而演變，透過網路與資料數據的結合來改變。藉由一連串支援其他商家運作的小決策，漸漸滾雪球般地形成一個商業模式，成為新經濟中最重要的部分，應付以往未能解決的商業挑戰，創造出一個廣泛的網路驅動新經濟。

我們生活在一個快速且變化廣闊的世界，傳統智慧告訴我們，變化愈快速，愈難預測未來，經驗告訴我們急劇變化時，正是個人必須清楚思考未來的時候，未來清楚掌握願景的人，正確執行贏面的可能性更高，對未來不清楚掌握願景的人必然失足，由於變化來得太快，今天的一個失足，可能導致明日更難迎頭趕上。

願景是一項技巧，不是一種天賦。為了改進這個技巧，企業必須致力保持在產業與科學的領先地位，持續彙整新資訊。最重要的是，不斷地實驗，願景與行動之間替代的重要性，使用行動來檢驗你的願景，這是檢查與改善你的願景品質的最佳途徑，持續磨練與改進建立願景的能力，即能快速擁有龐大的優勢。

爲了創造價值，必須有創造力，企業要如何管理知識，來開發員工的技巧與能力，那就是創造力革命（Creativity Revolution）。在這場革命中，創新及人類的創造力將成爲未來經濟中創造價值的關鍵能力，人工智慧對勞動力及就業市場的衝擊，產官界有熱烈辯論，這些辯論指出，例行性工作，甚至數據的處理與計算，工作的價值都會降低。那麼，非重複性、需要複雜知識與推理或是創造全新東西的那些工作呢？這類創造性工作的價值將會提高。

沒有創造力，人們無法設計出新商業模式，產品的設計需要人類的創造力，把機器學習技術應用在複雜的商業問題，以及在內部與外部網路中普遍推行這些技術，全都需要人類的創造力，網路連結的未來是強大的智慧網路市場，應用價值來服務自己與其他人。

在傳統產業經濟，個人的地位就像機器裡的一顆齒輪，或多或少固定不變。個人的社會地位式微，發展或改變的空間很小，創造力只在狹隘、局部的地方發揮。網路技術改變這一切，個人的成長與成功，大平台才得以繁榮。換句話說，個人愈來愈能取得和利用本身沒有擁有的能力及其他資產，只要網路中提供這些資產，而且由平台支援。

例如：網紅 Big-E，就是一個典型的例子，在短短不到 10 年間，變成以網紅爲賺錢的品牌業主，在平台及智慧企業問世之前的商業時代不可能發生這樣的轉型。可以利用網路能力和網路效應，探索能夠如何利用數據科技來使你的貢獻達到最大，挑選能夠提供你最大槓桿作用及帶來最大未來潛力的角色及事業夥伴。

三、不斷地開發與蛻變

要使企業具有先天強度，企業要領航就必須不斷進步與發展，挑戰社會中其他競爭者，經常有許多堅強之競爭者出現，為持續永保企業之優越地位，必須掌握科技提升的步伐，經常留意產品開發與創新變革，適應客觀情勢之需要。

其次增強潛力，企業經常有環境、災害等不能預期之危險因子發生，為了預防萬一，在萬一事故發生時，具有高度技術或管理能力的救星，最可靠者莫過於保有人才與金錢。因此企業之經濟力，資金之流動性與安定性等為重要的因素，企業之競爭逐日劇烈，無法長期預測景氣指標與何種產業規模經濟的長期發展，切勿以靜態的計畫或預定為滿足，必須要時時刻刻顧及產品與顧客更合理的要求。

四、環境生態的轉變萌芽創新思潮的作為

(一) 科學創新技術改善失控的海洋廢棄物

失控的海洋廢棄物造成海龜等生物在海洋的墳場，眾所周知海洋廢棄物是不分國界的，然而對生物的殺傷力同樣不分海洋、領土，人類產生的垃圾是現今海洋生物生存最大的敵人，數不清的海洋生物因誤食、纏繞而死。

根據聯合國 2016 年的報告，海洋廢棄物已是威脅海洋、沿岸生物生命的關鍵因素，根據統計，全球各地受海洋廢棄物影響、甚至已高達 800 種海洋生物有生命威脅，而誤食海洋廢棄物的鯨豚、海鳥種數也已達到 44%。

學者調查，夏威夷歐胡島（Oahu）65% 的珊瑚都被魚網覆蓋，造成部分的珊瑚死亡，還有 2 種海草因為大型海洋廢棄物的陰影，無法吸收陽光導致缺氧窒息，數萬年來孕育海洋生命的海床，卻在近年逐漸被海洋廢棄物摧毀。

臺灣垃圾產量全球第 13 名，年均塑膠袋用量約 180 億個，每天垃圾量必須用至少 5,100 台垃圾車才載得完，根據環保署公布的淨灘資料，2017 年第一

季，臺灣就清出 1,683 噸廢棄物，其中各區換算下來，臺東的參與者每人竟清理了 236 公斤。根據荒野保護協會分析，這些淨灘垃圾，高達 9 成都是塑膠廢棄物，以飲食包裝和漁業廢棄物為大宗。

要解決減少海洋廢棄物氾濫現象，應該追蹤廢棄物的來源，要更有效率解決並改善海洋廢棄物問題，以科學創新技術改善塑膠製品可以分解，改善人類「便利至上」的拋棄式生活習慣，也要兼顧「環境生態」的永續長存，才能還給海洋生物一個整潔安全的生存環境。

（二）探討以食物鏈方式的創新思維，拯救被摧毀的植物

回顧 1920 年代，狼在美國一直是不受歡迎的獵食性動物，因為長期間遭受捕殺，導致美國黃石公園（Yellowstone National Park）狼群絕跡，麋鹿迅速成長、數量大增，植物幾乎被摧毀殆盡，生物學家與動物權益分子的創意思維，以復育狼群救生態，經過十幾年的努力，黃石公園也在 1995 年 1 月放生了 14 隻灰狼，大大改變了黃石公園的生態系統。

狼群改變麋鹿生活習慣，狼群出現最直接的影響就是牠們會獵捕麋鹿，不僅讓麋鹿數量大幅下降，麋鹿為了避免遭到追捕，也開始減少出現或遠離在河谷、山谷這種很容易就被一些狼群追捕到的地方，這些地方的植物因為不再成為麋鹿的盤中飧，也就逐漸恢復了原先茂盛的模樣，甚至以倍速成長，改變了生態系統，當樹木成長好後，隨季節遷徙的鳥兒們也開始聚居於此，喜歡啃樹建水壩的河狸也跑出來參一腳，等到河狸把水壩建好，就等同為水獺、鴨子、魚群、兩棲動物、爬蟲類等生物建立起了天然棲地。狼群的出現改變了河流的型態，因為麋鹿減少而生長的植被讓河床不再有水土流失的問題，不僅水流的速度減慢，河流也不再那麼容易把土地沖刷成曲折的模樣，連河道形貌也受影響。

1-4 競爭演變的利器

一、概述

競爭演變可運用的兩項主要工具，就是策略利器與文化利器，企業競爭演變，應融入內在穩定的文化和調整外在策略以符合競爭環境的需求，並且注意到何時應進行變革，讓公司持續運作和成長，領導決心與制定策略是密不可分的，大部分的領導者都能理解，制定策略的決心與重要性，然而，造成差異原因取決於決斷點不同與時間的差異影響最後結局。

二、分析探討策略利器

企業競爭日益激烈，由於資訊科技（軟體、硬體、資料庫和通訊網路）的快速發展，資訊科技的運用已成為企業組織突破經營瓶頸的主要利器和獲取競爭優勢的策略性工具。然而，資訊科技的快速變革，資訊系統必須有所調適與改變，在應用資訊系統上，找出能為組織增加競爭優勢之策略，發展出全面性之資訊系統架構。

為了有效達成這些目標，企業首要之務，以選擇該企業最適當且迫切需要的資訊系統策略規劃，並且提出系統有效性整合，檢討分析組織開發新資訊系統的必要性，並且有效整合組織的資訊系統，避免不相容或是不必要的資訊系統重覆發展運用。

(一)群組互動學習

在群組互動學習、組織調整、企業流程改造、變革管理四個面向相互配合運用達成企業競爭最佳利器。近來，資訊科技的運用已逐漸朝向多元化發展，例如群組互動學習中產出電子商務的需求，上中下階層之團隊思維，激發融入企業嶄新的思維，創造企業新的里程碑，企業流程再造與變革管理，在政治、經濟、社會和文化環境均不斷地轉變下，使用資訊系統的運用工具即成為最佳有效處理變革管理的利器。

群組互動學習，可藉由關係群組之間的學習、互動和合作，以增進彼此間不同觀點的整合，其主要目標在於找出不同群組之間相異之目標，做爲高階主管的決策策略規劃成功的最重要的因素，必須各階層全員參與和互動之前提下，包括涵蓋高階、中階和低階等企業各階層之群組，擁有資訊系統專業能力之資訊管理群組，彼此互相合作以達成目標一致與共識，結合這些異質性的群組加之觀點，進而找出適合組織的策略性應用和創造合適組織之資訊系統計畫，因此，群組成員於互動之間結合不同觀點，不僅可以產生新的構想，更可減少群組間衝突並獲得群組間皆認同且接受的結果，必需倚賴管理群組間的互動與合作。

(二) 企業組織調整

傳統組織調整與決策，著重於由上而下的規劃設計發展，從企業組織的使命、配置、資訊系統目標與策略，都是由最高階層決定後執行，往往忽略組織中階層面的研究分析，現今，組織面臨資訊科技帶來新機會與威脅，除了對新科技的導入必需加以重新評估外，更應強調由組織調整將資源整合，做重新規劃面對急變活動的環境變遷及未來需求的改變與挑戰，給企業帶來績效改善的利潤，增加企業競爭力。

(三) 企業流程再造

所謂企業流程再造，也就是對組織生產作業流程的根本重新思考，徹底翻新作業流程，以利潤爲唯一考量，檢討最終產值帶來的衰退原因，從瓶頸檢討原因，由部門平衡理論做資源調整的配置，來帶動最終產值增量，在平衡部門組織績效上，以贏得策略爲首要的關鍵，各部門組織績效，如：成本、品質、服務及速度上獲得大幅度的改善，但絕對不可忽視部門組織產值的差異，要有整體部門團隊合作精神。現今，是資訊科技整合企業策略與企業再造，能夠使企業的績效獲得改善，並強調多功能性的團隊、資訊爲各部門服務，並應緊密結合在一起，以全新設計的企業作業流程，增進企業服務的效率與效能，組織的使命與績效獎勵，亦須有重大的改變，激勵全員與團隊密切合作，因而，找出盲點藉由資訊系統的改善，達成企業經營優勢競爭的目標。

(四)變革管理

變革管理在企業組織中，爲一個重大性的改造，部門策略流程再造，配合資訊系統的導入，不僅造成資訊系統技術性之變革，亦將導致組織調整重大的轉變，例如：人員行爲、對組織認同感、工作精神、價值觀等，但變革方式與時機不同造成實施失敗之原因，乃是由於忽視組織各階管理者的認知與共識。

此外，逃避參與和溝通亦被認爲是重要因素，一個變革組織的管理者必須具備四種技能，包括：團隊合作的技巧、溝通的技巧、衝突解決的技巧、組織變革設計的技巧，綜合考量企業策略目標與執行方式必須結合資訊系統將資訊資源的有效管理利用，以善用資訊科技發展，增進組織競爭優勢外，進一步整合群組互動學習，企業再造和變革管理等執行方法，方能有效達成企業變革管理之目的。

變革的重要關鍵在於人的因素，如何在群組互動學習、組織調整、企業流程改造、變革管理四個面向，調整交互運用資源整合，不僅可以改善企業策略思維，更可以提昇企業效能和績效。

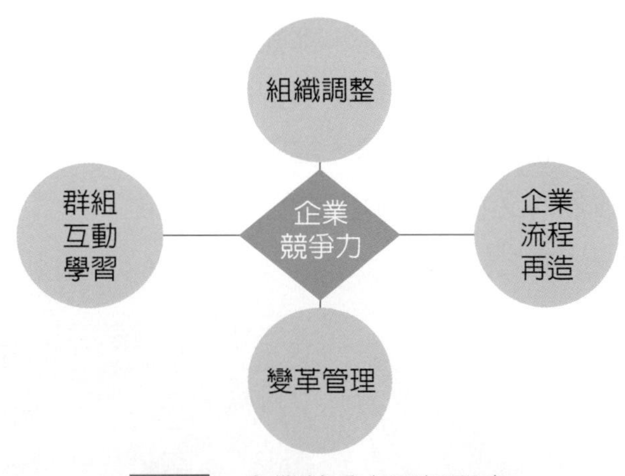

圖 1-2 企業競爭力四個面向

三、分析探討文化利器

我們知道文化是較難掌握的工具，因爲它大部分根植在個人行爲、個人心態和組織的多個層級，觸及層面極爲廣泛，有時甚至與組織融爲一體，文化呈現在群體行爲、實體環境與群體學習態度，文化可以長期引導組織成員的思想和行動，透過組織的集體生活和學習精神，人際之間的眞誠互動，此類文化的成員，通常傾向能夠產生集體共識群體。

(一)強調穩定性的文化

文化強調穩定性，對於順應力和接受變化事務，則比較偏好穩定性的文化，通常會遵守規則，強化階層制度並極力追求效率。採用穩定性的文化對「人際互動」和「對變化的反應」這兩個面向的基本見解，有幾種文化風格，關懷注重關係和互信，工作環境溫馨、互助合作、友善接納，人員彼此幫助和支援，團隊合作和正向關係。

(二)強調有彈性的文化

偏好彈性文化的組織，通常較重視創新、開放、多元和長期導向。是成果導向論功行賞和勝利掛帥，人員力求頂尖表現學習、探索、創意和創造發明各種可能。

(三)綜合分析探討

各種架構本質上都含有根本的取捨問題，各種風格都可能有益處，但由於自然限制和相互競爭的需求，使得組織必須針對應重視哪種價值觀，來作出困難的選擇，在企業策略或組織設計上，都難以同時注重「成果、學習」和「關懷、合作」，相反的，落實兩者兼顧是明智的領導者，會運用穩定性的文化與彈性文化的共識長處，落實啓動變革，增強企業競爭力。組織文化若是與策略和領導協調一致，強烈的文化能驅動正向的組織成效。

以一家總部在美國的頂尖零售商爲例，這家公司以提供一流的顧客服務爲首要任務。爲達成這項任務，它提出一條簡單的規則：爲顧客做對的事，也就是鼓勵員工在爲顧客服務時，運用自己的判斷力。但與其他零售商不同的是，它的文化也很有彈性、努力學習導向，並聚焦在任務達成上面，就像服務顧客的名言：「只要是對顧客好的事，我們都可以不受限制地去做。」

文化是這家公司強大的差異化因素，因爲文化與策略和領導非常協調一致，若要提供出色的顧客服務，組織文化和心態必須強調成就、零缺點服務，以及透過自主和創意來解決問題，才能傳遞最佳的顧客服務。然對專業經理人的挑選或培養，需要有前瞻的策略和文化，可能的接班人，在深思熟慮之後，選擇積極競爭的權威領導人，不但帶領公司度過危難，保持獨立，同時著手調整組織結構，爲成長做準備。

企業合併時，以互補的強項爲基礎來設計新文化，可加速整合，並隨著時間創造更多價值，併購能夠創造價值，也能摧毀價值。

研究顯示，對於整合是否成功和合併後績效如何，文化動態是最重要、但最常被忽略的決定因素，公司的文化高度強調成果、團隊關懷，探索學習即可面對更大更多的競爭和整合，公司領導人決定塑造一種使命導向、開放學習、以團隊爲基礎的服務文化。

然而，文化變革可能、也確實會導致人員離職，有些人會因自覺不再適合這個組織而離開，有些人會因阻礙組織所需的演變，而被要求離開，利用對話、說明會、傾聽小組討論、社群媒體平台，促進經理人與員工之間的對話，都有利於變革，來改變它的文化和員工投入程度，長期會對組織成員的思維和行爲產生深遠的影響，可以促進學習文化，爲企業創造實質的好處，同時推動文化逐漸改變。

1-5 案例

一、電子業

（一）聯發科收購 F- 晨星為例

聯發科公開收購F—晨星案重點	
公開收購條件	以1股F—晨星股票換發0.794股聯發科股票，再加上1元現金
公開收購方式	第1階段收購40%至48%晨星股份，第2階段達成100%收購
公開收購時間	第1階段自6月25日至8月13日止
溢價幅度	19.8%
總規模	38億美元（約新臺幣1,150億元）
預定完成100%收購時間	2013年第1季
100%收購後聯發科股本	156.7億元
合併效益	●提高資源戰的戰鬥力 ●減少競爭對手 ●電視晶片市占率上衝至七成 ●新納入機上盒（STB）、電容式觸控IC等產品線
資料來源：各公司	謝佳雯／製表

聯發科收購 F- 晨星，震撼國內 IC 設計業界，在扣除電視品牌廠自製後的全球電視晶片市占率超過七成，同樣擁有電視控制晶片的瑞昱認爲，聯發科與晨星的合併案，爲市場秩序的合併，因爲過去 IC 價格競爭太激烈，殺價也太兇，由整體市場來看，整併對 IC 設計業是好事，等於集結雙方優勢，共同面對高通的強勢競爭，聯發科未來擴展手機晶片，市占率將有很大的幫助。

在各自掌握手機與電視晶片利基，過去彼此競爭，這次轉爲合作，合而爲一後，資源凝聚，更能抵抗國際大廠的不良競爭，F- 晨星則已經是全球電視晶片龍頭，兩家公司攜手，將帶領臺灣手持式裝置關鍵晶片有大幅躍進，未來「新聯發科」在手機領域，可望由中低階打入高階市場，創造更大的利潤。

一旦「聯發科」能夠設計出與一線晶片大廠規格相當的高階手機晶片，搭配晨星在電視晶片的優勢，可謂無敵，面對市場激烈競爭，大者恆大的規則，只會更適用。臺灣亟需大的「領頭羊公司」領導產業向前衝，若要迎接新的挑戰，產品開發必須更快、架構更好，才能節省成本，且這兩家 IC 設計大廠合併後，將成爲 IC 設計業中的巨龍與國際 IC 設計大廠抗衡。

規模擴大後，至少與晶圓代工議價能力可望提升，也才有足夠資源與大廠競爭，聯發科是亞洲手機晶片龍頭，F- 晨星是全球電視晶片霸主，成爲全球 IC 設計高通（Qualcomm）與博通（Broadcom）的混合體，在手機和電視晶片市占率更是大幅躍進。聯發科併購晨星背後的戰略目的，不僅展現聯發科，追趕國際大廠的決心，也透露聯發科未來的營運方向，讓聯發科腹面受敵的情況獲得改善。

企業併購主要考量取得技術、擴大市場及減少競爭者，順應大者恆大產業趨勢，希望雙方結合各自競爭優勢，有效資源配置，提升聯發科競爭力，技術資訊的取得後，最重要的是進行文化磨合，聯發科展現睿智，同時注重「成果、學習」和「關懷、合作」，運用穩定性的文化與彈性文化的共識，聯發科將 F- 晨星全體員工納入，促成 F- 晨星人的信念與合作學習成長，有效達成員工溝通，讓新聯發科能在最短的時間內上軌道，藉由兩家廠商的資源，將有助提升電視及手機晶片成本效益，發揮最極致的效益。

(二) 諾基亞（Nokia）與蘋果（Apple）

從諾基亞（Nokia）與蘋果（Apple）手機在市場上的消長分析，諾基亞當時未能拋棄舊思維，而失去了創新改造的新契機，錯過了時機與趨勢，然當時諾基亞覺得自己做出了正確的決定，但事後驗證已經落後多年無法挽回。

2008 年蘋果改變了這個市場的秩序，重新定義了手機，而且將軟體開發商吸引進入到智慧型的生態系統之中。2010 年蘋果有了出色的設計，消費者樂於購買一支價格更高，但是確實可以提供顧客更好的手機，而開發商也會願意開

發此產品框架的應用程式軟體。蘋果提供消費者智慧型手機，改變了客戶的新思維，已經控制了高端市場的需求。

然而 Android 創造了另一個平台，吸引了大量的應用程式開發商、軟體開發商和硬體製造商。Android 從高端市場切入，現在在中端市場也獲得了成功，Google 已經變成了此行業引力之源，將多的革新力量都吸引到了自己身邊。

2005 年 8 月，Android 被美國科技企業 Google 收購；2007 年 11 月，Google 與 84 家硬體製造商、軟體開發商及電信營運商成立開放手機設備聯盟來共同研發改良 Android 系統，讓製造商推出搭載 Android 智慧型手機，Android 作業系統後來更逐漸拓展到平板電腦及其他領域上。2010 年末，Android 作業系統在市場占有率上已經超越稱霸逾十年的諾基亞 Symbian 系統，成為全球第一大智慧型手機作業系統。

諾基亞內部並不缺乏創新和天才，但是沒有將這一切，完全迅速地在市場上予以兌現。諾基亞 2008 年 12 月 2 日收購 Symbian 公司，擁有 Symbian 中端領域操作系統，2011 年 12 月 21 日放棄。諾基亞在北美這樣的領先市場上，它已經被證明缺乏競爭力，面對著消費者日益增長的需求，在 Symbian 的環境當中，開發商要滿足所有需求，變得愈來愈處於劣勢，而競爭對手則將愈來愈領先。

關鍵問題在於諾基亞還是限於過去的思考模式，總試圖以就產品論產品的方式去填充每一個價格區間，事實上現在已經成為了一場不同生態系統的較量。所謂生態系統不僅包括設備軟、硬體也包括開發商、應用程式、電子商務、廣告、搜索、社交功能、基於當地的服務標準化通信以及其他很多的內容，競爭對手是誕生了一個配套完整的生態系統。全球範圍內消費者對諾基亞品牌的喜愛程度都在下滑，正是諾基亞自己的態度造成的。諾基亞公司領導能力的結果，墨守成規，未能進行迅速創新與充分內部整合之後果。

表 1-1 諾基亞品牌在智慧型手機市場上的消長比較分析

諾基亞品牌在智能手機市場上的消長比較分析		
	競爭者	諾基亞
1.思維	創新改造的新思維，第一支iPhone是2007年出貨，直到現在。	高層保守過去的舊思考模式，未能充分內部整合，無法提供客戶體驗的智慧型手機。

諾基亞品牌在智能手機市場上的消長比較分析		
	競爭者	諾基亞
2.市場的秩序	蘋果獨自發展iOS系統，Google 2005年收購Android作業系統，2007年11月推出給其他公司免費等使用。	擁有Symbian領域操作系統，2011年12月21日放棄。
3.競爭方向	非蘋陣營結合搭載Android的智慧型手機，誕生了一個配套完整的生態系統APP及觸控手機。	局限於過去的思考模式，總試圖以產品論產品的方式去填充每一個價格區間，墨守成規錯過趨勢。

二、食品零售業

(一)歐洲食品零售商

歐洲有兩家要合併的國際食品零售商，雙方的資深領導人投注大量資源在組織文化上，希望保存它們獨特的強項和傳統，文化評估的結果不但指出共同的價值觀，以及相合的領域，可做爲合併後文化的基礎，也指出雙方的重大差異，領導人必須好好地規畫，兩家公司都強調三個面向：成果、關懷、秩序，都重視高品質食品、優質服務、善待員工，並抱持在地思維，但其中一家採取由上而下指揮的做法，有權威領導人的行爲。

由於兩家企業都重視團隊合作，以及對在地社區的投入，於是，領導人優先重視關懷和文化。同時，他們的策略要求公司文化轉向，從由上而下指揮的權威，轉爲學習文化，以鼓勵新店面規畫和網路零售的創新。領導人對策略目標的評論：「我們必須勇於用不同方式做事，而不是因襲舊規。」他們對文化達成共識之後，立刻展開嚴謹的評估流程，找出雙方組織裡適合擔任橋樑的領導人，他們的個人風格和價值觀，讓他們適合負責提倡新文化。

接著，他們實施一項計畫，促成高階團隊調整配合新的文化，重點放在釐清優先事項、建立眞誠的關係，並制定團隊規範，以實踐新文化。最後，他們以文化爲核心，重新設計新組織的各項結構要素。公司也發展出一套新文化領導，其中涵蓋招募、能力評估、訓練和發展、績效管理、獎勵制度和升遷，在進行組織變革的時候，常會忽略這類設計考量，但如果制度和結構沒有與文化和領導要務協調一致，變革就難有進展。在不確定的動態環境裡，組織必須更敏捷，學習也變得重要，成果是最常見的文化風格，在當中看到一股清楚的趨勢，就是企業爲了因應愈來愈難以預測且更加複雜的環境，而優先重視學習文化，以提升創新力和靈活度。

（二）Wal-Mart 與 Costco

Wal-Mart 爲追求「天天低價」的廣告標語，許多商品已經永久性地調低了價格，然而，Wal-Mart 的競爭對手則紛紛指責 Wal-Mart 挑起了價格戰，全球市場提供了潛在的經濟快速發展的吸引，增加消費支出，並充分利用其優越的物流中心和資訊技術系統的能力進行跨國物流。

Wal-Mart 爲多角化經營戰略（Strategy of Diversification），強調多角化是「用新的產品去開發新的市場」，跨行業生產經營多種多樣的產品或業務，擴大企業的生產經營範圍和市場範圍，企業以變應變，擴展經營業務，以謀求在競爭中立於不敗之地，提高經營效益，保證企業的長期生存與發展。

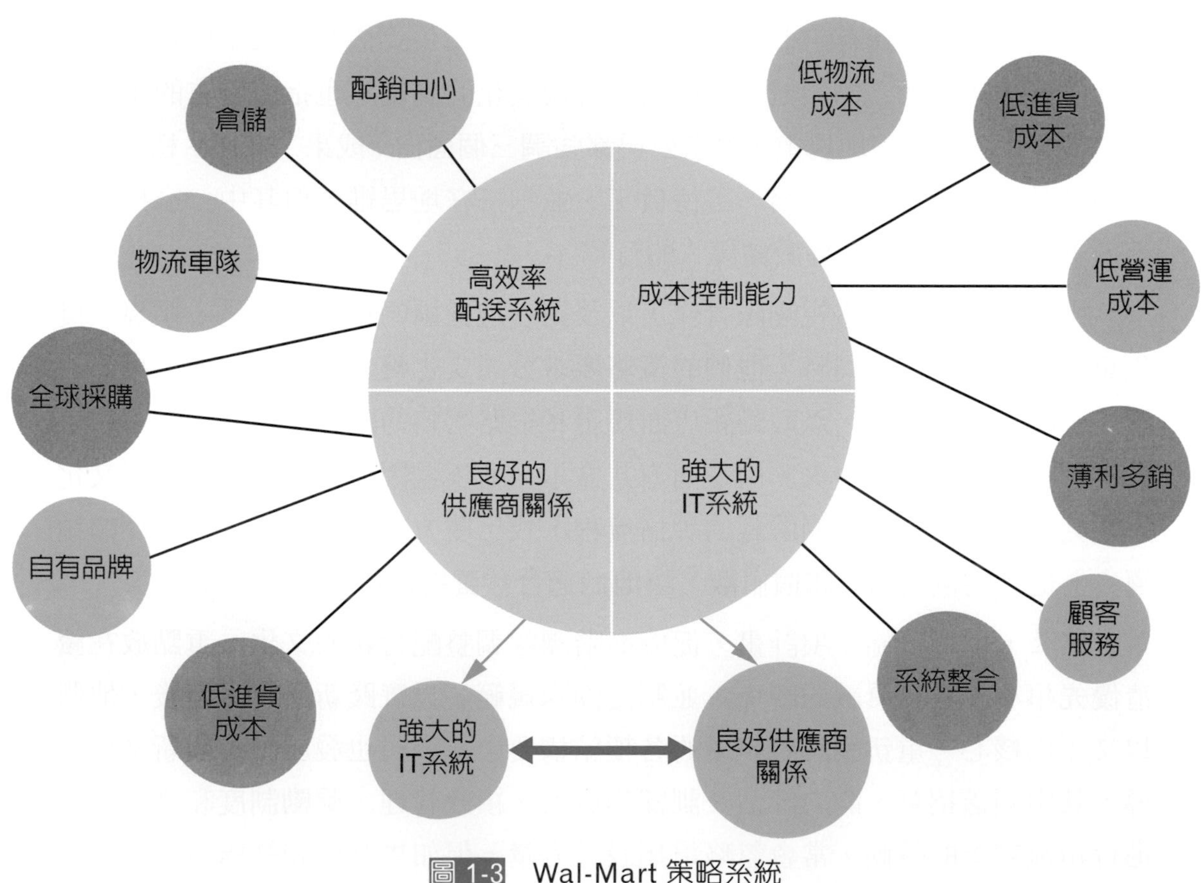

圖 1-3 Wal-Mart 策略系統

1. Wal-Mart 策略

Wal-Mart 提出「幫顧客節省每一分錢」的策略，就贏得顧客的一份信任，實現價格最便宜的承諾。Wal-Mart 還向顧客提供「一站式」購物新概念。顧客在最短的時間內以最快的速度購齊所有需要的商品，快捷便利的購物方式吸引了現代消費者。雖然爲了降低成本，一再縮減廣告方面的開支，但對各項公益事業活動的投入，大大提高了品牌知名度，成功塑造了品牌在廣大消費者心目中的卓越形象。

2. Wal-Mart 目標

Wal-Mart 針對不同的目標消費者，採取不同的零售經營形式，分別占領高、低檔市場。例如：美國有山姆會員商店，每一位消費者享有優惠商品，除此之外無須會員，針對中層及中下層消費者的 Wal-Mart 平價購物廣場。另外開發東亞地區市場，例如中國與韓國市場上，沃爾瑪在商品鏈市場變得完全確立買方的驅動，創造了適應性需求。

3. Wal-Mart 經營方式

Wal-Mart 進入新興印度市場的異質性，面臨數十億人口的挑戰且高度多樣化的價値觀，飲食習慣、購買力市場與交通運輸，使產品規格困難化，了解當地文化和當地的適應偏好，提供有競爭力的價格取向。

Wal-Mart 經營的商品品種齊全，又稱「家庭一次購物」。從服飾、布匹、藥品、玩具、各種生活用品、家用電器、珠寶化妝品，到汽車配件等一應俱全。陳列商品貼有「天天廉價」的大標語。顧客大多是黑人和其他少數民族，占美國人口大多數的中產階層和低收入階層，顧客對在沃爾瑪商場購買的任何物品覺得不滿意，可在一個月內拿回商店退還全部貨款。

大型連鎖超市都採取低價經營策略，Wal-Mart 與眾不同之處在於，它想盡一切辦法從進貨管道、分銷方式以及營銷費用、行政開支等各方面節省資金，提出了「天天平價、始終如一」的口號，並努力實現價格比其它大賣場更便宜的承諾。

嚴謹的採購態度，要求告誡每位採購人員在採購貨品時，不是在爲商店討價還價，而是在爲顧客討價還價，我們應該爲顧客爭取到最好的價錢，完善的發貨系統和先進的存貨管理是促成 Wal-Mart 做到成本最低、價格最便宜的關鍵因素。Wal-Mart 帶來了技術效率和新的供應商關係的商業模式，隨著跨國公司的供應商發揮更大的作用。

雖然 Wal-Mart 可能會運用其權力擠壓部分供應商，然這些供應商也都願意配合讓步，希望雙方的合作關係，能幫助他們擴大自己的市場占有率。這種方式，在達到一定的市場占有率之後，大的供應商與同行相比較，則分享利潤更爲豐厚。

Wal-Mart 在 2008 年 10 月推出了 2 萬多個中國供應商，排除傳統供應商分別對顧客需求運送方式，供應商採越庫作業（Cross-docking Operating），然而越庫作業系統，必須配合資訊科技，使物流上下游的資訊透明化，零售商及供應商必須以先進的資訊系統緊密連結，供應商才能夠充分掌握零售商需求，將正確的貨品與數量出貨至越庫轉運中心，經過簡單分類後，貨品不需入庫，直接送至出貨口由貨車配送至零售商，貨品停留在越庫轉運中心的時間極爲短暫（停留的時間通常不超過十二小時），所以可被視爲貨品由供應商送至下游零售商之間的一個中間轉運站，爲存貨相當低的效益，甚至可視爲零存貨。

美國 Wal-Mart 在實施越庫作業時，經營一個私人的衛星通訊系統，可以傳送 POS 資料給它所有的供應商，讓他們對所有店的銷售情況有一個清楚的了解，此外，Wal-Mart 擁有一個 2,000 輛卡車的車隊，發揮運輸規模的經濟效益，各分店平均每星期補貨兩次，越庫作業使 Wal-Mart 能夠採購整車而達到經濟規模，它降低了安全存貨的必要性，與該產業的平均數比較起來，它也減少了 3% 的銷貨成本，亦爲美國 Wal-Mart 能夠創造高邊際收益的主要原因。

傳統物流運用倉儲管理存貨，供應商將貨品運至倉儲中心進行分類、撿選，再發貨到零售商，增加企業的存貨成本，Wal-Mart 採用越庫作業，成功關鍵因素爲資訊系統的靈活運用與足夠數量的規模經濟，這個系統中越庫作業是存貨「整合點」而非存貨「儲存點」，減少倉儲時間而有效地降低存貨成本，也減少前置時間。

圖 1-4　彙整 Wal-Mart 供應商使用越庫作業系統

4. Wal-Mart 成功之道

Wal-Mart 成功之道原因有很多，其價格行銷上推出「價格最便宜」的承諾，服務行銷、形象行銷都是其成功的基石。資訊意識是現代市場經濟觀念的主要組成部分，作爲現代市場經濟基本單元的企業，無時無刻不處於及時產生、發送、接收資訊和憑藉資訊識別市場運行趨勢的運行過程之中，傳達以及資訊回饋的速度，提高整個公司的運作效率。完善的市場經濟活動應是物流、金流和資訊流三者融會貫通鏈結運行，以資訊流爲中樞神經系統獲得巨大成功。

Wal-Mart 網路行銷，保持高密度存儲和持續不斷地以網路儲存策略，估計 Wal-Mart 專注在一個密集的網絡商店且選擇較佳位置的配送中心，所提供的配送成本節省，加上高密度儲存對 Wal-Mart 利益很大，超越貨運成本。

Wal-Mart 正是從顧客的角度出發，懸掛著這樣的標語：「顧客永遠是對的」，這是 Wal-Mart 顧客至上原則的一個生動寫照，以友善、熱情對待顧客，就像在家裡招待客人一樣，讓他們感覺到我們無時無刻不在關心他們的需要。「一站式」購物（One-stop Shopping）新概念：顧客可以體驗一站式購物的新概念。

在商品結構上，它力求富有變化和特色，以滿足顧客的各種喜好，零售企業要在顧客心目中樹立品牌形象，在購物同時享受到細緻盛情的服務，另外爲顧客免費諮詢電腦及設置風味美食、新鮮糕點，給顧客在購物勞頓之餘以休閒的享受。

Wal-Mart 爲了向顧客提供更多的實惠，而儘量縮減廣告費用，爲此它在促銷創意上頗費心思，特別重視發揮活動行銷的作用，以「天天低價」的經營哲學迎合顧客，亞洲重點爲進軍巨大的中國市場，對中國許多大型零售企業造成巨大的震動和衝擊。

5. Wal-Mart 存貨管理

Wal-Mart 存貨管理（Inventory Management）：爲企業購銷鏈管理的核心，存貨管理是以「拉式」存貨方法，利用顧客需求，通過配送通路來拉動產品的配送，另一種是計畫方法，它是按照需求量和產品可得性，主動排定產品在通路內的運輸和分配，並用於確定何處安排存貨、何時啓動補給裝運和分配多少存貨等過程。提高企業存貨管理水平的途徑分析：

(1) 嚴格執行財務制度規定，使賬、物、卡三相符。

(2) 採用 ABC 控制法，降低存貨量，加速資金周轉。

通過 ABC 分類後，抓住重點存貨，控制一般存貨，從而有效地控制存貨，減少儲備資金占用，加速資金周轉。對存貨的日常管理，根據存貨的重要程度，將其分爲 ABC 三種類型。

① A 類存貨品種占全部存貨的 10%~15%，資金占存貨總額的 80% 左右，實行重點管理，如大型備品備件等。

② B 類存貨爲一般存貨，品種占全部存貨的 20%~30%，資金占全部存貨總額的 15% 左右，適當控制，實行日常管理，如日常生產消耗用材料等。

③ C 類存貨品種占全部存貨的 60%~65%，資金占存貨總額的 5% 左右，進行一般管理，如辦公用品、勞保用品等隨時都可以採購，實現降低存貨、減少資金占用，避免物品積壓或短缺，保證企業經營活動順利進行。

Wal-Mart 總部的高速電腦與 16 個發貨中心以及 2,000 多家的商店連接。通過商店付款機台上的掃描器，售出的每一件貨物，都會自動記入電腦。當某一貨品存貨減少到一定數量時，電腦就會發出信號，提醒商店及時向總部要求進貨。

總部安排貨源後送往離商店最近的一個發貨中心，再由發貨中心的電腦安排發送時間和路線。在商店發出訂單後 36 小時內所需貨品就會出現在倉庫的貨架上。這種高效率的存貨管理，使公司能迅速掌握銷售情況和市場需求趨勢，及時補充存貨不足。這樣可以減少存貨風險、降低資金積壓的額度，加速資金運轉速度。

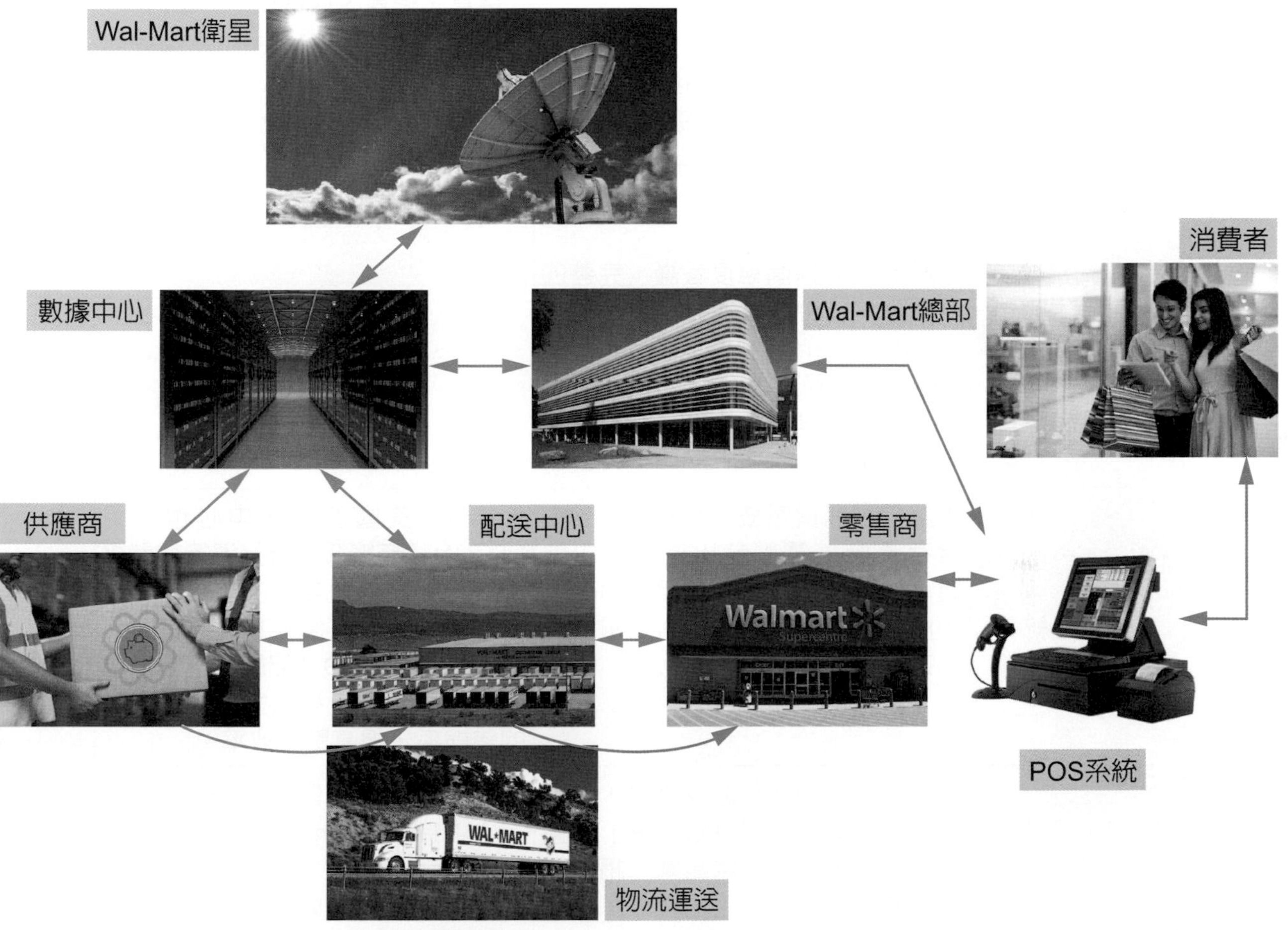

圖 1-5 Wal-Mart 網路資訊平台系統

6. Wal-Mart 與 Costco 的比較

Costco 在美國亦以低價為訴求，它在策略與營運上皆與 Wal-Mart 有差異，二家公司在營業策略及資訊系統的運用上比較如表 1-2 所示。

表 1-2 Wal-Mart 與 Costco 營運策略與系統管理分析

單位名稱 項目	Wal-Mart	Costco
策略	1.幫顧客節省每一分錢，就贏得顧客的一份信任。 2.小包裝組合商品。	1.以最低價格提供會員高品質商品的經營理念，引進特色進口商品增加變化性。 2.大包裝壓低成本回饋客戶。
成功之道	1.「天天平價、始終如一」及「價格最便宜的承諾」。 2.銷貨使用激光掃描器，都會自動記入總部的高速電腦與16個發貨中心以及2,000多家的商店連接，傳達接收、發送資訊及資訊反饋的速度，提高整個公司的運作效率。 3.Wal-Mart採購態度嚴謹，完善的發貨系統和先進的存貨管理是促成Wal-Mart做到成本最低、價格最便宜的關鍵因素。 4.使用「越庫營運」是整合而非存儲，以降低存貨成本。	1.利用IBM便捷的POS系統，整合進貨、銷貨、存貨在同一平台。 2.Costco全球商品90%由美國總部統一議價處理。運送各地直接降低採購與配銷成本。
資訊系統	電腦自動補貨系統：存貨減少到安全存量時，電腦發出信號要求進貨，總部安排最近的發貨中心，36小時內及時補充，減少存貨風險，加速資金運轉。	Costco美國的物流中心也運用RFGUN（無線終端機）連接倉儲掃描系統，因為是無線的，所以商品進入倉儲前，不需要打開貨櫃一一點貨，就像RFID（無線射頻辨識系統）技術一樣，可以大幅降低人工的錯誤率，提高點貨效率。
網路行銷與物流措施	1.Wal-Mart多角化經營戰略，強調「以新產品去開發新市場」，擴大營運範圍和市場範圍。拓展海外市場：徹底本土化（如：印度市場突破瓶頸）。 2.Wal-Mart建立區域性的物流配送中心，專注在一個密集的網絡商店且選擇較佳位置，以衛星通訊網路快捷傳輸，降低物流成本，配合存貨彈性調整進貨配送作業，達到可連續供貨的目標。	1.Costco通過阿里巴巴的天貓（Alibaba's Tmall）進入在中國開設的網路商店。 2.BABA.N，快速成長的淘寶商城網路交易市場，進入中國蓬勃發展的電子商務市場，增加銷售管道，降低物流成本和交貨時間為消費者打造更多網路購物平台。 3.目前尚未成立區域性物流中心，無法使區域物流成本降得更低。

項目 \ 單位名稱	Wal-Mart	Costco
促銷活動	季節性以減價和特殊平價商品，吸引顧客。	季節性以優惠商品折扣（不含特價商品）吸引顧客。
廠商關係	零售商、供應商、物流中心、製造商以夥伴關係，達到網路資訊快速鏈結。	1.要求廠商準時到店補貨。 2.廠商進貨的方式採買斷或可退貨方式。
消費市場與顧客關係	1.三公尺微笑服務，可享有一個月內全額退款的保證。「一站式」購物新概念。 2.針對中、下層消費者的平價購物廣場。不同零售經營方式，針對上層山姆會員商店，享有特別優惠商品。	1.高品質的商品服務，可享有一至六個月內全額退款的保證。 2.針對上、中層消費者的大量購物廣場。
存貨管理	1.存貨管理是以「拉式」存貨方法，以顧客需求通過配送渠道來拉動產品的配送。 2.使用掃描器讀取出貨品量，採用ABC控制法，降低存貨量，減少資金占用，避免物品積壓或短缺，加速資金周轉。	使用RFID技術快速便捷地清點貨品。
顧客結帳付款特色	1.顧客大部分以現金結帳，增加快速現金流。 2.少部分以信用卡結帳。	1.顧客大部分以信用卡結帳。 2.美國運通卡及中國信託Costco聯名卡。

7. 結論

Costco 秉持盡可能以最低價格提供會員高品質品牌商品的經營理念，引進特色進口商品增加變化性，全球商品 90% 由美國 Costco 總部統一議價處理，直接降低採購與配銷成本運送各地，並且以大包裝方式銷貨，壓低成本回饋客戶，在資訊系統上採用 IBM 便捷的 POS 系統，將進貨、銷貨、存貨整合在同一資訊平台。Costco 美國物流中心也運用無線終端機（Radio Frequency GUN, RFGUN）連接倉儲掃描系統，因採用無線所以商品進入倉儲前，不需要打開貨櫃一一清點貨品，就像無線射頻辨識系統（Radio Frequency Identification, RFID）技術一樣，可以大幅降低人工的錯誤率，提高點貨效率。

在商品行銷上 Costco 通過阿里巴巴的天貓（Alibaba's Tmall）進入在中國開設的網路商店，BABA.N 快速成長的淘寶商城網路交易市場，進入中國蓬勃發展的電子商務市場，增加銷售管道，降低物流成本及縮短交貨時間，消費者增加更多網上購物平台，但目前尚未成立區域性物流中心，無法使區域物流成本降得更低，在短期促銷上以季節性優惠商品折扣（不含特價商品）吸引顧客，要求廠商準時到店補貨，廠商進貨的方式採買斷或可退貨方式，在客服方面針對上、中層消費者的大量購物廣場，以高品質的商品服務並享有一至六個月內全額退款的保證，顧客以美國運通卡、中國信託信用卡、Costco 聯名卡結帳。

Wal-Mart 提出「三公尺微笑」的客戶服務，與「幫顧客節省每一分錢」，就贏得顧客一份信任的策略，以及實現「價格最便宜」的承諾。

Wal-Mart 對顧客提供「一站式」購物新概念，顧客在最短的時間內以最快的速度購足所需商品，快捷便利的購物方式吸引了現代消費者，在短期促銷上以季節性減價和特殊平價商品來吸引顧客，客戶可享有一個月內全額退款的保證，Wal-Mart 客戶大部分以現金結帳，快速增加現金流量。

在資訊系統上採用掃描器，使用掃描器記憶出貨品量，將銷售現況經過掃描器會自動讀取出貨品量，並傳輸記入總部的高速電腦與 16 個發貨中心以及 2,000 多家的商店鏈結，自動傳達接收、發送資訊及資訊反饋，當存貨減少到安全存量時，電腦發出信號要求進貨即啓動電腦自動補貨系統，總部即安排最近的發貨中心在 36 小時內及時補貨，減少存貨風險，存貨成本並可加速資金營運。

在行銷策略上採取不同零售經營方式，針對上層山姆會員商店享有特別優惠商品，針對中、下層消費者平價購物廣場，並建立零售商、供應商、製造商之間的夥伴關係，在存貨管理上以「拉式」存貨方法，即以顧客需求通過配送渠道來拉動產品的配送，採用 ABC 存貨控制法，降低存貨量，減少資金占用，避免物品積壓或短缺，可加速資金周轉。

Wal-Mart 採購態度嚴謹，有完善的發貨系統和先進的存貨管理系統，促成 Wal-Mart 做到成本最低、價格最便宜的關鍵因素，Wal-Mar 多角化經營戰略，強調「以新產品去開發新市場」，擴大營運範圍和市場範圍；在拓展海外市場方面，以徹底本土化（如：印度市場）突破瓶頸。Wal-Mart 專注於一個密集的網絡商店且選擇較佳位置，建立區域性的物流配送中心，以衛星通訊網路快捷傳輸鏈結至物流中心，並進行「越庫營運」方式，是一種物流整合而非存儲的概念方式，以降低存貨成本並配合存貨彈性調整進貨配送作業，達到可連續供貨的目標，提高整個企業的運作效率。

參考文獻

1. 曾鳴（2017），《智能商業模式》，天下雜誌。
2. 埃洛普燃燒的平台備忘錄：http://finance.sina.com/bg/experts/su/20110209/1856225479.html，<Access 2019.9.26>。
3. 海龜墳場：https://www.twreporter.org/a/marine-debris-seaturtle-tomb，<Access 2019.9.26>。
4. 黃石公園狼英雄：https://technews.tw/2016/11/06/is-the-wolf-a-real-american-hero/，<Access 2019.9.26>。
5. Bloom, Paul N., Vanessa G. Perry.（2001）, “Retailer power and supplier welfare: the case of Wal-Mart”, Journal of Retailing, Vol.77, No.3, pp. 379-396.
6. Birchall, J.（2008）, Wal-Mart seeks green in China. Financ. Times, Oct. 21.
7. Bianco, A.（2006）, The Bully of Bentonville: How the High Cost of Wal-Mart’s Everyday Low Prices Is Hurting America. New York: Doubleday.
8. Gereffi, Gary., Michelle M. Christian.（2009）, “The impacts of Wal-mart: The rise and consequences of the world’s dominant retailer”, Annual Review of Sociology, Vol. 35, No. 1, pp. 573.
9. Holmes, Thomas J.（2011）, “The Diffusion of Wal-Mart and Economies of Density”, Econometrica, Vol. 79, No. 1, pp. 253-302.
10. Halepete J, Seshadri Iyer, KV, and Park SC.（2008）, Wal-Mart in India: a success or failure? Int. J. Retail Distrib.Manag, Vol. 36, No. 9, pp. 701-713.
11. Hamilton G, Gereffi G.（2009）, Global commodity chains, market makers, and the rise of demand-responsive economies. See Bair, pp. 136–161.
12. Schaeffer R.（2003）, Understanding Globalization: The Social Consequences of Political, Economic, and Environmental Change. Lanham: Rowan & Littlefield.
13. Wrigley N, Lowe M.（2002）, Reading Retail. A Geographical Perspective on Retailing and Consumption Spaces.London: Arnold , pp. 161–62.
14. Costco：http://www.costco.com.tw/front_zh/front.action
15. Walmart：www.sideshare.net/chenhsiu/2-walmart

NOTE

CHAPTER 02

心智圖

2-1 心智圖是什麼

「心智圖」(Mind Map)又名「思維導圖」，是結合圖像、符號、色彩、線條和文字將想法以樹狀放射發散，最後呈現條理清晰、見樹又見林的繪圖，可以提升記憶力、思考力、專注力、創造力、組織力、邏輯力、聯想力、策略分析及統籌規劃的能力，是個輕鬆有趣又能激發潛能的最佳學習工具。

「心智圖」的創始人是英國知名心理學家兼教育家——東尼 · 博贊(Tony Buzan)，他出生於 1942 年，在求學階段，花了很多的時間非常努力做筆記，隨著課業的增加，筆記更多了，但是學習成效卻不如預期，而且沒有辦法有效運用自己的腦力， 因此他在大學時，到學校的圖書館請教圖書館管理員，並請他們介紹有關如何運用腦力的書。 當他朝著管理員指示的方向去找， 結果看到書架上擺的都是醫學方面的書籍。他心想我不是要學習如何做腦部的手術，而是想要知道如何使用大腦。於是轉而針對過去的學習方式自我檢視，他發現自己平常在使用的線條筆記，對分析與記憶，不但幫助不大，有時反而是絆腳石！

他開始研究很多不同的文獻，包括達文西的筆記，再加上當時最大的新發現 - 裂腦理論(左右腦的概念)，這個理論在他大學時代才開始被醫學界和科學界認同和重視，透過這項理論漸漸被證實，他終於豁然開朗，將前聖先賢的智慧融合，自創了一套歸納思考的筆記方式。這套方式運用了心理學、頭腦的神經心理學、語言學、記憶術技巧及資訊理論等等， 於是「心智圖」就這樣誕生了。 東尼 · 博贊運用這套方法於 1964 年順利畢業於英國哥倫比亞大學並取得英文、數學、心理學及一般科學的學位。

東尼 · 博贊於 1974 年出版《心智圖魔法書》(Use Your Head)，首次對社會大眾發表「心智圖」;1981 年，與弟弟巴利 · 博贊(Barry Buzan)出版《心智圖聖經》(The Mind Map Book)，更具體地介紹「心智圖」的實務應用，這本書 2007 年時全球已有 1/10 的使用人口，翻譯成 30 種語言，在全世界被廣泛地導入企業，許多世界知名的企業，如波音公司、IBM，迪士尼、微軟等都爭相邀請他擔任顧問，除此之外，英國、新加坡、澳洲、墨西哥等國也邀請他擔任政府機構顧問，我國則於 2008 年由教育部出版了《心智圖法國語文教學教師手冊》以推廣教學。由於東尼 · 博贊所創的「心智圖」簡單易學，老少咸宜，應用在學習、職場或家庭生活中成效顯著，因此創始至今 40 餘年來，已在全球遍地開花廣泛被運用。東尼・博贊一生致力於心智圖的推廣，2019 年 4 月 13 日他結束了終生致力爲全球提升思考力而行動不輟的人生。

2-2 如何繪製心智圖

傳統逐條記錄的條列式筆記，很難窺見彼此的邏輯關係，而心智圖卻是圖文並茂、條理清晰，能激發創意及掌握全貌，因此被廣泛利用，心智圖的繪製很簡單，只要多操練基本功和掌握繪製的原則即可輕鬆完成。

一、基本功

(一) 學習分類歸納

將繁雜的資訊依據其屬性、類別、差異、對比、次序、因果……等做有系統的分類。

分類歸納範例：參閱本書第三章 3-2 (二)39 個工程參數。

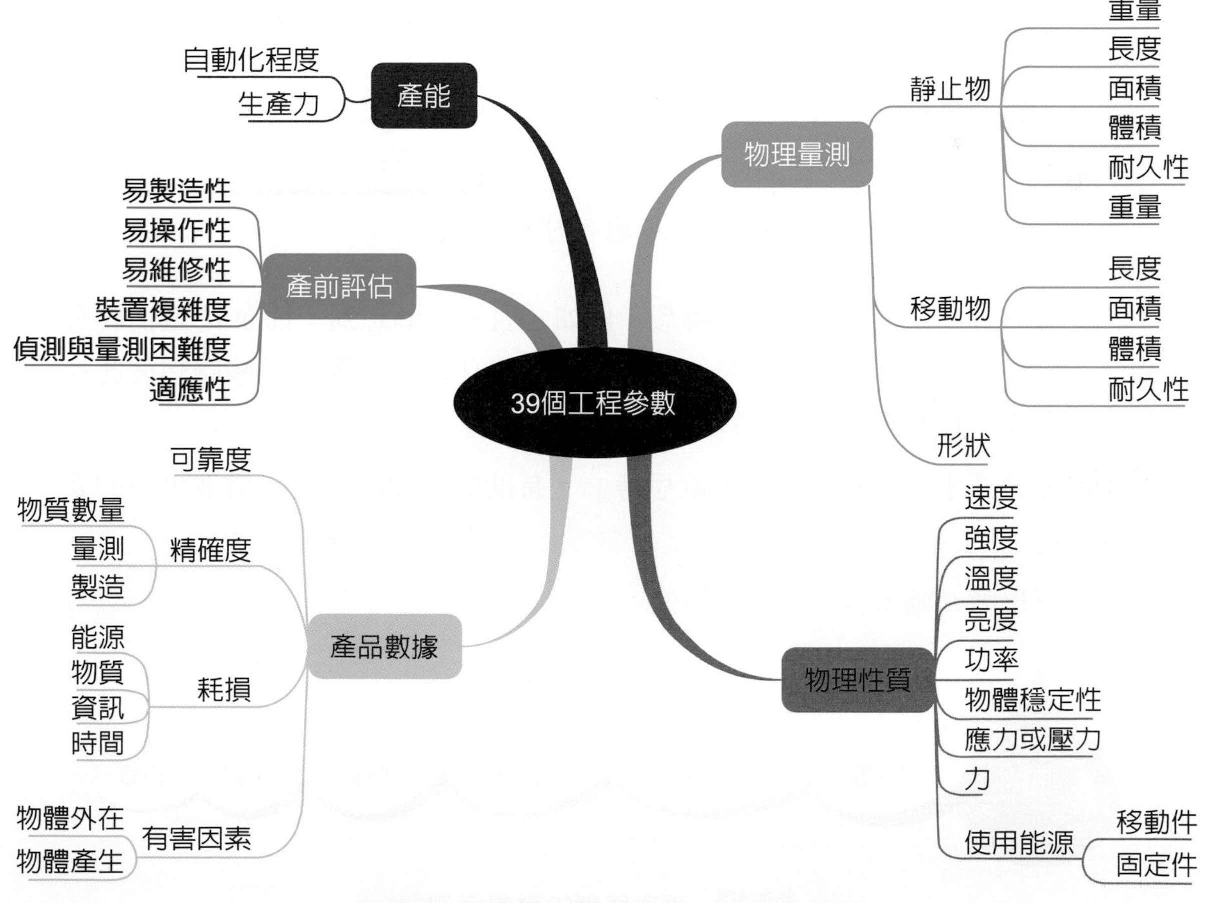

圖 2-1 TRIZ 39 個工程參數之分類歸納

（二）水平思考與垂直思考

水平思考就是天馬行空的發散性聯想，如「紅色」會聯想到「玫瑰花」、「血」、「愛心」、「危險標誌」、「火」、「太陽」、「滅火器」……等。這些聯想彼此間只有一個共通性就是紅色，但並沒有邏輯的關係。水平思考是屬於開放性的創意思維。

水平思考（發散性的聯想）範例：

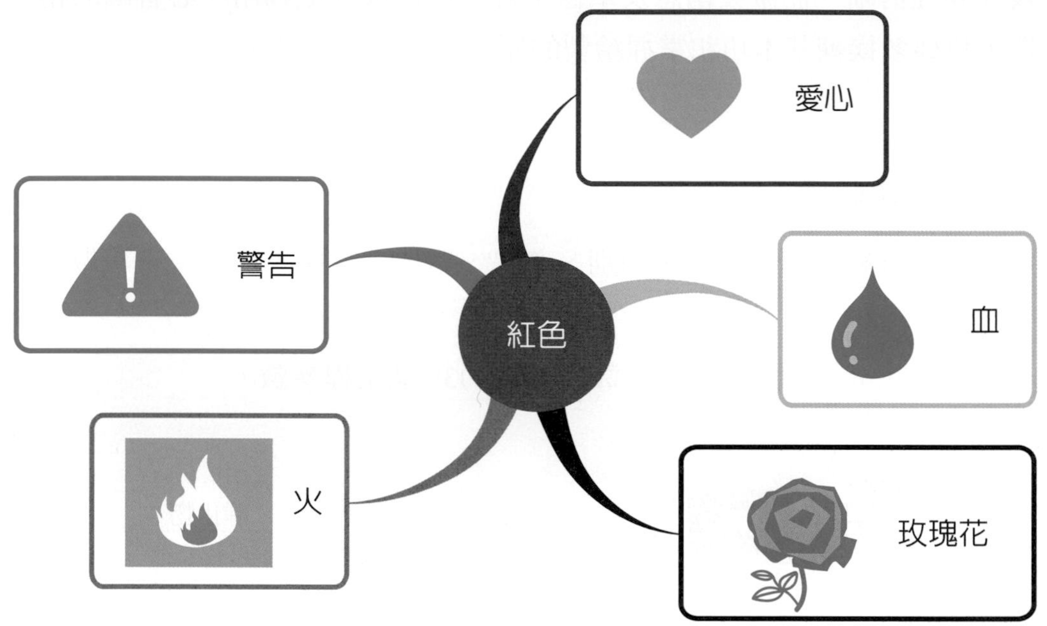

圖 2-2　水平思考的聯想範例

垂直思考則是屬於延續性的聯想，例如「血」會聯想到「抽血」 進而聯想到「三高」、「過胖」、「瘦身」、「運動」、「跑步」等。這些聯想彼此都有邏輯關係。垂直思考是屬於有脈可循的邏輯思維。

多操練「水平思考」和「垂直思考」，有助於繪製心智圖時增進思維的廣度及深度。

垂直思考（延續性的聯想）範例：

圖 2-3　垂直思考的聯想範例

水平思考 + 垂直思考（發散性 + 延續性的聯想）範例：

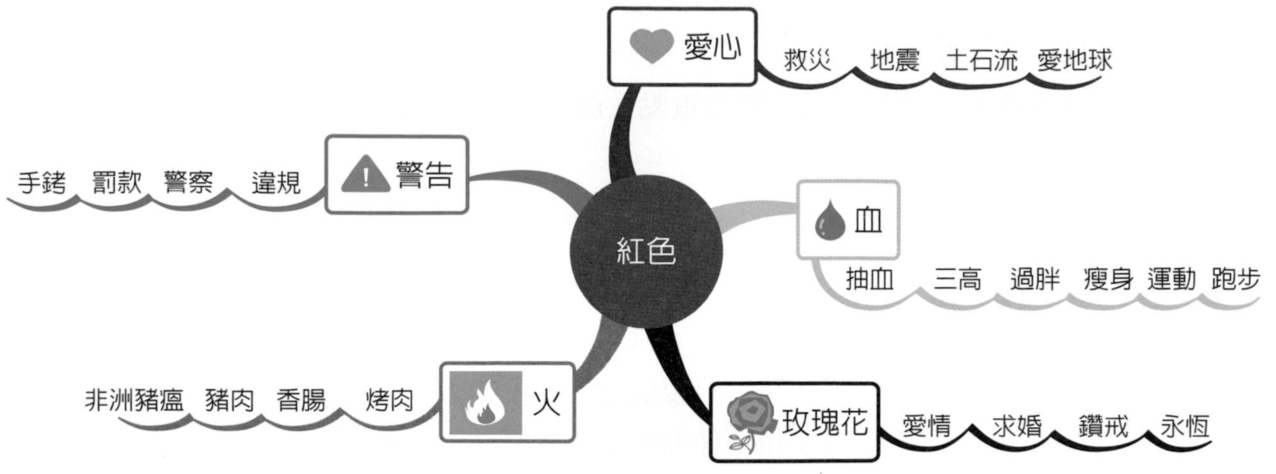

圖 2-4　水平思考 + 垂直思考的聯想範例

二、心智圖的繪製原則

1. 「文具」

取彩色筆繪製，紙張則以白色 A3 或 A4 大小爲佳，因爲眼睛是水平的，橫放可利於目視及方便繪製時發散延伸。

2. 訂出「中心主題」

中心主題就是繪製這張心智圖的目的或想法，將中心主題放於紙張正中心位置，以圖像及文字呈現。

3. 建立「組織結構」

以中心主題聯想訂出大綱，並以放射性思考發散延伸，注意因果關係和層次分明。

4. 「線條」分主脈、分支及連結線

(1) 「主脈」就是大綱，原則不要多於 5 項，順時鐘方向排列，從中心主題發散，由粗到細連接分支，每一主脈用一個顏色表示。

(2) 「分支」銜接於主脈之後，內容爲主脈發散出來的小分類，顏色同該主脈色，長度適中。

(3) 「連結線」的用法是將有關聯性的文字或圖像連結，以幫助辨識彼此間的關係和脈絡。

5. **「內容」包含文字、圖像、符號**

(1)「文字」選關鍵字，以名詞為優先，動詞次之，寫在線條上，由左而右，長度不要過於線條。

(2)「圖像」主要目的是凸顯出重點，顏色要鮮明突出，以達到加深印象的目的。

(3)「符號」(↑、↓、+、－、>、…..)簡化文字，顏色要鮮明以凸顯重點。

6. **溫馨提示**

心智圖自由發揮的空間和靈活度非常大，同樣的主題，每個人繪製出來的各有千秋，所以沒有標準答案。只要能把握以上的大原則，自己看得懂就是好作品。也有人因為插圖畫得不像而放棄，其實插圖美醜都無妨，只要能達到幫助記憶的效果即可。

在知識爆炸的時代，心智圖絕對是最佳的學習工具，請多加練習並成為習慣。

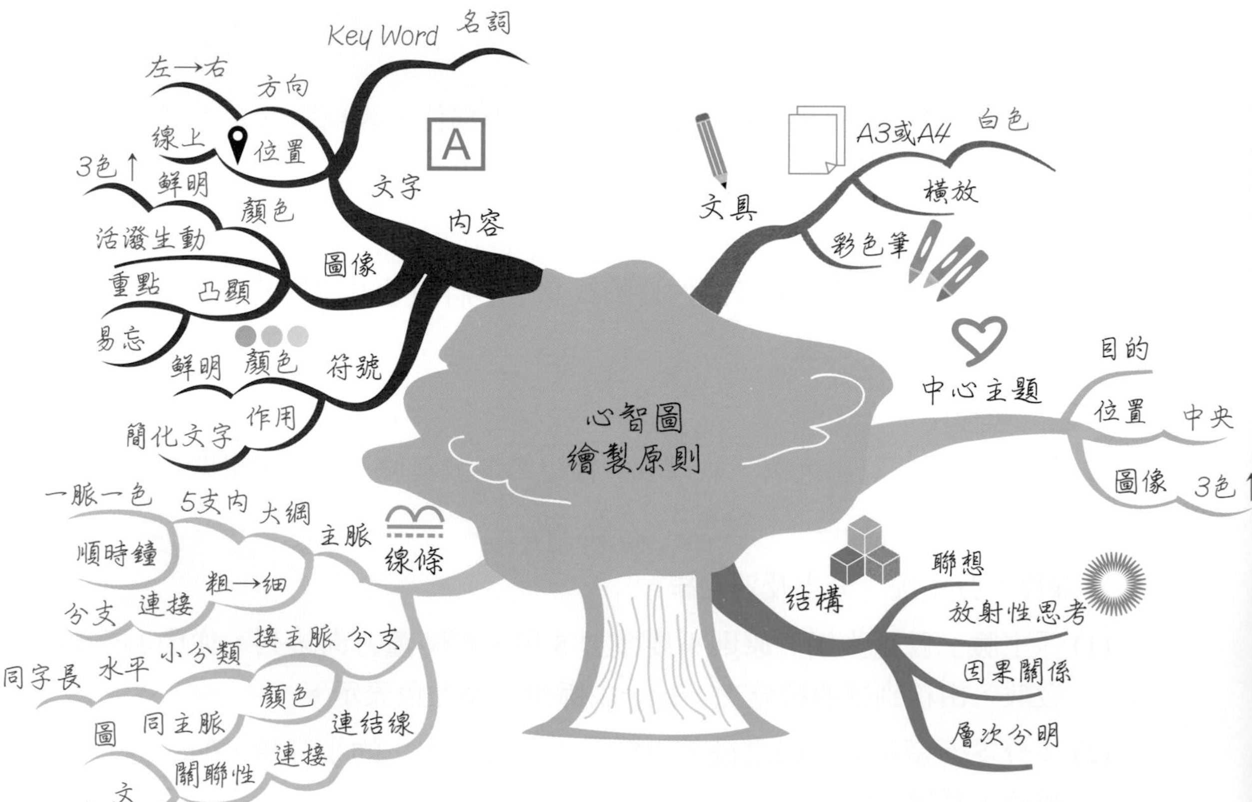

圖 2-5 心智圖繪製原則

2-3 心智圖的用途

東尼．博贊在他的著作《心智圖魔法書》中提及心智圖是大腦的使用說明書，舉凡我們在學習、工作和生活中只要與思考和記憶有關的都適用，心智圖的用途可簡單說明如下：

一、做筆記

筆記包括在課堂中學習、準備講稿、製作簡報或參加會議。我在 2013 年開始學習心智圖至今，已習慣用心智圖取代條列式的紀錄。尤其在參加會議的時候，我喜歡使用心智圖軟體做筆記，可以隨著發言者陳述的內容隨機調整修訂，輕鬆掌握會議的脈動，會議結束時記錄也完成了。

二、做決策

我們常常會遇到許多疑難雜症或是關係糾結又繁複的資訊，這個時候透過心智圖可以從各個角度發散及收納思考，進而抽絲剝繭做問題分析、邏輯分析、SWOT 分析，雙值分析，化繁爲簡幫助我們找出最有智慧的決策。

三、創意開發

心智圖可以天馬行空地做放射性的發想，也可以依循邏輯思維做延續性的聯想，藉此加深思考的寬度與深度，有助於創新思考，用於寫作、產品開發、品牌標語（Slogan），非常好用。請參閱水平思考 + 垂直思考範例圖示（圖 2-4），「紅色」中心主題，經過縱向和橫向的思維聯想，是不是帶給您意想不到的創意靈感呢？

四、做計畫

要完成一項工作目標或任務，必須有系統地全面掌控細部工作的從屬關係、先後次序和關聯性、及 5W1H（人、事、時、地、物、方法），心智圖可以幫助您掌控全局避免顧此失彼，進而如期完成任務。執行個人的生涯規劃、時間管理、工作清單、作業流程、專案管理都適用。

五、做簡報

職場上有很多機會需要做簡報，比如向老闆做工作報告或企劃案、向客戶做產品介紹、會議中的報告、講師授課等。在製作簡報心智圖的過程，透過開放性和邏輯性的全方位思考，可以開啓靈感的泉源，所要陳述的內容不僅見樹又見林而且鉅細靡遺豐富多彩。在執行簡報時，無須講稿， 腦海中的心智圖可以讓思路更清晰、口條更流暢。

2-4 心智圖範例

一、人物介紹

她叫洪美花，1998 年 10 月 10 日出生於桃園市鄉下，是個熱情活潑愛學習的女孩，曾就讀中山國小、中山國中，由於自幼受父母的薰陶，對美學特別感興趣，因此選讀治平高中時尚造型科，畢業後以優異的成績考取萬能科技大學時尚造型設計系，大二時先後獲得美容乙級技術士和 TNA 二級美甲師的證照，大三參加國際美容時尚競賽奪得美甲設計組冠軍，閒暇之餘美花最喜歡插花、唱歌和彈琴。畢業後她最大的願望就是再接再厲挑戰世界盃美容時尚競賽，並到法國巴黎進修，為未來的美容坊創業奠定厚實的根基。以上的敘述，若用心智圖表示，可以如圖 2-6 所示。

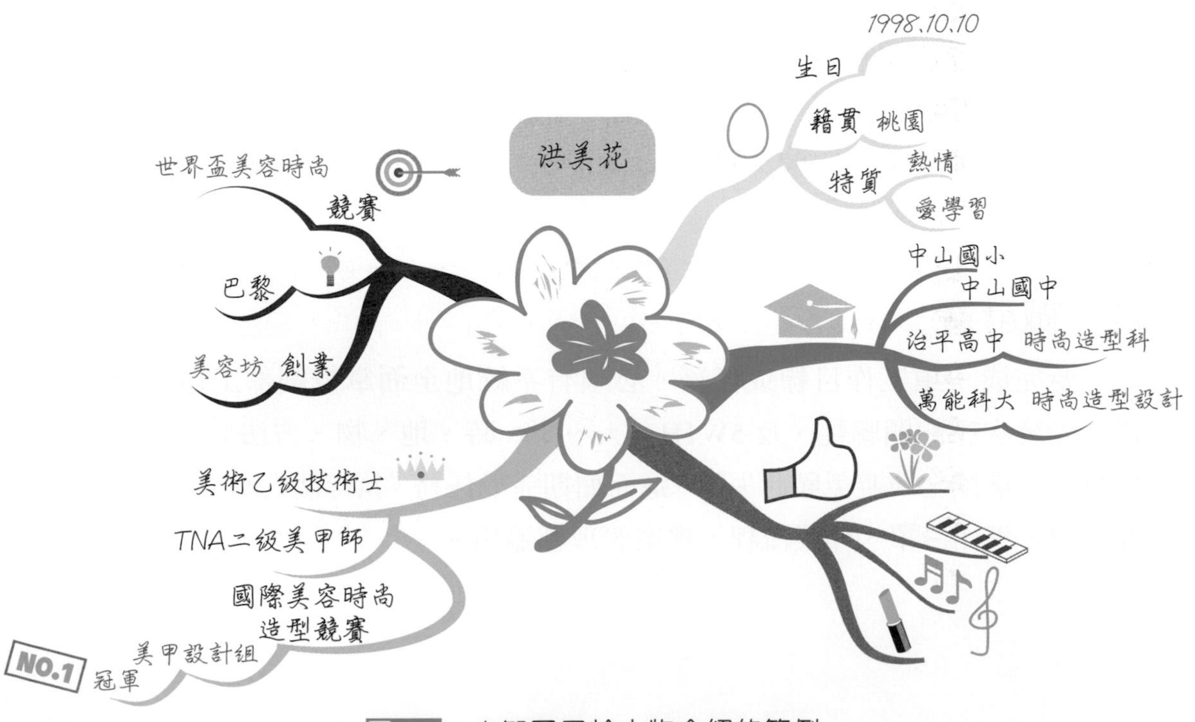

圖 2-6 心智圖用於人物介紹的範例

二、閱讀筆記

在拿到一本新書時，如果將書目以一張心智圖呈現，可以幫助您了解整本書的內容結構和各章節的彼此關係進而提升學習力。（請參閱本書「創新創業管理」書目）

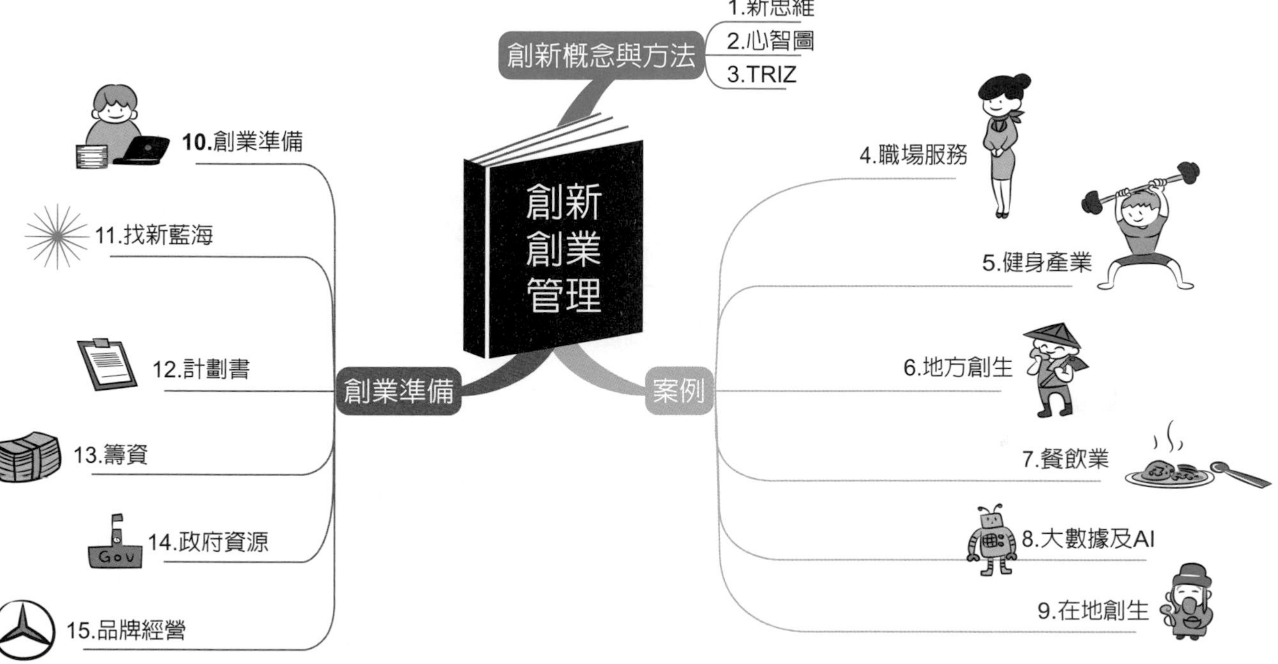

圖 2-7 以心智圖呈現本書章節架構

三、問題分析與解決

某皮包生產工廠，因口袋跳針遭客戶退貨，經會同相關人員召開異常檢討會，並且用心智圖將人、機的問題一層一層抽絲剝繭研究分析，這樣就可以清楚看到異常發生的全貌，進而針對每項問題作出對策（如圖 2-8 藍色字），徹底解決這個問題。

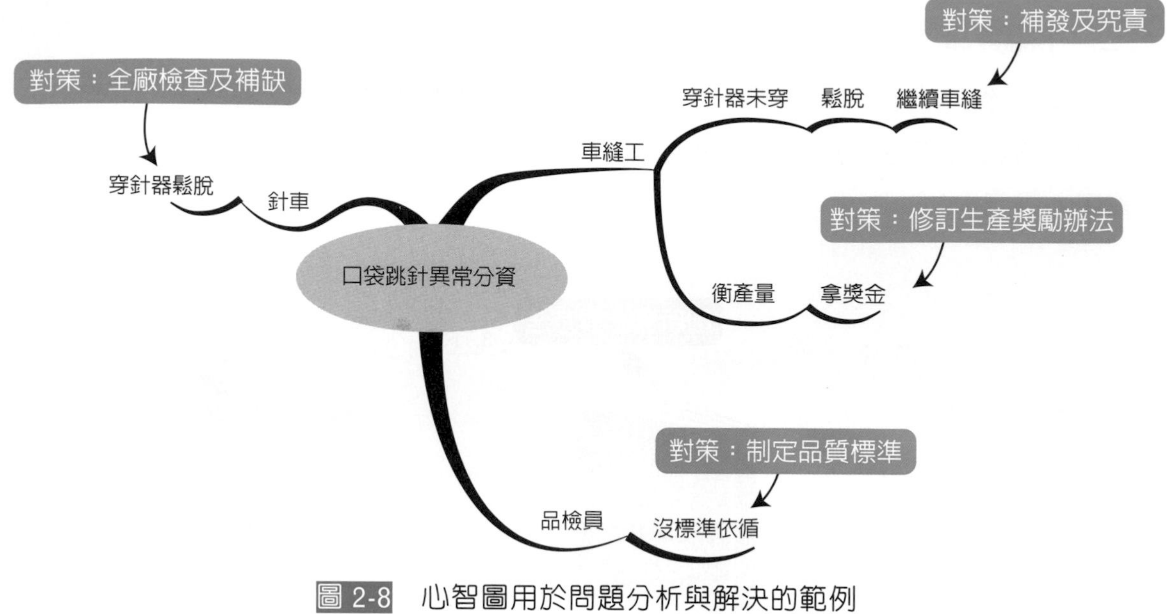

圖 2-8　心智圖用於問題分析與解決的範例

四、活動企劃

某日小高接到擔任活動總召任務，初次擔綱重任，誠惶誠恐之餘，想到曾經學過心智圖，小高憑著過去參加活動的印象，透過心智圖的發想，將各項工作分類編組，終於將繁雜的籌備工作做有系統的呈現。

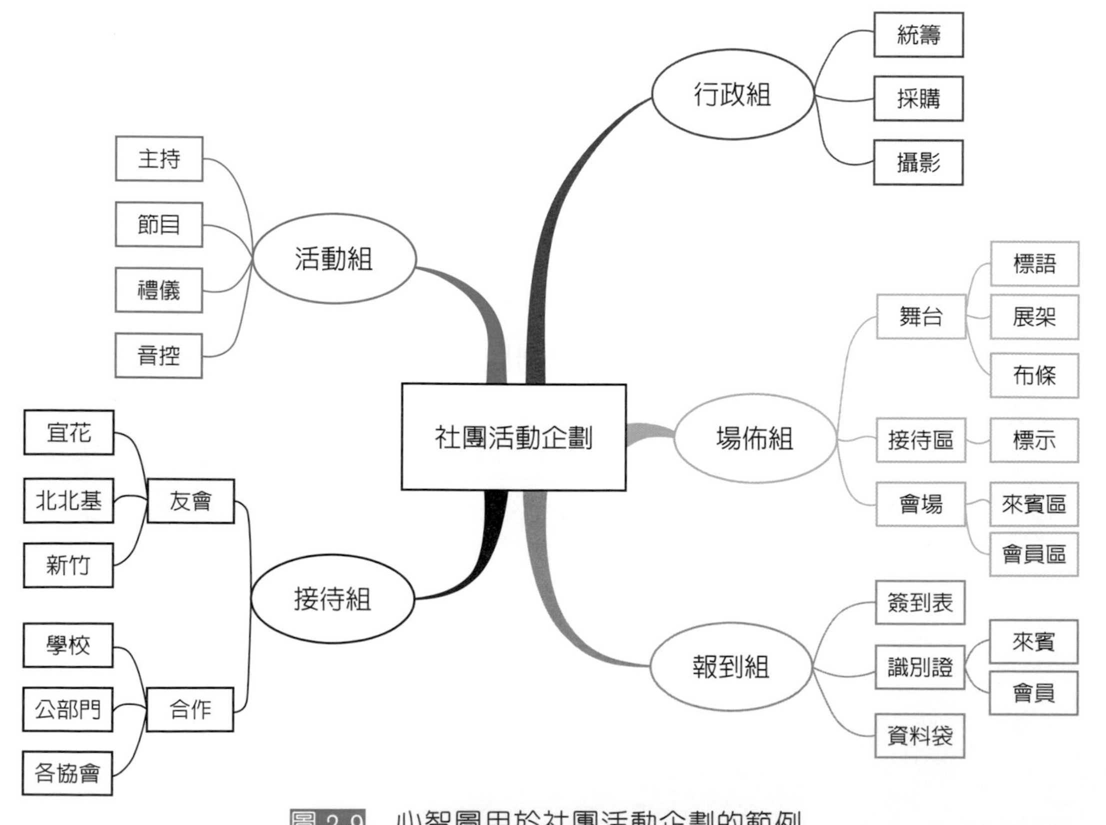

圖 2-9　心智圖用於社團活動企劃的範例

五、商品介紹

在一次的姊妹淘聚會中，好友端出生菜沙拉宴請大家，大夥品嚐後對該生菜沙拉讚不絕口，紛紛請教好友提供菜單，多達 18 種的蔬果和配料眞複雜，此刻心智圖正好派上用場，讓大家清楚明瞭。

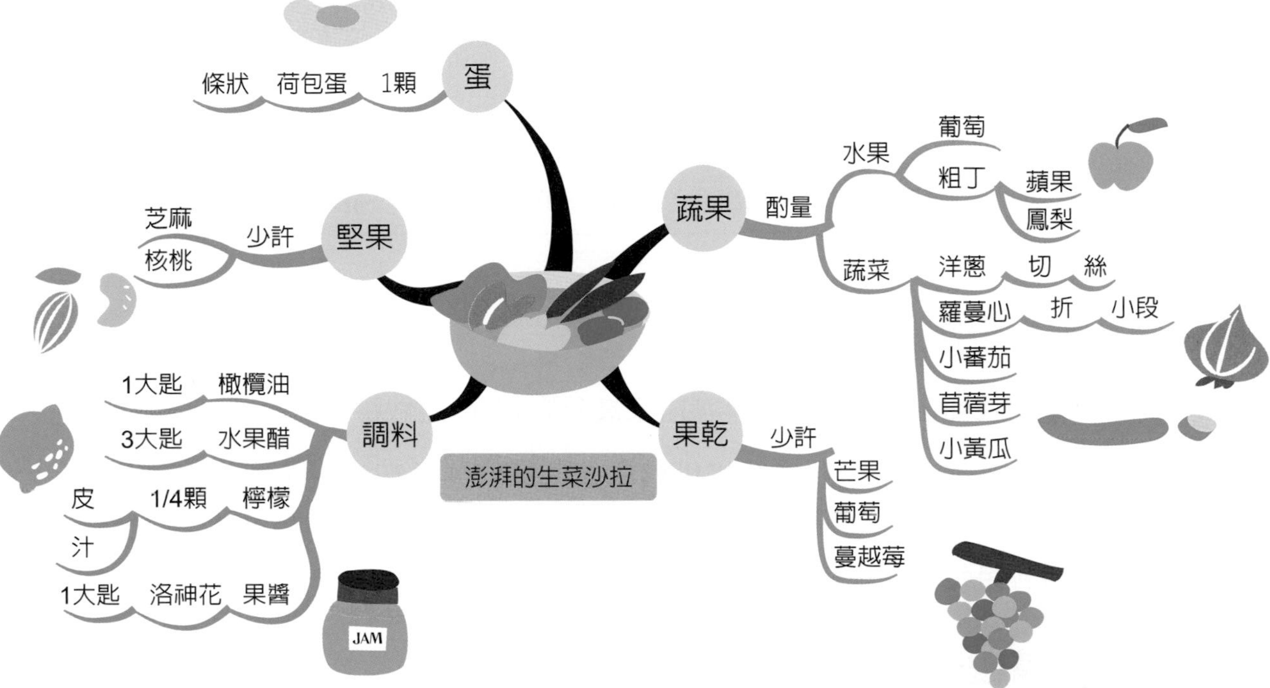

圖 2-10　心智圖用於介紹商品的範例

2-5 心智圖的演練

一、分類歸納練習

請將下表內容分類歸納並以心智圖呈現：

鉛筆	牛	高麗菜	菠菜	橡皮擦	鳳梨
大白菜	蘿蔔	鴨子	地瓜	香蕉	筆記本
公雞	蘋果	獅子	剪刀	豬	龍眼

二、創意聯想練習

➡ 請以「便利商店」爲主題，挑選印象最深的4個面向做聯想。

➡ 提示說明：想一下便利商店提供給你什麼樣的體驗和感受，比如提款、用餐、寄包裹、取車票、繳費、喝咖啡……等，挑選4個印象最深的項目當大綱，再各自延伸自由發想。

三、請繪製一張自我介紹的心智圖

➡ 提示說明：可從中挑選五項（家庭、興趣、專長、生涯規劃、社團經驗、學歷、最難忘的經驗、生命中最敬愛的人……等）

1. 王聖凱（2019），心智圖思考力，初版，布克文化。
2. 孫易新（2014），心智圖法理論與應用，初版三刷，商周出版。
3. 戴忠仁（2008），下一個比爾蓋茲的必修課——創造高倍速思考力的思維導圖，方智出版社。
4. 部分歷史資料引用自 2007 年華人思維學院執行長戴忠仁先生於香港專訪 Tony Buzan 內容。（附註：心智圖於大中華區正式譯名爲：思維導圖）

CHAPTER 03

TRIZ

3-1 TRIZ

一、TRIZ 的發展

TRIZ 是俄文 Teoriya Resheniya Izobretatelskikh Zadatch 的字首縮寫，英文全名是 Theory of Inventive Problem Solving，是由前蘇聯的海軍專利審查員 Genrich Altshuller 在研究了近 20 萬件專利之後，歸納出專利發明的共同性、重複性及發明的創新性思維邏輯，所提出的解決方案。

TRIZ 的字面意思是創新的問題解決方法，中文有人翻譯成萃思或萃智。Inventive Problem 表示一個問題的解決方法未知，但可能至少包含一個衝突或矛盾，而 TRIZ 就是一個解決問題的系統化思考工具。

Genrich Altshuller 自 1942 年開始從事專利審查工作，他發現每一種技術創新的過程，都有一定的型態，因此，他帶領的團隊從 20 萬件專利中，篩選出 4 萬件具有較佳創新方法的專利，並從這 4 萬件專利中試著找出其解決之道及所使用的方法，並嘗試從中歸納出基本原則與型態。

經過多年的研究，Genrich Altshuller 得到幾點結論：

1. 科技的進化是系統化的過程，散布在不同領域的規則，導引著這些科技的進化。
2. 科技的進化是藉由消除矛盾，所以，新的問題也可以用產生矛盾來表示，只要解決矛盾就可以產生新的發明。
3. 前人的經驗能被一再學習並加以使用，因此，藉由學習他人解決問題的經驗，就能系統性地解決新的問題。
4. 正確的界定問題，一個好的解決方法，不如一個好的問題，八成的問題如果能正確定義，就很容易獲得解答。
5. 成功的解決發明問題，需要借助外界的知識。

二、TRIZ 解決問題的方法

以前解決問題，大多會針對特定問題，採取試誤法（Try and Error）或腦力激盪法（Brain Storm），來找出特定解，而 TRIZ 則是從發明的問題中建立一個或多個分類，且對每一個類別建立一個或多個解決的運算子。

TRIZ 抽象化的問題解決流程如圖 3-1 所示，對於一個特定的問題，會先對問題的形式和類別進行抽象歸納，找出通用的問題，再根據各類別所建立的運算子，找到一個或多個抽象的解決方案，最後，再把具體問題代入抽象的解決方法，得到特定問題的解決方法。

一個特定的問題，需要識別出一些不同的抽象問題類別，而一個特定的問題類別也可能有許多不同的運算子，對特定問題類別所使用特定運算子也可能會得到解決方法的集合。

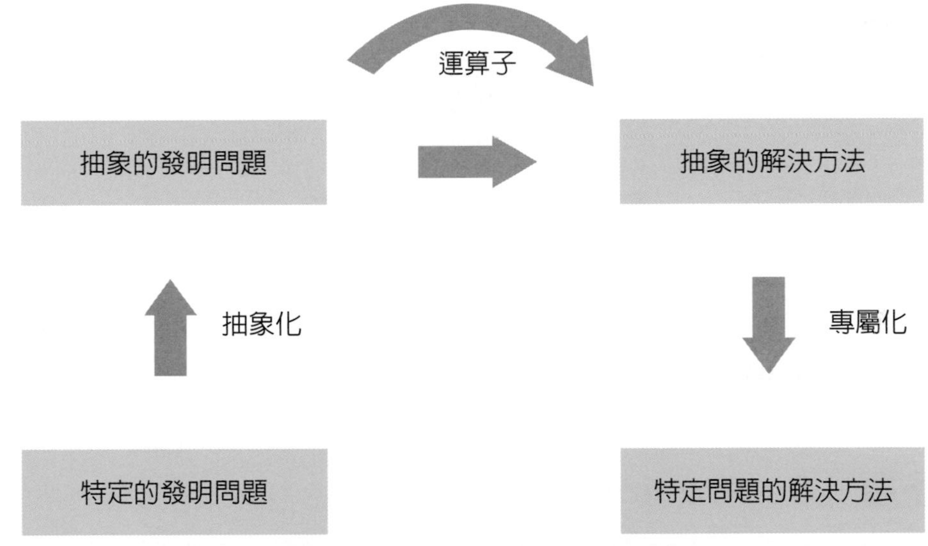

圖 3-1　抽象化的問題解決流程

我們拿到一個待解決的問題，需先判斷這個問題是技術問題還是物理問題，如果問題屬於技術問題，則透過矛盾矩陣找出可能解決矛盾的法則，如果是物理問題或是適用矛盾矩陣的技術問題，則透過分離矛盾的方式，找出可行的解答。

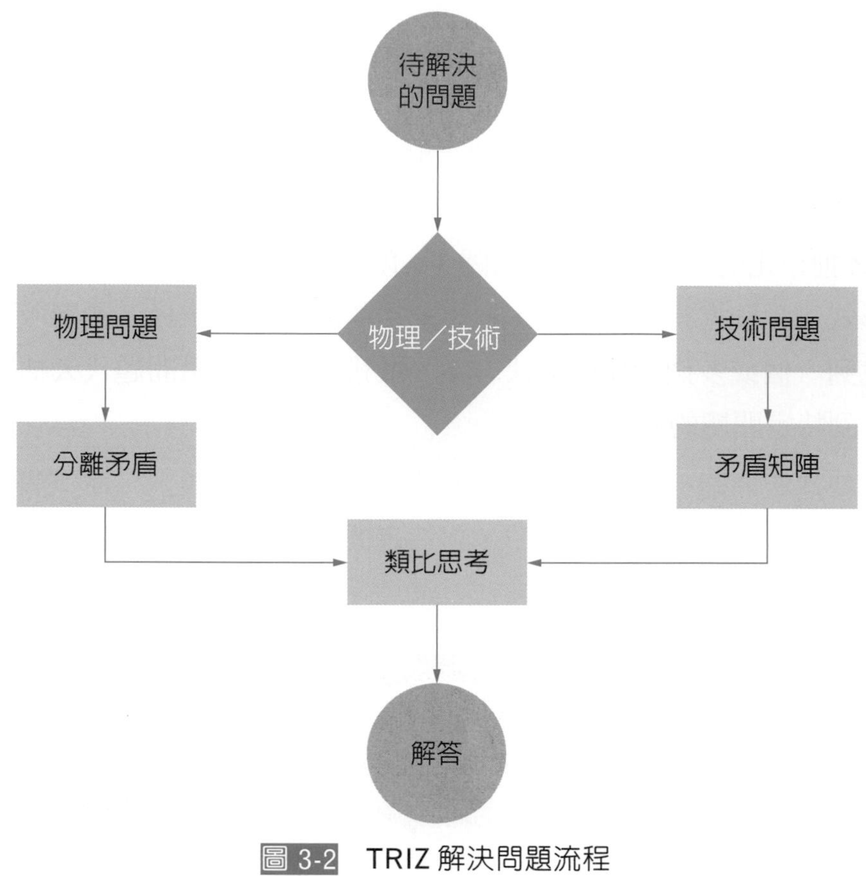

圖 3-2 TRIZ 解決問題流程

3-2 工程與商業參數

一、矛盾（Contradiction）

Altshuller 在研究了 20 萬件專利後，發現每一個具有創意的專利，都是在解決創意性問題（Inventive Problem），其中包含著需求衝突的問題，也就是矛盾。因此，每一個解決方案，都是可以有效地消除這些矛盾的解決方案。

矛盾是指我們想要改善一件事時，可能又會造成另一件事情的惡化，或者是一件事會同時出現相反的性質。例如我們希望車的內部空間要大、馬力要強，而這時，車子的油耗就會增加。我們希望車子的安全性要高、板金要厚，但車子就會變重、油耗就會增加。

Altshuller 發現這些衝突矛盾是一而再地出現，而解決這些問題的基本解決方法，也是在不同時間、地點、領域中，不斷重複被使用，所以，如果後來的發明家能夠愈早知道解決問題的知識，就愈容易解決這些矛盾的問題。

TRIZ 把矛盾分爲物理矛盾（Physical Contradiction）及技術矛盾（Technical Contradiction），技術矛盾往往可能隱含著物理矛盾，有時候解決物理矛盾會比解決技術矛盾還要容易。前面提到車子的動力跟油耗關係，就是一種技術矛盾，而解決十字路口車多、打結的問題，如果做成立體交叉，則是以物理方式的解。

(一) 物理矛盾

物理矛盾是指某個參數的自身衝突，常見的物理衝突如表 3-1 所示，可以分成 3 大類：物理特性、幾何特性及功能特性。

表 3-1 常見的物理衝突

物理特性	幾何特性	功能特性
冷、熱 動、靜 快、慢 亮、暗 高、低 導電、絕緣	大、小 長、短 寬、窄 厚、薄 水平、垂直	開、關 推、拉 存在、消失

Altshuller 認爲在每個技術矛盾中，都可以辨識出至少一個物理矛盾，於是他在解決物理矛盾上，提出了一個運算子稱之爲分離原則，分離原則包括了：時間分離（Separation in Time）、空間分離（Separation in Space）、依條件狀況分離（Separation in Condition）、轉換至其他系統分離（Transition to Alternative System）。

因此，當我們面臨到解決兩條交叉路口的交通問題時，爲了不造成車禍或塞車，我們採用分離原則可能有兩種做法，從時間分離的角度來看，可以在路口裝設紅綠燈，依時間間隔在不同時間讓不同方向的車輛通行。從空間分離去思考，我們可以在路口建一個天橋或地下道，讓兩條道路立體交叉。

（二）技術矛盾

技術矛盾是 Altshuller 研究了所有創新發明相關問題後，所歸納出的第一個重大發現，技術矛盾發生的原因是因爲我們試著去改善某一個技術參數時，卻使得另一個參數惡化，使得二個參數間產生衝突。

以往我們碰到這種工程上的矛盾，大多採取妥協的方式來解決問題，但 TRIZ 則是不考慮這種妥協、折衷的方案，而是認爲一個創新發明其實是一個新的思想方向，它可以超越這個矛盾，讓二個矛盾參數都可能向好的方向移動。

二、工程參數（Engineering Parameter）

一個發明至少要解決一個衝突或矛盾，Altshuller 在研究了 4 萬個創新的專利之後，歸納出 39 個與工程問題相關的工程參數，參數中的移動件指物件用自己本身或受外力作用，而產生空間位置改變，固定件指物件不因自己本身或外力作用產生空間位置的改變。39 個工程參數定義如下：

表 3-2　39 個工程參數

工程參數	定義
1. 移動物重量（Weight of Moving Object）	在重力場下物質的質量，物體作用在它的支持物或懸吊物的力量或作用它所在平面之力量。
2. 靜止物重量（Weight of Nonmoving Object）	在重力場下物質的質量，物體作用在它的支持物或懸吊物的力量或作用它所在平面之力量。
3. 移動物長度（Length of Moving Object）	任一線性尺寸，長度。
4. 靜止物長度（Length of Nonmoving Object）	任一線性尺寸，長度。
5. 移動物面積（Area of Moving Object）	一線所圍成封閉平面之幾何特性，一物體佔表面部分。
6. 靜止物面積（Area of Nonmoving Object）	一線所圍成封閉平面之幾何特性，一物體佔表面部分。
7. 移動物體積（Volume of Moving Object）	一物體所佔空間之立體量測。
8. 靜止物體積（Volume of Nonmoving Object）	一物體所佔空間之立體量測。
9. 速度（Speed）	物體運動過程或動作隨時間的變化率。

工程參數	定義
11.應力或壓力（Tension, Pressure）	每單位面積承受的力。
12.形狀（Shape）	一系統的外部輪廓、外觀。
13.物體穩定性（Stability of Object）	系統的全部性或完整性。
14.強度（Strength）	物體能阻止力的改變程度，規避破裂的能力。
15.移動物耐久性（Durability of Moving Object）	物體能執行動作的時間、壽命。
16.靜止物耐久性（Durability of Nonmoving Object）	物體能執行動作的時間、壽命。
17.溫度（Temperature）	一物體發熱狀況。
18.亮度（Brightness）	系統的亮度特性。
19.移動件使用能源（Energy Spent by Moving Object）	完成特定工作所需之能源。
20.固定件使用能源（Energy Spent by Nonmoving Object）	完成特定工作所需之能源。
21.功率（Power）	單位時間工作能源使用率。
22.能源損失（Waste of Energy）	使用能源後，對工作沒有貢獻。
23.物質損失（Waste of Substance）	對系統之材料、物質、工件、次系統之部分或全部，造成永久或暫時損失。
24.資訊損失（Loss of Information）	對感覺、組織構造的部分或全部，所造成的永久或暫時損失。對系統資料遺失或失去使用權。
25.時間耗失（Waste of Time）	時間指動作的持續性，改善時間損失就是減少動作所花的時間。
26.物質數量（Amount of Substance)	系統物料、物質、工作或次系統之數目或數量。
27.可靠度（Reliability）	系統在可預測方式及狀況下，執行預期功能之能力。
28.量測精確度（Accuracy of Measurement）	系統特性之真正值與測量值的接近程度，減少測量誤差，即可增加精確度。
29.製造精確度（Accuracy of Manufacturing）	系統或物體其真正特性與被規範或要求的特性吻合程度。

工程參數	定義
30.物體外在有害因素（Harmful Factors Acting on Object）	系統外可能作用於系統或物體上的有害效應。
31.物體產生有害因素（Harmful Side Effects）	由物體或系統部分操作所產生有害的副作用，會降低物質、系統功能效率或品質。
32.易製造性（Manufacturability）	一物體、系統在製造或建構中其方便、舒適、容易程度。
33.易操作性（Convenience of Use）	簡化一個需要很多人、繁複的操作步驟與特殊工具等的過程是不容易的，一般困難的過程可能導致生產量降低，簡易的過程能提高生產量與良率。
34.易維修性（Repair Ability）	維護一系統的錯誤、損壞、缺陷所需時間，及其品質上簡單、舒適、方便等特性。
35.適應性（Adaptability）	一系統、物體對外界改變之正向反應程度，或是一系統在周圍環境變化下，可以多重方式加以使用的特性。
36.裝置複雜度（Complexity of Device）	一系統內元件個數與彼此關係的變化性，使用者可能因系統內一個元件而增加複雜性，而對系統複雜性的精通程度則可視為系統複雜性量測指標。
37.偵測與量測困難度（Complexity of Control）	測量或監測系統是複雜且需耗費高成本、時間、勞力去建構與執行，且元件間可能存在複雜關係或彼此相互干擾現象，在在顯示偵測與量測的困難，為滿足誤差而增加量測成本，等同是增加量測困難度。
38.自動化程度（Level of Automation）	一系統或物體不需人工介面即可自行執行功能的程度。低階自動化需要用手操作工具，中階自動化利用程式操作工具，且隨時做觀察，必要時可中斷或以程式重新執行，高階自動化係以機器感知所需操作，依程式運作，自行監視執行狀況。
39.生產力（Productivity）	一系統每單位時間執行功能或操作之數目，每單位能或操作所需時間，每單位時間之輸出或每單位輸出之成本。

三、工程矛盾矩陣（Contradiction Matrix）

Altshuller 雖然歸納出 39 個與工程問題相關的工程參數，但是，工程參數間可能會造成衝突，TRIZ 則是將工程參數與發明原則間的關係做成矛盾矩陣（詳見 Chapter B），矩陣上方橫軸是惡化的參數，左方縱軸所列則是欲改善的參數，當我們把問題分解成會造成現況惡化的參數及想要改善的參數後，矩陣中二者交叉點所列的發明原則，就是可能的解。

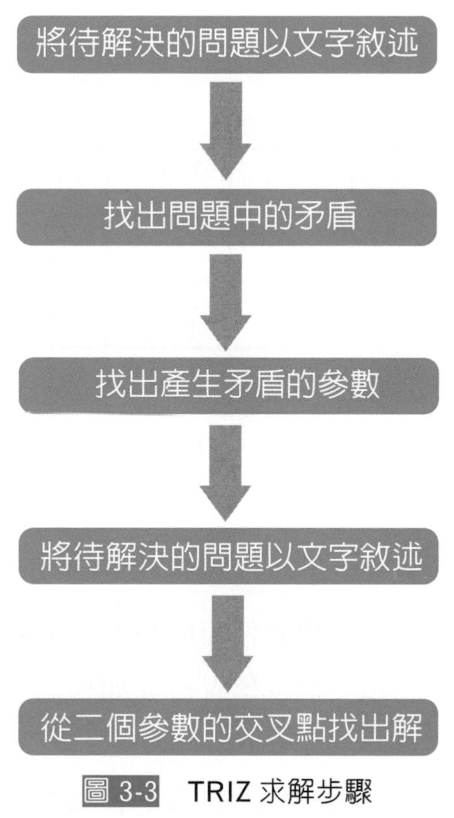

圖 3-3 TRIZ 求解步驟

例：如何設計一個省電燈泡

省電意味著會節省能用的消耗，在 TRIZ 的矛盾矩陣是要改善的參數，是 39 個工程參數中的第 20 個參數：固定件使用能源；但是，使用的能源減少，可能會使燈泡的亮度減少，這在 TRIZ 的矛盾矩陣中變成是一個會惡化的參數，是 39 個工程參數中的第 18 個參數：亮度。

在確定了二個矛盾的參數後，即到附件一的矛盾矩陣中，先從上面的橫軸上找到會惡化的參數亮度 (18)，再到左邊的縱軸上找到要改善的參數固定件使用能源 (20)，從二個參數交叉的格子找到了四個解：19、2、35、32，至於這四個解是什麼意思，將在第 3-3 節中解釋。

惡化的參數 / 欲改善的參數			17	18	19	
		……	溫度	亮度	移動件使用能源	……
	……	……	……	……	……	……
19	移動件使用能源	……	19,24,3,14	2,15,19		……
20	固定件使用能源	……		*19,2,35,32*		……
21	功率	……	2,14,17,25	16,6,19	16,6,19,37	……
	……	……	……	……	……	……

圖 3-4 矛盾矩陣

四、商業參數

TRIZ 的 39 個工程參數是由專利技術所歸納出來的，爲了讓其他領域也能運用 TRIZ 的技術來解決問題，很多學者研究如何將 TRIZ 的工程參數經過調整後，能運用到非工程領域。

Mann 在 2002 年就曾經提出過 31 個商業管理參數，Souchkov 在 2015 年也提過 31 個商業通用的參數，並以這 31 個參數製作了商業用的矛盾矩陣。國內對於 TRIZ 的研究，近年來也是蓬勃發展，對於 TRIZ 在管理方面的應用，更是不遺餘力。

在葉繼豪的研究中，整合了研發管理、生產管理、專案管理、供應鏈管理、服務業管理、行銷管理及人力資源管理，將 TRIZ 的 39 個工程參數轉換爲 39 個具有管理內涵的參數，在不需要改變原來的矛盾矩陣下，可以直接套用原來的 40 個發明原則。

新的 TRIZ 的管理參數對應工程參數的如下義意：

表 3-3 商業參數

參數	定義
1. 移動物重量（Weight of Moving Object）	管理參數義意——企業某一部分的重要度或貢獻度。
2. 靜止物重量（Weight of Nonmoving Object）	管理參數義意——企業整體重要度或貢獻度。
3. 移動物長度（Length of Moving Object）	管理參數義意——企業個別的聯絡溝通方式。
4. 靜止物長度（Length of Nonmoving Object）	管理參數義意——企業整體的聯絡溝通方式。
5. 移動物面積（Area of Moving Object）	管理參數義意——企業某一部分的可接觸性。
6. 靜止物面積（Area of Nonmoving Object）	管理參數義意——企業整體之可接觸性。
7. 移動物體積（Volume of Moving Object）	管理參數義意——企業各部門占據的範圍大小。
8. 靜止物體積（Volume of Nonmoving Object）	管理參數義意——企業所占據的範圍大小。
9. 速度（Speed）	管理參數義意——執行速度或速率。
10.力（Force）	管理參數義意——新運作機制。
11.應力或壓力（Tension, Pressure）	管理參數義意——新運作機制之效應。
12.形狀（Shape）	管理參數義意——企業某一部分的組織架構、企業形象或商譽。
13.物體穩定性（Stability of Object）	管理參數義意——和平共事的能力。
14.強度（Strength）	管理參數義意——容易出事的環節。
15.移動物耐久性（Durability of Moving Object）	管理參數義意——戰術與操作之花費時間。
16.靜止物耐久性（Durability of Nonmoving Object）	管理參數義意——策略規劃與執行之花費時間。
17.溫度（Temperature）	管理參數義意——工作積極性與工作熱度。
18.亮度（Brightness）	管理參數義意——企業內表現較優或較弱的部門或員工。
19.移動件使用能源（Energy Spent by Moving Object）	管理參數義意——執行一戰術或操作之花費成本。

參數	定義
20.固定件使用能源（Energy Spent by Nonmoving Object）	管理參數義意——執行一策略之總花費成本。
21.功率（Power）	管理參數義意——支出成本或所得利潤之變化量。
22.能源損失（Waste of Energy）	管理參數義意——成本損失或浪費。
23.物質損失（Waste of Substance）	管理參數義意——表示合理的浪費或損失。
24.資訊損失（Loss of Information）	管理參數義意——資訊無法取得或利用。
25.時間耗失（Waste of Time）	管理參數義意——時間之無效率性。
26.物質數量（Amount of Substance）	管理參數義意——企業所擁有可利用的資源數量總額。
27.可靠度（Reliability）	管理參數義意——決策不易受可控制參數影響。
28.量測精確度（Accuracy of Measurement）	管理參數義意——偵錯值符合實際值的程度。
29.製造精確度（Accuracy of Manufacturing）	管理參數義意——決策之預估值與實際值之差異量。
30.物體外在有害因素（Harmful Factors Acting on Object）	管理參數義意——負面或有害於企業內部商業機密之安全保密性保護，免於受到負面衝擊的能力。
31.物體產生有害因素（Harmful Side Effects）	管理參數義意——未明顯包含於成本、時間、資訊之無效率或負面效應，皆屬此因干擾而衍生的未決問題或負面效應決策錯誤。
32.易製造性（Manufacturability）	管理參數義意——技術或方法之成熟度與了解度。
33.易操作性（Convenience of Use）	管理參數義意——操控與使用之便利性和正確性。
34.易維修性（Repair Ability）	管理參數義意——問題之可彌補性或可修復性。
35.適應性（Adaptability）	管理參數義意——企業、部門、員工、管理系統或反映回饋機制具多功能性與適應外界環境改變，團隊合作性與協同運作性。

參數	定義
36.裝置複雜度（Complexity of Device）	管理參數義意——決策內含之變數、交互作用或影響層面之數目控制或協調機制內含數目或整合性。
37.偵測與量測困難度（Complexity of Control）	管理參數義意——偵測管理疏失之能力。
38.自動化程度（Level of Automation）	管理參數義意——無人化或僅需要極少數人即可正常運作。
39.生產力（Productivity）	管理參數義意——單位時間內完成正面有用之工作數目產品或服務之主要功能，提供專長應定位並放大發揮。

3-3 發明原則

一、工程屬性的發明原則

Altshuller 在研究大量的專利之後，歸納出解決問題的 40 個發明原則，當我們在矛盾矩陣中，從會惡化的參數及欲改善的參數的交叉點上，會看到一串的數字，這些數字就是解決問題的發明原則，我們可以參考這些原則，思考可能的解決方案。40 個發明原則說明如下：

表 3-4 工程屬性的發明原則

發明原則	說明
1. 分割（Segmentation）	(1)將物體分割成個別獨立的部分。如：垃圾子母車。 (2)使物體成為模組化，容易組裝、拆卸。如：拼裝墊、拼裝地板、組合家具。 (3)增加物體的分割程度。如：活頁紙、拼圖。
2. 萃取、分離（Extraction）	(1)從物體中提煉、移除、分離出有害或不想要的部分或屬性。如：無線電話、無線耳機。 (2)從物體中提煉、移除、分離出有利或想要的部分或屬性。如：專門讓銀髮族使用的手機、分離式冷氣。

發明原則	說明
3. 局部品質（Local Quality）	(1)改變物體或系統的結構，由均質轉變成異質。如：安全鞋、防滑鞋。 (2)改變一個作用或外部環境，由均質變成異質。如：蛙鞋。 (3)使一系統每部分的功能都能達成最適狀態。如：具備冷、溫、熱功能的熱水器。 (4)使一系統或物體的每一個部分，能執行不同與／或互補的有用功能。如：具有橡皮擦的鉛筆。
4. 非對稱性（Asymmetry）	(1)利用不對稱的形狀取代對稱的形狀。如：不對稱的斜張橋、不對稱的輪胎紋路。 (2)改變物體或系統的形狀，以適應外部的非對稱性。如：離心力洗衣機。 (3)如果物體已經是非對稱性的形狀，則增加不對稱的形狀。如：濾水器的濾心可以採不對稱的方向性設計，以利安裝。
5. 合併（Consolidation)	(1)將相同或相關的物體、作業或功能實體連接或合併。如：雙層巴士、訂書針、雙焦眼鏡。 (2)合併物體、作業或功能，使其在時間上一起作用。如：有近視度數的蛙鏡、枴杖傘、三合一咖啡。
6. 萬用（Universality）	集多功能於一身，以消除對其他系統的需求。如：萬用型遙控器、多功能筆、瑞士刀。
7. 套疊（Nested doll）	(1)將一物體放置在另一物體內，該物體又被放置在第三物體內。如：俄羅斯娃娃、釣竿、伸縮指揮筆。 (2)將多數物體或系統放置在其他物體或系統內。如：捲尺、使用者介面上的多層次清單。 (3)一物體通過另一物體的空隙。如：賣場的購物推車、免削鉛筆。
8. 平衡力（Counter Balance）	(1)結合能提供上升力量的物體，平衡物體的重量。如：彈跳床、車用擾流板。 (2)利用環境中產生的空氣力、水動力、浮力等，平衡物體的重量。如：利用褲子做的救生用浮筒。 (3)利用環境中可取得的相對力量，平衡系統中的負面屬性。如：起重機的配重、電梯的配重。
9. 預先反作用（Prior Counter-action）	(1)如果一個作用包含有害與有用的效益，進行反作用的行動，以去除或降低有害的效果。如：步槍的預壓彈簧可降低槍的後座力。 (2)對物體施以預應力，以抵抗有害的工作應力。如：易撕式包裝。

發明原則	說明
10.預先作用（Prior Action）	(1)預先導入有用的作用到物體或系統的部分或全部。如：預力混凝土、氣墊鞋。 (2)預先安置物體或系統，以期能在最方便的時間與位置展開作用。如：郵票背面的膠水、手機上設定號碼的快速撥號鍵。
11.事先預防（Cushion in Advance）	採用預先預防的方式，以補救物體潛在的低可靠性。如：避雷針、防彈衣、預防針、暈車藥。
12.等位性（Equi-Potentiality）	重新設計工作環境，以消除舉起或放在物體的操作，或由工作環境執行該等操作。如：設置保養溝更換汽車機油，輸送帶。
13.逆轉（Do It in Reverse）	(1)以相反的作用取代原來的作用。如：跑步機。 (2)讓原來活動的部分固定，固定的部分活動。如：吸塵器、電扶梯。 (3)將物體、系統或程序反轉。如：風洞。
14.曲度（Spheroidality）	(1)以曲線取代直線，以曲面取代平面，以球形結構取代正六面體。如：旋轉梯、蚊香、馬路上的反光鏡。 (2)使用滾輪、球、螺旋。如：開罐器。 (3)從直線運動到旋轉運動。如：飛盤、雲霄飛車。 (4)利用離心力。如：脫水機。
15.動態性（Dynamization）	(1)在不同條件下，物體或系統的特徵要能改變，以達到最佳的效果。如：可調整水流噴灑的蓮蓬頭、可改變角度的拖把。 (2)分割物體成為可以互相移轉的元件。如：電視的分割畫面。 (3)讓固定的物體或系統，變成可活動或能互換。如：可調式方向盤、折疊式腳踏車。 (4)增加自由度。如：可調式自行車輔助輪、可彎式吸管。
16.部分／過度作用原理（Partial or Excessive Actions）	如果很難完成100%的理想效果，做多一點或少一點，也可以解決問題。如：抹水泥可先抹多點，再抹去多的水泥。

發明原則	說明
17.移到新空間（Transition into a New Dimension）	(1)將物體從一維的位置或移動轉變成二維或三維的位置或移動。如：高樓、高架水耕蔬菜。 (2)使用多層結構取代單層。如：千層糕、立體停車場、夾板。 (3)傾斜物體或用另一側面置放。如：斜取式滾筒式洗衣機。 (4)使用物體的另一面。如：橫置式洗衣機、安全圖釘。 (5)投射光線到物體的反面、另一面或鄰近地區。如：反射鏡、螢幕防窺貼紙。
18.機械振動（Mechanical Vibration）	(1)使物體振動。如：氣血循環機。 (2)增加震動頻率。如：超音波清洗機。 (3)使用共振頻率。如：振動去污。 (4)使用壓電振動器取代機械振動。如：鑄件的振動。 (5)結合超音波與電磁場的振動。如：去脂的振動機。
19.週期性動作（Periodic Action）	(1)把連續作用轉變成周期作用或脈衝。如：草地灑水、水車。 (2)把現有的週期性動作，改變其週期大小或頻率，以適應外在需求。如：汽車的ABS、警車上的紅藍警示燈。
20.連續有用的動作（Continuity of Useful Action）	(1)物體或系統的所有部分，應以最大負載或最佳效率操作。如：電動牙刷、桌上的轉盤。 (2)去除閒置或非生產性的活動或工作。如：滾筒式油漆刷取代傳統油漆刷。 (3)以旋轉運動取代往復式運動。如：鑽床、折斷鐵絲。
21.快速作用（Rushing Through）	以高速執行一項行動，以避免可能有害的副作用。如：水刀洗車、雷射眼科手術。
22.轉有害為有利（Convert Harm into Benefit）	(1)轉變有害的物體或作用，以獲得正面的效果。如：沼氣發電、電力設備彩繪、再生紙。 (2)增加另一個有害的物體或作用去中和或去除有害效應。如：在森林大火中開設防火巷、肉毒桿菌用於美容。 (3)增加有害因子的程度，以至不發生害處。如：以高頻電流用在金屬的表面處理。
23.回饋（Feedback）	(1)導入回饋以改善製程或作用。如：通道上的感應式電燈、人行道上的倒數計時小綠人。 (2)改變既有回饋機制的級數或影響，使其能適應作業條件的變化。如：賽車的回饋式方向盤。

發明原則	說明
24.中介物（Mediator）	(1)二個物體、系統或作用間，使用中介物。如：自動上掀的馬桶蓋。 (2)使用暫時性中介物，當其功能完成後，能很快移除。如：便利貼。
25.自助（Self-service）	(1)一物體或系統執行補助的有用功能來服務自己。如：防毒軟體自動更新病毒碼、自動提款機、自助加油。 (2)使用廢棄的資源、能源或物資。如：將閒置的房間出租。
26.複製（Copying）	(1)以低價和簡單的複製品取代昂貴的原產品。如：塑膠花、路邊假的交通警察。 (2)用光學複製影像取代一物體或系統。如：拍照。 (3)將可見光的複製品改為紅外光或紫外光的複製品。
27.非持久性原理（Disposable）	以多個便宜物或壽命短的物品，取代昂貴物品。如：輕便型雨衣、紙尿布。
28.取代機械系統（Replacement of Mechanical System）	(1)用另一種方法取代現行的方法。如：以振動取代手機來電的鈴聲、以LED螢幕取代現有的廣告看板。 (2)使用電場、磁場或電磁場與物體或系統進行交互作用。如：用感應鑰匙取代傳統鑰匙。 (3)用移動的場取代靜止的場。如：移動電極的靜電除塵器。 (4)使用場，並連接能與場作用的粒子、物體或系統。如：油電混合車。
29.液氣壓結構（Pneumatics and Hydraulics Construction）	將物體中的固態裝置用液氣壓裝置取代。如：液壓式千斤頂、水床、車用安全氣囊。
30.彈性膜與薄膜（Flexible Membranes and Thin Films）	(1)以彈性膜與薄膜取代固態結構。如：鞋底的軟墊、洗衣袋。 (2)使用彈性膜或薄膜將物體或系統外部與有潛在危險的環境隔絕。如：蚊帳、防蚊液、戶外燈罩。
31.多孔性材料（Porous Materials）	(1)製作多孔性物體或補充多孔結構。如：蓮蓬頭、撈麵的勺子。 (2)如果物體已具多孔性，在孔隙中再加入有用的物質或功能。如：靜電空氣濾網、多孔巧克力。

發明原則	說明
32.改變顏色（Changing the Color）	(1)改變物體或環境顏色。如：驗孕用試紙、酸鹼試紙。 (2)改變物體或其環境的透明度。如：透明鍋子、透明電梯。 (3)使用顏色添加物或發光元素，以改善能見度。如：樓梯上的螢光防滑條、夜間會反光的斑馬線。 (4)不同輻射熱下，會改變物體的發光性質。如：汽車隔熱紙、水族箱上的變色溫度計。
33.同質性（Homogeneity）	和主要物體材質一致的物體進行交互作用。如：家具以接榫方式結合、用脆餅筒裝冰淇淋。
34.丟棄與再生（Rejecting and Regenerating Parts）	(1)已執行完成功能的物體或系統元件，會自行消失。如：火箭升空後自動丟棄推進器、乾洗手劑。 (2)將已消耗或退化的零件，在使用中恢復其功能或形狀。如：記憶枕頭、再生能源。
35.改變性質（Transformation of Properties）	改變物體的物理狀態、濃度、密度、彈性、溫度、壓力、長度、體積或其他性質。如：壓力鍋、液態瓦斯。
36.相變化（Phase Transitions）	利用相變化過程，產生所需要的功能。如：暖暖包。
37.熱膨脹（Thermal Expansion）	(1)利用材料熱漲冷縮的原理完成有用的效應。如：水銀溫度計。 (2)利用不同膨脹係數的材料，完成不同的效應。如：貼瓷磚留空隙防止拱起、建物留伸縮縫。
38.加速氧化（Accelerated Oxidants）	(1)使用含氧量高的氣體取代正常空氣。如：火箭的噴射燃料。 (2)使用純氧取代含氧高的氣體。如：燃燒物中加入純氧。 (3)使用臭氧。如：臭氧機。
39.惰性環境（Inert Environment）	(1)以惰性環境取代正規環境。如：滅火器、不鏽鋼鈍化處理。 (2)加入中性物質或惰性添加物於物體或系統中。如：輪胎充氮氣、白熱燈泡內充填鹵素氣體。
40.複合材料（Composite Materials）	以複合材料取代均質材料。如：防火衣、排汗衣。

二、管理屬性的發明原則

TRIZ 的 40 個創新發明原則，原來就是把創新概念具體化的結果，Altshulle 當初是爲解決工程技術問題而提出來的，後續很多學者開始研究把這 40 個創新原則用到不同領域，如教育、服務、非技術領域。

Saliminamin and Nezafati 在 2003 年就將創新原則從工程領域擴展到非技術領域，提出了 40 個用於非技術領域的創新原則。國內學者除葉繼豪針對 TRIZ 的 40 個發明原則做過研究外，張旭華及呂鐀湞也把 TRIZ 的 40 個創新原則發展出適用於服務業的原則。本書綜整各學者的研究，將 TRIZ 的 40 個創新發明原則，納入非技術的元素舉例說明如下，創新發明的定義請參考上一小節，在此不再贅述。

表 3-5 管理屬性的發明原則

發明原則	說明
1. 分割（Segmentation）	(1)依需求、年齡、團體、購買行為分割顧客需求。 (2)注意企業無形、有形的要素。 (3)將組織分層以簡化管理。
2. 萃取、分離（Extraction）	(1)將部分非自己專業或核心的工作外包。 (2)設立網站提供客戶服務，讓業務可專心服務現場客戶。
3. 局部品質（Local Quality）	(1)市場區隔、差異化策略、目標行銷。 (2)賣場動線規劃舒適、方便，讓顧客容易採購、增加銷售。 (3)在地化，聘用當地員工，掌握當地需求。
4. 非對稱性（Asymmetry）	(1)客製化服務讓顧客獲得獨一無二的經驗。 (2)買賣雙方的關係強調顧客至上。 (3)重視口碑行銷，避免壞事傳千里。
5. 合併（Consolidation）	(1)提供一站購足的服務。 (2)企業間的合併、合作、結盟。 (3)將產品與服務相結合。 (4)將顧客的需求融入產品或服務中。
6.萬用（Universality）	(1)將多種功能整合在同一個環境中。 (2)提供一種符合多數顧客需求的產品或服務。 (3)提供標準化的服務流程或標準化的資料蒐集形式。

發明原則	說明
7. 套疊（Nested Doll）	(1)在原有服務中加入其他服務。 (2)將相似的產品或服務訊息放在同一廣告中。 (3)提供給顧客預期外的產品功能或服務。
8. 平衡力（Counter Balance）	(1)利用全球性或地方性的活動來進行行銷。 (2)透過不同的媒介來進行廣告投放。 (3)利用名人代言以強調產品與服務的優點。
9. 預先反作用（Prior Counteraction）	(1)提供新產品退款保證或延長保固期。 (2)公司預先告知產品可能的風險或副作用，以規避責任。 (3)智慧財產權保護。
10.預先作用（Prior Action）	(1)提供顧客全球性的保固或售後服務。 (2)預先將帳單給顧客，以節省付款或結帳時間。 (3)在顧客要求前預先提供服務。 (4)產品在進入市場前，先做市場調查。
11.事先預防（Cushion in Advance）	(1)削峰填谷，在非尖峰時間推出促銷方案，以刺激消費、增加營收。 (2)成立緊急應變中心，協助處理客訴事件或衝突。
12.等位性（Equi-Potentiality）	(1)廣設據點，提供相同服務。 (2)與顧客溝通時，儘量用共同語言、少用專業術語。
13.逆轉（Do It in Reverse）	(1)為偏遠或交通不便的顧客，提供行動服務。 (2)親至到場拜訪、到府售後服務。 (3)站在顧客立場思考，並鼓勵顧客提出建議。 (4)引導顧客嘗試新產品或服務。
14.曲度（Spheroidality）	(1)全面性評估顧客的需求，提供最適的產品或服務。 (2)平滑、圓融地處理顧客抱怨。
15.動態性（Dynamization）	(1)授權第一線工作人員，直接處理顧客問題。 (2)彈性的價格政策。
16.部分／過度作用原理（Partial or Excessive Actions）	(1)預先通知顧客暫時性終止服務的訊息，以防顧客等待服務太長而流失。 (2)利用尾數9或折扣的方式增加銷售。
17.移到新空間（Transition into a New Dimension）	(1)組織中不同階層的成員都要對所提供的產品或服務徹底了解，以確保訊息傳遞的一致性。 (2)多方蒐集顧客資訊，了解不同顧客的需求。

發明原則	說明
18.機械振動（Mechanical Vibration）	(1)利用跨部門會議，集合多領域人才提出建議。 (2)利用市場不同需求，提供多元服務刺激消費。 (3)常與顧客溝通以了解其需求。 (4)替團隊注入新血或新挑戰。
19.週期性動作（Periodic Action）	(1)固定蒐集顧客意見，協助組織了解顧客滿意度。 (2)於固定時間提供特定服務。 (3)重複性的廣告。
20.連續有用的動作（Continuity of Useful Action）	(1)與顧客維持長期的關係，增加回購率。 (2)與離職員工維持良好關係，增加生意往來的機會。 (3)24小時的服務。
21.快速作用（Rushing Through）	轉移顧客因長時間等待所產生的不悅。
22.轉有害為有利（Convert Harm into Benefit）	(1)以高價塑造高品質形象。 (2)將顧客抱怨視為珍貴的建議，並重視會抱怨的顧客。
23.回饋（Feedback）	保持與消費者接觸的紀錄，並傾聽他們的建議以提升服務品質。
24.中介物（Mediator）	(1)成立地方性分公司、分行、服務據點。 (2)維持與中間顧客的良好關係。 (3)聘任人才提供行銷或廣告上的建議。 (4)透過中間人的協商降低與顧客的衝突。
25.自助（Self-service）	(1)利用顧客參與感受不一樣的體驗。 (2)聘用已退休的專家為顧問。
26.複製（Copying）	(1)將相同概念應用在其他領域。 (2)以競爭對手的產品或服務為標竿。 (3)確實反應已知的顧客需求。
27.非持久性原理（Disposable）	(1)先提供試用品，使用後再購買。 (2)進入新市場前先模擬分析，以避免躁進的損失。 (3)產品先試賣，視市場反應修正。 (4)聘用臨時人員。
28.取代機械系統（Replacement of Mechanical System）	(1)運用多媒體取代臨場服務。 (2)使用電子化服務取代現場服務。
29.液氣壓結構（Pneumatics and Hydraulics Construction）	利用慈善服務與公益活動來取代廣告並提升形象。

發明原則	說明
30.彈性膜與薄膜（Flexible Membranes and Thin Films）	(1)將場所區隔成不同功能的用途。 (2)將顧客區分成不同等級的服務。
31.多孔性材料（Porous Materials）	提供多種諮詢與溝通窗口。
32.改變顏色（Changing the Color）	(1)改變場地的顏色。 (2)改變環境的光線。 (3)產品資訊透明化。
33.同質性（Homogeneity）	利用好的客戶經驗來增加新客戶的信心。
34.丟棄與再生（Rejecting and Regenerating Parts）	設置可隨時撤換的便利性設施。
35.改變性質（Transformation of Properties）	對於常客提供便利或特別的服務。
36.相變化（Phase Transitions）	(1)在顧客不同的階段提供不同的產品或服務。 (2)在不同季節提供不同的產品或服務。
37.熱膨脹（Thermal Expansion）	(1)視產品或服務在市場上的反應熱度，再決定日後是否擴大營運。 (2)與客戶軟硬兼施協商。
38.加速氧化（Accelerated Oxidants）	(1)聘任了解顧客的專家。 (2)給予顧客控制產品或服務的權利，了解他們對於產品或服務的知覺。 (3)以超越顧客預期的產品或服務與競爭對手區隔。
39.惰性環境（Inert Environment）	以不計名方式了解員工情況。
40.複合材料（Composite Materials）	(1)提供混合性服務。 (2)跨部門整合。

3-4 物質—場分析

物質—場分析（Substance-field Analysis）是一種 TRIZ 分析的工具，它是一種用來定義問題及解決問題的方法，主要是建立起問題與現有技術間的關係，透過視覺化的圖像分析，對系統進行檢視，以解決系統無效或造成有害系統的問題。

一、物質—場模型

物質—場模型是把一個物體或系統分成二個物質（Substance）及一個場（Field），如圖 3-5 所示，物質與場都是以圓形表示，它們之間的關係則是用線條表示。物質包含各種複雜的物體，它們可能是單一的系統，也可能是複雜的系統，而場則是完成工作的手段。

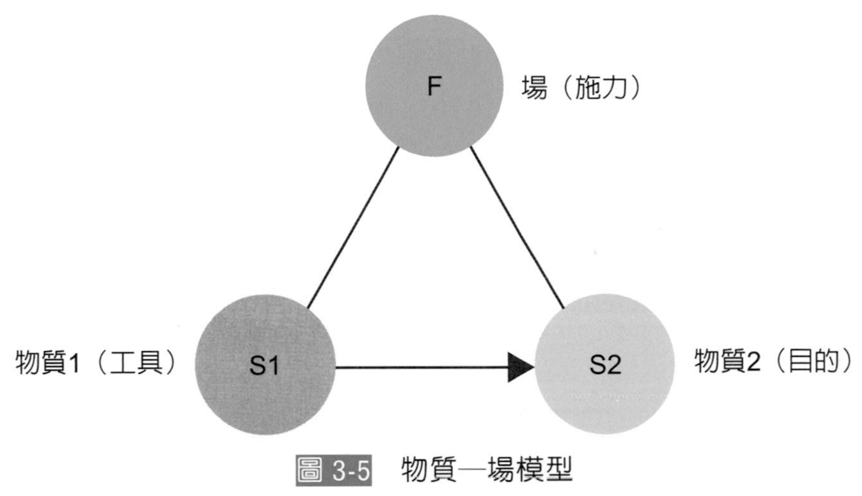

圖 3-5 物質—場模型

在物質—場模型中，物質 1 及物質 2 分別代表系統的工具（Tool）及系統的目的（Article），場則是系統的施力方式。以圖 3-5 的物質—場模型爲例，物質 1 透過場的力作用於物質 2，就會產生輸出。

以機械加工最常見的銑床爲例，我們把要銑溝槽的金屬放在銑床上，以銑刀銑出所需的溝槽，此時，銑刀係透過機械力的作用，以旋轉及水平移動的方式，將所需的溝槽銑出。

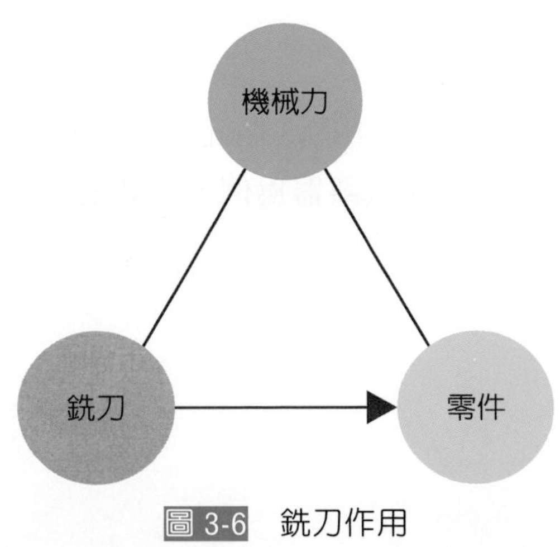

圖 3-6 銑刀作用

在物質—場模型中的物質包括了：人、工具、材料、零件與環境，至於場的分類，在宋明弘的研究中，將其分爲：重力（Gravitational）、機械力（Mechanical）、氣體力（Pneumatic）、液力（Hydraulic）、聲響力（Audible）、熱力（Thermal）及化學力（Chemical），在洪永杰的研究中，則分爲：機械力、熱力、化學力、電力與磁力。

除了物質與場外，還有一個非常重要的元素，就是作用線，作用線連接起場與物質間的關係及物質與物質間的關係，不同形式的作用線代表著不同的關係與意義。各種作用線的表示方式與其意義如表 3-6 所示，實線代表有用的效果，也是我們要追求的目標，虛線代表效果雖然有用，但還不夠充足，波浪線則是代表有害的效果，這二者都是我們要創新、改善的。

表 3-6　作用線的表示方式與意義

符號	意義
——▶	需要的效果
- - - - -▶	不足的效果
∼∼∼▶	有害的效果

二、物質—場分析

經過物質—場分析後，可能會有 4 個結果：有效且完整的系統（Effective Complete System）、未完整的系統（Incomplete System）、有害的完整系統（Harmful Complete System）及不足的完整系統（Ineffective Complete System）。

(一)有效且完整的系統

有效且完整的系統是指模型中的 3 個元素都存在，且能達到所想要的效果，是最佳的結果。以圖 3-7 的吸塵器爲例，吸塵器透過機械力（吸力），來達到清潔地毯的目的。

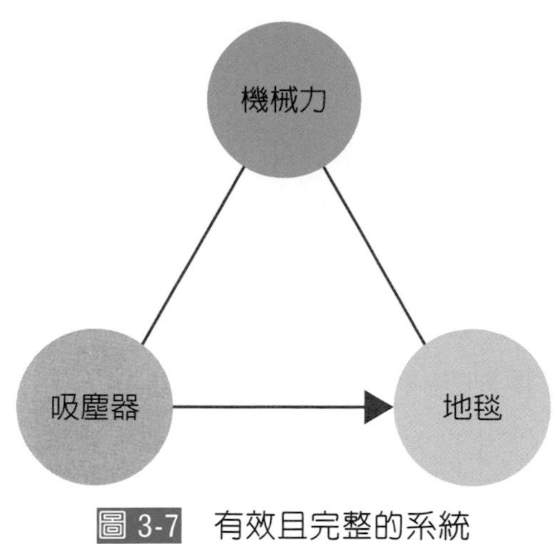

圖 3-7 有效且完整的系統

(二)未完整的系統

未完整的系統表示模型中少了 1 至 2 個元素(如圖 3-8),以至於讓系統無法達到預期的效果,這時我們就要設法增加元件(如圖 3-9),讓物質—場模型的三角形能組成,才能解決我們的問題。

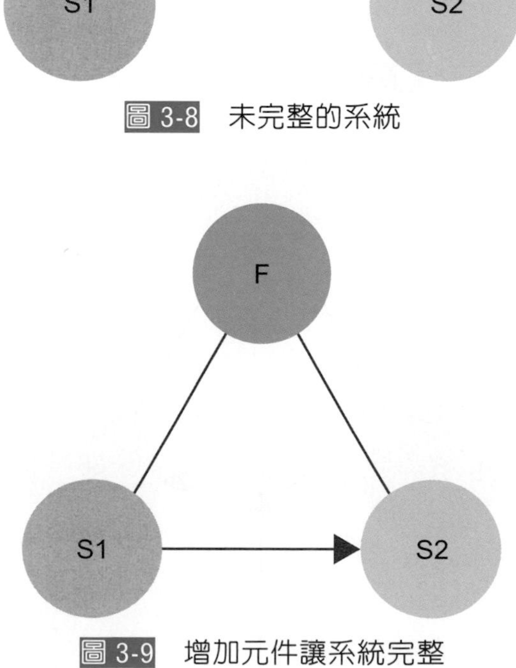

圖 3-8 未完整的系統

圖 3-9 增加元件讓系統完整

以實際案例來看，某種油（S1）中含有氣泡（S2），如果系統中只有這二個物質，恐怕很難處理，但是，如果我們另外加一個外力，問題就容易解決了，我們可以把離心力（F）加到系統中，利用離心力將油中的氣泡輕易地甩出去。

（三）有害的完整系統

有時候元件都在，但結果不一定是我們想要的，有害的完整系統就是指物質一場模型中的 3 個元件都在，但卻產生了有害的效果（如圖 3-10），這時我們就得要設法再增加 1 個場，來平衡原來產生有害結果的系統（如圖 3-11）。

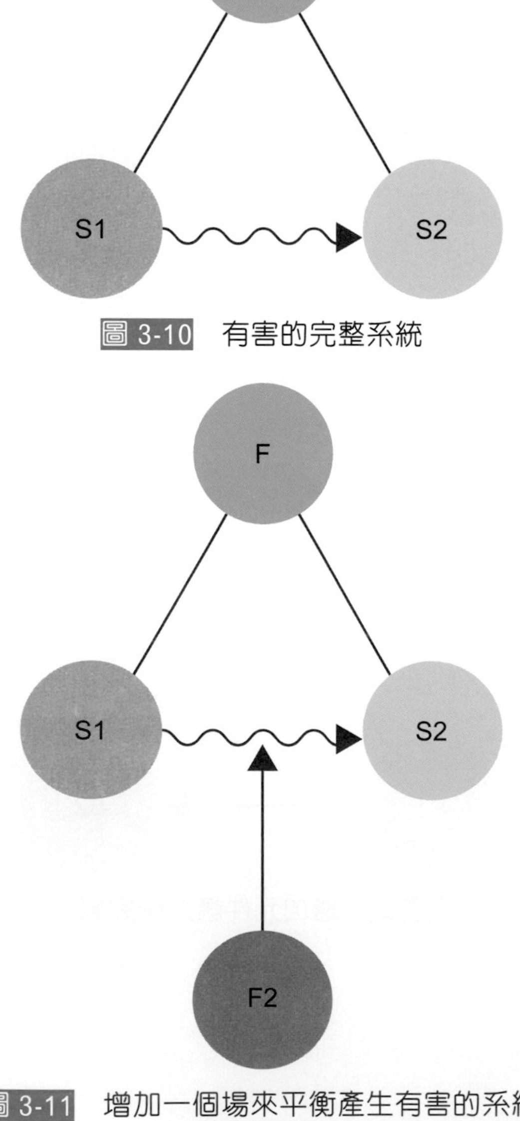

圖 3-10　有害的完整系統

圖 3-11　增加一個場來平衡產生有害的系統

當我們在對薄板進行加工時，因爲它的厚度不夠，常常會因受力而變形，造成加工後還需要再重工，此時，如果我們在加工的過程中，在它的下方放置支撐物，相當於給它一個反作用力，即可減少加工過程中板件的變形。

(四)不足的完整系統

不足的完整系統是指物質——場模型中的 3 個元件都在，但是，設計的效果並未達到（如圖 3-12）。

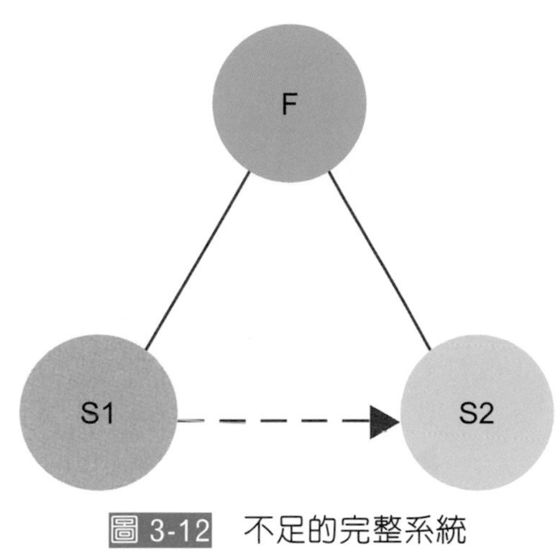

圖 3-12 不足的完整系統

爲了解決不足的完整系統所產生的問題，可採用幾個方法：

1. 替代法

如果原來的場所提供的作用力，無法達到期望的效果，可以考慮以新的場（F2）來取代原來的場（F1），或是以新的場及物質（F2+S3）來取代原來的場及物質（F1+S1），如圖 3-13 所示。

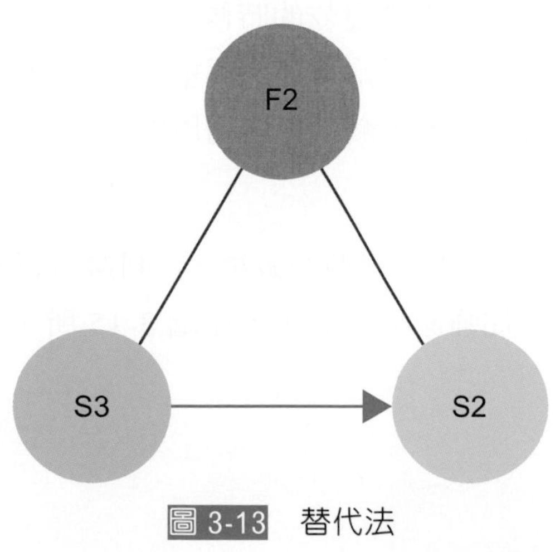

圖 3-13 替代法

家裡的壁紙髒了要刮除換新的，因年代久遠、膠水過粘，用刀子不容易刮除，這時，可以把原來的工具—刀（F1），換成用蒸氣（F2），直接以新的場來取代原有的場，即可把壁紙刮掉。

2. 增加新場

如果原來的場（F1）無法達到預期的效果，則可考慮另外再加 1 個場（F2）在系統中，利用這個場的力量來增加所需的效果（如圖 3-14）。

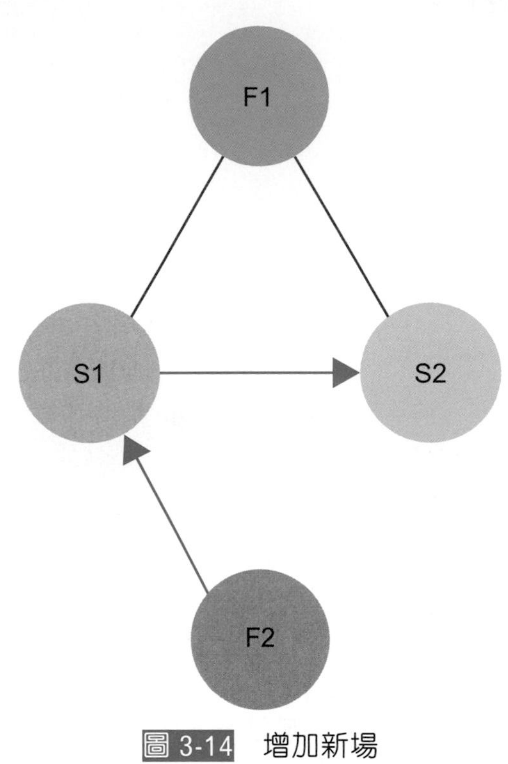

圖 3-14　增加新場

我們在做木工的時候，常常把 2 塊木板透過膠水粘在一起，但是，粘水要經過一段時間才會乾，在膠水還沒乾的時候，2 塊板子很容易因爲移動、碰撞而產生位移，若沒注意，等到乾了之後再重工往往會損害表面，這時，可以利用多個夾子做爲固定用，可減少位移的風險。

3. 增加新場與新物質

如果原來的場（F1）無法達到預期的效果，我們還可以利用增加新的場（F2）與新物質（S3），來加強原來的效果，如圖 3-15 所示。

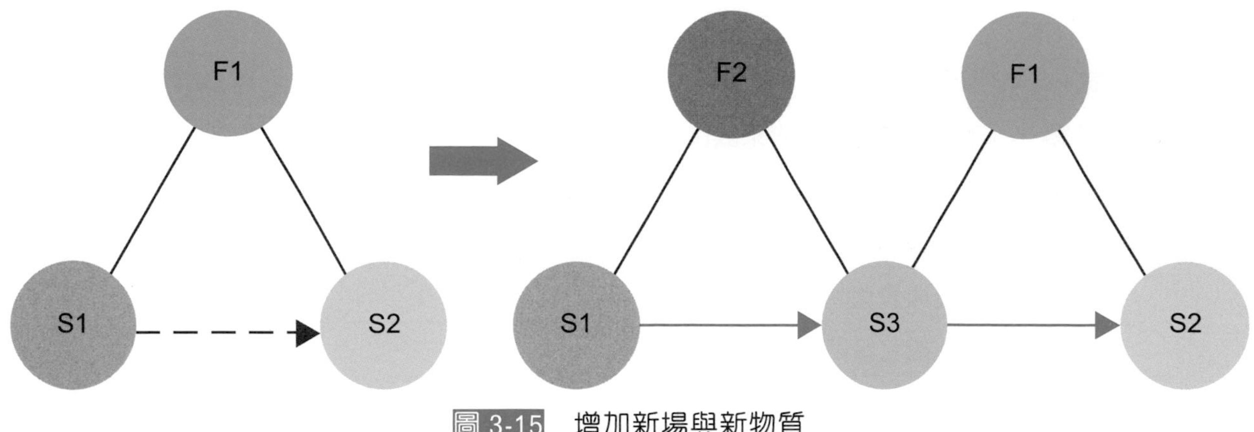

圖 3-15 增加新場與新物質

傳統的煙霧偵測器因爲不能提供檢測到產生煙霧地區的實際情況的資訊，所以只具有警報功能，而沒有滅火的功能。爲了解決這個問題，我們可以加上一個能感測現地狀況的物件 S3，知道現地情況之後，就可以把滅火的功能加入。

三、76 標準解

TRIZ 把物質—場模型做爲是一個解決問題的工具，它把問題依照不同的物質、場以及可能發生作用的關係分類，先把問題抽象概念化，再把問題轉化成物質—場模型。

除了測量的問題外，TRIZ 的研究人員發現：所有物質—場關係的問題，其標準解不外乎是：

1. 完成不完整的物質—場模型來解決問題。
2. 修改一個以上系統中現存的物質來解決問題。
3. 增加新的物質、場或是新的物質和場來解決問題。
4. 轉換更高或更低的階層來解決問題。

爲了解決問題，在物質—場模型建立後，Altshuller 又提出了 76 個標準解（76 Standard Solution），根據所建立的物質—場模型的類別，都可以找到相對應的解，這 76 個標準解又可分爲五大類如表 3-7 所示。

表 3-7 標準解的分類

類別	說明	標準解個數
第一類	不改變或少量改變來改良系統	13
第二類	改變系統來改良	23
第三類	系統轉換	6
第四類	檢查與量測	17
第五類	簡化改善策略	17

分析完問題後，我們把問題用物質—場模型表示，接著就要判斷這個物質—場模型是屬於哪一類的系統，再配合將這五類的標準解，選擇適當的方法依序導入系統，尋找最適解，這五類標準解說明如下：

1. 第一類：不改變或少量改變來改良系統

第一類的標準解共有 13 個，主要在建立和拆解物質—場模型，包含：爲改善系統與引入有用作動及消除有害的作動關聯等二個項目，透過不改變或少量改變來改良系統。

表 3-8 第一類標準解

項目	1.1為改善系統與引入有用的作動	
次項目	1.1.1	為改善不完整物質—場的控制性和提升效力。 只有S1，則增加S2和F來使之完整。
	1.1.2	如果修改物質—場有困難，可導入一個不受限制的添加物到其中一個物質的內部，此附加物可暫時或永久來解決問題。
	1.1.3	如果修改物質—場有困難，可導入一個不受限制的添加物到其中一個物質的外部，此附加物可暫時或永久來解決問題。
	1.1.4	假設系統不能改變，欲額外添加或附加物質卻又受到限制時，可運用週遭事務、環境中的物質來解決問題。
	1.1.5	如果物質—場無法從週遭環境引入一物質，但此物質能被適當地替換到他處，或產生化學變化或引入添加物，改變其所處的環境。
	1.1.6	想達到微小的精確控制非常困難，但可利用增加一附加物來協助控制微小量的量測，並隨之移除。
	1.1.7	當場的強度不足時，若增加其強度又會破壞系統時，可將場的強度加到另一元件，再將該元件連回到原系統。 若一種物質不能有效地發揮其作用，可透過另一可用的物質來協助發揮作用。
	1.1.8	同時需要強與弱的效應時，弱的效應可藉由增加物質來保護。

項目		1.2消除有害的作動關聯
次項目	1.2.1	在一個系統有用及有害效應同時存在時，若物質S1與S2不必直接接觸，可透過引入S2吸收有害效應。
	1.2.2	在一個系統有用及有害效應同時存在時，但不允許增加新物質，可藉由改變S1或S2吸收消除效應。 也可以利用真空、空氣、泡沫或增加一個場等方式，來替代增加一個新物質。
	1.2.3	當有害效應是由一個場所引起，可引入物質來吸收有害效應。
	1.2.4	在一個系統有用及有害效應同時存在時，但物質S1與S2必須直接接觸，增加場F2來抵銷場F1的影響，或得到一個附加的有用效應。
	1.2.5	一個系統中的有害效應如果是來自一個元件的磁性，可將該元件加熱到居禮點以上，以消除其磁性，或引入一個反磁場來消除原磁場。

2. 第二類：改變系統來改良

第二類的標準解有 23 個，在不增加系統複雜性下，直接對效應不足的物質—場模型進行改善，以提升系統效能的方法，包含：轉變到複雜的物質—場模式、強化物質—場模式、控制元件頻率來符合或不符合自然震動頻率而達到欲改進性能的效果及強磁材料和磁場的整合等。

表 3-9 第二類標準解

項目		2.1轉變到複雜的質場模式
次項目	2.1.1	將模型的S2與F1施加到S3，S2與F2施加到S1，此連接的二個模型可以是被分別獨立控制的。
	2.1.2	當一個很差的可控制系統需要改進，但已存在的部分不能被改變，可增加第二個場且作用在S2上。
項目		2.2強化物質場模式
次項目	2.2.1	對可控制性差的場，可增加一個易控制的場，或被一個易控制的場取代，將物體的物理接觸轉為場的作用，如將機械場轉為電場或電磁場。
	2.2.2	將物質由宏觀變為微觀。
	2.2.3	將S2改變為允許氣體或液體通過的多孔或具有毛細孔的材料。
	2.2.4	使系統更具柔性或適應性，常見的方式是由鋼性材料變為一個連接，再到連續柔性系統。
	2.2.5	使一個不能控制的場，具有永久或暫時的確定模式。
	2.2.6	使不可控的物質或單一物質，可以永久或暫時變成確定空間結構的非單一物質。

項目	2.3 控制元件的頻率，來符合或不符合自然震動頻率，而達到改進性能的效果	
次項目	2.3.1	使F1與S1、S2的自然頻率相配或相異。
	2.3.2	使F1或F2的固有頻率相配。
	2.3.3	二個不相容或獨立的動作，可依序的被完成。
項目	2.4強磁材料和磁場的整合	
次項目	2.4.1	在一個系統中增加具磁性的材料或/和磁場。
	2.4.2	利用磁性材料與磁場，增加場的可控性。
	2.4.3	磁性流體的應用。
	2.4.4	使用含有磁粒子或液體的毛細結構。
	2.4.5	利用附加物，使非磁性物體永久或暫時的具有磁性。
	2.4.6	物體如果不能具有磁性，可將磁性物質引入環境中。
	2.4.7	善用自然現象，如物體依照場來排列，使物在居禮以上失去磁性。
	2.4.8	利用動態，自動調整或可變換的磁場。
	2.4.9	加入磁性粒子改變材料結構，並施加磁場移動粒子，使非結構化的系統變成結構化，或反向操作。
	2.4.10	與F場的自然頻率相匹配。
	2.4.11	利用電流產生磁場並可代替磁粒子。
	2.4.12	電流改變流體時，即具有被電磁場控制的粘性，可與其他方法一起運用

3. 第三類：系統轉換

第三類的標準解有 6 個，在元件間增加不同性質，產生二個或多個系統，透過系統轉換提升性能，包含：轉換成雙或多系統、轉變成微觀水平。

表 3-10 第三類標準解

項目	3.1轉換成雙或多系統	
次項目	3.1.1	透過系統轉換產生雙系統或多系統。 藉由再增加一個系統或多單元的系統，可使一個有效的系統性能得到提升。
	3.1.2	改變雙系統或多系統中的連結。
	3.1.3	系統轉換在元件間增加不同的性質。 藉由逐漸增加元件間不同的性質，使雙重系統或多單元系統的性能得以提升。

項目	3.1轉換成雙或多系統	
次項目	3.1.4	雙系統或多系統的簡化。
	3.1.5	系統轉換利用整體與部分之間的相反特性。 利用有效系統中，整體與部分間的相反特性，得以提升性能。
項目	3.2轉變成微觀水平	
次項目	3.2.1	系統轉換到微觀水平。

4. 第四類：檢查與量測

第四類的 17 個標準解都是在解決量測的問題，包含：間接法、將零件或場引入現存系統、提高量測系統、量測鐵磁場及測量系統的發展趨勢。

表 3-11　第四類標準解

項目	4.1間接	
次項目	4.1.1	替代系統中的檢測與量測，使之不再需要。
	4.1.2	如果不能替代系統中的檢測或量測，則量測一個複製品。
	4.1.3	如果不能替代系統中的檢測或量測，也不能量測一個複製品，則利用二個檢測代替連續測量。
項目	4.2將零件或場引入到現存的系統	
次項目	4.2.1	假如一個不完整的物質—場不能被檢測或測量，可以增加一個單一的物質—場或增痐一個雙物質—場，由一個場作為輸出。 假如存在的場是無效的，在不影響原系統的條件下，改變或加強該場，加強的場應具有設計者所關心且易檢測的參數。
	4.2.2	引入一個附加物，量測附加物在系統中的變化。
	4.2.3	假如系統不能加入其他附加物，在環境中增加附加物使其對系統產生場，檢測或量測場對系統的影響。
	4.2.4	假如附加物不能被引入環境中，分解或改變環境中現有的物質，使其產生某種效應，量測這種效應。

項目	4.3提高量測系統	
次項目	4.3.1	利用自然現象。 利用系統中出現的已知科學效應，通過觀察效應變化，來決定系統的狀態。
	4.3.2	假如系統不能直接或通過場量測，測量系統或元件被激發的固有頻率，來確定系統的變。
	4.3.3	假如不能藉由激發固有頻率量測變，可量測與已知特性相聯繫的物體之固有頻率。
項目	4.4量測鐵磁場	
次項目	4.4.1	增加或利鐵磁物質或系統中的磁場以便量測。
	4.4.2	增加磁性粒子或改變一種物質成為鐵磁粒子以便量測，測量所導致的磁場即可。
	4.4.3	假如不能加入磁性粒子再測量，可建立一複合系統，添加鐵磁粒子附加物到系統中再測量。
	4.4.4	假如系統不允許加鐵磁物質，可將其加到環境中。
	4.4.5	測量與磁性有關的現象。
項目	4.5測量系統的發展趨勢	
次項目	4.5.1	傳遞到雙系統或多系統。 假如單一測量系統不能給出足夠的精度，可應用雙系統或多系統。
	4.5.2	可量測時間或空間的一階或二階導數，代替直接測量。

5. 第五類：簡化及改善策略

第五類的標準解也是 17 個，導引設計者如何引入新物質又不會增加設計的複雜性，是一種利用簡化系統來達到改善的策略，包含：導入物質、使用場、狀態傳遞、應用自然現象及產生高或低結構水平物質等。

表 3-12 第五類標準解

項目	5.1導入物質	
次項目	5.1.1	利用間接方法。
	5.1.1.1	利用無成本資源。如真空、空氣、氣泡、空洞、縫隙等。
	5.1.1.2	利用場替代物質。
	5.1.1.3	利用外部附加物替代內部附加物。

次項目	5.1.1.4	利用少量但非常活化的附加物。
	5.1.1.5	將附加物集中到一特定的物質上。
	5.1.1.6	暫時引入附加物。
	5.1.1.7	如系統不允許附加物，可在複製品增加附加物。
	5.1.1.8	引入化合物。
	5.1.1.9	通過對環境或物體本身的分解，獲得所需的附加物。
	5.1.2	將元件分解成更小的單元。
	5.1.3	增加附加物，再次使用後自動消除。
	5.1.4	如環境不允許大量使用某種材料，使用對環境無影響的東西代替。
項目	**5.2使用場**	
次項目	5.2.1	使用一個場來產生另一種場。
	5.2.2	利用環境中已存在的場。
	5.2.3	使用屬於場資源的物質。
項目	**5.3狀態傳遞**	
次項目	5.3.1	替代狀態。
	5.3.2	變態。
	5.3.3	利用狀態轉換過程中的伴隨現象。
	5.3.4	傳遞到狀態。
	5.3.5	引入系統中元件或物件之相互作用力，使之更有效。
項目	**5.4應用自然現象**	
次項目	5.4.1	自然控制傳遞。 若一物體必須具有不同的狀態，應使其自身從一個狀態傳遞到另一個狀態。
	5.4.2	當輸入場較弱時，增加輸出場。
項目	**5.5產生高或低結構水平物質**	
次項目	5.5.1	通過分解獲得物質粒子。
	5.5.2	通過結合獲得物質。
	5.5.3	通過分解或結合獲得物質時，如高等結構物質需要分解，但又不能分解時，可由次高等物質替代，若物質由低結構物質組成，但不能應用，則可由高一級物質代替。

利用物質—場模型解決問題時，我們要先定義系統要達成的功能，其次，再依序思考以下幾件事：

1. 系統中是否有至少二個物質和一個場

如果在系統中沒有存在二個物質和一個場，這個系統就不符合物質—場模型的定義，此時，我們要先去完成這個不完整的物質—場模型，也就是要先設法補齊缺的物質、場，讓它成爲一個完整的物質—場模型，再進行下一步驟。如果系統中已經存在二個物質和一個場，那恭喜你，可以直接進入下一個步驟。

2. 這是不是一個測量問題

如果要解決的問題是測量問題，則參考有關測量問題的標準解方法（第四類的標準解），如果不是測量問題，就執行下一個步驟。

3. 系統中是否存在有害的關係

如果系統中存在有害的關係，這種關係通常是要被優先處理的，在標準解中有三種可能的處理方案：修改、增加或轉換，標準解中的建議方案會依其對系統的干擾程度，由小到大排列，也就是說選用愈後面的標準解，對系統的改變愈大。

如果系統中沒有存在有害的關係，表示這個物質—場中可能包含了不足、過量的關係，或者同時包含不足及過量的關係，這種情況下就要參考標準解的不足／量的類別，依其建議來對系統做修改、增加或轉換。

參考文獻

1. 王美乃（2012.9），應用 TRIZ 改善市場監督之研究：以經濟部標準檢驗局高雄分局瑕疵除濕機召回爲例，工程科技與教育學刊，第 9 卷第 3 期。
2. 宋明弘（2009.4），TRIZ 萃智系統性創新理論與應用，一版，鼎茂圖書。
3. 阮耀弘、張佑倫（2016.12），應用 TRIZ 理論創新改良噴墨式印表機設計，龍華科技大學學報，第 38 期。
4. 林勤敏、吳韶芬、劉耕碩（2014.12），蘭草文化產品創意設計研究——以 TRIZ 理論之創新原則應用爲例，朝陽人文社會學刊，第 12 卷第 12 期。
5. 姜台林（2008.3），TRIZ 發明問題解決理論，一版，宇河文化。

6. 葉繼豪（2007.8），從忽略衝突成本的管理者末路已近談起——以創新構思問題解決法（TRIZ）強化企業衝突管理之品質，品質月刊，第 43 卷第 8 期，第 39-41 頁。

7. 張旭華、呂鐀洧（2009），運用 TRIZ-based 方法於創新服務品質之設計——以保險業爲例，品質學報，第 16 卷第 3 期，第 179 至 193 頁。

8. 黃孝怡（2018.8），技術性專利佈局：專利探勘與 TRIZ 理論，智慧財產權月刊，第 236 期。

9. 王靜怡（2014.7），從整合 8D 與 TRIZ 探討系統化品質改善流程——以硬碟製造爲例，國立交通大學工學院工程技術與管理學程碩士論文。

10. 翁國星（2012.6），應用萃智（TRIZ）於企業營運策略之評估研究，國立臺北科技大學工業工程與管理系 EMBA 班碩士論文。

11. 張哲源（2013.7），應用 TRIZ 系統性創新方法於學校行政服務品質之改善，育達商業科技大學企業管理系碩士論文。

12. TRIZ方法，http://ee.thu.edu.tw/uploads/bulletin_file/file/59dfb84e1d41c8205003ea24/TRIZ-%E6%96%B9%E6%B3%95.pdf，<Access 2018.10.23>。

13. TRIZ理論與應用簡介，http://designer.mech.yzu.edu.tw/articlesystem/article/compressedfile/(2004-12-28)%20TRIZ%E7%90%86%E8%AB%96%E8%88%87%E6%87%89%E7%94%A8%E7%B0%A1%E4%BB%8B.pdf，<Access 2018.10.23>。

14. TRIZ創新創業的原點：創意激發，http://webc2.must.edu.tw/jtmust015/attachments/article/137/PM__TRIZ_20161116.pdf，<Access 2018.10.23>。

15. 40 Inventive principles with examples，https://www.triz.co.uk/files/U48432_40_inventive_principles_with_examples.pdf，<Access 2018.10.23>。

16. 40 Inventive（Business）Principles With Examples，http://blog.pucp.edu.pe/blog/wp-content/uploads/sites/479/2011/02/857.pdf，<Access 2018.10.23>。

17. Mann, D., Systematic win-win problem solving in a business environment, The TRIZ Journal, 2002.5.

18. Nakagawa, T., Problem Solving Methodology for Innovation: TRIZ/USIT. Its Philosophy, Method, Knowledge Bases and Software Tools, The TRIZ Journal, 2004.

19. Saliminamin, M. H. and Nezafati, N., A new method for creating non-technological principles of TRIZ. The TRIZ Journal, 2003.10.

20. Souchkov , V., Innovative problem solving with TRIZ for business & management. Hsinchu Taiwan: The Society of Systematic Innovation.

21. Systematic Win-Win Problem Solving In A Business Environment，https://triz-journal.com/systematic-win-win-problem-solving-business-environment/，<Access 2018.11.13>。

22. Theory of Inventive Problem Solving (TRIZ)，http://www.mazur.net/triz/，<Access 2018.10.23>。

23. TRIZ and innovation management，https://www.researchgate.net/publication/242219907_TRIZ_and_Innovation_Management，<Access 2018.10.23>。

24. What is TRIZ，http://umich.edu/~scps/html/07chap/html/powerpointpicstriz/Chapter%207%20TRIZ.pdf，<Access 2018.10.23>。

NOTE

CHAPTER 04

職場服務及創業的創新策略

4-1 未來職場的變遷與因應—立足臺灣環抱世界

新三代職場國際觀（新時代／新替代／新世代）是身爲現代人必須要有的宏觀認知，新時代指的是過去的社會與產業以及生活工作的方式與做法，都在逐漸被顛覆與改變中，取而代之的是一些新科技／新產業／新觀念、新趨勢／新胸懷／新學習，因此我們不能再有畫地自限的觀念，在地球村的概念下，每個國家、每個人都必須懷抱世界，不能只是站在自己的國家或地區來看待一切事物，尤其身在臺灣的我們，面對未來的職場，除了宏觀的視野之外，迅速的國際移動力將是必然不可或缺的，如果你只是一味地追求小確幸，停留在舒適圈而不願嘗試創業或冒險，那競爭力將會逐漸喪失，甚至走向被淘汰的命運。

新替代指的是網路時代與萬物萬事秒變的翻轉時代，網路時代各行各業都在重新洗牌，舊模式、舊方法、舊觀念都已不再適用，隨著新科技的來臨，很多產業與模式都被新科技一一取而代之了，無論是 AI 人工智慧、臉部辨識或是虛擬實境（Virtual Reality，VR）（看到的一切都是虛擬的）、擴增實境（Augmented Reality，AR）（將虛擬資訊加入實際生活場景）、混合實境（Mixed Reality，MR），包含 AR 以及 AV、影像實境（Cinematic Reality，CR），這些數位科技從現在到未來都將扮演著重要的角色，許多靠人力的工作勢必將消失，但人們也不必太擔心，因爲因應新科技的誕生，新的產業與工作也將應運而生，唯有了解趨勢與變化，不斷學習新的技能，才能讓自己在職場立於不敗之地。

新世代指的是年輕族群紛紛以創意與新做法，逐漸淘汰掉墨守成規的現有世代，因爲新資訊、新價值的催生洗禮，全世界許多優秀有創意的年輕人，投入創新與創業的實例不勝枚舉，一位 24 歲的印度青年阿加瓦爾（Ritesh Agarwal）看見了商機，用了僅僅 5 年的時間，打造估值達 50 億美元（約合新臺幣 1,550 億元）的新創公司。2013 年，阿加瓦爾用矽谷知名投資人彼得・泰爾（Peter

Thiel）提供的 10 萬美元創業金，當年 19 歲的他決定離開大學，創立線上住宿平台「Oyo Rooms」。每個世代的外在與內在環境都大大不同，而每個世代的年輕人也都各有自己的想法與創見，屢屢創造出一些傲人的成績與成就，有鑑於此我們必須有所：

（體悟—見解）　新科技 / 新產業 / 新觀念

（體察—視野）　新趨勢 / 新胸懷 / 新學習

（體驗—經驗）　新溝通 / 新管理 / 新作爲

4-2 創業時必備的創新觀念

一、未來思維

創業者的想法是界定在現在還是未來呢？如果是只考量現在而沒有放眼未來，那將會是提早遭遇被淘汰的命運，無論是小企業或中型企業，在沒有做完整的策略規劃下，都很快地會在市場上消失了，創業絕對是一條艱辛無比的道路，它需要考慮的因素繁瑣如麻，因此，都必須謹愼地評估與周全地準備後再上路。

未來是互聯網的時代，嶄新通訊行動科技的時代（4G—5G—6G—7G），新零售的時代，AI 人工智慧的時代，線上與線下融合的時代，以上的模式創業者不能不知道，除此之外，也必須注意到未來創業後的商機在哪裡，談到商機最重要的是創業者的觀察力及好奇心，是否留意到臺灣的發展趨勢及世界潮流的演變，進而從中去歸納整理並分辨出產業發展的軌跡，如果能夠把趨勢作爲標竿不斷推進，就會提升事業的成功機會。

智慧型手機當道，因爲人手一機的便利性，也衍生出許多的商機就是最好的例證。各種 APP 的推出造就了電玩業、旅遊業、餐飲業、文創業等的蓬勃發展。臺灣已經正式進入了少子化及老年化的時代，嗅覺敏感度高的人已經發現一些商機了，例如：老人住宅、老人旅遊、老人手機、老人餐廳、老人頻道節目等。

二、品牌定位

(一)品牌價值

品牌(Brand)是一種識別標誌、一種精神象徵、一種價值理念,是品質優異的核心體現。培育和創造品牌的過程也是不斷創新的過程,自身有了創新的力量,才能在激烈的競爭中立於不敗之地,繼而鞏固原有品牌資產,多層次、多角度、多領域地參與競爭。

品牌指公司的名稱、產品或服務的商標,和其它可以有別於競爭對手的標示、廣告等構成公司獨特市場形象的無形資產。

創業者想要傳達給客戶的主要訊息,也是客戶選擇該品牌的原因(這個品牌提供了什麼樣的價值給客戶),這是針對本身的優勢、客戶的需求以及與對手的差異化等考量所定義出來的。爲了做最有效率的傳達,品牌價值最好不要定超過三個。

如何定義品牌價值?也就是要用品牌三元素(企業優勢與文化、顧客、競爭對手)所蒐集的資料,來滿足品牌定位的三大要求:

1. 展現自己的優勢。
2. 滿足客戶的需求。
3. 與眾不同。

創業時首先要先把企業的核心競爭力列出來,接著將客戶需求與行爲模式列出,最後找出能夠滿足客戶需求,或是會引發客戶購買興趣的點。導入品牌檢查競爭態勢,確保選出來的優點能夠贏過對手。

品牌價值不應該只是商業價值而已,應該是還要兼顧到社會價值及顧客價值,品牌的理念不能只侷限於臺灣,更應該投射到海外市場。要成功地傳遞出企業的品牌精神,在過去可能主要是運用廣告或媒體,但是,今天的環境已經是大大不同,更重要的是來自於產品本身所帶來的口碑反應,以及網路網民的評價感覺等的各種擴散效應,當管道更多元、更分散時,難度也跟著提高,因此,培養顧客的認同及忠誠度,並獲得顧客的信任和尊重才是最重要的。

臺灣鳳梨酥品牌「微熱山丘」的故事是最好的例子，從零開始，在沒有任何包袱的情況下，先針對品牌擬出清晰的定位，而不是只想做鳳梨酥，不經營品牌。也因爲如此，慢慢走出它們的內涵與價值，當然品牌不是想打造就能打造，品牌的塑造都是從一開始的平庸化逐步走向細膩化，爲了讓顧客理解微熱山丘產品，它們用心地讓顧客感受在生產時的心態和工藝，進而取得對品牌和服務的信任。

微熱山丘的另一個品牌特色是，拒絕平庸的志氣、徹底的差異化，它們用最好的原料、成本較高的雞蛋，並在行銷上著墨，增加品牌的亮度。差異化也來自產品外觀，它們選用棉紙袋加上防潮、防空氣滲入的外膜，禮盒則以牛皮紙盒包裝。

在行銷上它們更是獨樹一格，不花錢打廣告、不開連鎖店、不跟旅行社配合，也不買網路關鍵字，在臺灣的實體據點只設在南投、臺北和高雄三個地方，它們透過環境的塑造，讓客人體會「喝杯茶，吃塊鳳梨酥」的奉茶精神，一步一步地走出口碑效應，藉由口耳相傳在市場上引起關注。

比起品牌，做生意相對較容易，經營品牌相對地要投入更多的心力，品牌的學問既廣又深，如今許多的企業仍然處於摸索和調整的狀態，甚至一些企業都還停留在產品的價格上做競爭，要擺脫這個狀態就必須向上推展，打造出品牌的價值與態度，才能有更多、更好的發展。

（二）品牌個性

成功的品牌就像是一個活生生的人，可以讓客戶留下鮮明的印象。品牌個性是基於客戶的喜好以及企業文化所定義出來的，它必須展現在每個與客戶溝通的過程中。

定義品牌個性說穿了就是「投其所好」，該思考的是：如果品牌是一個人，什麼個性會吸引目標客戶跟他交朋友？

假設你的客戶是衝動型購物的大學生，而你的企業文化中有著：(1) 年輕、(2) 樂在工作、(3) 自造者精神，這時候就可以選擇「熱情、熱血」來作爲品牌個性，因爲這樣的個性可以吸引目標族群，而且也是企業文化的具體展現。

如同前面所提過的，品牌個性務必要與企業文化相關，如果定義的品牌個性不在企業文化中，即使短期能夠騙過客戶，總有一天還是會露餡，屆時謊言被拆穿的殺傷力一定會重創品牌！

討論品牌個性的時候也可以思考一下，如果公司要請代言人，哪一位名人或代言人的個性與形象最能夠代表本品牌，一般來說，這個思考過程會對討論有很大的幫助。

(三)溝通語氣

指的是溝通的方式，也就是在傳達「品牌價值」與「品牌個性」時所使用的語氣。溝通語氣可由品牌個性與客戶喜好來決定。溝通語氣是對應品牌個性而來，大家要去思考的方向是：「這樣個性的人，講話會是什麼語氣？」

例如：一個老成持重的人會說：「本公司成立於 1994 年，在董事長林博士的帶領下，服務超過 300 家客戶。」一個年輕活潑的人會說：「XXX（品牌名稱）今年已經 20 歲囉！謝謝過去 300 家客戶的照顧，CEO 某某人跟全體員工會繼續努力為大家服務！」看到以上的文字，是不是給你完全不同的感覺？「溝通語氣」可是展現「品牌個性」很重要的一環喔！

(四)品牌承諾

根據品牌價值以及目標客戶所定義出來的承諾，具體寫出希望顧客享受到的品牌體驗。蒐集完品牌三元素的資訊，並且決定品牌價值與品牌個性之後，我們就可以依據這些資訊回答下列問題：

1. 我們的主要競爭對手是誰？

2. 目標客戶是誰？

3. 我們提供什麼價值？

4. 顧客能夠享受到什麼好處？

把這些答案組織起來就是品牌承諾！品牌承諾可長可短，長版包含的資訊比較詳細，適合內部溝通使用，提供員工更明確的規範，讓大家的方向能夠更一致。如果要對外溝通使用，應該要更簡短，用很短的篇幅讓客戶輕易瞭解，所以也有人直接把品牌承諾變成一句話的口號（slogan），例如聯邦快遞（FedEx）的「使命必達」。

三、通路策略

在今日錙銖必較、全球性競爭激烈的商業競技場中，市場及其需求每天都在改變，你公司的通路策略必須靈活到足以因應改變，而有效管理分銷通路正是企業成功不可或缺的關鍵。未來創新的公司如何徹底重寫通路管理的法則，檢驗並重新設計它們的通路策略，以助你全面利用日新月異的科技和營運革新的強大力量。

今日的企業已經發現，即使擁有優越的產品、強大的行銷宣傳和適當的價格，如果沒有給予通路策略充分的重視，市場占有率仍然可能會下滑。因此，如何巧妙地管理每條通路之間的關係，創造一個可以讓企業有效獲利的通路策略，以符合現實和市場的需求。將公司的行銷通路和配銷計畫之營運效力和獲利能力最大化，並幫助管理個別與整體的配銷關係，將通路管理計畫從僅是營運的例行工作，轉化為策略性的競爭優勢。

各大品牌在新品上市的時候，總是花大筆預算在各種廣告上，但不要忘了，通路才是商品最後的戰場，唯有掌握消費者最後的接觸點，才能克敵制勝，順利擴張市占版圖！

通路發展，是近二年零售業經營趨勢，電子商務出現後，對實體店面的零售業績造成衝擊，許多零售業者已經開始跨足經營電子商務，例如：臺灣屈臣氏網路商店、統一超商 7-ELEVEn 網路商店等，這類例子多到舉不完。而線上電子商務近年來也開始成立實體商家，美國 Amazon 在紐約市中心開設實體店家就是最好的例子。

由電商起家的零售業者，開始在人潮多的商圈成立實體店面，而實體通路業者也紛紛成立購物網站或手機 APP，不過，在這段由虛轉實、由實轉虛的全通路發展過程中，很多零售業者會發現成效不如預期，關鍵在於他們忽略了發展全通路的真正用意。所謂全通路，並非如字面般那麼簡單，不是只要同時擁有實體店面或虛擬通路就好，而是要透過全通路的經營形式，讓消費者獲得更好的服務，在此精神下，實體和虛擬通路必須要有很好的分工與整合，才能達成這個目的。

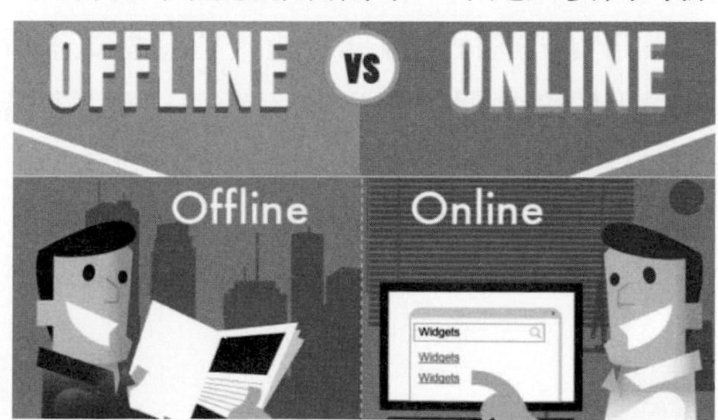

實體零售業前景看似嚴峻，實仍大有可為，因其提供伸手觸及、眼見為憑的眞實感，具備線上購物無可取代的優勢，緊捉熱愛逛街血拼的消費族群。當前英美諸多實體零售業者開始走向「響應式商店（Responsive Store）」，打造「虛實整合（Online To Offline，O2O）」的商業模式，協助實體零售業者在既定的通路基礎上，整合虛擬通路資訊即時、商品搜尋簡單、結帳快速等優勢，提供創新的顧客互動體驗，重塑實體零售業之價值。響應式商店涵蓋多個層面，從顧客走進店面、結帳，乃至最終整體購物滿意度，皆屬其範疇，依應用可粗分為 E 化購物車、數位化貨架管理系統、智慧電子看板、E 化試衣，及體驗中心等五大應用。

（一）響應式商店：成就業者、顧客雙贏局面

E 化購物車乃是整合平板裝置，扮演顧客專屬的私人購物顧問，提供諸如購物導覽、購物搜尋、購物推薦等服務，E 化購物車可採用擴增實境的方式，提供深度的商品資訊。當客戶對商品有疑問時，E 化購物車則可連線客服，當下解決客戶的問題。而當商品放入 E 化購物車後，E 化購物車即可掃描商品標籤，啓動計價程序，於顧客完成採購後，自動結帳，為顧客免去排隊結帳之不便。

至於數位化貨架管理系統，業者可搭配電子貨架標籤，提供產品規格，並根據市場比價資訊，隨時透過後台系統更新陳列商品售價，即時為顧客營造最大價值。此外數位化貨架管理系統還可連線門市進銷存，當展示商品數量過低時，自動補貨系統可採用與顧客動線分開的專用通道，即時塡補商品，降低對顧客的干擾，提供舒適的購物環境。

（二）購物服務：有始有終、無微不至

所謂智慧型電子看板係指綜合攝影機提供前端感測、人流影像監控，再對採集的資訊進行大數據分析。智慧型電子看板從迎賓問候、消費族群判定，族群偏好的商品促銷資訊顯示等等，提供多階段回應。尤有甚者，智慧型電子看板可分析顧客眼動路徑，界定顧客對貨架、商品的注視熱區，據此強化商品陳列方式與產品設計。

另外，E 化試衣系統可視為全新 3D 魔鏡，結合 3D 掃描、深度感知、虛擬實境等技術，提供有別於早期虛擬試衣間的 360 度體驗。顧客不僅可看到正面試衣效果，還可左右轉動，觀看立體剪裁，試衣照更可分享至社群網站，尋求好友意見。該技術甚至還可應用在家具、汽車等零售門市，讓顧客透過模擬，預視居家裝潢、汽車內裝效果。

業者還可在結帳後的動線空間設置體驗中心，以數位看板為主體，搭配週遭休憩環境，營造與顧客近距離溝通的場域，一來傳遞品牌形象，再者還可針對顧客進行滿意度總結分析。

(三) 虛實整合成顯學：不斷創新為王道

近年電子商務業者陸續建立實體據點、打造體驗中心，背後原因不外乎是因為漸漸意識到，縱使虛擬通路匯聚大量產品規格，提供大量商品資訊，甚至藉由快速結帳與物流，贏得顧客讚譽，但畢竟缺乏實體感，因而亟欲建立實體店面，作為推升品牌形象、強化顧客體驗的據點。

美國亞馬遜電子商務繼實體書店、Amazon Go 和全食超市之後，亞馬遜的實體零售布局再新增了一條產品線：Amazon 4-Star，就是虛實整合最好的案例。顧名思義，這就是一家以銷售在亞馬遜網站上獲得 4 顆星以上評價商品為主的商店，他們主要是先從消費性電子、廚房用品、居家、玩具、書和遊戲這幾個熱門類別著手。Amazon 4-Star，和以販售食品、飲料等有立即需求的餐飲、雜貨，主打拿了就走的無人店 Amazon Go，不只是在科技投資程度不同，瞄準的很明顯也是兩個不同市場。

在概念上，Amazon 4-Star 應該比較類似於亞馬遜實體書店。雖然這兩家實體店販售的品類不一樣，但基本上都是以亞馬遜網站上的銷售表現為基礎，挑選出最熱賣的商品放在消費者眼前。

另一方面，過去幾年備受虛擬通路挑戰的實體零售業者，也極力將虛擬通路的體驗元素融入實體店面，以爭取顧客青睞。這股風潮不僅獲歐美實體零售業者採用，也漸漸吹向亞太市場。然而不可諱言，伴隨科技演進及顧客意向的變化，虛實整合商店的組成結構，今後仍將不斷翻新，亟待業者的創新發展。

隨著電子商務的盛行與整體消費習慣的改變，許多以往的「書店街」、「相機街」、「3C 商圈」持續沒落，而昔日有「書店街」之稱的重慶南路快變成「旅館街」，全省的 3C 商圈「一日百萬金」的高營業額早已不復見，高雄建國路倒一堆店，連光華商場所在的八德路都由「3C」重鎮轉爲「三餐」中心，餐飲店家幾乎快和 3C 店家一樣多。

越來越多消費者習慣透過電子商務平台採購消費，直接衝擊傳統零售商實體店面的生意。爲了存活，很多實體門市除了縮小經營規模逐步退出市場外，就是邁入線上線下的全通路零售，期盼藉由電商營收來彌補其在傳統通路上部分的營業損失，O2O 的經營方式已成全球零售顯學。

對於實體門市最大的威脅並非純是電子商務搶生意，而是行動上網普及與電子商務的存在，讓商品比價變得非常容易。當產業變遷（如手機取代相機／線上瀏覽取代紙本閱讀／ 3C 產品換機週期變長……）及少子化影響，讓商品或服務的購買需求持續下降，僧多粥少下，無差異化的產品（如書籍／ 3C 產品……）與服務的市場競爭就變成是血腥的殺價割喉戰。

實體門市面對逐年調高的人力成本與店面租金成本，「商品賣貴沒人買、賣便宜活不下去」，長期入不敷出又看不到未來，只好關門大吉。換言之，有些產業實體門市迅速瓦解，主要來自於產業變遷及比價容易而不易獲利，電子商務的存在只是壓倒駱駝的最後一根稻草而已。

目前 O2O 營銷模式定義大都是以電子商務業者角度思考，係以「線上營銷線上購買帶動線下經營和線下消費（線下服務）」的「線上線下虛實整合」爲概念，但這對以實體門市爲主的業者卻難以適用。

線上整合線下（虛實整合）不難，但線下整合線上（實虛整合）很難。對於以實體門市爲主的業者而言，實體門市營運運作仍是主體，過度操作線上的運作往往會未蒙其利先受其害，目前成功的線下整合線上（實虛整合）O2O 營銷模式大都是以「線上宣傳、線下消費」的「線下線上實虛整合」爲概念，目前最具體成功的案例就是目前在臺灣通訊市場非常夯的「通訊名店」。「通訊名店」利用實虛整合與破壞性的價格搶走大量用戶，讓臺灣很多實體門市面臨極大的生存危機，連已有一定門市規模的通訊行都在這一波 O2O 浪潮下備感壓力，苦不堪言。

廣義來說，O2O 營運模式就是實體門市與網路虛擬門市的結合，不管是「線上營銷和線上購買帶動線下經營和線下消費」、「線上宣傳、線下消費」或是韓國的超市 Tesco 在各大地鐵站用 QR Code 結合大型看板廣告，各消費者便能在等候地鐵的同時掃描，並在線上購買的反向而行的「線下宣傳帶動線上消費」模式都是 O2O 線上線下全通路零售的範疇。由於每個企業的本質與資源不同，應該依個別公司的資源與核心價值選擇適合的 O2O 營運模式，不必隨電商巨擘起舞。

大排長龍的咖啡促銷、比華麗也比氣氛的通路陳列、多媒體聲光影音的店頭展示，在有限的空間中，激烈的通路大戰似乎一觸即發！在百貨公司、量販店、超市、便利商店，甚至網路購物、電視購物等，不論實體或虛擬，只要是撮合生產者與消費者交易的地方，都屬於通路的範疇，也是許多品牌最後接觸消費者的行銷戰場。

除了上述的紅海通路之外，創業者也必須動動腦去思考規劃與眾不同的藍海通路。前述微熱山丘實體店口碑行銷通路就是一個最好的案例，通路策略隨著時代的快速演變及消費者的想法需求轉變，企業也都要與時俱進地調整。

根據尼爾森的調查資料顯示，臺灣的超商、賣場等現代化連鎖通路在所有通路中有增加的趨勢，反映傳統通路逐漸失去競爭力；而這些有著完整動線規劃、貨架陳列的現代化連鎖通路，隨著便利性與擴張速度大增，在民眾的消費選擇中，扮演著愈來愈重要的角色。也代表幫助消費者在進行品牌抉擇時，做關鍵提醒的通路行銷有多重要。

儘管臺灣整體廣告模式逐年在演變，廣告環境變動得很快速，從以前強調電視、報紙、雜誌與廣播等媒體傳播的水平整合，到現在則更重視較靠近消費者端的通路活動，意謂著品牌商更願意將預算轉移到能夠促動消費的店頭活動上。所以，新產品在上市時，除了依靠媒體、社群或網路廣告建構品牌形象與知名度之外，通路策略上的規劃，絕對是行銷人攻占消費者荷包，不能忽略的關鍵要素。

對行銷人來說，先把產品放在連鎖商店的貨架上，再賣給消費者，在通路行銷學上屬於「推動策略」。通路行銷的第一步，就是將商品鋪上通路的貨架，否則一切都免談。然而，對某些行銷預算並不充裕的品牌來說，強勢通路的上架費用，可能會成爲他們通路行銷上的第一個阻礙。

不過，也有品牌善用「拉動策略」，先引起消費者對產品的注意及詢問度，讓許多賣場或是零售業者主動爭取上架。曾推出火雞與汗水等搞怪口味，在美國引起話題的西雅圖瓊斯汽水，就是最好的例子，瓊斯汽水在剛上市的時候，根本沒有足夠的錢支付上架費，這對飲料產業來說無疑是最大的挑戰。因爲不論產品再吸引人，沒有透過通路的銷售，消費者永遠不會知道你的產品。

所以，他們決定在美國三個城市內，主要在一些年輕人會去的通路，如滑板店、刺青店或嘻哈店，放置他們自己購買的冰箱，並銷售瓊斯汽水。經過口耳相傳之後，風格特殊的瓊斯汽水開始引起消費者注意，並要求在各通路上能夠買到這項產品，瓊斯汽水的策略除了順利擴展銷售點之外，更重要的是，他們因此省下了更多的上架費用。

曾經有人戲稱：「消費者每一次花大錢的背後，都是行銷人員的特意安排。」一旦產品順利上架後，下一步就是要盡可能地吸引消費者注意，讓他們心甘情願掏出錢來，選擇你的商品。因此，當消費者在通路閒逛時，其消費氛圍、行經路線，以及活動內容等元素必須經過仔細考量，這些細節都有可能決定了通路戰爭最後的結果。

（四）通路策略的實際做法

1. 掌握接觸點

品牌首先要思考的，就是消費者在通路動線上所有可能遇到的接觸點，這些接觸點包括通路的入口處、店內空間與結帳區，每個位置都有不同的行銷方式。品牌在入口處展開行銷活動，有助於提升產品的知名度，也有導引的作用，有機會影響購買決策。

臺灣目前許多超商及賣場通路，也都已經在入口處及結帳區等各處，展開各種行銷接觸點措施，當然也包括販賣人員用叫賣與體驗方式，直接與顧客面對面接觸。

在美國有許多賣場會事先把折價券一張張剪好，直接放在入口的位置供人拿取，許多消費者就參考這些優惠活動，來決定逛賣場的路線，這對價格導向的族群十分有效，結帳區則是提供優惠與贈品，增加顧客下一次回來購買的機率。

隨著科技與網路社會的快速轉變，通路策略也必須迅速跟著調整，AI 人工智慧的快速興起，行銷接觸點改以機器人取代也是未來的趨勢，創業者的腦袋是否跟上新趨勢、新環境創造出新做法，將是許多創業者的一大考驗。

2. 通路陳設

在通路陳設部分，一般來說可分為「產品貨架」、「落地陳列」與最終端的「櫃台區」。許多人都有錯誤的觀念，以為只要把商品堆起來，或是把貨架放在通路上就是通路行銷，陳列應該叫做「演出」，是一種主題式的情境展演，既要符合消費者洞察，也要適時表現品牌精神。舉例來說，在幫某洗髮精品牌設計展示架時，就特別針對產品訴求，營造出一種時尚、可愛的氛圍，以甜美的夢幻房間來配合產品露出，成功吸引了大批年輕女孩購買。

商品上架的位置也很重要，有些商品常常會被比較大的品牌蓋過，這時候就必須要靠創意來取勝，來爭取消費者更多的視覺空間。舉例來說，在家樂福口腔保健區的配色，主要以紅色搭上白色，看起來與知名品牌「高露潔」的品牌形象很類似。此時位置比較差，或是廣告比較少的牙膏品牌，只要稍微改變貨架格式，或是透過地貼來輔助，就能使自己的產品更突出，而不會埋沒在大品牌之下。

3. 試用促銷

產品的試用與促銷對新上市的商品愈來愈重要，唯有讓消費者眞的親自使用產品，他們才會了解好處在哪裡。只要產品在通路上有做促銷活動，在實銷量上，至少會成長兩到三成。

在促銷上有兩個重點要注意，第一個是促銷活動的創意，要能夠引起消費者好奇心；第二個，則是促銷人員的教育訓練。這些人員其實就代表品牌，他們必須對產品有信心，有專業的表現，才能有效感染消費者。

爲了提高與消費者的接觸點，品牌經理與通路行銷人員絞盡腦汁，要拓展超商、超市與大賣場以外的多元通路。開發新通路的確是個趨勢，尤其以策略聯盟的現象最爲明顯，是一種通路中的通路。像在專賣平價咖啡的 85 度 C 中賣民生消費用品，或是在便利商店做商品展示，透過既有通路的形象賣不同商品，來達到雙贏的局面。

而沐浴乳品牌多芬的新產品——「Go Fresh」上市時，也跳脫以往只在一般通路促銷的策略，選在暑假期間與全臺灣的三大水上樂園合作，將產品的宣傳訊息，以及試用瓶放在浴室內，大大增加曝光度，試用的人次更高達 51 萬以上。

現在的通路界線愈來愈模糊，以前想都沒想過的地點，現在也可以成爲通路。原本只在超商或超市販賣的「阿奇儂雪糕」，也開始像流動攤販一樣，在機車行、公園，或是路邊賣起冰來，價格還比傳統通路便宜 20 元，常常在許多地方造成搶購風潮。

(五) 宅經濟發酵，虛擬通路夯

除此之外，在臺灣高達新臺幣 3,000 億元市場規模的虛擬通路商機，也是絕對不能忽視的，尤其是在經濟不景氣時，愈來愈多人沒空外出，取而代之的是透過電腦、手機或電視來購物。日本人還因爲太熱愛線上血拼，除了「宅」，又出現了「巢籠」（Sugomori）的日文流行新詞，指的是「很少外出，像隻小雞一樣窩在巢裡」，這些人懶得出門，每天關在家上網購物，搶了許多百貨公司的生意，可見虛擬通路的商機，已成爲品牌必須關注的重要通路之一。不論是實體通路，還是虛擬通路，充滿各種創意的行銷方式，與日漸茁壯的市場規模，說明了處處都可以是通路的未來，端看聰明的行銷人如何運用創意，讓自家產品成爲消費者最後購買的唯一選擇。

（六）新品上市通路行銷的 4 個關鍵

1. 找適合品牌定位的通路

先跟你品牌形象一致的通路夥伴協調好，將商品放上架吧！不管是推力，還是拉力的策略，讓消費者在通路架上看到產品，才有被消費的可能。

2. 通路外也要有好創意

別忽略了賣場或超商外頭的區域，它可是消費者的第一個接觸點，用促銷DM 或是產品折價券，都有助於提升產品的知名度，也有導引消費者的作用在。

3. 通路內決勝負

在通路內，從入口開始到結帳區，整個店頭陳列與任何廣告，都有可能影響消費者的購買行爲。此時如有促銷活動，以及互動性高的店頭廣告，對產品的銷售更有幫助。

4. 效率評估

賣得好，也要賣得久。唯有長期觀察派樣（公司提供試用品讓人去發送）與促銷活動提升銷售的實際效益，以及競爭品牌的銷售狀況，新上市的產品才不會隨著活動結束後銷聲匿跡。

（七）通路行銷的三個趨勢

1. 跨平台的行銷

通路行銷的傳播方式愈來愈複雜，從以前在單一通路的促銷，漸漸演變成跨平台的整合性活動，新品在通路上市之前，就可能同時結合了媒體曝光、網路行銷與公關操作，使得商品聲勢更壯大。HP（惠普電腦）Mini 筆電，即結合了單車活動、網路內容宣傳，吸引許多消費者參與。

2. 新媒體的使用

新技術的開發，讓店頭媒體充滿了更多可能性，以往店頭展示大多以平面表現爲主，現在透過數位或互動技術，以數位化方式組織文字、相片、視覺藝術、聲音、動畫、影像，使用者都可以自主性操作或在任何時間上傳，不僅能傳遞多媒體資訊，也提供互動的機會。如果再搭配手機的使用，以優惠券當作誘因，更可以提高商品被消費的機會。

3. 無限制的通路

傳統通路的定義，可能只侷限在超商、超市與大賣場，但隨著異業結盟的比重愈來愈高，現在連咖啡店、遊樂園，甚至是傳統小吃店都可能是通路。

四、產品再造

舊酒可以用新瓶裝，舊產品也可以藉著新包裝、新定義，賦予新的生命與新的生機，在市場上創造出新的契機。創業者要發揮創意與創新，必須透過敏銳的觀察力與洞燭機先的思考力，去將老產品做新的詮釋並找到成長的動力。

市場上常見的舊產品，再以新包裝、新售價甚至是新的名稱，重新整合包裝後以新通路、新行銷模式，再出現在市面的現象。臺灣有很多很好的產品，可惜的是包裝和行銷不夠精緻、太粗俗化，如果能在這些方面做個改善，相信不但產品能找到新的成長動力，而且也會讓世界各國發現臺灣的魅力。

產品再造最鮮活的實例就是 2006 年成立的掌生穀粒，掌生穀粒到底是在做什麼？行銷農產品、參加市集展覽、舉辦活動、品酒會，這裡看起來像是小農的行銷策展平台，創辦人程昀儀說：「我是愛吃鬼，對農產品很喜歡也很感恩，但掌生穀粒不是要做農產品，而是要做生活風格。」

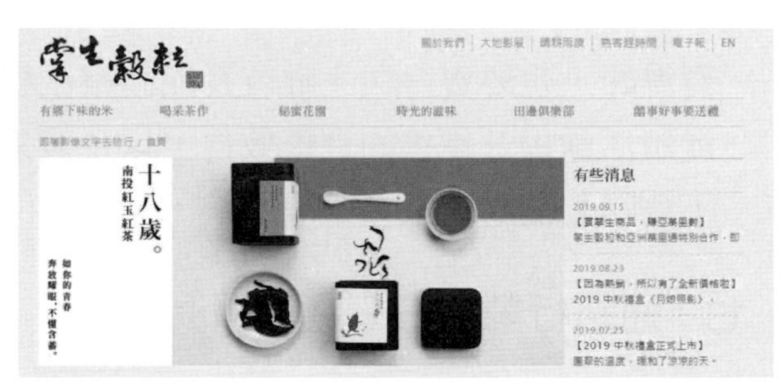

拿網站上的介紹來解釋或許會清楚些：掌生穀粒化身成「出版」農業作者作品的出版社，農友們專心顧好每一期的收成，就像作家負責耕耘文字；作品的設計包裝、行銷企劃則交給有感情的專業團隊。他們以農產品爲媒介，販賣所謂的「臺灣生活風格」。

事實上，掌生穀粒是非典型的傳統農業，他們看起來像是盤商，他們做到連結產地和消費者的服務及文化傳遞，以及對生產者的尊重和不欺壓，他們從部落格出發，誠懇溝通產品的內容，告訴消費者受天候地理影響，商品不完美是天經地義的事，甚至也可能突然斷貨。

它們分享資訊與消費者一起珍惜每一次的相遇，掌生穀粒賣的不僅是農產品，事實上是臺灣人的生活、風土人情、歷史地理，它在一般通路如超市、便利商店買不到，因為它們用兩層牛皮紙袋，裝了最新輾製的稻米，保鮮期短到一收到就必須快點吃掉，也因為全是在地生產，因此，每一包都有它的獨特性，帶著不同產區、不同生態造成的產品差異。

五、顧客服務

隨著時代的快速變遷，顧客服務這一環在各產業間，不但沒有失掉光環反而被各企業更加重視，服務業從 1.0 到 3.0 的演進，其實就是臺灣商業發展進化的過程，從最早的 1.0，指的是以雜貨店為主的單店，當時還在手工生產力的時代，生產技術是手工操作，資訊流是通過口碑和信函的方式傳遞，資金流是通過一交手錢一手交貨的現場方式完成，物流是通過人力和畜力的方式進行轉移，因此零售通路一般表現為生產者到集市貿易直銷，或是通過零售商走街串巷叫賣，或是街頭小店鋪銷售。資料統計通過手工記帳和算盤的方式完成，商家一般不關注顧客需求的變化，顧客資料對於零售業經營來說，可有可無，這是一個無數據的時代，商家資料無非是進貨和銷貨的簡單統計，加減乘除的手工運算即可完成。

到服務業 2.0 就是發展到多店或是連鎖店，工業技術改變了傳統的交通（商品運輸）和通訊（資訊傳遞）方式，形成高效率的專業化的交通運輸網路和通訊網路，零售商不必親力親為地做這些物流和資訊流的事情了，進而催生了新型的無店鋪形態的零售管道。

伴隨著郵政系統的網路化，催生了直達信函和目錄零售；伴隨著電話的普及，出現了電話零售；伴隨著電視走進家庭，出現了電視購物管道等等。伴隨著資訊傳遞方式而產生的零售管道帶來多管道的萌芽，顧客資料庫變得異常重要，因為直達信函和郵購目錄寄送需要顧客位址，電話零售需要顧客的電話號碼等等，顧客資料和資訊開始受到關注。

到 3.0 就是跨領域的通路，以網實結合（Cross Channel）為代表。資訊流是通過電話、海報、書籍等方式傳遞，資金流催生了信用卡、現金卡等刷卡方式，物流是通過汽車、輪船、火車、飛機等電力和電氣工具方式進行轉移，因此零售通路一般表現為商場與網路銷售並存的狀態。商家關注顧客需求的變化，顧客資訊對於零售業經營來說變得重要。

臺灣目前處於服務業 3.0 的模式，除了實體店鋪銷售外，也包含導入門市的 POS 系統到企業總部資源規畫系統（ERP）及虛擬網路等數位化的銷售。但若要進一步做到下一步的服務業 4.0，則需要納入現在所有資通訊科技，以及智慧化彈性（客製）ICT 系統在內，才能夠達到服務業 4.0 數位化以及物聯網化（M2M、M2C）的全通路（Omni Channel）。

在使用全通路和消費者來連結的關係，它必定是基於多通路（Multi-channel）和跨領域的通路，但它和多重通路的差異之處，在於專注於消費者接觸到訊息的一致性與接觸點所能提供的最佳體驗。

換言之，雖然消費者使用不同的行動裝置或不同的通路來得到企業的訊息，但這些訊息是有銜接性或一致性的，以確保消費者的最佳體驗。因爲資訊技術革命帶來的顧客變化催生了全通路的零售，第一代互聯網 Web 1.0 時代，是把人和電腦聯繫在一起了；第二代互聯網 Web 2.0 時代，是把人和人聯繫在一起了，形成了一個社交的網路；第三代互聯網 3.0 時代，有海量的資料，又有雲端計算工具將其轉化爲數位化資訊，資訊規模巨大且傳遞速度更快，還可以使用多種接受裝置收集資訊，如電腦、手機、電視、收音機、搜索眼鏡等等，資訊傳遞移動和隨身化、24 小時全天候化、文字和圖像的多元化。因此，從 2012 年開始進入了大數據（Big Data）時代；以消費者爲核心，並且透過消費者的驅動，整合整體供應鏈，爲消費者提供更高程度客製化的商業模式。

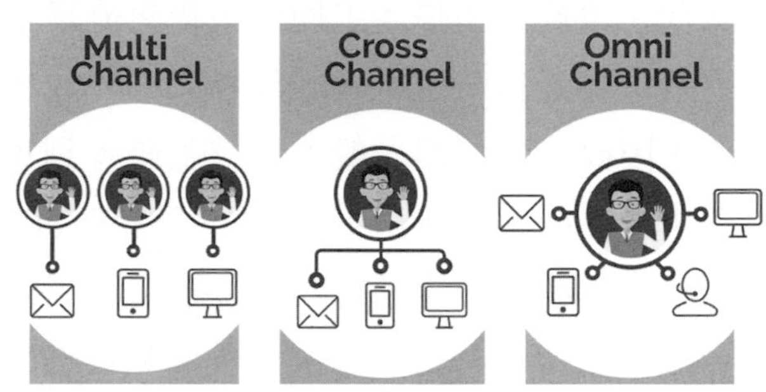

經濟部推動的「商業服務業生產力 4.0」計畫，強調運用大數據等智慧科技，打造虛實整合的全通路經營模式，藉此提高生產力；以透過大數據、物聯網、雲端運算等智慧科技運用，提高商業服務業生產力，主要包括三個內涵：以消費者爲核心的創新消費服務、全通路商業營運模式及減少人力、物力的智慧物流服務。

由於資訊技術革命帶來的顧客變化催生了全通路的零售，企業未來的零售通路類型將進行組合和整合的銷售行爲，以滿足顧客購物、娛樂和社交的綜合體驗需求，這些通路類型包括有形店鋪和無形店鋪，以及資訊媒體（網站、客服中心、社群媒體、E-mail、LINE）等。

全通路零售的對策，需要考慮零售業的本質（銷售、娛樂和社交）和零售五流（人流、商流、資訊流、金流和物流）發生的內容變化，隨後根據目標顧客和行銷定位，進行全通路組合和整合策略的決策。所謂全通路是指融合線上與線下通路的服務，讓消費者無論在何時何地，都可以獲得無差別的服務、穩定的購買經驗，這種圍繞消費者建立一個統一、360 度的顧客服務，稱之爲「全通路行銷模式」，是行銷人近年戮力執行與改進的品牌策略。

在推動服務業 4.0 的同時，五流將有的巨大變化：

(一) 人流與商流

零售店鋪已經無形化以及二維化，手機購物還實現了行動化，隨時隨地都可以完成購買行爲。不進有形店鋪也可以成爲人流，突破了原有的時空限制；商店也隨著顧客移動起來，無處不在。因此其典型特徵是「人流」、「店也流」。

(二) 資訊流

在現代零售的情境下，由於資訊傳遞路徑豐富和多元化，顧客隨時隨地可以通過移動網路瞭解商品及比較、即時性的價格資訊，也可以通過社群網路瞭解朋友們對挑選商品的意見。資訊流由店內拓展至店外，由單向拓展至多向。

(三) 金流

傳統零售情境下，顧客購買商品後，要在商店內完成付款，大多爲現金付款和信用卡付款，通過付款後提取商品，「一手交錢一手交貨」。現在的購買、付款和提貨可以分離的，一方面可以購買後實施貨到付款；另一方面可以通過手機或網銀付款，然後等待著送貨上門。因此隨時隨地都可以完成付款。

(四) 物流

傳統零售情境下，顧客一般採取貨物自提的方式，即在有形商店完成購買後，自己在商店裡拿取貨物並攜帶回家，可能要走很遠的距離。在現代零售情境下，顧客一般不負責貨物的長距離運輸，隨時隨地完成購買和付款後，只要告知商家送貨的位址，商家會將貨物在約定的時間送到顧客家中或辦公室，或者離顧客最便利拿取的物流取貨站（如 7-ELEVEn）。

服務業 4.0 進入了全通路的時代。所謂「全通路」，不是企業選擇所有通路進行銷售的意思，而是指面臨著更多通路類型的選擇、組合、整合。如果從更準確的另外一個交易方來看，全通路零售實際上是顧客購物選擇的全通路。

由於人們所有生活幾乎都放在物聯網和手機等資訊媒體上，同時決定購買時不必看到實物，付款時也不必現場交現金，付款後也不必立即自提貨物，因此誰擁有與顧客交流的資訊接觸點，誰就可以向顧客賣東西，零售簡單化和社會化了，進入了一個新的「全民經商」時代，準確地說是「全民零售」的時代。

雖然服務業 4.0 是未來商業的發展趨勢，但是臺灣企業仍處於服務業 3.0，甚至很多的中小企業還是在服務業 1.0 或是服務業 2.0；其實所謂的轉型升級，就是協助企業從服務業 1.0 到服務業 2.0、從服務業 2.0 到服務業 3.0、從服務業 3.0 到服務業 4.0；還要看技術成本到什麼程度，業者才願意採用，技術投資成本在多久年限回收才算合理。

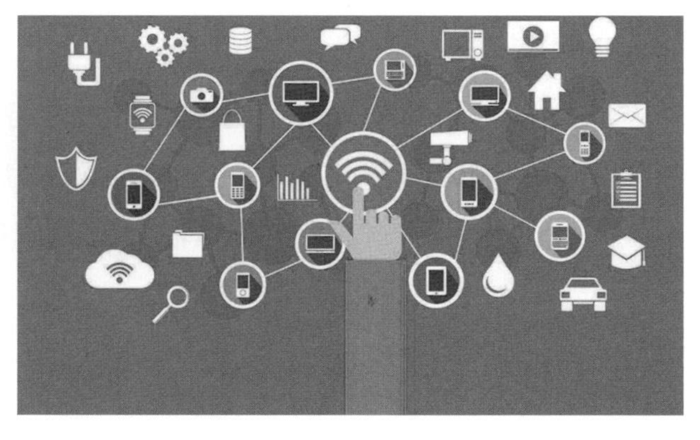

而臺灣服務業的中小企業還是佔大多數的 1.0 及 2.0，能夠協助它們升級，未來也才有可能擴大到 3.0 及 4.0 的服務業，因此只有正確理解服務業的 1.0 到 4.0 產業結構的轉型升級這些內涵，才能在未來推動服務業 4.0 時避免出現偏差。

約翰．古德曼提出顧客 3.0，他指出綜合運用「人 + 服務流程 + 科技應用」等元素，提供從頭到尾完整的顧客經驗，就是顧客 3.0 的概念，顧客經驗 3.0 就是幫顧客於第一時間或對的時間做對的事，並建立與顧客親近的策略及有效的客戶管理，達到最大的顧客滿足。

現在比較多的是針對社群媒體經營、提供讓消費者驚豔的服務、顧客滿意度管理與評估、如何扮演好客戶服務主管的角色等方面的探討，甚至是如何運用科技讓消費者完全不需要額外的個別服務等等主題。但是還沒有發現任何是以「運用積極服務、科技以及情感連結，提供具有量化評估收益能力的完整顧客經驗」為主題的討論。

要創造成功顧客經驗，以下這些方法是不可忽略的：

1. **從頭到尾完整的服務**：產品設計與行銷團隊必須事先設定合宜的產品期望值，同時整個公司都必須共同合作，致力於達到消費者的合理產品期望，同時處理那些消費者提出的不合理產品期望。
2. **針對收益做量化評估**：如果您沒有可用來量化評估公司收益的工具，當然不願意讓公司在改善顧客經驗上有所投資，導致顧客經驗的工作無法成功執行。
3. **積極服務**：消費者在希望尋求協助時，幾乎所有公司都或多或少有著一些阻礙，您必須消除這些擋在消費者面前的阻礙，也要做到鼓勵消費者提出他們的抱怨與質疑。
4. **運用科技**：要成功運用科技，您必須完全依循理想顧客經驗的流程圖，明確且主動地教育消費者，才能避免問題產生，同時做到在多元管道提供服務的目的。

通常在服務、行銷、科技上有的企業會有一些迷思和誤解，例如：

1. 消費者多數是在遇到問題的時候，才會提出抱怨。如果您認同這個說法，建議您先回頭想想自己的行爲反應是不是如此。
2. 讓消費者獲得頂級服務體驗的支出，要比提供好的服務，多出許多。事實上，透過提供良好服務，通常可創造 10 倍於其支出的收入與獲利。
3. 社群媒體是成功的關鍵工具。實際上，絕大多數的口碑傳播，其實仍然是在線下發生的，其內容也是與服務產生的互動脫不了關係。
4. 智慧型手機是顧客經驗不可或缺的重要革命性工具。事實上，智慧型手機只是加速人們互動的一種工具，更具革命性意義的工具與發現，其實是所謂的「大數據」、對話內容分析、產品與製造商之間的無線資訊傳遞等等。
5. 官方網站已經過時。幾乎所有的消費者在打電話或上社群平台前，都會先造訪公司網站，但從消費者服務與主動教育消費者的角度來看，多數網站內容都是極爲糟糕的。
6. 多數消費者不滿來自於缺乏適任的員工。研究顯示，如果員工眞正獲得足夠授權，手邊也有足夠資訊，通常都是工作愉快的員工，能夠有效幫助公司創造正面的顧客經驗。

談到正面的顧客經驗，可以分爲三大部分來看：

(一) 顧客與顧客經驗之範圍

1. 好的顧客服務未必能創造絕佳的顧客經驗

業者與服務人員在做顧客服務時，必須預先了解下列 6 項因素，才能眞正掌握顧客服務的精髓，確實達到顧客滿意的境地。

(1) 了解顧客的期待。

(2) 避免不愉快的意外。

(3) 釐清顧客不滿意與不確定的因素。

(4) 沒有事情發生不一定就是好事。

(5) 現行的顧客經驗，爲什麼讓公司損失許多應得卻未得的收益。

(6) 運用科技創造絕佳顧客經驗。

創業者在創業時要針對如何設定顧客期待，以及爲創造絕佳顧客經驗所應做到的管理顧客經驗、未來忠誠度、口碑傳播影響等相關問題進行討論與策劃。

另外，也必須設定並滿足那些顧客的期待，最後，在嘗試了解、管理、滿足顧客期待上所做的努力，應如何轉換爲可量化評估的數字，藉以讓公司全體能完全接納創業者的做法。

2. 顧客經驗綜合了「人 + 服務流程 + 科技應用」

人是顧客經驗中最關鍵的因素，成是人造成的，敗也是人，在與顧客接觸應對的關鍵時刻，通常是決定顧客經驗中對服務人員滿意與否的主因，創業者對服務人員的教育訓練必須充足完備，才能夠眞正落實人的服務。

(二) 設計一套完整的顧客經驗模式

完整顧客經驗架構的四個要素：第一時間就做到位、建立提供服務所需的管道、提供讓人感動的服務、傾聽顧客聲音並累積經驗。

如果企業不能對顧客經驗做量化評估，就無法做好管理，因此，在此架構的四個要素中，有執行過程與成果的衡量標準需要去做到。

1. 第一時間就做到位

建立具彈性、以消費者爲中心的文化，將既有顧客經驗與理想的顧客經驗做比對，確保不會在客戶經驗中設計出讓顧客不悅的意外；在設計顧客經驗時，必須建立起以客戶爲中心的企業文化，讓顧客與員工在互動中成爲夥伴的關係。

2. 建立提供服務所需的管道

多數經營者都認爲公司應該致力於減少顧客抱怨，但有時反而是應該請求顧客告訴公司他們的想法，「只有我們知道問題何在，才能想辦法去解決問題！」許多企業高階主管起初無法接受這個概念，必須讓他們了解：一個不開心、不滿意的顧客代表著公司損失了多少收入，這樣才有可能說服他們。

3. 提供讓人感動的服務

企業應該大幅增加服務功能，以及第一線服務人員的訓練及建議，在各種服務業場合裡，我們都會看到訓練不足的員工做出影響公司形象及服務品質的諸多行爲。過去，第一線服務人員只需要處理消費者提出的問題，並要求在當下就能完美解決；未來應該要讓第一線服務人員同時扮演教育顧客的角色，讓消費者能更清楚產品的價值所在。

4. 傾聽顧客聲音並累積經驗

顧客聲音的目標是有效掌握顧客聲音流程的重要基本構件，顧客聲音資料來源並非都來自顧客回饋，第一線服務人員及主管可以透過敏銳的觀察力來發現顧客的問題，建構顧客聲音系統常見的挑戰和提升顧客聲音系統影響力的實用技巧，也就是建立完善的消費者意見彙整機制，確保這些資訊對全公司能產生建設性的影響，也對經營消費者有正面幫助。

在最後這個步驟中最具挑戰的 3 個工作分別是：

(1) 建立得以彙整不同資訊來源訊息的消費者意見處理流程。

(2) 將這些來自不同資訊來源的資料，整合爲一個完整的顧客經驗圖像。

(3) 將消費者意見的彙整資料與財務分析數字整合，用以規劃公司下一步的業務策略。如果您能將無所作爲可能付出的代價量化出來，該數據一定能說服公司立刻開始採取行動。

(三)導入顧客經驗的重要議題

企業在服務上都碰過因爲服務不周，導致在顧客經驗上的努力功虧一簣、或成效不彰的問題。這包括像是科技運用不當、未能給予員工充分授權來彈性處理顧客問題，以及缺乏足夠了解顧客經驗的領導者等等。

科技爲消費者與企業雙方創造了革命性的顧客經驗。所有物件都因爲科技而改變，包括小狗現在也內建有微晶片；汽車裡的功能就像在車上設置了一台電腦一般。產品的複雜度更高，但現在幾乎沒有人願意閱讀說明書了；另外，多數的顧客經驗主管，將過多的流程決策交由技術部門來做決定，値此同時，技術部門的主管通常又總是會在第一時間承認自己並非顧客服務、或是爲產品設定適當消費者期待的專家。從這部分的內容中，您可以了解顧客經驗若能搭配合宜的科技管理，將可產生極大的正面效益。

建立充分授權的企業文化將有助於顧客關係與滿意度的提升，創業者如果可以建立企業內授權與情感連結的環境，就不會因爲突發狀況及危機處理時手忙腳亂，甚至推諉塞責不敢勇於任事做主，最終得到顧客滿意服務的好評價，企業可在人員培訓時，妥善規劃與顧客的情感連結做法，具體地讓人員確實學習到情感連結技巧，當然包括實體面對面的顧客情感連結與科技世界中的情感連結，此外，企業高階主管與管理者的角色，也都必須明確地在工作規則中建立清楚。

企業應該大幅增加服務功能，以及第一線服務人員的權責、訓練及建議，服務人員因爲在決定權責上有限，經常無法在關鍵時刻的當下做出及時的補救措施，進而造成顧客的不滿意及抱怨或是衝突行爲，臺灣已經有少數的企業注意到這個問題，而賦予第一線服務人員相當的決定權，不必因爲再去請示主管耽誤到關鍵時機。

某家知名連鎖牛排館因客人認爲牛排過熟，在跟服務人員反應後，過了不久立即送上一份熟度剛好的全新牛排，同時，服務人員也問同桌其他客人的牛排會過熟嗎？也需要再另外一份牛排嗎？從服務業的場子裡，可以看到有訓練的員工，對公司形象的影響。

六、管理到位

各種企業的管理是爲了實現某項活動的最佳目標，通過計劃、組織、控制等手段，協調組織機構內的人員及其它資源，以期達到高效率運作的一項綜合性活動。

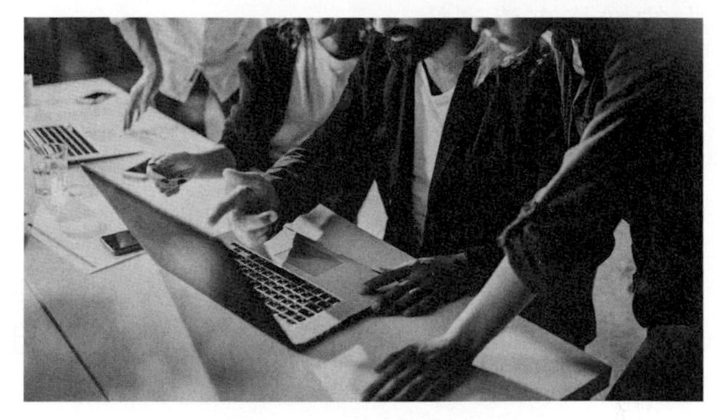

管理到位則是企業管理績效的重要體現，它是管理者通過自己的權力、知識、能力、品德及情感去影響下屬共同實現管理目標的過程。企業管理層都希望通過實施有效的管理手段去實現組織的目標，完成既定的工作任務。

但時常事與願違，究其原因，其中與管理是否到位有關。管理到位的核心是管理者到位，管理者若沒有到位，則服務到位、質量到位，行銷到位，維修保養到位等都無從談起。

（一）管理是否到位有四種情況

1. 在位不到位。表現在管理者的現場管理，工作也認眞努力，責任心也強，卻不能發現問題，也不能很好地去處理問題。
2. 不在位也不到位。管理者不深入實際了解情況，也不在現場督導，以身作則差，待在屋裡瞎指揮，憑經驗隨意決策。由於管理者不在位，也就很難達到管理到位。
3. 在位又到位。管理者在關鍵時刻都出現在該出現的地方，以自己的實際行動和榜樣作用影響下屬，帶領和團結員工實現既定的目標，這是我們要積極提倡的一種管理方式。
4. 不在位能到位。這看似不可能的一種管理方式，其實不然，有的管理者不在工作現場指揮，也不老盯下屬，但下屬仍清楚地知道自己該幹什麼，表現出一種高度的自覺性和責任。如果一個部門能達到管理不在位都能到位，則說明其管理水平達到了一定層次。

（二）如何實現管理到位

管理到位，既有管理者自身的權威問題，也有被管理者對上司的認同問題，還有管理體制的制約問題，這不是單方面通過管理者個人的意願就能實現的，而是通過群體的相互作用、機構的高效運用、員工積極性的發揮以及凝聚力的增強來達到的。

1. 實現組織交付的目標是管理到位的最終結果

在管理過程中，管理者面臨各種問題：市場的激烈競爭、設備的老化、資金的不足、員工抱怨、部門之間的矛盾、客人的投訴等，在困難和問題面前是畏縮不前、被動等待，還是主動想辦法去解決，這是管理者工作態度的不同表現。說得再多，問題沒有解決，工作目標沒有實現，這不能說是管理者到位。

2. 建立一套行之有效的管理規章和工作程序、標準是管理到位的保證

沒有規矩不能成方圓，規章、標準是管理的依據，任何管理者和員工無一例外，必須自覺執行，這就保證了管理到位的實現。

3. 能夠發現問題和解決問題是管理者到位的能力體現

一個好的管理者應通過有關途徑隨時了解下屬的動態，知道下屬發生了什麼事並能幫助，指導員工去解決問題。解決問題一要公正客觀；二要及時、不要拖延；三要嚴格管理，對事不對人。

4. 預先控制是管理到位的有效方法

預先控制是管理手段，也是實現到位的有效途徑。管理到位很重要的一點是管理者能把管理和企業裡錯綜複雜的問題預見在發生之前，胸中有數做到事前、事中、事後控制，及時地調整和糾正偏差，朝既定的目標奮進。

5. 激發員工的積極性是管理到位的重要手段

管理到位是全員參與的過程，只有全體員工的積極性與熱情激發起來，有了共同的遠景，從利益共同體變成命運共同體，員工才會愛企業，把企業眞正變成自己的家，並自願爲之努力工作，這樣管理就容易到位。

6. 敢於承擔責任，關鍵時刻上得去，是管理者在管理到位中的作用體現

當自己負責的部門出現問題時，管理者不是推卸指責和埋怨，而是主動承擔責任，從自身的管理中去尋找原因，這自然會給員工一種積極的力量。關鍵時刻上得去，是指在工作需要的時候，管理者能走在員工的前方，有主見、妥善地解決問題，這既說明管理者能發揮以身作則的作用，又能體現管理者的能力。

7. **講究管理藝術，提高領導水平，是管理到位的核心**

靠規章管理是簡單的管理，但被管理者則不容易心服。這就要求管理者除了自身品德、業務素質之外，還得掌握管理的技巧和方法，用不同的領導方法去處理事、管理人；善於調動人的積極性；加強督導，掌握培訓技術，提高培訓的能力。

總之，能有效地實現管理目標，員工發自內心地信服你，管理才是真正到位。

七、變通調整

在當今變動快速、瞬息萬變的環境，必須及時而有效因應變通，方不致與社會現狀脫節；惟管理非僅在環境變化後之處理而已，甚且必須具備前瞻性的眼光，洞燭機先預估情勢，隨時做好變動的準備。尤其是創業者建構競爭力的重要關鍵就是須深切體認到世界「唯一不變的，就是一直在變」，切莫以鴕鳥消極心態視而不見，而是必須具備變革創新的意識，隨時做好各種準備，以快速調整因應突如其來的變化。

面對內外環境變遷如果創業者和任何類型的企業一樣不能有效因應，乃至前瞻的調適作法，將無法獲得企業發展的機會，甚至威脅到企業的存續。在調整變革過程中，企業採取有效的方法克服困難、解決問題，並建立企業內部共識和創造出價值的知識與文化，以提高企業績效，最終提升服務對象滿意度。這項管理知能並非僅有領導者需要具備，而是企業內部的所有成員，都必須具備隨時變通的認知並充實所需的管理知能。

綜上所述，企業是處在一個不停變動的環境之中，爲了維持生存與發展，必須經歷自我調整的過程來與外界環境達到動態的均衡。

一般而言，企業變革是由四個R：觀念變革（Reframe）、結構變革（Restructure）、策略變革（Revitalize）、文化與能力變革（Renew）所組成的觀念架構，分述如下：

(一)觀念變革

包括企業組織的思維邏輯改變、危機或機會的確認、願景的創造與組織使命的重新定義。例如在當今新服務的思潮下，業者與顧客之間，已非昔日的對立關係，而是顧客才是企業的主人。如果企業人員不能正確認知此一觀念的變革，站在顧客的角度，以同理心發揮服務的精神，則將使企業服務的美意大打折扣，甚至引發顧客不滿，而離消費者愈遠。

(二)結構變革

主要是針對企業組織結構的基本要素，以及組織的整體設計所進行的改變。創業者在創業前是否針對企業的屬性，設計規劃出相對的必要性組織，包括權責的歸屬、工作的職責、層級職能的變化等。

企業組織變革非一蹴可幾，變革過程可分為「解凍」、「行動」與「再結凍」三個階段，而每一階段的管理課題不盡相同：

1. **解凍階段**：提高變革驅動力、降低抗拒力

   組織上下必須清楚地認識到新環境、新時代已經來臨，過去舊有的組織運作方式已不再全然適用於現實環境，此階段最重要的角色是組織的領導者與管理者，必須掌握變革的契機，營造出適合變革的組織環境，以減少來自成員多方的變革抗拒因素。

2. **行動階段**：移動到期望的狀態

   在此階段中，企業要認知到組織未來的發展方向為何，進而實施組織變革，引導組織成員產生新的工作態度和行為。因此，在面對環境的衝擊下，企業必須創造出一個未來的願景，並考慮到達成此一目標所需要的程序與步驟，並將整個組織團結起來，一起邁向新的未來。

3. **再凍結階段**：讓組織穩定在新的狀態

   新的組織技術、結構與文化若已達成變革的成效，這些觀念或作法就可以被「重新凍結」，把組織穩定在一個新的均衡狀態，確保新型態的工作方式與環境不會輕易被改變，以強化或支撐組織變革的作為，並透過例行化及制度化，確保變革進行的持續不輟。

然而組織或成員個人是有運作慣性或惰性的，所以知道變革的重要性是一回事，而何時會啓動組織變革，以及持續變革的運作，又是另一回事。

一般而言，啓動組織變革主要考量下列三個要素：

1. 對現況不滿意的程度？

不滿意的程度愈高，驅動變革的機會就愈大。

2. 所欲追求改變的可獲得性？

指進行變革後能達到改變的程度。可獲得性愈高，組織成員配合變革的意願就愈高。

3. 是否存在達成改變的計畫？

變革計畫愈完整合理且具體可行，則組織變革的拉引力就會愈大，愈容易讓組織成員遵循。

成功變革的八個指引步驟：

(1) 建立迫切感及具說服力的理由。

(2) 結盟，獲得引領變革力量。

(3) 創造新願景及達成的策略。

(4) 與組織溝通願景。

(5) 移除障礙、鼓勵冒險，賦予他人能量來實現願景。

(6) 計畫、創造及獎勵支持願景的短期勝利。

(7) 鞏固改善及重估變革成果並作出必要調整。

(8) 展示變革結果與組織成功的關係。

透過上述探討，變革管理可視爲一項企業組織變革歷程之管理，在變革過程中採取有效的方法克服困難、解決問題，並建立組織內部共識和創造出有價值的知識與文化，以提高組織的績效，最終提升服務對象的滿意度。

(三)策略變革

策略是指爲了達成目標，謹愼尋求行動方案，提升競爭優勢的一整套活動。組織面對環境的衝擊與挑戰，勢必要透過策略的改變，爲組織找到更有利基的新政策方案與發展空間，才有能力與競爭對手進行抗衡。

以產品競爭力爲例，在全球化與網路化的時代，產品的發展與競爭呈現新的問題與挑戰，包括產品定位、品牌與行銷、通路發展、顧客關係、物流金流、跨域合作等，這些都是企業創業者的重要課題；如何在產品競爭中取得發展優勢，便取決於創業者是否有多元的策略性思考，運用新思維以尋求產品發展的利基。尤其現在是一個科技普遍的時代，3C 產品應用普及，故行銷策略亦要結合時代新潮流做因應調整。

(四)文化與能力變革

針對企業組織環境中各種的信念、核心價值、氣氛、工作規範、行爲模式之改變，目的在於維持組織內部的共識，提升組織的效能與生產力。作爲一個成功的組織，在面對來自觀念、結構、策略、文化及能力的變革議題時，應透過適當的變革管理手段，有效克服多重的變革阻力，達到變革的效果。

4-3 職場各式服務創新作法

臺灣保險市場的發展歷經 5 個時期，從封閉時期（1964-1980 年）、開放時期（1981-1993 年）、拓展時期（1994-2000 年）、飽和時期（2001-2010 年）到後 ECFA 時期（2011 —），發展至今隨著臺灣目前的社會現況改變，國內保險市場漸趨飽和，成長力道有限。

社會現象改變狀況如下：

1. 晚婚導致初婚婦女的年齡延後。
2. 育齡婦女有偶率下降。
3. 已婚婦女期望的子女數下降。
4. 婦女有效生育期間縮短，總生育率下降。
5. 國人總生育率 1.07 人。
6. 15 到 65 歲勞動人口急速減少。
7. 國際化導致子女因工作無法就近照顧父母，老人獨居日益增加。
8. 醫療科技進步及全民健保的實施，使國人平均壽命延長。

9. 低生育率與延壽導致人口老化加速。
10. 退休規劃已成爲大家都有的觀念。
11. 華人多以儲蓄的方式來處理退休準備金，從保險的角度來看，臺灣投保率 211% 而保障卻只有 64 萬。
12. 網路社會當道，產業結構及消費方式行爲的改變。
13. 經濟景氣不振，收入減少影響消費。

高達 90% 的傳統保險業者認爲，在未來五年內，某些業務恐怕會被金融科技業搶走，近半數（48%）的傳統保險業者擔憂 20% 的業務將被獨立的金融科技公司所取代。創辦保險科技業的資金於過去三年已激增至五倍之多，其累計的金額自 2010 年起，已達 34 億美金，超過 2/3（68%）的保險公司表示已開始採取具體措施，來因應由金融科技帶來的各種挑戰與機會。

一、傳統保險業應創新轉型，跟上金融科技步伐

在保險科技崛起的趨勢下，現今的消費者傾向購買更貼近自己需求的產品。傳統保險業者除了降低成本外，更該積極因應此波潮流，進行升級及創新轉型，將保險科技所帶來的威脅降至最低。

保險科技公司擅用數據運算及分析，但傳統保險業者仍使用傳統設備，似已無法跟上消費者需求改變的速度。傳統保險業者需鼓勵企業的創新和創造力的文化，並順應發展趨勢、從顧客的需求切入，重新定位創造新的價值。

因爲行動支付、網路個人借貸等業務興起，傳統銀行業務是最快感受到金融科技創新的衝擊，但是繼續發展下去，擁有 30 多萬業務大軍的保險業才是衝擊最大的，因爲網路投保、新型費率釐算等，都會衝擊保險從業人員現行的工作模式。

業務人員要開始吸收非金融的專業知識及科技行銷，全球金融科技創新是一架正待起飛的太空梭，一旦升空速度會極爲迅速，金融業若未即早因應，將抓不住趨勢，影響競爭力。

在保險業創新勢在必行的情形下，確實掌握下列的六大趨勢，將可以有效讓保險業有嶄新的發展。

1. 創新是可預見的：來自各行各業不斷求新求變的浪潮襲擊之下，保險業也嗅出氛圍逐漸做一些改變，展望未來大幅度的改變是可以看見的。
2. 推動平台導向、資料密集、小額資本的業務模式。
3. 最快受到衝擊，保險業是最大衝擊。
4. 傳統產業與新進業者合作，但型態是既合作又競爭。
5. 政府與傳統業者、新進業者必須合作，如大陸推 P2P（網路個人借貸），有 1,800 多個平台中，卻出現 600 多個倒閉或詐騙，政府要與業者合作，防範創新帶來的風險。
6. 創新將改變消費行爲、業務模式及金融業的長期結構。

未來消費者透過智慧型手錶或手環，每日傳回健康相關資訊到雲端，擁有健康身體及良好生活模式者，即可能減免保費；或是行車速度及駕駛情況傳回大數據資料庫，車險保費可能更便宜，他提醒業者都要及早注意未來的趨勢，最早準備、準備愈充分的業者，未來競爭力愈高、衝擊愈小。

二、四大策略迎接保險科技新趨勢

如何將保險趨勢變爲轉機，以下是可以採取的方式：

1. **勘察**：懂得掌握致勝先機，有先見之明的業者已經在觀望發展趨勢創新走向，並建立了創新的熱點，如矽谷、新加坡與倫敦。
2. **策略性合夥**：越來越多期望能從創新技術中受益的保險業者，將會選擇與新創公司合夥，並建立測試解決方案。
3. **保險金融的參與**：相較其他方式，透過創業培育計劃與策略性併購，能讓保險業者極有效率地處理特定的問題。
4. **新產品開發**：透過與現存和新創保險公司的交流，能發掘各種已存在與新興的風險和保險需求，進而調整和完善自己的產品組合。

保險業經營創新的案例如下：

保險服務界的7-ELEVEn——新光人壽「人生設計所」

金融科技創新，銀行業將最快受到衝擊，但保險業則是衝擊最大，一改過去保險業主動銷售被動服務的模式，新光人壽開了一家嚴禁店員主動賣產品的人生設計所，目標要成為保險界的 7-ELEVEn，他們用路易莎咖啡香吸引女性保戶，人生設計所開張三個月，客戶訂單轉換率竟然高達 12.5%，意謂 100 個客人中有 12.5 人變成客戶，在體驗行銷當道的年代，他們用不銷而銷的策略，以客戶為主整合客戶體驗價值，推出即時化、個人化、遊戲化、社群化，成功擄獲了消費者的心。

高樓林立的臺北站前商圈，有一塊特別顯眼的招牌夾雜其中——「人生設計所」，裡頭還坐了幾位穿著白袍的人，吸引著來往人潮的目光，一時間讓人摸不著頭緒，這間店究竟是在做什麼？其實，這是新光人壽從 2017 年 7 月開始籌備、斥資新臺幣 3 千萬元的一項新嘗試——「只提供諮詢服務，不主動推銷商品」的保險小鋪。

令人意想不到的是主動和被動的反轉，消費者諮詢後，回頭主動上門成為新保戶的轉換率高達 16%。要知道，根據新光人壽統計，業務員上門拜訪既有老客戶，再購率平均也只有 9%，面對成千上萬筆複雜的保單資料，保險業者走上數位轉型之路已非新鮮事。新光人壽在 2016 年便規畫 3 年內將投入新臺幣 1.5 億元用於數位轉型，包括各類數位交易、諮詢及審核服務。但別於系統轉型，「人生設計所」卻是要從本質上讓服務轉型，推翻保險業給大眾的既定印象。

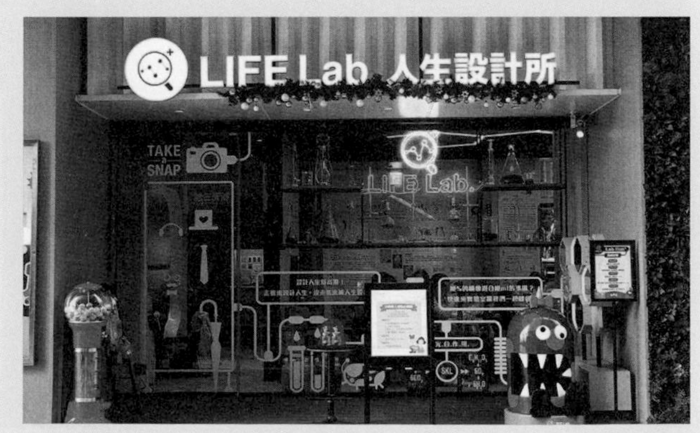

人生設計所的概念是來自日本推廣近 20 年才獲利的「保險小鋪」，10 多年前在日本經營保險小鋪的公司規模都很小，但 10 多年後一家名為「保險窗口」的小公司經過多次整併，年純利益近 50 億日圓，原來保險公司可以用這個方式經營，它絕對有市場。

目前的保險業面臨一個嚴峻的問題：隨著老齡化，保戶年齡平均為 53 歲，而年輕人又不願意買壽險，綜觀未來長期動能的成長，絕對是一大警訊。

「以前的業務員是『主動銷售』，但『被動服務』」，而「人生設計所」的目的就是要翻轉，讓「服務主動、銷售被動」，更符合年輕人的消費習性。

有趣的是，在人生設計所的店員和一般保險業務員大相逕庭，完全禁止「主動賣保險」，也沒有任何業績指標，唯一績效標準是客戶滿意度，以及店員該如何最有效使用每個月 8 萬元的行銷預算辦活動，讓更多人來到店內了解人生設計所。

人生設計所是新光人壽的數位轉型，他們是先從裝置如何蒐集數據做起，也就是利用體感裝置小遊戲，邊玩邊分析客群，還沒進到店裡，門口的雷射體感裝置就利用小遊戲，讓民眾閃躲各種有「保險寓意」的障礙物，除了吸引消費者外，背後的另一項意義是要了解消費者輪廓，透過「虛擬人物」的角色選擇，可以初步了解什麼類型的消費者對這間店感興趣。進到店裡，一台台電腦、平板都是為了小鋪新開發的「人生設計 +」APP，讓來訪客人 DIY 規劃人生各階段需求，如初入職場、準備結婚，APP 會規劃保險該怎麼買，並同步呈現政府資料、新光人壽 50 年保戶的投保大趨勢，消費者可以參考同儕人都怎麼理財；此時，消費者的輪廓又更加清晰。

人生設計所確實接觸到了過去最難接觸的一群人，現在店面成交客戶平均年齡 40 歲，最小 23 歲。店員也透露，每天用店外裝置接觸約 30 個消費者，平均只有 1-2 人有興趣進行更多諮詢。如何吸引更多人上門參與是接下來最難的挑戰，畢竟，新光人壽最終的目標是要打造保險服務界的 7-ELEVEn。

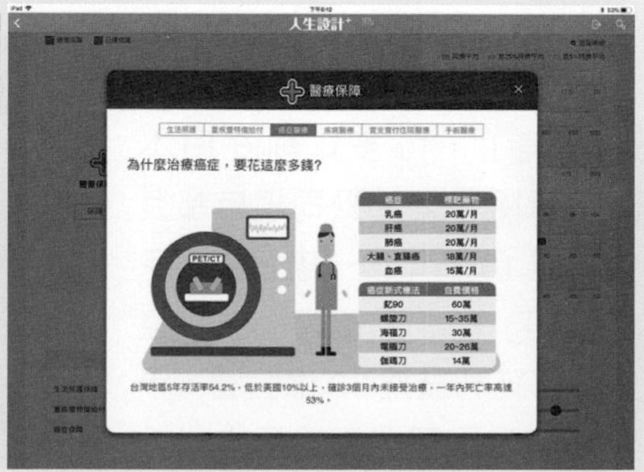

與星巴克異業結盟 ——國泰人壽E化「保險概念店」

與咖啡店異業結盟，國泰人壽在臺北東區金店面，推出國內首間異業結盟、E 化「保險概念店」，搭配星巴克咖啡店進駐，結合保險櫃台及 E 化金融空間，這種金融試驗室想藉由年輕化的空間設計及異業合作，吸引非保戶的自來客上門，希望每天至少有百位新客上門。

針對概念店，國壽也配置 6 位穿著「特訂制服」的客服人員作門面，這間保險概念店座落在臺北市忠孝東路四段，緊臨捷運忠孝敦化站，該棟大樓是國壽自有大樓，樓上就有國壽營業部，隨時可有業務人員支援前線，可以提供客戶專家團隊的服務。雖然金融科技時代許多金融服務都轉為線上，但是國壽想提供更不一樣的服務，讓保戶同時有「線上的便捷、線下的溫度」，未來會逐步加入國壽各類 E 化服務及國泰世華銀行 KOKO 業務，在此概念店客戶也可體驗到國泰金控永續經營的企業理念。

國壽在全臺共有 178 個據點，每月有近 11 萬客戶上門，如國壽在南京東路的旗艦服務處每天服務就達百人，未來國壽概念店將提供數位服務、保險諮詢、各類講座，就算暫時沒有保險需求，逛街累了也可上門喝杯咖啡、上網，了解現在的保險商品，國壽希望搭配咖啡店面，將「非既有客戶」上門數能拉高至 8 成以上。客戶到概念店內絕對不會有人員強迫推銷，甚至只想到星巴克喝杯咖啡卻找不到位置的客人，也可以到國壽服務台沙發區坐坐，安靜地在東區享受一杯咖啡。

國壽概念店以具國壽企業標幟的樹屋為設計發想，店內裝潢及相關設備均採用環保材質，前方是數位體驗區提供平板和免費網路，中央佇立著綠葉大樹，象徵國泰重視環保及穩健形象。後方則為專業客服區，國泰人壽希望民眾能在舒適的空間、溫暖的氛圍與放鬆的環境下，獲取需要的資訊與服務。

延伸案例 壽險公司的服務創新——車廠駐點銷售

某家壽險公司服務的創新作法，則是與汽車業結盟做駐點的服務，駐點人員的策略是先與車廠建立良好的人際關係進而了解他們的狀況與需求，車廠的人員分為業務人員、維修人員及行政人員三類，由於當時的汽車銷售績效不佳，業務人員普遍收入上也不多，因此購買意願不高，駐點人員就轉向以行政人員為主要銷售對象，經過三個月不眠不休地勤於接觸及建立關係，終於開花結果，成交了不少張的保單。

從這個案例中，可以深切體認到創新的重要性，如果沒有創新還是遵循舊法墨守成規，是不會產生任何績效的。

參考文獻

1. 約翰・古德曼（2015.10），顧客 3.0，中國生產力中心。
2. 徐重仁（2017.4），創新　從有感開始，徐重仁與 9 位經營者的對話，天下雜誌。
3. O2O 來襲，實體門市存活之道　實虛整合的難題與突圍之道，https//tel3c.tw/blog/post/222009119，<Access 2019.3.11>。
4. 行銷人不可不知通路行銷關鍵，ideablog.pixnet.net/blog/post/1388152，<Access 2019.3.11>。
5. 陳弘元，服務業 4.0，http://mymkc.com/article/content/22354，<Access 2019.3.12>。
6. 實體零售轉型響應式商店　打造 O2O 商業模式，www.nexcom.com.tw/news/Detail/nexcom-fuses-digital-physical-retail-with- responsive-store-solutions，<Access 2019.3.12>。
7. 數位時代，老牌壽險開潮店，新光「人生設計所」要當保險界 7-11，https://www.bnext.com.tw/article/51548/skl-life-lab，<Access 2018.12.11.>。

CHAPTER 05

從健身房營運看健身產業的創新思維

5-1 前言

隨著臺灣經濟的發展，人民所得的增加，當生活更加富裕的同時，國人也慢慢開始認知到適度的運動、休閒活動對身體健康保健及生活品質提升的重要性。養生保健觀念的形成，不僅加速了國人的運動休閒風氣的提升，也使各運動健身休閒俱樂部如雨後春筍般成立，造就了臺灣健身產業自 1980 年代末期至 2000 年初的黃金時期。

根據財政部「中華民國稅務行業標準分類」（101 年 8 月）第七次修訂版本，將「運動服務業」定義為：從事職業運動、運動場館經營管理及其他運動服務之行業。其中包括職業運動業、運動場館業及其他運動服務業；而健身中心及健身俱樂部都歸類在運動場館業。

一、臺灣休閒健身運動俱樂部的定義

俱樂部的組成意即人們可追求身心健康、休閒、娛樂或是想為了認識其他朋友等理由，進而定期或不定期舉行集會的一種封閉性社交團體，通常也附帶有一種對會員的資格審定程序；因此，從上述可知，俱樂部可以說是一種集合相同消費性行為的封閉性社交團體。

運動健身俱樂部則是同時具有運動、健身、休閒功能之封閉式營利組織，採會員制方式經營，場所內設有專業性硬體設施、硬體器材及專業性軟體課程或資訊及其他休憩相關的附屬服務；目的在使消費者滿足個人的需求，並使身、心、靈三者達到平衡且舒適的感受。

二、臺灣的休閒健身運動俱樂部的發展歷程

陳素青依據不同時期內各俱樂部崛起之時間，將國內運動健身俱樂部發展歷程，分為關鍵的八個時期：

表 5-1 國內運動健身俱樂部發展歷程

時期	發展
1.商業聯誼為主	以商業聯誼為主要功能，國內在1977年已開始具備健身俱樂部的雛型。
2.首創女性專屬課程	在1977年後期，佳姿韻律世界首創以「運動舞蹈化、舞蹈運動化」等理念，開啓女性專屬運動課程之先驅。
3.美式經營模式引入	1980年成立的克拉克俱樂部，率先引入美式俱樂部訓練方法及營運方式之應用，刺激了國內運動健身俱樂部朝多元經營之模式發展。
4.價格平民化	1983年雅姿韻律世界透過全家人健康之消費訴求的觀念，搭配低價行銷的策略，將臺灣運動健身俱樂部的消費模式導入了新的低價競爭機制。
5. 百貨公司投資經營	1986年中興百貨率先於公司內部設置健身俱樂部廣場，以擴大對全體客戶的服務層面。
6.社區健康俱樂部成立	1990年代之後，許多的建商為了開始在各新建社區內設置運動健康俱樂部等休閒廣場，以藉此招攬更多消費族群的目光。
7.市民運動中心興起	臺北市政府自2000年初開始，於臺北市12個行政區內各蓋一個市民運動中心，並以多樣性的運動設備選擇及平民化的收費吸引大臺北地區的民衆前往運動，嚴重衝擊原有的健身俱樂部市場，使健身俱樂部市場呈現大幅萎縮及衰落的狀況。
8.外商積極進入臺灣市場	自1991年後期，日、美等外商積極進入臺灣市場，再加上國內消費市場的變更以及國人生活形態的重大改變，讓運動健身市場有了大幅度的成長，更促進了臺灣運動健身產業高度的蓬勃發展，進而帶動臺灣運動健身產業的起飛，至2000年代初期達到高峰。

其中蔡純眞創立佳姿韻律中心，開啓了臺灣女性專屬運動課程的新頁，隨後在 1983 年，蔡純眞當時聘用的紅牌舞蹈老師唐雅君也成立了雅姿韻律世界，並在 1993 年更名爲亞力山大健康休閒俱樂部，大幅開拓臺灣休閒健身運動俱樂部市場，並將原女性專屬的韻律中心逐漸轉型爲全民體適能休閒俱樂部。十年內，唐雅君一手創立的亞力山大集團，躍升國內健身連鎖業龍頭，最高峰時甚至創下逾二十億元的年度淨利。

根據國際健康及運動俱樂部協會（International Health, Racquet and Sports Club Association, IHRSA）統計，截至 2005 年 1 月，臺灣地區的休閒健身運

動俱樂部共有220家，臺灣地區參加休閒健身運動俱樂部民眾估計有455,000人，佔臺灣總人口比率為2%，無論相較於美國的健身俱樂部會員人數計佔全國總人口的14.1%、歐洲的健身俱樂部會員人數計佔全歐洲人口數的5.5%，或同屬於亞太地區國家的紐西蘭（佔9%）及澳洲（佔8%），甚至近鄰的馬來西亞（佔3%）、日本（佔2.44%）均明顯地偏低，其總產值估計為110,000,000美元，亦遜於亞洲各國；因此，臺灣的休閒健身運動事業前景一片看好。

然而，就在臺灣的休閒健身運動事業前景一片看好當中，2005年5月10日創立29年的佳姿健身中心突然倒閉；2007年12月10日，由唐雅君經營25年，共有21間分店、26萬名會員的亞力山大，也突然無預警歇業倒閉，欠下20億元的巨額債務，再加上2008年又發生金融海嘯，以及2010年外商連鎖品牌加州健身中心也退出臺灣市場，健身房如骨牌效應般出現倒閉潮，使得健康休閒運動在臺灣一度乏人問津，健身產業從此跌至谷底，似乎看不到未來。

三、臺灣的休閒健身運動俱樂部之類型

根據郭仁宗和李豪在2010年的研究，各家運動健身休閒俱樂部依據其經營理念以及所提供的服務屬性之不同，可分為以下幾類：

1. **體適能健身為主**：以提升體適能為主要目標，健身房、有氧舞蹈教室等運動器材為最基本之設施，設置地點多半以都會區內為主，並透過平價會費的方式吸引消費者。

2. **商務聯誼為主**：以具有商務社交功能為主要訴求，除專業體適能設施外，還附設有餐廳、聯誼室等社交場所，以方便消費者聯誼聊天使用，設置地點通常以商業區為主。

3. **休閒度假為主**：主要目的在滿足週休二日度假休閒等需求，設置地點大多鄰近郊區或遠離都會區，設施完善且多樣化，消費的對象通常以家庭成員為主，因而有住宿、餐飲等服務，故而收費較高。

4. **社區健康休閒為主**：以社區內的居民為最基本的消費者，其主要的目的在於提升社區居民的生活品質，通常還附設有KTV及籃球場等設施，以提供社區居民休閒、活動使用。

5-2 體適能健身型的健身房發展與困境

一、漫漫長夜後的黎明曙光—甦醒的健身業

近年國人健康意識抬頭，人們越來越重視體態、塑身等議題，健身需求提高，在這股風氣之下，健身已成爲臺灣的一個國民運動；除上述原因使健身市場慢慢復甦外，加上臺北市及新北市政府將廣設國民運動中心爲施政目標，以低門檻且不綁約的收費標準，吸引民眾前往，因而爲更多的新運動族創造出更多樣的經營模式，在收費上也更多元化，讓一般民眾加入民營健身房的門檻變低，促使消費者開始願意加入私人健身房。

根據財政部資料中心統計，休閒健身運動俱樂部的總家數，從 2011 年的 128 家至 2016 年的 299 家，再到 2018 年 5 月底達 409 家，成長近四倍，可見臺灣的健身產業發展仍具有相當潛力。雖然臺灣全民運動的發展剛步入第一個 10 年，健身產業仍處於初期成長階段，主力健身消費者爲 20 至 39 歲的中青年族群，未來市場仍以中大型會員制連鎖健身中心爲主之外，新型態的健身、瑜珈或舞蹈工作室也如雨後春筍般出現，在競爭激烈的市場環境下，勢必也會淘汰掉營運不佳及教學不夠扎實的業者。

健身俱樂部除了持續開發符合消費者需要的服務並建立起品牌口碑，透過科技與網路的運用解決傳統健身房的痛點，更是提升臺灣健身產業發展最重要的關鍵，在對岸已經有越來越多健身業者結合全域網路導入更完整的服務，臺灣健身產業也應該加速進行研發與異業合作，才能在全面行動網路時代創造世界級的競爭力。

二、入會費與月費的價格亂象—價格不透明

民營健身業者因應市場發展趨勢及競爭關係，最喜歡打價格戰。這是健身俱樂部最常見的陋習之一，你買到的眞的是最便宜的價格嗎？當我們走進健身俱樂部的時候，業務就開始用標準話術及死纏爛打的招數，告訴你今天是會籍最後一天的優惠，然後再請主管出來，由主管扮演最後決定費用的人，即使主管說這是我們最優惠的價格後，只要客人說我可能還會有兩個朋友想要加入，主管又會立即再次降價，於是會費從 3,180 元降到 2,180 元，此時，客人

自以爲嚐到甜頭了，殊不知在加入後，發現其他會員竟然是以 1,280 元加入，比自己的入會費還低。不過現在會員制的健身房月費都落在 1,000 元至 2,000 元之間，差異其實不大，相對來說民眾比較在意的是收費制度是否透明，因此有越來越多的健身俱樂部，以月繳不綁約甚至採取計次、計時或計分方式收費。

三、私人教練不為人知的祕辛—狂推銷課程

這是健身俱樂部最常見的陋習之二，私人教練課程是健身俱樂部另一項重要的收入來源。在你加入會員之後，健身房一定會以免費贈送兩堂教練指導之名，實推私人塑身課程。一般剛進健身房的初學者若沒有教練指導，不但健身效果不顯著，還可能會造成運動傷害，若能在教練制定合適的運動處方上起到關鍵作用，同時教練還可以提供運動防護和持久的健身陪伴與督促，幫助會員達到最佳的運動狀態及效果。然而教練在公司要求的業績壓力下，推銷給客戶的堂數都是三、四十堂或是百堂起跳，常常上課已不是一對一，而是一對三或一對四的教導，甚至約不到教練上課，不只成效不彰，會員客訴更是屢見不鮮。

四、器材與教室坪效的差異化—最大效益化

健身房本身就是庫存，簡單來說時間乘以空間，就是每一家健身房的庫存，尤其是對於按次收費的中小型健身工作室，坪效也決定了其收入的上限。如何充分利用空間和時間產生出高坪效，是企業主營運層面的功力。當然提升客單價，提高使用者在單位時間內支付服務與產品的費用，是提升坪效最直接的方法之一，另外像是團體課程或一對一、一對多的私人教練課程，都是典型提升坪效的選擇；而最無效能的就是擺放大量的心肺或是重訓器材，讓會員自行使用，因爲一坪僅可擺放二台心肺器材，若是團體卻能提供四到五人以上。

5-3 如何化紅海變藍海的秘笈—多元化經營

近年來，健身俱樂部市場競爭激烈，除了各地方政府陸續建置完成的運動中心之外，健身市場中仍以民營居多，健身產業的經營者如何在競爭激烈且險惡的紅海中殺出，要能逆勢成長成爲藍海，除了正確的商業模式和定位策略，以迅速在業界打響品牌及口碑，更需要的是差異化策略及不斷創新的經營手法，如何運用創新經營形成俱樂部的獨特競爭優勢，達成「人無我有，人有我優」的差異化經營特色，是每個健身業者必須思考的重要課題。

因此經營模式也趨於多元特色發展，例如「健身工廠」、「世界健身房 World Gym」、「統一健身俱樂部」主打多樣化、複合式的健身器材及專業場地設備，吸引眾多年輕族群及上班族。而社區化及特色化的小型健身房也受到許多民眾喜愛，例如「Curves 可爾姿」主打女性專屬 30 分鐘的環狀運動，鎖定社區鄰里的婦女爲目標客群。此外，還有越來越多主題式的健身俱樂部，吸引特殊運動愛好的族群，例如「成吉思汗健身俱樂部進化格鬥中心」、24 小時健身房「台北健身院」、到府服務健身房等等，發展出「多元化運動設施與課程」、「多角式複合經營」及「多家連鎖服務」的三多現象，也奠定臺灣健身產業穩健成長的發展趨勢。

5-4 策略與策略思維間的創新—創造新商機

一般人在挑選健身房時，會在意或是考慮的重點有以下幾點：

一、團體課程

團體課程有「Les Mills 系列」、「Radical 課程」、「有氧課程」、「舞蹈系列」、「靜態課程」。跟隨國際健身俱樂部的腳步，臺灣企業也引進越來越多的團體課程，以利國人嚐鮮及喜歡多變的心態。因應運動的人口越來越多，健身市場的餅越做越大，健身俱樂部該思考的是如何開發新的團體課程？而這課程又符合市場的需求及顧客的喜愛。

延伸案例 健身房團體課程之創新思維

北市某健身房（以下簡稱Y健身房）有四間教室，團體教室可容納150人，多功能舞蹈教室可容納60人，瑜珈教室可容納40人，飛輪教室有40台。雖然Y健身房的團體課程一週開了近150堂，然而周邊有很多競爭對手，且團體課程大同小異，師資也多有重複，因此有些課程學員人數寥寥無幾。請問：

一、創新思維—Y健身房自行開發（研發）新團體課程，而非與同業一樣自國外引進相同課程？

如「Radical課程」就是仿照「Les Mills系列」所研發出的課程，雖然其受歡迎的程度不如「Les Mills系列」，但也還是有一群粉絲支持。若健身俱樂部能研發出自有品牌的課程，除了能有獨一無二的商品，創造差異化，讓會員黏著度更強外，亦可將此課程賣給同業，收權利金外還可以收受老師的認證費、受訓費、教材費等，如「Les Mills系列」、「Radical課程」及一些瑜珈課程皆是如此。

另外根據內政部2017年3月9日公布統計數據顯示，臺灣人口老化指數在2017年2月首度破百，達到100.18，意味著老年人口首度超過幼年人口，臺灣將進入高齡社會，再過10年恐再超過20%，相當於每5人就有1名老人。

老年人口比例逐年加速攀升，為了維持老年人之健康身心以外，政府也積極推廣健康政策宣導，因此高齡者族群的休閒運動需求及機會大增。如廣場舞、保健操、慢跑、慢走、太極拳、養生氣功、腳踏車（飛輪）、社交舞、國標舞，甚至桌遊都是可以參考的。再加上少子化的人口結構下，幼兒的健全發展也受到家長們的重視，民間已有越來越多幼兒體適能及健全幼兒骨骼發展的按摩等推廣活動。因此，為持續拓展運動場館業之市場，未來運動場館業之經營範疇，可瞄準高齡者運動復健及幼兒體適能發展市場，以期帶來更大規模的經濟效益，提升整體健身場館業之發展。

二、創新思維—如何留住團體課程的紅牌老師？

受歡迎的紅牌有氧老師對於健身房的顧客或會員來說，具有高度的吸引力，也是提升顧客黏著度的要素之一，所以要留住或綁定紅牌老師也是多數健身房的想法。因此，給老師高堂數是一種方式，但對老師而言並非是最佳選擇，有氧老師一週能排上 40 堂左右的課已經算是 TOP 級了，然而，每週如此多的課程數對於老師在體能上也是一大消耗，就算是機器也有折舊及耗損，更何況是人。

Y 健身房業者該思考的是：用更好的薪資及福利，甚至將紅牌老師納入正式員工，可以安排其一些內勤行政文書工作，不但有基本工資，亦能保障其教學品質及教學壽命。

三、創新思維—如何避免團體課程開天窗？

月有陰晴圓缺，人有旦夕禍福，一個月總會發生幾次老師臨時出狀況，來不及找代課造成現場會員客訴。為了避免此狀況產生，若您是 Y 健身房業者該如何因應？

盤點現有員工對團體課程的興趣，鼓勵員工取得團體課程的證照並給予獎金，每次排班都要穿插一、二位有團體課程證照的員工當班，一旦有老師因故未能準點上課時，現場主管可立即調度有團體課程證照的員工代課。

二、教練課程

健身俱樂部除了需要業務開拓客源之外，如何讓顧客願意再次或是二次消費，另一個財務收入來源就需要健身教練。除了教導剛加入健身俱樂部的會員，學習如何正確使用健身器材避免受傷外，也能增加運動的興趣與樂趣，達到加入健身產業的意義。目前健身房較夯的私人教練課程有「TRX 懸吊訓練系統」、「Boxing 拳擊有氧」、「一對一的運動指導」、「ViPR 訓練」、「壺鈴」……等。

延伸案例 健身房教練課程之創新思維

Y健身房的私人教練課程已是業界數一數二的了，但是並不因此而怠惰，Y健身房的業者一直在思考如何不被同業超越外，在教練賣出課程後，如何消化課程及杜絕在操作課程時被客人懷疑性騷擾，是本節所要探討的。

一、創新思維—如何吸引顧客買教練課程？

一個好的健身俱樂部，在應聘健身教練的時候，除了要求要有相關證照及專業知識之外，更要不斷地讓教練增加新的健康知識及新的訓練課程，以符合更多的顧客需求，Y健身房要如何提升教練課程業績呢？若能自創課程是最佳選擇，然而臺灣的作法都是向國外買課程並付使用權利金；若教練不僅有課程相關證照，若還能搭配營養師的證照，應該更具有賣相及說服力。

二、創新思維—如何杜絕性騷擾之因素？

為避免教練的手直接碰觸到會員的身體，於教練操作課程時，除了可以使用一種運動指導棍或是彈性的海棉手套，亦可在半開放微透明的空間上課，並於四周加裝監視器，甚至有與教練不同性別的助教在其旁協助教學等，以降低顧客的不安與疑慮。

三、創新思維—如何杜絕超賣課程？

健身俱樂部營運成功的關鍵因素之一，在於教練課程。而教練的收入來源之一也是賣課程的佣金及操作課程的獎金，提高私人教練課程的執行率，教練必須親自完成教學課程後才能拿到獎金，如此一來，教練不會僅忙著進行銷售而不執行授課服務，讓消費者更安心，也提高未來的續約率。

三、地點

地點絕對是顧客找健身房時最重視的考量因素之一。基本上只要離家近，就算環境、器材不符合心中的期望，但對於有運動需求的人來說，還是會選擇離自己家或是公司最近的健身房，作爲運動的選擇。許多網友留言：「地點最重要，離家近最好，其次離公司近」、「交通時間超過 10 分鐘或是找停車位要半小時的健身房，你也許去了一次就不會想再去了」，因此選擇健身俱樂部時，絕對別找離家或公司太遠的啊！就算健身房環境再好，如果不是在自己家或是工作地點附近，只要車程超過十分鐘就會大大降低報名的意願，畢竟要養成運動習慣就十分困難了，如果每天還要舟車勞頓才能抵達健身房，相信沒有人受得了！

延伸案例 健身房地點選擇之創新思維

Y 健身房目前所屬位置在五鐵共構附近，算是相當佔有優勢的地點。由於會員數不斷增加，Y 健身房開始想要在別的地方設點，然而，較優質的地點選擇不是租金太貴就是已有同業進駐，Y 健身房該如何選擇下一家場館的地點？

一、創新思維—地點的選擇？

近幾年，已有許多的髮廊、銀行皆遷移至二樓營業，Y 健身房也可以往這方向思考，因為旗艦店已有知名度，行銷方面可利用公司既有的官網及會員的傳播，除可降低營運成本外，亦可利用一樓原有店面來吸客。

像是「7-ELEVEn X BEING Fit」，就是設在統一超商的二樓，打破傳統健身俱樂部的設點概念，滿足一些想運動、愛運動的人，隨時都可以運動。除此之外，亦可考慮接手豪宅內的健身房或是辦公大樓的健身房，一來省掉設備成本，也能讓一些表現好的員工可晉升成為主管，獨當一面。

除了上述因素外，英國健身產業諮詢公司 Retention GURU 創辦人 Paul Bedford 表示，唯有將顧客留下來才能夠維持健身俱樂部的永續經營，因此會員數、續約率及二次消費等都是重要原因。到底有哪些因素會影響到上述的原因呢？ Paul Bedford 表示從行銷、合約、訓練內容與使用設備是否充足都是影響的要素，但他認為最重要的關鍵在於「互動」。根據 Retention GURU 團隊的調查，有效的互動可以減少 44% 的會員流失率，因此從櫃檯人員到教練，透過對話與會員的互動提高價值，可以讓會員對參加的健身俱樂部環境更熟悉及感到舒適。另外，也要讓會員保持定期前來運動的習慣，讓他們維持健身的目標，才有機會與會員進一步互動及進行訓練課程。

二、創新思維─如何讓顧客保持定期運動的習慣，並在「互動」中創造會員 wow 的感覺？

員工的服務禮儀是基本，但這些無法滿足顧客或因此留住會員，健身俱樂部該思考的不只是顧客的忠誠度，還有黏著度。例如：每月辦拳擊有氧之夜、叢林野獸 Zumba 派對……等，又或是運動集點加贈會籍或是抽獎等活動。

除上述活動外，還要時不時地讓顧客有 wow（驚喜）的感覺，例如：突然宣布本日第 888 位入場者，可獲得神秘禮物一份，又或是由員工票選今日穿著最酷、最炫、最誇張的運動服的會員，不僅讓會員時時有驚喜，更可以創造同業間的討論話題。

健身產業是以「人」為基礎的，在人際間的互動過程中，若能融入僕人領導的概念與作法，在推出產品、制定價格、行銷推廣、選擇通路時，以「服務」為中心思想，必能創造出更佳的服務價值，讓會員在愉悅、貼心、充滿人情味的環境中達到運動效果。對於業者來說，服務價值即為俱樂部最好的競爭優勢，而人性化管理更是俱樂部絕佳的經營特色，因此，業者欲在有限的成本與資源內塑造精緻化、風格化的運動氣氛，僕人領導的導入與執行為有效良方。

參考文獻

1. 張宮熊、林鉦琴（2002），休閒事業管理，臺北：揚智文化。
2. 竺天翔（2011），私營運動健身俱樂部定位策略之研究，淡江大學企業管理學系。
3. 洪聖惠（2001），健康休閒俱樂部之商圈經營研究，天主教輔仁大學應用統計研究所。
4. 郭仁宗、李豪（2010），臺灣運動健身俱樂部之整合性研究，第三屆運動科學暨休閒遊憩管理學術研討會論文集。
5. 陳金冰（1991），休閒俱樂部行銷策略之研究，國立政治大學企業管理研究所。
6. 陳素青（2005），運動健身俱樂部消費者特徵之探討，大專體育。

NOTE

CHAPTER 06

地方創生與鄉鎮復興之創新創業

6-1 前言

隨著工業化的結果，人口不斷往大都市集中，臺灣許多農業鄉鎮都面臨棄農凋敝與人口老化的問題，於是日本提出農村復興，中國大陸也在反思「金山銀山不如綠水青山」的鄉鎮復興之道，臺灣也提出地方創生計畫。

除了文創、旅創、農創之外，其實讓人和鄉土創新「爲世間有用的心掛」才是最重要的驅動力。因此除了喚醒古老的共同記憶與技藝，我們還可以增添新的文化底蘊，混入科技的元素。讓即使沒有古蹟與文化遺產的地方，靠著創新與努力，創造亮點，也帶來新的就業機會，讓年輕人不再背井離鄉，遠離年邁的父母，蝸居在城市一角。

除了強調表面的三創之外，其實要更細膩去經營的是城市與鄉鎮的人彼此的情感連結與歸屬感；倘若供應食材的鄉村，成爲都市客戶心靈的第二故鄉，他不會想來旅遊嗎？如果農戶誠心誠意爲他的親友耕作，會有食安問題嗎？而這一切，「網際網路」成爲一個很好的工具。

或許不久的將來，會有一群研究網際網路與電子商務平台的都市年輕人，來到一個農場。或是一個光影藝術家，來到一棵百年老樹下，演出露天劇場。或許來的不是什麼大明星，只是一個陶藝或雕塑家，這裡成爲他的新舞台，創作與教學之外，並爲這個城鄉帶來新的文化素材與喜悅。你怎麼知道，鄉下的孩子只能做傳統工藝，他沒有音樂或者科技的天分？因此我們必須放大視野，以提供更多的舞台與機會。

農村的生活是喜樂的，除了美食、農趣、旅遊、藝術與人文之外，綠色能源、新科技與生態教育也十分重要，當然創新與創業的機會也就在其中。因此本章以地方創生與鄉鎮復興爲主軸，分爲食、農、遊、藝、科、教幾個構面，尋找實例，分享經驗，以期激發大家更多的創新與創業構想。

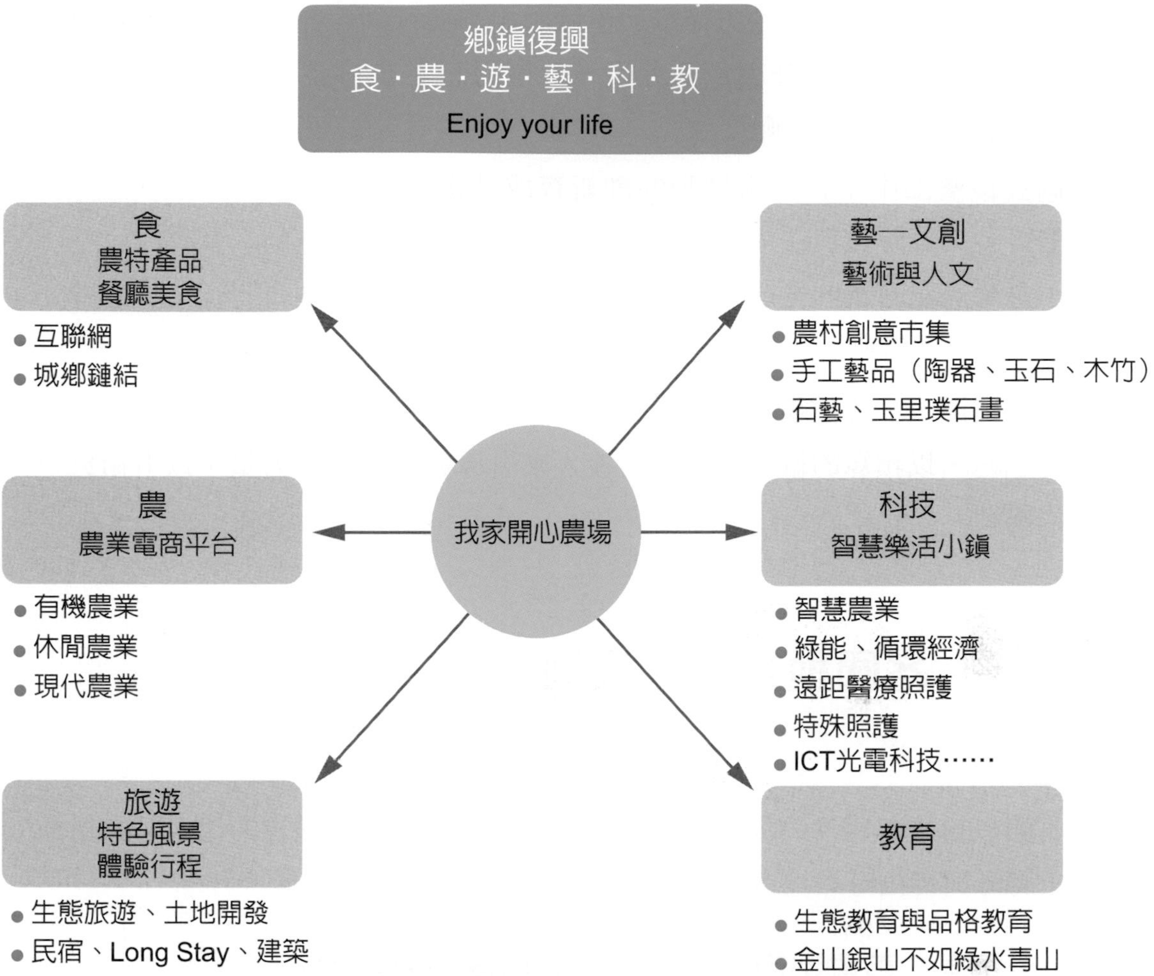

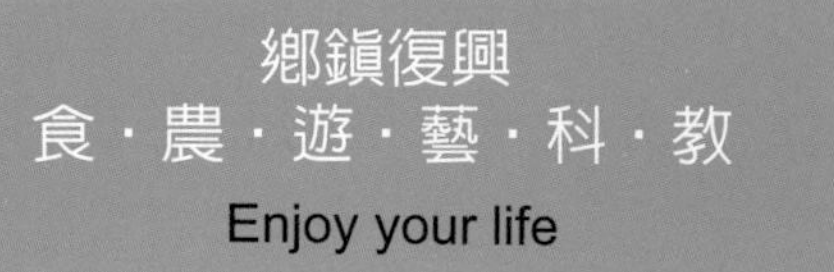

鄉鎮復興
食．農．遊．藝．科．教
Enjoy your life
食
農特產品
餐廳美食
互聯網
城鄉鏈結
藝—文創
藝術與人文
農村創意市集
手工藝品（陶器、玉石、木竹）
石藝、玉里璞石畫
我家開心農場
農
農業電商平台
有機農業
休閒農業
現代農業
科技
智慧樂活小鎮
智慧農業
綠能、循環經濟
遠距醫療照護
特殊照護
ICT光電科技……
旅遊
特色風景
體驗行程
生態旅遊、土地開發
民宿、Long Stay、建築
教育
生態教育與品格教育
金山銀山不如綠水青山

圖 6-1　城鄉復興之創新創業——食、農、遊、藝、科、教
（連華德整理繪製）

國發會優先推動134鄉鎮地方創生，主要分布在花東及南部的農山漁村、中介城鎮與原鄉。連華德於民國98年帶著一家三口回到家鄉花蓮縣玉里鎮連家古厝，然後在富里鄉羅山有機村開發生態有機農場三年，又因為小孩的就學問題，回到科學園區工作五年。目前在桃園大溪開發一個小型實驗農場，研究ICT科技與自動化科技在智慧農場與精準農業上的應用，為蘇花改公路通車後，花東的新機會作準備，這段時間，他不但對於城鄉產業與地方創生議題有著深入的觀察與親身體驗，更有許多實踐後的省思。

現今農業鄉鎮產業的幾大支柱，談的不外是農創、旅創、文創，但農業主要還是靠農會、碾米廠、產銷班、農業合作社、田媽媽、家政班等團體在支撐；觀光旅遊則是風景區旅館和民宿業者為主；文創主要是零散的手工藝文創作者。

畢竟獨木難支大廈，缺乏地方深度與整體的規劃與行銷，如果沒有引進其他產業活水、人才，教育提升與創新元素，就是隨著老農日益凋零，人口逐漸流失，如何能產生新的變化呢？

過去經濟部中小企業處推動的創新育成計畫，政府每年編列預算投入資源，結合各大專院校與法人機構輔導成立創新育成中心，推動創業育成，發展至今，臺灣登記有案的育成中心已超過 130 多個，成爲一個新興行業，造就許多專業人才，並帶動許多新創事業與就業機會。

時過境遷，社會面臨新的問題與挑戰，政府自然要推動新的政策工具，擬定新的戰略，以預算的編列與資源的投入來引導與集中社會力量，以引領另一個時代風潮。

6-2 各國地方創生案例

一、日本

本節以日本兵庫縣的淡路島、廣島縣的尾道市、福島縣土湯溫泉町、德島縣的上勝町與神山町等地方創生的案例，說明日本創生的發展。

(一) 淡路島：鼓勵都市人返鄉，十年培育千位青農

日本前三大的人才顧問公司之一的保聖那（Pasona）創辦人南部靖之，2007 年在淡路島成立青農育成農場「Challenge Farm」，進行爲期三年的培育計畫，十年來已有超過一千位青農在這座農場實習。2010 年，淡路市公所正公開招募廢校「野島小學」的活化企劃案，保聖那就以「結合當地農產、打造食育市場」爲創生提案獲選。結果廢校結合農產食育，一年吸引 18 萬人次造訪。

(二) 尾道市：空屋改造計畫破百棟

廣島縣的尾道市，在市政府積極改造閒置古宅、空屋後，這裡如今也被日本官方認定是地方創生的典型成功代表。尾道市的空屋改造計畫，是交給非營利團體執行管理，至今，經過改造的空屋已破百棟，已經是第八回得到日本地方創生獎的肯定。但是「空屋計畫」若想成功推動，必須靠地方行政單位的配合，單憑民間團體或個人力量很難做到。

（三）福島縣：土湯溫泉町

日本福島縣的土湯溫泉町是一個老齡社區，當地溫泉觀光生意在 311 大地震後，一落千丈。於是居民從政府政策找到新出路，貸款六億日圓，加政府補助一億，就在溫泉上方加裝地熱發電機具，如今一年發電 260 萬度，收入高達一億日圓。除了發電收入之外，加藤先生更突發奇想，將地熱發電過後的水，在發電廠旁以溫水養蝦，朝著復興觀光業努力。

（四）德島上勝町：山村阿婆賣樹葉年賺千萬圓，締造傳奇

這是一個「樹葉變鈔票」的故事，一個居民只有 1,800 人、人口外流又嚴重老化的小山村，卻因爲滿山平淡無奇的樹葉，每年賺近大把鈔票，老人家們忙著賺錢，忙到沒空生病養老。

上勝町位於德島中部的山區地帶，距離德島機場車程約 1 個半小時。小山村沒有滅村，要歸功一位外地人橫石知二突發奇想，他推出了「彩（いろどり）」的品牌，專賣上勝町美麗的花草樹葉。

因爲老人家都忙著賣樹葉賺錢，此處的町營老人院因爲沒人入住而關門歇業，上勝町的老人比例全縣最高，但醫療花費卻是全縣最低，在這裡 80 幾歲的老人年收 1、2 百萬日圓，其他地區的老人領養老年金，他們卻生活快樂還能繳稅金。

圖 6-2 山村阿婆賣樹葉年賺千萬圓

(五)德島縣神山町：地方創生典範

遺世山林的落寞小鎮，如何變身日本最熱門的工作天堂？如何留住漂泊過客、找回流失人口，重塑鄉鎮經濟，躍升地方創生典範。

1955 年，神山町的人口還有 2 萬 1 千人，到了近年只剩下 6 千人。不過最近，神山町引進了高速寬頻網路，也爲總部設在大都市的企業開設了衛星辦公空間；加上眾多藝術家進駐，更有人打造了食農專案及精釀啤酒產業，使得神山町的人口數漸漸增加。以下幾點神山町的成功原因，有助於其他地方創生參考：

1. 找回希望感，比硬體建設更重要

地方創生，熱血只是基本，仍需要找到永續發展的機會破口。如同日劇「拿破崙之村」中，由唐澤壽明飾演的超級公務員活絡了 1 座邊緣村落「神樂村」，日本德島縣有 1 位 NPO(Non-profit Organization)法人綠谷(Green Valley)理事長大南信也，努力招攬各路人才來活絡神山町。讓德島縣神山町成爲「拿破崙之村」的眞實版。

這位帶領神山町重生的靈魂人物，非營利組織「綠谷」理事長大南信也回憶，當年返鄉後天眞地認爲，「改善聚落的對外交通，就能讓更多人來到神山町，沒想到適得其反。」

2. 新科技元素的運用：鋪 Wi-Fi、找空間、招企業，年輕人來就有新可能

從健全化人口結構的角度，藉由活用資訊及通訊科技基礎建設(Information and Communication Technology，ICT)及實現多樣化工作方式的商業場所來提升地方價值，並非只依靠農林業，致力推動產業均衡以維繫地方永續發展。

3. 引入新人才：邀請「有工作與創造力的人」進駐

要邀請年輕者和具有創意想法的人才移住進來，增加有消費力的人口，最大的問題是就業機會，如果沒有雇用、沒有工作，就沒有辦法吸引移住者，年輕人也不想回到故鄉。

搭配德島縣政府的「空家町屋」計畫，把鎮上閒置的空間改造成共享式工作室(Co-working Space)，大南信也先生發起了「神山大計畫(Kamiyama Project)」，2010 年以來，已有許多企業來設辦公室。2011 年，神山町的移入者(151 人)史上首度超越移出者(139 人)。

他們在整修聚落老房子的時候就先想好，這個老房子整修後想要作什麼用途？再去爭取什麼樣的人移住進來；而且是爭取那個領域的知名者，以便達到宣傳效果，並發揮領頭羊的角色。

「衛星辦公室」（Satellite Office）指的是與在母公司同職位、同待遇的狀況下，將工作場所改到鄉下的一種新型態辦公方式。目前在神山町設有衛星辦公室的企業有クラウド型名片管理服務的「Sansan」、利用 4K 影像從事數位媒體業務的「株式会社 PLAT-EASE」等十餘家。

不同於集中在都市的傳統形式，這裡聚集了一群不願被既有觀念禁錮，想找出適合自己的工作方式與追求自由發想的人們，而物以類聚也形成了一個很好的循環。

Sansan 的人事部長角川素久在神山町的辦公室受訪時說，租下古厝且整修費不高，這些建築物可供員工上班，也可當教育訓練所。員工可申請到神山町辦公室上班，最短 2 周，最長 2 個月，薪水都一樣。

神山町歷經 30 年努力，先從文化藝術切入，到爭取創業者移入，整修在地古厝空屋，提供設計工作者進來工作與生活、鼓勵科技公司在此設立遠端辦公室，邀請「高價值的工作」進來、創造新的「服務」，再透過觀光等帶入金流，實現地域內經濟循環，達成自主發展的目標，十分值得臺灣參考。

20 年前，神山町的「藝術家駐村計畫」（Artist in Residence Program）就已開跑。每年都會有 3 名藝術家在神山町住上約半年時間，與當地社群交流、同時也進行創作。這些藝術家爲神山町帶來一道曙光，他們把藝術作品留在當地，更與在地社群建立了深厚的關係。

先從文化藝術的角度切入，再爭取創業者進駐，爲遠道而來的自由工作者建立了良好的環境，與在地社群激盪出創新服務。接著，他們再進一步透過觀光產業帶動地方經濟。

不只有藝術家，神山町也邀請廚師駐村，透過「小食政治」（Small Food Politics）計畫，從廚藝中落實對食物議題的關懷。計畫的目的，是希望能活絡神山町的農地，並傳承在地的飲食文化。秉持小規模、在地化的烹調哲學，參與這項食農計畫的廚師們，和農夫一同打造出別具美感又可口的季節性佳餚。

2013 年，原本定居荷蘭的 Manus Sweeney 首度造訪神山町，當時他偕藝術家妻子，以藝術專案的名義進駐。2016 年，這對夫妻下定主意在此定居，並發起「神山町啤酒計畫」。

隨著企業、行政的視察增加，以業界相關人士為主的來訪人數也年年攀升。為了滿足想要「稍微」體驗一下神山町的人，讓社會人士可以在這裡住宿一個禮拜的設施「WEEK 神山」就這樣誕生了。

圖 6-3 WEEK 神山

（摘自 https://setouchifinder.com/tw/detail/10068）

有了基礎產業做支持，接著服務業需求就會產生，新型態的小型事業，如：披薩店、小酒館、咖啡烘焙與新型態的小型事業開始出現在神山町，包括住宿設施 WEEK 神山、神山水滴 Project、Food Hub Project（地產地食）、神山 Beer Project 等等。目前移住進來的有 Bistro、Pizza 店、Order-made 鞋店、 菜店、咖啡烘焙所等。它們已經在神山町建立新型態的商店街模式。

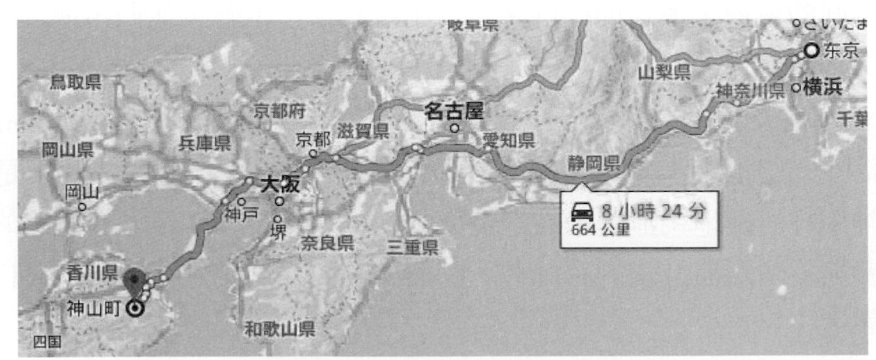

圖 6-4 東京與神山町的距離

（取自 Google Map）

我十分好奇四國神山町究竟離東京多遠？事實證明，人有夢就不遠，產業最大的阻隔不是距離，而是希望！

日本長期推動地方創生的木下齊說：「政府補助金是毒藥」，其實可怕的不是政府的補助金，而是地方不思進取，長期依賴補助的心態，忘了企業應該求新求變，才能建立自己的競爭力，生存下去。但計畫前期，仍需要適當的政府資助與引導，但臺灣不能完全抄襲日本，臺灣的族群複雜，對外來者在融合上，有許多困難，所以像地域振興隊，在團隊角色的規劃與設計上，就必須重新思考。

二、歐洲

歐盟 20 年「地方創生」經驗裡，有許多創新概念。包括從社區再造邁向智慧鄉鎮，歐盟 LEADER 計畫成功創造人口回流的可能。德國懷揚鄉甚至把土地規劃權交給鄉公所，歡迎年輕人來住。其中不乏許多案例：

（一）挪威銅礦小鎮勒羅斯

勒羅斯 300 多年來倚靠銅礦生存，但礦場 1977 年關閉後，小鎮卻沒有因此沒落。在市長帶領下保留百年木造老屋，礦區遺跡成為博物館，觀光成為新的主要收入，並被聯合國列入世界文化遺產。

（二）蘇格蘭西北偏遠的天空島（Isle of Skye）

蘇格蘭西北偏遠的天空島（Isle of Skye），人口嚴重外移，從 1800 年代的 2 萬 3 千多人，到 1970 年僅剩 1/3，如今成功讓人口回流的幾個重要因素，包括重新形塑自我認同，找回地方驕傲與自信，促進社區領導力等。

（三）蘇格蘭的埃格島（Isle of Eigg）

蘇格蘭的埃格島（Isle of Eigg）則展現社區土地信託計畫（Community Land Trust）的成果。這是座距離陸地 24 公里的小島，多數土地由地主持有。直到 1977 年居民成立的社區土地信託計畫買下土地，商店、觀光、水力設施與風電陸續發展。2008 年成為世界上第一個擁有風能、水力和太陽能獨立電網的社區。

三、中國大陸的一千個特色小鎮

實際上，對岸的中國大陸推動地方創生，遠比我們更積極、投入更多經費，甚至吸走了更多臺灣人才。中國大陸喊出了「金山銀山不如綠水青山！」的口號，並付諸積極行動。預計到2020年，中國大陸將培育出眾多美麗鄉村與1,000個特色小鎮。

回到花蓮，聽到很多當年返鄉做文創、旅創、農創的朋友，都奔走於兩岸，參與各地的團隊，成了城鄉與社區規劃師，才知道所言不虛。大陸來台的參訪團，據說也是應接不暇。南投竹山「天空的院子」創辦者何培鈞與湖南常德桃花源風景區合作，移植南投竹山經驗，「食宿學文」注入湖南桃花源。臺灣打開聯合文創成了福建嵩口古鎮再生總顧問。臺灣造夢師明珠富想川沙團隊，把上海連民村變桃花源。薰衣草森林團隊，選定南京江寧觀音殿為總部，擘劃商店街、幸福塾、民宿與餐廳，各種案例，多不勝數。

還有其他靠網際網路與電商改造城鄉經濟，利用網際網路做城鄉鏈結，拉近農村與城市的距離。像浙江義烏與阿里巴巴的案例也十分經典。央視更有許多像致富經、農業科技苑的節目，不斷宣揚返鄉務農成功的各種案例。

當然也有許多如雨後春筍般冒出來的各種特色小鎮，如體育小鎮、電競小鎮、瓷器小鎮、影視小鎮等等。

6-3 臺灣本土的先驅與案例

臺灣本土地方創生與創新創業的案例，簡單歸納為三種典範，其實臺灣很多故事是從個人理想家與熱血創業者開始的，其次是企業家對家鄉的反饋與對自然生態環境維護的理想，單純源於對這片土地與生活的熱愛，沒有太多學理、口號與關鍵績效指標（Key Performance Indicators，KPI），因此他們承擔了各種壓力，冒險出航了！

最後是官方主導的力量，在大城市建立旗艦型的文創園區，各個部門有著不同的目標與努力，慢慢地往鄉鎮延伸。同時在地方基層也有農村再生、社區營造，培養了臺灣許多人才。只是這些大河、溪流、池塘與溝圳的力量如何匯聚在一起合流出海，可能也是一個重要的議題。

一、個人理想家與創業者

在臺灣，很多地方創新常是對鄉土有情懷的人，敢於風氣之先，因此熱血的個人理想家與創業者，常常是走在政府政策前面。南投竹山「天空的院子」創辦人何培鈞，絕對是一個典範。

南投竹山：「天空的院子」—貸款千萬，他一磚一瓦復興南投小鎮

2019 年是政府宣布的臺灣地方創生元年，可是創業成功的第一要素一定要有熱血，不是因為有補助，不是別人要你做的。

南投竹山「天空的院子」民宿，經過創辦人何培鈞多年的觀察，第一個階段是熱血創業，從翻新破舊民宿出發。後來又成立「小鎮文創股份有限公司」，在南投竹山打造文創平台，串聯在地設計、生產、銷售的供應鏈，不僅帶動老店創新轉型，更引領青年返鄉創業，點亮小鎮新生命，其實他早就在做地方創生了。

第三階段是臺灣社造經驗的擴散與輸出，大陸一堆案主找上門，最後他選擇了湖南常德的桃花源風景區合作，打造一個社區文創典範。

圖 6-5　南投竹山天空的院子

（摘自：https://www.flickr.com/photos/31285482@N08/3458318355/in/album-72157616990722351/）

同樣知名的案例，還有草創於臺中新社的薰衣草森林那兩位女主角，以及後來的新秀，以復興臺灣竹藝爲己任的「竹籟文創」。

圖 6-6 竹籟文創作品
（摘自：https://bamboo-lai-culture-creative.business.site/）

二、企業的推力

前面的案例來自個人創業家的艱苦創業，因爲創業是需要資本的，而資金的募集，其實是創業過程中一大難題，各種建設往往也需要時間的累積。但是過程中如果有集團母公司的支持，創業行動就可以豪邁一點，苗栗勤美學山那村算是這一種類型的成功案例。

苗栗：勤美學山那村

山那村的夜營生活，是幕天席地的五星級享受。其實山那村展現的就是一種生活美學，不只是住宿，而是一種生活的體驗，也有人稱之爲「夢幻版露營」。

勤美學借用苗栗的竹編、炭窯燒、木雕、客家菜、釀造、有機等等，由獨創的制度「村長」帶領客人探索。從入村到離開，就由「村長」負責營造「村民」的經驗。整個樂園占地 40 公頃，山那村只用了兩公頃。

「勤美學—山那村」，2016 年首推的美學旅宿計畫，讓樂園老員工、熱血青年與在地職人及藝術家在此交流激盪。以自然復育、生態教育、傳統工藝、當代設計、農事體驗、節氣飲食，傳遞出與土地共好的生活哲學。當然也給了當地人就業機會，並且運用當地食材，也帶起了週邊供應鏈體系。

圖 6-7 勤美學 CMP Village

（摘自勤美學 FB：https://www.facebook.com/CMPVillage1001/）

三、官方主導的老屋重生與文創

比較大手筆的地方創生相關投資，多半來自官方的主導，因爲其中牽涉到大筆土地與老屋修繕改建經費，所以這種旗艦型的計畫，多半發生在都市精華地段，由菸廠、酒廠或舊軍營等場地改建而來。

這類型態的有臺北華山 1914 文創園區、松山文創園區、花蓮文化創意產業園區等等。其他類似由歷史建物改建，但規模略小的地方型文創據點，如：高雄的駁二藝術特區、臺南林百貨、桃園的馬祖新村眷村文創園區、桃園佳安舊市場改建的十一份觀光文化園區 OT 案等。

臺北：華山 1914 文創園區、三創數位生活園區

老臺北人都知道，華山 1914 文化創意產業園區，前身爲「臺北酒廠」；三創數位生活園區，其實與我們和光華商場的記憶相關。這是兩代文青的前世今生，光華商場那一代老文青的記憶和 2019 年三創的數位潮客，想法與需求自然是不同的，都是文創，但想必會有兩樣風貌。

文創有時就像金庸與瓊瑤的小說，在不同時代，由不同男女主角，翻拍成各種版本的電影，各領風騷，武俠與愛情的本質可能沒變，但包裝的形式，一定會不同吧！這種都會型旗艦文創園區，也是需要的，這樣才能連結城鄉文創平台，提供他們更大的展示空間與機會。

相對於此，臺灣還致力推動一連串的社區再造，例如：

1. **青年歸返**：臺中清水搶救高美濕地，保存生態綠地吸觀光人流。
2. **官鄉合作**：宜蘭礁溪以宜蘭染（天然染），再造溫泉鄉。
3. **高雄苓雅**：苓雅區公所促成了彩繪密布的衛武里「迷迷村」。
4. **高雄鹽埕**：繁華舊商圈，轉型藝文區。
5. **屏東霧台**：部落社區再造。

   大武部落是霧台鄉唯一原村重建的部落，其他部落則在風災受創後，全村或部分遷移。這近十年的歷程，除了部落族人的堅定意志外，還有他們主動找來的屏東科技大學森林系教授陳美惠等專業團隊，陪伴部落轉型。
6. **臺東池上**
   (1) 丟下都市工作，返鄉種稻重新歸零。
   (2) 來自四面八方的池上新住民。
   (3) 民宿、書店、老鐵馬爲池上注入新活水。
7. **臺南白河**
   (1) 自創品牌「白河選品」。
   (2) 知識農五步驟，走出創生行銷新模式。
   (3)「青農返鄉」計畫，原先就認同無毒耕種。
   (4) 成立電商平台，吸引年輕人返鄉行銷。

8. 宜蘭壯圍

(1)「宜蘭斑」改寫養殖面貌。

(2) 直運漁獲到臺北，養殖、餐廳兩路推廣在地價值。

(3) 青農人際網互助創佳績。

就像星空中有月亮，但如果沒有各式各樣大小星星的陪伴，星夜就不會如此璀璨和多采多姿。文創如此，地方創生更何嘗不是如此？

6-4 讀萬卷書不如行萬里路

一、花東縱谷探訪

他山之石固然可以借鏡，但是各地風情不同。在臺灣地方創生與創新創業裡，我們究竟有什麼樣的角色可以扮演？臺灣又潛藏了什麼樣的生命力和機會？這場地方創生事業的探索，就必須重新再回到自己的故鄉深入觀察與思考，所以一切就不得不從這一段花蓮南行的旅程開始說起。

遊客去看縱谷花海，不一定是只去某個鄉鎮定點旅遊，那麼整個區域的特色規劃是否得宜，對是否能吸引觀光旅遊者來說影響很大。所以嚴長壽在《我所看見的未來》一書中曾提到：「可以將臺灣東部仿照納帕谷地（Napa Valley）發展酒莊的經驗，結合禪修瑜珈、茶飲、藥浴，打造心靈休閒中心。花蓮酒廠變成臺灣新天地，成為藝術工作者的舞台。」景點群聚產生的效應，應該比一個小個體的單點來得好。

納帕谷是美國著名的酒谷、著名的加州葡萄酒產地，欣賞風景，吃葡萄也品酒，的確這是很好的構想。只是花蓮很少人種葡萄，小米酒是有，但葡萄酒並不出名，如果真要規劃，要做什麼好？

剛開始接觸地方創生時，一直覺得地方創生，就是青年返鄉務農，不然就是文創。於是想到花蓮最有名的就是玉石，以臺灣為主題的玉石鷹該是去對岸或是贈送國際友人很好的伴手禮，沿著嚴先生所說的花蓮酒廠出發，一直開車走到花蓮最南端的富里鄉去尋找臺灣鄉土文創的生命力，不知會寫下什麼樣的篇章？

圖 6-8 花東縱谷南行，一路所得的臺灣主題玉石紀念品

（摘自連華德 FB）

如圖 6-8，最左邊是具有磁性的臺灣墨玉，中間那塊有著書籤的是豐田玉，最右邊的是富里一個文創者用石頭作畫，書寫的臺灣。

圖 6-9 花蓮文化創意產業園區

位於金三角商圈頂點的花蓮舊酒廠已如其所願，被打造成花蓮文化創意產業園區，占地約 3.3 公頃，是花蓮市內最具規模的展演空間。由於園區優越的地理位置，不分平假日，都吸引許多遊客前來。另一側的民國路，更是花蓮美食的一級戰區。很高興看到花蓮有一個具備文化創意、美食與咖啡聚集的文創園區，不禁想起臺北那個華山 1914 文創園區，原來這就叫「地方創生」！可惜的是臺灣那些偏鄉，能有這種優越條件，投入起這麼多資源的，也不多吧！

接著走到花蓮市區，想去找一家以前常來買玉石原材的小店，可是繞來繞去總找不到，原來是裝潢變了，仔細一聊才知道是青年返鄉創業，改變了原來長輩的經營模式，加入設計創新元素，以臺灣墨玉為主題，於 2018 年成立了「石光設計」，創建「相遇」臺灣墨玉品牌。原來地方創生的力量，早已在這個無名的角落發光。

繼續南下，就不能不提到豐田玉。1966 年到 1974 年間為臺灣玉生產銷售之全盛時期，每年平均開採約 1,600 噸左右。全省加工廠超過 800 家，直接或間接從事玉石業的人員高達 5 萬人以上。臺灣加工生產的玉石數量占當時全世界約百分之八十左右，每年平均銷售金額約新臺幣 50 億元，臺灣玉因而揚名全世界。到 1981 年左右，加工出口的臺灣玉原料已完全被加拿大玉、西伯利亞玉等玉材所取代，豐田玉石加工廠也所剩無幾。到了「如豐琢玉工坊」，幸而老闆一家人仍堅守崗位，且有年輕一輩繼承。記得多年前，是帶小孩來 DIY 玉石的，再見到臺灣造型的豐田玉，頗令人感動，不知道這樣堅持的臺灣玉石魂精神，算不算地方創生？

最後來到富里鄉的「東里鐵馬驛站」，有一個鄉土文創工作者在這裡經營文創空間，石頭彩繪臺灣就是她的創作，原來沒有玉，石頭也可以作文創。

來時只注意到地方創生的工藝創作與青年返鄉，但是這一路走來，看見花東縱谷大自然的鬼斧神工，山川壯麗，物產豐饒，見識過縱谷花海的人，應該都很難忘記。

除了大自然的賜予，還要感恩祖先留下來的歷史與人文，這也是豐富地方的一個重要元素。這是舊的東里車站，外面有很漂亮的縱谷風光，大自然與風景本身也是很療癒的。

圖 6-10 東里鐵馬驛站

其實這裡不是沒有玉石，這裡臨近九岸溪，有人專門來尋藍寶等寶石，九岸溪玉石尋寶之旅也是內行旅遊玩家的私密行程。

圖 6-11 九岸溪玉石尋寶之旅

這段旅程最後的驚艷，是在晚上投宿時發生的，來到富里鄉東里村「德德的家」民宿，東里村舊名「大庄」，原爲阿美族人的舊部落，後來南部平埔族從玉里鎮長良里遷居東里，並在此地從事農業開墾，遂有「大庄」之名。以前曾經來找過平埔族原住民西拉雅族的祖靈信仰中心「公廨」，就是祭祀阿立祖的社群祭壇，因此住過這裡，一個很有建築特色的民宿。很意外的是看到老闆正在曬苦茶籽，他談到自己耕作種苦茶樹，用古法煉製苦茶油的特色與甘苦，這其實就是一個典型的農村觀光休閒加上農創的典範。

圖 6-12 東里德德的家民宿與紅豆姊姊文創作品

除了有機農業與特色民宿之外，還有村民的創意，他們在牆上寫詩，也有年輕人在牆上作畫，十分令人感動，在這個遊客不多的偏鄉，年輕人與文創看來是另一個希望。

原來是民宿老闆在臺北學藝術的女兒，想要讓家鄉更有色彩所做的努力。她到都市求學，大學畢業之後到一家影音文創公司工作，心懷家鄉與父母，希望讓家鄉更美好。原來偏鄉並不是沒有人才，而是我們沒有供給他們成長的養分，沒有把這麼多的小水滴匯聚成流，以致於讓他們被烈日蒸散了！

不知道有多少戶口一直掛在家鄉但卻很少有時間能回去的人，直到土地荒草漫漫，田園荒蕪，最後感嘆不如歸去的城市遊子。可能大多數人再也回不去了，就如同歌手紀曉君《流浪記》所唱的一樣：「我就這樣告別山下的家，我不想因爲現實把頭低下，如果有一天我變得更複雜，還能不能唱出歌聲裡的那幅畫。」

爲什麼我們的城鄉再也承載不了他的兒女？爲什麼我們的土地只剩下老農和倚門而望的父母？是不是要有新的產業和工作的機會，才能眞正做好地方創生事業！

二、白俄羅斯的體驗：地方特色是根值於自身文化的底蘊

日本是一個文化跟所得都走得比我們前面的國家，有很多人在研究他們推動地方創生的模式。但如果是一個國民所得、都市化程度和人口數都不如臺灣的國家，是不是就乏善可陳？趁著去白俄羅斯輔導一個中小企業的機會，實地走訪明斯克，看看他們與地方創生相關的食農遊藝各個層面會是怎樣？

白俄羅斯共和國（該國官方稱白羅斯），是位於東歐的內陸國家，首都爲明斯克。於 1991 年從蘇聯獨立，人口約 1,000 萬，大多數人信仰俄羅斯東正教，其次則爲羅馬天主教，國民所得及人口數均遠不如臺灣，但在城鎮藝術化上卻別具特色。

網路上形容：白俄羅斯是一個「美女成災」的國家，不過我卻覺得白俄是一個很懂得用燈光和公共藝術包裝自己的城市，更精確地說應該是懂得保留自己國家的文化底蘊，美女如果懂得打扮，不是會顯得更有風韻嗎？

燈光彩影使整個城市亮起來，也活躍起來，也不是巨額的經費投資，只是需要巧思。畢竟整個地方有美好的情境，各個亮點和商店經營起來不是更容易些？所以城鎮復興亦然，那個區域給人整體的感覺很重要。同時，裝置藝術也帶給文創工作者表現自己的舞台與工作機會。

圖 6-13 白俄羅斯——明斯克的燈光裝置藝術

地方創生與城鎮復興是整體的而非片斷的單點，來到一個城鎮，首先注意到的不外乎是自然景觀和當地的建築，建築特色往往是城鎮帶給人的第一印象，因此當地人文建物的保存與發揚也格外重要。

白俄有教堂，臺灣也有廟宇和各種能代表人文內涵的建物，相信我們看到異國的建築風格會有所感，相信他們看到我們的中式園林、亭台樓閣或是清代及日據時代的建物，一樣感到驚艷，他們有西餐，我們的中式料理也不遑多讓。

圖 6-14 白俄的民族風特色建築

當然來到一個地方，一定有住宿問題，我投宿在明斯克的 Manastyrski Hotel（莫娜四提凱酒店），以休閒觀光為主的地方創生規劃，住宿是訪客的大事，也是當地人的重要收入，如何規劃使得賓主盡歡，十分重要！

圖 6-15 明斯克的特色旅店

只要人進得來，交通、食宿的錢一定得花，找餐廳逛街區也是免不了的。人進來只是第一步，當地一定要有值得看的特色，所以當地的特色規劃十分重要，每個細節都會影響到這個地方是否吸引人。

特色餐廳主要包含具有外來元素和本地特色兩種，圖 6-16 的 Paul 麵包店是來自法國的連鎖店，另外一種是以本地東歐風格裝潢的餐廳。地方創生一樣會有兩類人，一個是外來新移民帶來新觀念、新風格和新元素，豐富那個地方的色彩；另一類是久居本地的住民，像這裡就是用古時點蠟燭的吊燈和森林的原木素材來做設計。

對我們而言，來到這裡是很特殊的體驗，如果把東歐的風格設計引進臺灣，會不會也是一個很好的創意，可以把這種驚艷帶回去與國人分享，而變成一家特色商店。

圖 6-16 兼容本地與外來特色的餐館

有些人不管去哪裡是一定要喝咖啡的，生活的美好就是坐下來喝一杯好咖啡，不然就是在尋找咖啡廳的路上。人都喜歡美好的事物，在一個街區中，每一家咖啡廳像白俄美女一般精心打扮自己，甚至連攤車、花店都設計得別有風格。

圖 6-17 咖啡與手工藝文創

在這裡是一個下雪又寒冷的季節，會出來的都是年輕男女，白俄的朋友說他們很喜歡到海南島度假。眞是可惜了，臺灣一個四季如春，繁花似景的好地方，又有海景，該是一個多讓北國旅客欣羨的地方啊！如果我們能再多用一點巧思，機會應該很多！

如果你的家鄉還不夠美好，那麼恭喜你，在以地方爲主的創新創業上，你還有很大的機會。

6-5 地方創生浪潮下我們可以扮演什麼角色？

1. 什麼是「地方創生」？

「地方創生」這一名稱發源於日本，其中心思想是「產、地、人」三位一體，一句話來說，就是希望地方能結合地理特色及人文風情，讓各地能發展出最適合自身的產業。

在日本，隨著都市化的進行，人口幾乎都湧向東京、大阪等大都市，留下各地不斷減少的人口及逐步衰退的產業。但是各地若能找尋並培養自身適合的產業，則原本因為磁吸效應而湧往大都市的青年人口便能逐步回流，並能平衡城鄉發展不均日趨嚴重的問題。

2.「地方創生」跟「社區營造」有何不同？

社區營造最核心的關懷是地方的認同與光榮感，與地方創生最主要的共同點在於強調在地性、自發與集體行動。但地方創生政策更聚焦於人口與產業問題的解決，這種結構性的問題，就必須要有更大尺度範圍的共同行動，至少是一個鄉鎮、城市或是縣市的層級，同時要廣邀社會各界產官學社的參與。

尤其強調引導「企業投資故鄉」、協助地方產業的活化與創新。因此在政策規劃當中，縣市政府與鄉鎮公所都必須提出地方創生計畫，設定清楚的成果目標來推動。目前臺灣國發會推動地方創生，優先推動 134 鄉鎮地方創生，有許多是山村和原鄉。

一、區域特色規劃師、在地旅遊顧問

爲什麼地方創生需要區域特色規劃師、在地旅遊顧問呢？因爲除了專注於自己的小確幸之外，也要有人用更專業、更宏觀與更深入的角度去看這個一個區域與鄉鎮之間的互補與合作關係。例如：玉里鎮、卓溪鎮與富里鄉屬於花蓮南區，台鐵大部分自強號快車只停玉里這種大站，富里算是小站，卓溪則沒有鐵路經過，所以這些鄉鎮間是有一些在運籌規劃與相互依存的關係，在規劃地方創生計畫上是需要整體考量的。

從這次花蓮南行的旅程中不難發現，地方創生中除了區域特色規劃師、在地旅遊顧問之外，還有許多創新創業者的角色可以投入。例如：場域經營者、個人創業家等等，從過去許多經驗可以看到，一個由擺攤起家的微型創業者，先進展到個人工作室或小商店，接下來成爲小區域創新創業的亮點，接著帶動整個區域的發展，只是這個時間可能很漫長。除了播種之外，如何加速育成這些幼苗，使其成長茁壯，然後點、線、面擴大成一片森林，這或許就有待於政府與民間共同的努力。

其中還有兩種角色可以扮演，一個是專業的跨區地方創生育成平台與顧問，另一個是在地的地方創生推動者，做政府跟民間的橋樑，型態可能是非營利組織或是企業。前者提供各種專業能力與人才，協助地方發展；後者則是負責在地的深入耕耘。政府則是負責擘畫大方向，並提供部分資金的支持與整合推動上的協助，如此官民共同努力，才有辦法寫出地方創生事業一頁璀璨的篇章。

每個鄉鎮都有自己的特色，都有一些熱血的工作者，要把這些珍珠串成珍珠項鍊或是稍加潤色成各種飾品，不要讓珍珠蒙塵，或獨自遺落在各個角落裡，最後失去光澤。

二、地方創生的推動者，建立地方特色平台

社區發展協會、非營利組織或企業，可以做地方特色平台，或是扮演政府與民間的橋樑的角色，造福眾人。

臺灣之前很熱門的就是水梯田的復育，例如位於陽明山與金山之交界處「八煙聚落」，以及位於北宜公路旁員潭里銀河社區的德高嶺水梯田，不種稻改拼觀光，改種荷花、荸薺，也吸引青蛙、蜻蜓、蝴蝶等生物，成功復育當地的百年梯田。復育水梯田，具有涵養水分功能，也可調節氣溫。

水保局在輔導農村再生上，做出許多貢獻，當然也要有在地人的配合與努力，這裡介紹一個實際的案例，就是位於桃園龍潭三和社區的「和窯文創園區」，在這裡簡稱「龍潭和窯」。

位在桃園龍潭的三和村，村民花了十年打造出一個令人羨慕的慢活社區，成爲全國第一個通過認證的農村再造社區。讓我感興趣的原因，主要是很多地方創生案例都是以得天獨厚的自然景觀條件爲依託，但是有沒有其他元素可以加以運用，然後帶動更多的人來創作？

三和村民用古法建造「和窯」，有兩項特色產品：柴燒陶跟花布包，參訪時剛好有一群臺北來的小朋友到這裡校外教學，小朋友不但感受到這裡的生態自然保育和空氣清新的好環境，同時也見識了柴燒與花布的文創藝術。

除了有教育意義之外，這裡也有柴燒的「和窯」，提供了陶藝家們一個協力創作的平台。一般的電窯和瓦斯窯燒出來的陶器只要按部就班，結果就會與預期相同，而和窯是柴燒窯則不然，從入窯到出窯約十五天左右，前四天加溫期間，需不眠不休地輪班投柴。投柴的速度、方式、氣候的情況、空氣的進流量等因素，都會影響窯內作品的色澤變化，且柴火燃燒的灰燼，會附著在坯體上，形成灰釉，燒製作品本身也會被紋上走火的痕跡，所以每一次出窯的作品都充滿了不確定性，這正是柴燒窯迷人之處。

「柴燒」要用木材燒到約 1300℃的高溫，是一種技術。而隨著窯內各處溫度高低的不同，在陶器表面產生不同的暈彩效果，也是爲什麼現代藝術家愈來愈喜歡柴燒窯作品的原因。在日本，陶藝家們高明地運用泥土與稻草間的交互作用，衍生出火痕藝術，發展出風格獨具的柴燒作品。日本各地著名的備前燒、信樂燒，都是日本柴燒陶的重要代表，據說備前燒陶是豐臣秀吉的最愛。

好的自然環境是天地的賜與，需要珍惜。創新的思維與技術，是人的努力，更是難能可貴。最重要的是這個平台，能夠協力更多人，幫助更多人完成夢想，創造出特殊的價值，這是令人覺得感動的原因。

以素人材燒藝術家何應朋先生爲例，本來他在科技界服務，並非專職藝術家，在退休之後以陶藝自愉，因爲有了這樣的平台，讓他更醉心於柴燒陶的領域，尤其喜歡貓頭鷹造型的創作，遂成爲其特有風格，姑且不論其藝術成就如何，至少生命有了新的寄託，爲社會做出新的貢獻，其價值就不全是經濟數字或簡單的 KPI 可以衡量。

圖 6-18 龍潭三和村的和窯文創園區

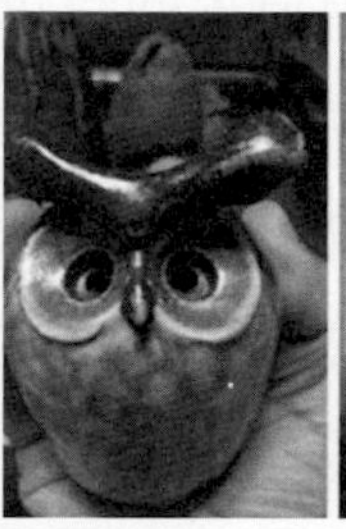

圖 6-19 柴燒作品

三、協力特定場域經營：以十一份文創園區 OT 案為例

桃園龍潭十一份地區因石門水庫興建，引入參與工程的工作及服務人員而形成聚落，但多年後，這些具有歷史故事的聚落建物也因階段任務完成而逐漸老舊。然十一份地區的發展歷史所形塑出的地區無形資產及獨特文化內涵，卻讓人在記憶中難以忘懷。因此桃園市政府投入 9,000 萬經費，將在十一份的佳安市場、舊花園餐廳及部分舊宿舍進行修繕，並重新找尋其定位活化利用。

佳安市場及舊宿舍改建後，將引進小農市集、文創市集、市民食堂、共創工坊及新型關懷據點等，結合在地有機生活，發展「十一份文創園區」，希望形成文創新聚落，結合原來的石門水庫活魚一條街，提升在地生活品質與服務機能。

圖 6-20　未來的十一份文創園區示意圖

（圖片摘自：桃園觀光旅遊局網站）

這是屬於民間機構參與公共建設的 OT 案（Operation 營運；Transfer 移轉），就是政府投資興建完成，委由民間機構營運，營運期滿，營運權歸還政府。

因爲政府蓋完基礎設施之後，配合政策目標，要有單位負責營運，並負責裡面的招商與細部規劃，所以出面承包大場域的營運，這也是一個地方創生的角色。

四、跨區地方創生育成平台與顧問

承包大場域的營運，需要一定規模的營運團隊與資本，這個門檻對於新創公司來講頗高。跟產業園區裡面會有育成中心或創客中心一樣，有一些專業性高，但是資本小些的角色可以扮演。在細部分工裡，如果以食、農、遊、藝、科、教幾個分眾角度來看的話，有食堂、農創與生活市集、旅遊補給站、農創及文創店鋪、ICT 科技研發工作室、科學、藝術與人文教育及手作工坊等區塊。

當然如果做了很多成功案例，自然也可以協力更多偏鄉的地方創生，成爲一個跨區地方創生育成平台與顧問。

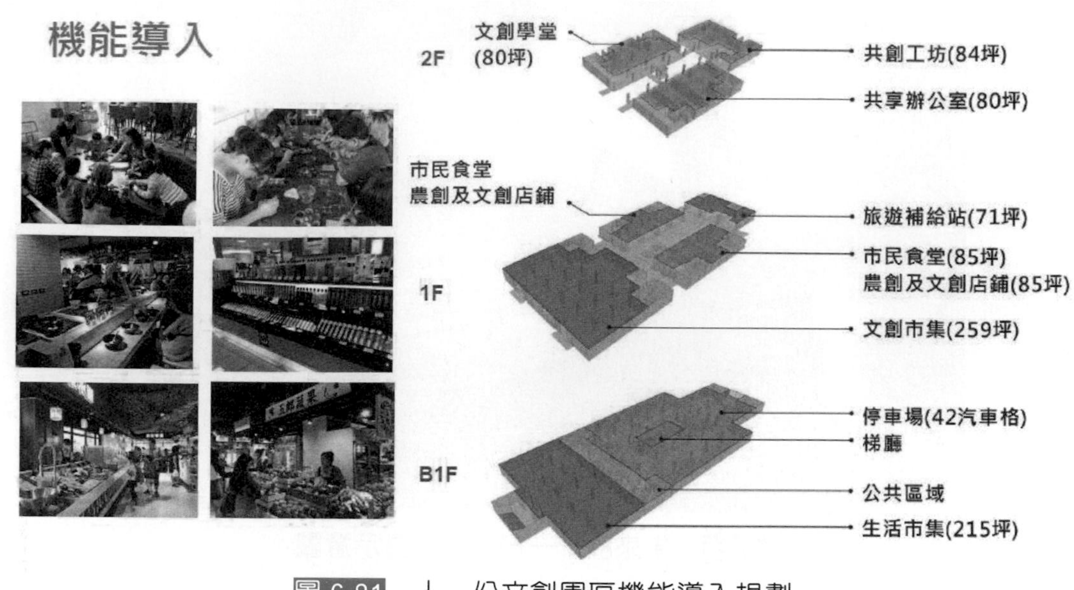

圖 6-21 十一份文創園區機能導入規劃

（圖片摘自：十一份觀光文創園區招商資料）

五、小區域創新創業的亮點

小區域創新創業亮點的其中一種典型就是特色建築與旅館民宿，視規模而定，購地加上建築營運的費用，這種投資也不小。

(一)壽豐的以合金寨─山林中的秘境民宿

以合金寨位於花東縱谷海岸山脈的西面，繚繞米棧古道，環抱縱谷平原，終年山風吹拂，因此創造了得天獨厚的山林氣息。騎馬、釣魚、看星空是遊客最難忘懷的記憶。

圖 6-22 以合金寨─花蓮壽豐山林中的秘境民宿

（圖片摘自：https://www.youtube.com/watch?v=24hqWarlBQ4）

(二)壽豐阿德南斯行館與葛莉絲莊園

壽豐這一帶以落羽松的景色著名，而擁有一整片湖景 Villa 的阿德南斯行館，更是當地高級民宿的代表，阿德南斯行館與葛莉絲莊園在價位與客群定位上有些不同，但經營這樣等級的民宿，可能是許多人畢生的夢想。

圖 6-23 阿德南斯行館與葛莉絲莊園——花蓮壽豐特色民宿

(圖片摘自：https://www.youtube.com/watch?v=Er-sdkM3L5o)

(三)來去花蓮光復糖廠日式木屋住一晚

花蓮觀光糖廠早期是東部重要的製糖工廠，停工後轉型爲觀光糖廠，這裡應該是他們以前的員工宿舍改建，因爲小時候來住過，後來更是每次開台九線必來休息，吃有名的光復糖廠冰淇淋，這種具有歷史特色的建築，最後自然是要改建來拼觀光了，算是體驗經濟吧！

圖 6-24 花蓮光復糖廠日式木屋

(圖片摘自：https://www.mobile01.com/waypointdetail.php?id=27970)

(四)花蓮鳳林民宿「雪雲城堡」—在鄉野間尋訪神秘的童話精靈國度

如果沒有天然美景，也沒有歷史建築可用，那只好自己創新設計特色建築了！雪雲城堡位於花蓮縣鳳林鎮，這是由兩位老同學共同策劃的三家民宿園區，園區內有：雪雲城堡、何留民宿、麥區火柴盒民宿，三家民宿各自精采。

圖 6-25 花蓮鳳林民宿「雪雲城堡」

（圖片摘自：https://margaret.tw/post-45837808/）

圖 6-26 童話小屋

（圖片摘自：https://www.moneynet.com.tw/article/3121）

（五）羅山有機村：里山倡議與陽光三葉草自然生態村

如果你也沒有這麼大手筆的資本，不要灰心，也有日本朋友嫁到臺灣來圓夢，2014 年開始在寶島臺灣花蓮富里的羅山村，開啓了他們的自然生態村圓夢計畫，結合設計與生態村的構想，自耕自種，身體力行，致力於推行自然農法、有機無毒、無添加的天然食物及產品，嘗試以這樣的營運模式，自食其力。

人類因爲有夢想而偉大，不管你能參與與認同的程度有多少，這樣的自然愛好者値得爲他們喝采！

圖 6-27　生態村基地

（圖片摘自：https://www.sunclover-ecovillage.com/about-ecovillage）

圖 6-28　花蓮富里鄉羅山生態有機農場

（連華德拍攝）

(六)從玉里的歷史建築，看地方產業發展的脈絡

長良連家古厝建於日昭和5年（西元1930年），第一代來花蓮開墾的連碧榕先生當時開發了130餘甲土地，以農業生產爲主，是當時地方創生的先驅。安通溫泉是第二代實業家連文琬先生所承包，眞正投入經營的是第三代的連姓德與蘇秀慧夫婦，據蘇董事長說：「當時路況很差，他們是從收溫泉散客，篳路藍縷一路走來。」現在安通溫泉早已經不是當年的那個小木屋，而是成爲一整片安通溫泉區的產業，同時提供不少當地人就業機會。

當年起家的小木屋，兩夫婦投入經費用心修繕，成爲目前地方的特色建築。而溫泉旅社則是交給第四代的兩個兒子經營，兩人出外求學後返鄉，一個申請了有機農場和投入咖啡美食研究，一個鑽研木工藝術，希望能帶給客人更豐富的休閒享受。這是眞實的臺灣傳承，四代人累積的心血，一步一腳印，成就了這樣的地方人文特色。每一代人都有他們自己的夢想，自己的創新，展現自己的價値，爲自己的理想奮鬥。而政府和育成者所能做的，便是提供平台、引導與支持，讓創新者去開創自己的事業，在地方這個舞台上接到地氣，奉獻社會。

圖 6-29 花蓮玉里鎮長良連家古厝

（圖片摘自：http://dreamland-hostel.blogspot.com/2013/08/blog-post_5.html）

圖 6-30 花蓮玉里鎮安通溫泉旅店

（圖片摘自：安通溫泉飯店 FB）

如果要讓更多人願意來拜訪，甚至移入地方小鎮，就要有更多的元素加入，用更開放的心胸去包容更多的創新者，甚至是疲憊的心靈。

玉里這個小鎮，早該隨著林業和礦業的蕭條而沒落了。意外的是，它收容了臺灣許多有精神疾病的老兵，然後成爲臺灣重度精神患者的收容中心，成爲臺灣先進的精神醫療研究場域，同時聚集了許多專業醫護與照護人員，是小鎮人的純樸和善心吧！收容這些傷痕累累的旅客，意外造就一個新的產業！

如果延伸療癒系園藝，讓老農教一些都市人種花種菜，變成體驗行程，是不是就成爲「體驗經濟」。讓果農的北漂子女在網路上兼小編行銷，是不是也算一種形態的「數位經濟」？如果再加上資源循環利用的創意，這是否「循環經濟」也有了實現的機會？

不管你擁有什麼樣的資源與條件，在地方創生的路上，你都可以選擇一個角色完成你的夢想，至少你可以休閒旅遊或是健康農食消費者的角色來參與，不是只有 YouBike 才有共享經濟，田園風光和美食，偶爾我們也可以分享一下。

一旦城鄉兩邊的人們建立起某種情誼時，鄉村的人爲都市的朋友提供健康食材，假日時敞開雙手，等待著有朋自遠方來，不知是自然美景、特色建築還是人的情誼比較黏人？

六、創新型小企業：文創、農創、旅創等小企業

如果你經營不了農場，但返鄉開個店也不錯。誰說只有青年可以返鄉，中年大叔也可以有他的夢想！

（一）富里安土掘咖啡

老闆告別繁華忙碌的都市生活，回到自己的家鄉，重新整理老房子，用心烘焙自己最喜歡的咖啡豆，身爲各地咖啡廳的常客，第一次在咖啡吧台上，一邊跟老闆聊天，一邊在這安逸的鄉間，平價品嚐各式咖啡的味道，原來生活也可以是這種樣貌。

圖 6-31　富里安土掘咖啡的暢飲吧檯

（二）關西石店子之冶茶四九

說是文創，不如說是一種生活的情懷。老闆租下一間半廢老屋改造成文創空間，老闆陶藝工夫了得，但更喜歡他的冶茶態度，以自然農法種下一片茶園，天生天養，不施肥，只有偶爾去除草，加上馬告製成野馬茶，算是古法中有創新吧！

老店孤伶伶地在老街中，店中有中華民國元首來過的照片，應該是有特色的店吧！聽說文創沒有賣冰跟賣香腸的好賺，學術跟接地氣，總是兩難，不知道這個該算是數位、循環還是體驗經濟？但不管如何，老闆一家快樂自在地生活著。

圖 6-32 關西石店子與老闆自製的野馬茶

七、微型創業者

生活總是艱難的，如果你連開個小店的資本都沒有，那大概只能做微型創業。開個人工作室也好，參加文創平台的微型創業者聚落，或在市民農場中成爲聚落的一員，或做個 SOHO 軟體設計業、創意工作者、文創藝術家、作家、網路商店業者。或者參與某計畫成爲島內移民，租個老屋，DIY 成爲民宿觀光業者等。總之，地方創生帶來城鄉各式各樣的機會，努力堅守自己的崗位，繁星點點就能成爲星海，繁榮了地方，也成就了自己。

下面就介紹一下中國大陸最新的療癒系創業與網紅：

(一) 失戀姑娘隱居山林，把農村小屋打造成童話王國

有一種繁華熱鬧是屬於都市的，但也有一種寧靜與生活的情懷是屬於鄉間的。福建泉州有個 80 後姑娘，因爲學歷低失去了她的愛情，於是她帶著全部家產 1 萬塊人民幣，遠離城市的喧囂，隱居鄉下，隱居山林改廢宅，把日子過成了童話與詩般美麗的畫卷。她無師自通學會了攝影，並模仿書上的油畫作品，自己給自己拍照，靠著拍「世界名畫」成了「網紅」，宛如「現實版灰姑娘」。

圖 6-33　療癒系鄉村文創

（圖片摘自：http://www.sohu.com/a/224825630_731672）

（二）四川姑娘李子柒：美食和美人，90 後姑娘活出令人羨慕的生活

她總是一襲古裝，靜靜地做菜，享受生活的美好。她一系列古風美食的短視頻，在網上不到 3 個月的時間，吸引了百萬人的關注。

圖 6-34　歸隱農村的美女網紅

（圖片摘自：https://kknews.cc/news/z59qqlg.html）

八、熱血公務員

如果您只是普通的小公務員，也不能投資創業，厭倦了朝八晚五，終日碌碌無爲的生活，那您可以像日劇搶救「拿破崙之村」的唐澤壽明一樣，選擇做一個熱心推動地方創生業務，搶救沒落城鄉的好公務員。

其實在地方城鄉，公務員跟老師是這個地方的重要骨幹人物，一般鄉下沒有什麼科學園區，除了農場與中小企業主以外，公教人員就是那個地方收入穩定且知識水準高的風潮領頭人。

地方如果有生機，自然帶來很多機會，但是不管你選擇什麼角色，除了賺取生活的錢，也要讓自己快樂，那種生活感覺才是扎實的。

6-6 科技的力量

一、網路、多媒體行銷與數位經濟：從溫世仁的黃羊川到阿里巴巴

從 2000 年起，甘肅黃羊川是溫世仁「千鄉萬才」計畫最早的試點，他斥資千萬，爲黃羊川兩所中學配備了 120 台電腦，培訓網路教學人員，使黃羊川的師生得以走出大山，用互聯網開啓了與世界的聯繫。

2003 年 12 月 21 日根據大紀元時報的報導：甘肅黃羊川有一萬多名當地村民，爲去世的英業達集團副董事長、千鄉萬才科技（中國）公司創始人溫世仁，舉行追思大會。黃羊川是中國大陸西北最貧困的地區之一，網際網路可能是改變偏鄉一個重要的工具與機會。

雖然不敵現實，溫世仁的千鄉萬才計畫在 2014 年因爲經費的問題喊停，但溫世仁是不是也該算是地方創生的先行者？

阿里巴巴算不算是繼之而起者呢？ 2018 年 10 月 27 日，阿里研究院發布《中國淘寶村研究報告（2018）》。報告顯示：2018 年全國淘寶村達 3,202 個，淘寶鎮達 363 個，這些淘寶村對促進地方減貧脫貧做出不小貢獻。

全中國約有 1/5 淘寶村分布在貧困縣，其中，43 個淘寶村位於國家級貧困縣、近 600 個淘寶村位於省級貧困縣。村民們通過電商平台將童車、自行車銷往全國 300 多個城市，電商脫貧是偏鄉重要的創新。日本的地方創生典範德島的神山町，其實也是結合了網路的力量。

隨著網路與資通訊科技的進步，網站內容由文字、圖片到影像多媒體、微電影行銷，甚至是 AR 與 VR、無線通訊、遠距監控等等，這些資通訊科技爲地方創生提供了更多元的創新元素。

做生產者與電商的橋樑，這股電商的力量，正逐漸在鄉村發酵，網路正帶來一股新的數位經濟風潮。

二、導航與 LBS（Location-based Service）：串聯小鎮觀光的亮點

從 KPI 的設計與管控來看地方創生，是以每個鄉鎮爲單位來評估績效。然而對遊客而言，小鎮的觀光休閒產業，其實需由許多景點串連起來。以花東縱谷的行程規劃爲例，從花蓮市南下，一定會經過壽豐，然後經過鳳林、光復、瑞穗，才會到玉里、富里，中間選擇一些景點用餐、遊玩，甚至是住宿。遊客對於路線和特色景點，未必十分熟悉。此時如果能妥善運用 GPS 定位導航與網路通訊工具，就可以提供 LBS 服務。可以幫開車的人提供旅遊資訊，也可以讓商店成爲行銷亮點，提升曝光度，讓客人容易找到好商店，輔導商店品質提升與商品化。

LBS 服務就是基於位置的服務，又稱適地性服務、行動定位服務，它是通過行動業者的無線電通訊網路或外部定位方式（如 GPS）取得行動終端用戶的位置訊息（地理坐標），在 GIS 平台的支援下，爲用戶提供相應服務的一種增值業務。

除了旅遊之外，也能透過客戶目前所在的位置提供直接的手機廣告，並包括個人化的天氣訊息提供，甚至提供在地化的遊戲。

三、ICT 智慧農業與精準農業：ICT 遠距監控、自動化、自駕農機與 5G 通訊

根據 BI Intelligence 預測，到 2020 年，農業物聯網設備的安裝數量將達到 7,500 萬，每年增長 20%。到 2025 年，全球智慧農業市場規模預計將增長兩倍，達到 153 億美元。

科技在農業的應用上，越來越多元化，一般常見的有兩大類：第一類是資通訊物聯網技術，通訊技術結合感測器，主要是監控農地與作物的狀況，形成智慧農業。更有像水耕或植物工廠等技術，可以應用在設施農業或城市農業之中，也有延伸運用到畜牧與水產養殖管理，例如結合 RFID，用於牛隻與石斑魚的農業管理。

第二類是自動化農機，作爲農地耕作的動力，加上自動控制技術之後，可以實施無人自駕，最典型的應用是無人機與自駕農機。自駕農機要配合精準定位與土地管理，是近年來新興的精準農業。

最後農業生產整合感測監控、自動農機與雲端大數據，加上AI人工智慧，就可以形成一個完整的系統化的管理。

(一)農業物聯網：土壤中的傳感器（Sensor）

地下也有技術施展的空間。西班牙初創企業Brioagro就是一個例子，該公司在土壤裡安裝傳感器來提供即時資訊。通過這種方式，農民可以通過手機獲得有關水分和光照水平以及作物養分的各種數據。

此外，使用土壤傳感器的農場也可以降低其耗水量，更有效地使用化肥和能源，而不會影響其地面上農作物的產量。

(二)動物晶片RFID

農場往往有一些牲畜，但追蹤牠們並不容易。許多牲畜都有安裝晶片，但事實上，這些晶片傳統上只用於識別牲畜，而不提供任何額外的技術用途。

然而，今天，物聯網允許我們更進一步，尤其是像Grupo Caro這樣的案例。Grupo Caro是一家西班牙公司，通過一個單獨晶片來監控每頭牲畜的日常活動，該晶片提供了牠們的一般狀況，進食、體內水分、位置、活力、健康狀況等資訊。通過這種方式，有助於識別生病的牲畜，使牠們可以從畜群中識別出來，防止疾病的傳播。同時降低了人工成本，因爲農場主可以知道牲畜的所在位置。

(三)田野中的無人機

這無疑是農業中最迷人的應用，如果農民一輩子都在仰望天空，那麼現在他們仍然需要，無人機能夠在田間執行越來越廣泛的任務，從監測植物的狀態和收成到分配肥料，更不用說測量地塊和不同的常數（氣溫、水和熱量水平等）。無人機的使用如此有利，以至於一些酒莊決定使用它們來監測葡萄樹的生長情況。

(四)智慧曳引機（Tractor，又稱為拖拉機、牽引機）

曳引機沒有消失，也不會從農業中消失。事實上，現在它們可以比以往任何時候都更有效地使用，尤其是連網的曳引機，它們可以規劃耕地的最佳路線，以避免重複和可能的土壤侵蝕。由於這種做法，燃料消耗和潛在的大氣排放也降低了。

（五）AI 人工智能與雲端大數據

除此之外，農民們最終必須牢記一系列無休止的因素，以監控他們農作物的產量和農場的日常活動。然而，由於物聯網，它們可以擁有全球工具，通過混合上述應用，實時提供信息並提高農場的效率。

6-7 政府有什麼資源可以成為地方創生與創新創業的助力？

個人的努力與熱情當然很重要，但是時代的契機與政府的引領，往往也是很重要的推力。好的創意與團隊，往往也需要爭取相對的資源，才有辦法成事。

所以我們必須先研究整個國家政策的大方向，以及這部大機器下面各部門的分工與相關計畫，掌握這些重要的推力，才便於借力使力，發揮個人在地方創生堆動與相關創新創業計畫最大的綜效。

一、國發會的地方創生推動戰略計畫

爲解決現今臺灣人口老化、少子化危機，偏鄉城鎮人口產業衰頹與人口嚴重外流，以及城鄉發展失衡等問題。行政院訂定 108 年爲臺灣地方創生元年，並定位地方創生爲國家安全戰略層級的國家政策，逐步促進島內移民及配合首都圈減壓，達成「均衡臺灣」目標。

希望仿照日本安倍政府推動地方創生經驗，鼓勵青年返鄉創業，也積極到工商團體鼓吹「企業認養故鄉」，已有多名企業家率先響應，其中包括崇越科技董事長郭智輝在宜蘭蘇澳斥資 10 億元，興建「安永心食館」推廣食農教育。美吾華集團負責人李成家，以及宏碁集團創辦人施振榮，也已承諾響應，預計加強對屏東東港與彰化鹿港的投資。

（一）第一支箭：企業投資故鄉，認養創生事業

透過政府行政及稅賦減免等相關協助，鼓勵企業基於故鄉情感，返鄉投資；藉由認養創生事業提案，協助地方事業發展，並投資地方產業或建設，改善地方經濟。

（二）第二支箭：科技導入

新科技是翻轉傳統產業的力量。科技導入是將科技化、智慧化導入地方，如運用人工智慧加上物聯網（AI+IoT）、區塊鏈（Blockchain）、雲端技術（Cloud）、大數據（Big Data）和開放資料（Open Data）、建立完整的產業生態系（Ecosystem）等，提高地方產業生產力及產品附加價值。

（三）第三支箭：整合部會創生資源

1. 盤點整合各部會地方創生相關計畫資源，支援創生事業推動。
2. 國發會建立地方創生資料庫（Taiwan Economic Society Analysis System，TESAS）整合政府與民間各類統計及地圖資訊，掌握與追蹤臺灣各地人口流動、經濟發展及地方建設狀況，協助各級地方政府推動地方創生事業提案。便於產官學界掌握地方發展現況與趨勢。（TESAS | 地方創生資料庫：https://colab.ngis.org.tw/lflt/innovation.html）

（四）第四支箭：社會參與創生

1. 透過產官學研社共同參與，讓各界資金、知識技術及人才共同投入地方創生事業，協助地方發揮地方特色，鏈結都會核心，進而展開國際交流。
2. 藉由業界發展地方特色產業、學界強化地方知識技術能量、社區。
3. 團體參與地方創生事業，以及政府整合資源，強化地方創生量能。

（五）第五支箭：品牌建立

1. 透過政府及相關領域人才協助，以創新觀點與手法，確認當地的獨特性與核心價值，建立城鎮地方品牌，轉化爲創造地方生機的資本。
2. 地方創生是爲協助地方發揮特色，吸引產業進駐、人口回流，繁榮地方的計畫。它是一項跨領域、綜整各界量能、由下而上，從社區需求到凝聚社區共識，甚至是全民意識的工作。
3. 透過引導地方盤點及發掘在地DNA與特色，釐清產業定位，促使青年回鄉與第二代接棒傳產經營，及以創新設計活化閒置設施成爲地方特色場域等面向，已逐步達成吸引人才回流，並賦予地方傳統產業新動能。

二、SBTR 推動中小企業城鄉創生轉型輔導計畫

這是經濟部中小企業處針對地方創生所推動的計畫，計畫內容請見本書第十四章第二節。從 SBTR 網站公布 2018 年通過計畫名單中，舉 B 類與 C 類案例作爲參考。

1. B 類（企業聯合型）：由 5 家以上企業共同提出申請

(1) 瑯嶠城東共創街區—藝文、食農與生態旅遊城鎮企業聯合發展計畫。

(2) 臺東縣觀光服務人員培訓暨 GIG 平台發展計畫。

(3) 推動彰南十鄉「友善集落」產銷整合創生計畫。

(4) 注入商圈新活水、再造經濟新繁榮計畫。

(5) 青出於藍—「臺灣藍」三義創生渲染國際計畫。

(6) 薰衣草森林創生共好種子計畫。

2. C 類（平台經營型）：由平台經營業者提出申請

(1) 祥儀企業：智造機器人生態圈創生平台推動計畫。

(2) 太陽生鮮：「島嶼高山」地方六級產業平台計畫。

(3) 花東商業：稻鄉創生在地共榮平台計畫。

(4) 佑梓公司：再度風華絕代—鵝媽媽親籽平台建置計畫。

(5) 梭夢創意：「府城新職人」布品文化創生與產業生態復育計畫。

(6) 宗泰食品：「洄瀾漁香。七星食光」城鄉共好平台計畫。

6-8 結語

日本地方創生有成，成爲臺灣取經典範。長期在日本推動地方創生、一般社團法人 Area Innovation Alliance 代表理事木下齊強調:「讓地方過得富足，有特色產業不怕人口少。」的確，我們評估一個公司好壞看 EPS 和各種財報產值，不是光看公司的員工數。從日本的案例來看，振興地方，都是經過長期的努力才有成果，如果只考慮短期計畫的 KPI，並以人口增加數來考量，期待奇蹟式的變好，是否務實？

其實最重要的是各種地方創生的參與者，應以本身和地方能「爲世間有用的心掛」來推動這件事，才比較容易展現正面的價值。

再者我們應該放大視野，不只是將眼光侷限於傳統產業、農村再生或是文創工藝，因爲創新本身就不該受限於傳統領域。如果沒有新的元素加入，沒有新移民、新技術加入，這種地方創生，會是相當刻板無趣的。

朱成志《工匠精神瑞士概念股》一書中提到：「在臺灣創造瑞士的工匠精神與打造世界格局」、「我們的瑞士國度：中臺灣」，除了一些文創園區的規劃，臺灣其實還有很多創新的想像空間。誰說竹賴文創的竹工藝品，不能裝上馬達飛起來？

只要能對世間有用，對地方有用，沒有對錯，沒有知識與身分的貴賤，各自在自己所處的位子上努力，雖然角色不同，參與的層面不一樣，有不同需求與目標，臺灣的地方創生，不一定是要體育小鎮、瓷器小鎮，我們可以包容形形色色、多采多姿的元素，讓臺灣活躍起來！

所以本章以「食、農、遊、藝、科、教」，作爲地方創生六大創新元素的基礎元素，依據地方需求，交錯運用，創造新的機會與市場，讓城鄉跟人一樣，找出自己有用於世的獨特價值所在。

參考文獻

1. 木下齊（2018.4），地方創生：觀光、特產、地方品牌的二十八則生存智慧，初版，不二家出版，遠足文化發行。
2. 臺灣文創西進築夢 1000 個小鎮，遠見雜誌，2017 年 9 月號。
3. 山村阿婆賣樹葉年賺千萬圓：締造傳奇的德島上勝町，https://talk.ltn.com.tw/article/breakingnews/1411753，<Access 2019.4.30>。
4. 地方 / 創生 幸福了，人就回來了，https://event.businesstoday.com.tw/2018/Creation/index.html#，<Access 2019.4.30>。
5. 地底黃金！開發地熱新能源　日本瘋源源不絕「無汙染」發電，https://www.setn.com/News.aspx?NewsID=420032，<Access 2019.4.30>。
6. 經濟部中小企業處 SBTR 計畫，https://sbtr.org.tw/frontend/index.aspx <Access 2019.4.30>。

NOTE

CHAPTER 07

餐飲業的創新與創業

根據經濟部統計，2018 年臺灣餐飲業年營業額達 4,731 億元，與去年相比，年增率達 4.59%，不但營業額持續創新高，且年增率更爲近七年新高，大勝零售業的 3.18%、批發業的 3.58%。若舉知名餐飲品牌鼎泰豐爲例，臺灣的年營業額約 30 億元、平均單店年營業額 3 億元換算，等於臺灣人去年吃掉 1,577 間鼎泰豐。

餐飲業爲國家必要的民生產業，餐飲業良好的發展能反映人民生活品質及國家發展程度，屬於滿足國人生理需求的基礎行業，尤其餐飲業具有進入門檻低及勞力密集的特性，進入餐飲業並不需要先進的科技技術及鉅額資金，因此產業廠商家數眾多，尤其近來創業風潮盛行，吸引大量個人經營者投入餐飲產業，更使得產業競爭激烈。由於餐飲業具有產品無法長久儲存、原物料保存期限短、消費需求量無法事先得知等因素，使得產品品質、原物料控管及專業技術，成爲投入產業的重要課題，產品力及服務品質成爲吸引消費者的主要因素，如何提升產品競爭力並保持良好品質，成爲餐飲業激烈競爭中，脫穎而出的重要關鍵。

7-1 餐飲市場分析

根據行政院主計總處於 2016 年頒布之「中華民國行業標準分類」第十次修訂之定義，「餐飲業」係指「從事調理餐食或飲料供立即食用或飲用之行業」，且餐飲外帶外送、餐飲承包等亦屬於本類別。「行業標準分類」中又將餐飲業進一步細分爲餐食業、外燴及團膳承包業及飲料業，根據過去 2013 至 2017 年的統計資料發現，我國餐飲業之從業人數逐年增長，從 2013 年的 29 萬 5,126 人增加至 2017 年的 34 萬 5,694 人，成長幅度約 14.63%。

在業者家數方面，我國餐飲業之家數在過去五年呈現逐年增加的趨勢，自 2013 年爲 11 萬 3,413 家，近年來逐漸成長，至 2017 年成長爲 13 萬 6,906 家，家數成長率約 17.16%。在餐飲業銷售額方面，近五年也呈現逐年成長趨勢，自 2013 年的 3,749 億元，成長至 2017 年的 5,163 億元，成長率約 27.39%。

根據《天下雜誌》的兩千大調查顯示，在觀光餐飲業中，2017 年上榜之業者涵蓋旅遊業者、臺灣連鎖咖啡烘焙業者及連鎖餐館業者、飯店業者及速食業者，請見表 7-1。其中，雄獅旅遊、開曼美食達人（85 度 C）及王品餐飲業者爲排名前三大之企業，營業收入均超過百億，尤其與排名第 10 的安心食品服務（摩斯漢堡）業者有一段不小差距，其中開曼美食達人（85 度 C）營業收入自 2015 年 204.57 億、2016 年 220.47 億到 2017 年 230.18 億，營收更是增加 11.13%，由此可見，咖啡飲品烘焙業的破壞式創新之威力。

進一步以餐飲業中的咖啡產業來看，放眼全球，雖然面臨不景氣的影響，但走進咖啡館的消費人口並未減少，反倒是因爲一些平價化連鎖咖啡店陸續開張，而提高消費次數。

根據臺灣連鎖暨加盟協會統計指出，咖啡店家數十年來大幅成長 1.8 倍，店數由 2003 年 518 家至 2019 年增加到 3,429 家。由此可見，國人外出購買咖啡飲品之意願及消費能力，不因國內經濟景氣不佳而降低。另一方面，現今職業婦女、雙薪家庭愈趨普及，工作壓力與日俱增，飲用咖啡所帶來的幸福感，使得咖啡消費人口持續增加，加上超商除了販售平價咖啡，近來也開始販賣單品精品豆咖啡，以至於咖啡產業的競爭日趨激烈，本章節鎖定探討咖啡餐飲產業的創新與創業之介紹。

表 7-1 《天下雜誌》兩千大企業調查排名

行業排名 ↓	2017年排名 ↑ ↓	公司名稱	營業收入（億元）↑ ↓	獲利率（%）↑ ↓	營收成長率（%）↑ ↓	稅後純益（億元）↑ ↓
1	58	雄獅旅行社	267.84	1.7	22.44	4.55
2	64	開曼美食達人	230.18	9.29	4.4	21.38
3	96	王品餐飲	158.07	2.93	-1.81	4.63
4	113	東南旅行社	131.71	-	4.22	-
5	114	易遊網	130.73	-	19.11	-
6	142	悠旅生活事業	102.51	7.79	8.34	7.99
7	189	晶華國際酒店	70.05	15.13	2.17	10.6
8	200	五福旅行社	63.88	0.97	8.53	0.62
9	234	山富國際旅行社	50.76	1.24	-4.78	0.63
10	238	安心食品服務	49.19	3.44	5.47	1.69

（資料來源：天下雜誌）

7-2 從土地湧出的黑金—咖啡

咖啡是僅次於石油的交易商品，成爲重要的「新黑金市場」。隨經濟起飛與西方文化薰陶，國人的飲食文化也隨之改變，由於臺灣人善於接受各方文化差異，現今臺灣社會「喝咖啡」等同於消磨時間、敘舊、放鬆的代名詞，喝咖啡儼然成爲一種生活化的休閒活動，咖啡不單只是生產與消費的物質，亦呈現風格品味與浪漫情懷的文化象徵。

一、咖啡由來

咖啡最早的發源地位於衣索比亞的咖法（Kaffa）地區，據傳一位中東牧羊人在放牧過程中發現，羊群吃了一種常綠喬木的果實之後，精神都會變得異常興奮，於是牧羊人也好奇地吃了一些果實，沒想到這一試後，爲往後數百年的人類試出了一種魅力無窮的飲料，在此之後，便拿著該種果實分給修道院的僧侶們吃，僧侶們吃完後都覺得神清氣爽，此後該果實便被拿來作爲提神藥，且頗受醫生們的好評，該種果實便是現今的咖啡豆，請見圖 7-1。

圖 7-1 咖啡的起源——衣索比亞牧羊人

咖啡於西元 575 年自衣索比亞傳至阿拉伯半島的葉門，當時的國王爲了防止咖啡作物被帶出海外，所以只要是出口的咖啡豆，都需先經過火烤或水煮，去除咖啡豆因發芽而外傳的可能。西元 1300 年，人們首次將咖啡豆去皮後火烤，再壓碎以滾水沖泡來飲用，應該可以說是今日咖啡飲品的始祖。

咖啡樹屬於四季綠葉的長青樹，不同的咖啡品種所能適應的氣候也不同，主要品種以阿拉比卡（Arabica）及羅布斯塔（Robusta）的咖啡樹爲大宗，具有商業價值而被大量栽種，所產的咖啡豆品質亦冠於其它咖啡樹所產的咖啡豆。

阿拉比卡的學名爲 Coffea Arabica，原產地在衣索比亞，經由阿拉伯半島傳遞至全世界，著名的藍山咖啡、摩卡咖啡等，幾乎全是阿拉比卡種，其味道或是香味，比其他品種的咖啡卓越，是目前販售量最高的咖啡，占全世界咖啡生產量的六成。另一種是羅布斯塔，羅布斯塔咖啡樹原產地在非洲的剛果，因較不受蟲害，生產量高，商業價值亦高。無論是阿拉比卡或羅布斯塔，不同品種的咖啡豆有不同的味道，但即使是相同品種的咖啡樹，由於不同土壤、不同氣候等影響，生長出的咖啡豆也各具有獨特的風味。

二、咖啡市場分析

根據《聯合晚報》2017 年的報導，臺灣一年喝掉 28.5 億杯咖啡，一年咖啡商機高達 750 億，2018 年咖啡豆進口數量將高達 4 萬噸以上，產值更是超過 750 億，詳見圖 7-2，平均每人一年喝掉 122 杯咖啡，較兩年前平均 100 杯成長逾二成，其中頂級精品咖啡市場更是蓬勃發展，咖啡市場成績漂亮，也讓業者積極鞏固「黑金商機」。

若以臺灣咖啡市場由質變進入到量變的觀點來看，統一超商 7-ELEVEn 自 2004 年推出 CITY CAFÉ，將現煮咖啡市場進入平價化，也邁進全天候 24 小時販售的戰國時代，帶動了咖啡普及化，2007 年 7-ELEVEn 以「整個城市就是我的咖啡館」的口號，將每

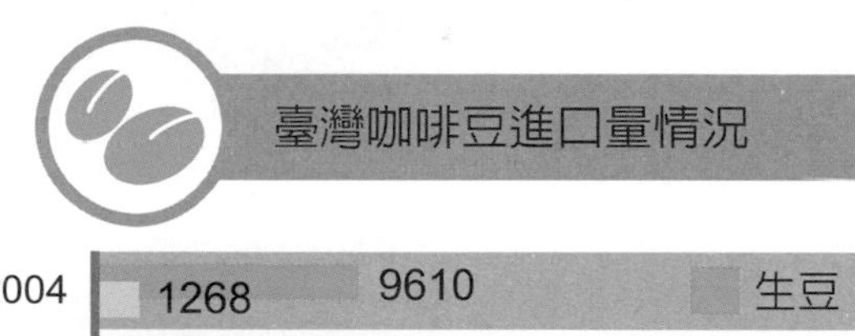

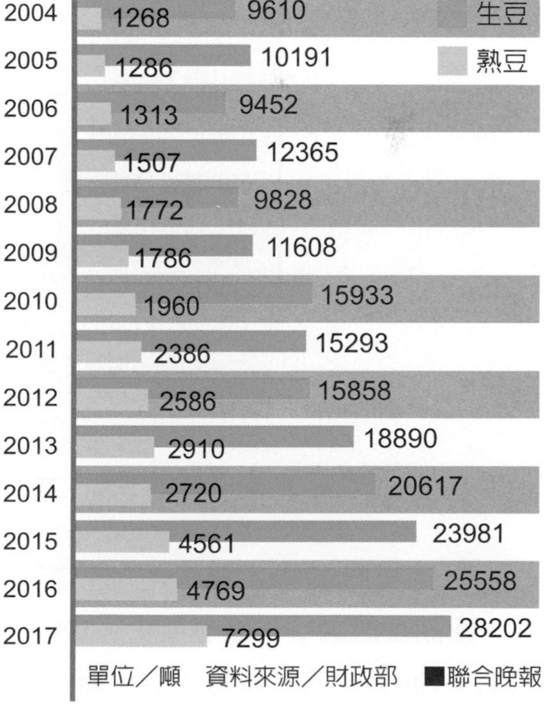

圖 7-2　臺灣咖啡豆進口量情形

天來一杯咖啡，成為民眾的生活習慣，也讓 7-ELEVEn 營收逐年成長，自 2004 年的 9,000 萬元增加到 2016 年的 118 億元，總銷售杯數高達 3 億杯，創下歷史新高，顯見國內咖啡市場成長力道相當驚人，其中最大改變是消費者對於美式咖啡接受度越來越高。根據市調公司「Euromonitor」調查統計，相較於北歐人日喝 2 杯以上的咖啡，臺灣人每日平均只喝 0.034 杯咖啡，在全球排名中居第 72 位，顯示臺灣仍有潛在咖啡人口未被開發，可見統一星巴克、西雅圖、伯朗、路易莎、cama、丹堤、85 度 C、金鑛咖啡等連鎖咖啡專賣店外，專門走精品咖啡路線的獨立咖啡館也愈來愈多，詳見圖 7-3。

資料來源／統一超商　製表／楊美玲　■聯合晚報

圖 7-3 國內咖啡演進發展

探究臺灣咖啡市場，這都要歸功於連鎖咖啡館及連鎖咖啡店的蓬勃發展，回溯臺灣咖啡市場發展史，1992 年日式眞鍋（Café）展開咖啡加盟連鎖店風潮；1993 年丹堤咖啡成立，除了提供咖啡、飲品外，也提供麵包、蛋糕等多元的產品，臺灣在 1997 年開啓了連鎖咖啡市場的一波激戰；「西雅圖極品咖啡」於 1997 年開設了臺灣第一家連鎖的義式咖啡館；其後「IS COFFEE」的創始店也在臺北開幕。1998 年，統一集團與美國 Starbucks Coffee International 公司合資成立統一星巴克股份有限公司，在臺北天母設立第一家星巴克後，引起許多話題及轟動，並掀起人手一杯咖啡的風潮，使臺灣人養成喝咖啡的習慣，帶動臺灣咖啡複合式飲品店等相關產業；後續如 2002 年成立壹咖啡（ecoffee），加入咖啡連鎖品牌的戰場。

2004 年 85 度 C 成立，標榜價格只有星巴克的一半，但擁有星巴克的品質，以平價咖啡加上平價西點的商業模式迎接市場；同年，標榜以精心手選咖啡生豆及烘豆的 cama 現烘咖啡專門店成立，讓消費者在連鎖加盟咖啡店的消費有更多的選擇；之後在 2007 年，路易莎咖啡第一間門市開幕，2012 年正式對外開放加盟；2017 年日本最大咖啡供應商 UCC，在臺北設立全球首家咖啡旗艦店，值得一提的是顧客選擇好咖啡豆後，也能決定咖啡沖煮方式，共有義式、手沖、冰滴、法式濾壓壺、模擬機器手沖、氣泡飲等選擇。

而東京的精品咖啡連鎖品牌「藍瓶咖啡」（Blue Bottle Coffee），於 2018 年在臺北信義區設立首間海外分店「Breeze atre」，讓臺灣民眾不用遠跑國外，就能喝到以手沖模式烹煮單一品種咖啡豆的咖啡，可以預見以咖啡界 APPLE 之稱的藍瓶咖啡加入臺灣精品咖啡市場後，未來臺灣精品咖啡將持續蓬勃發展。

三、咖啡店分類與經營型態

根據 E-ICP 東方消費者行銷資料庫資料顯示，推估目前臺灣的咖啡人口約有 540 萬以上，佔了近全臺總人口數的四分之一，顯示國人對咖啡的接受程度不斷提升，咖啡銷量在臺灣市場正逐年成長，咖啡豆的年進口量也以倍數成長中，即使與鄰近的日本、韓國相比，國人的咖啡飲用量還有很大的發展空間。近年來注重專業沖泡的單品咖啡成爲潮流，透過咖啡師的專業與用心，將每支精品咖啡豆的優點發揮地淋漓盡致，如今在這個繁忙的現代社會中，咖啡不單單只是飲品，更象徵著美好的生活態度與悠閒的生活步調。咖啡店正是一份對生活的想像與實踐，帶領著臺灣一起走入咖啡浪潮，在此影響下，咖啡店除了能提供咖啡外，更販賣了一份寧靜與喘息的空間。

根據臺灣連鎖暨加盟協會 TCFA 對咖啡店產業之調查，臺灣現有的咖啡店依其經營風格分成四種：歐式咖啡、美式咖啡、日式咖啡及個性化小店。但有時一家咖啡店可能同時擁有不同類型的經營型態，例如書店咖啡，既是書店也是咖啡店還有藝術寄賣，以多角化方式經營，或是一家咖啡店同時販賣不同種類的咖啡，例如：星巴克等連鎖咖啡店販賣濃縮咖啡（Espresso）、以濃縮咖啡爲基底加入牛奶的卡布奇諾（Cappuccino）、加奶泡的拿鐵咖啡（Latte）等，亦販賣美式咖啡。若以臺灣中小企業的經營規模來說，在咖啡店商家的創業背景、風格及產品組合等方面，也依照中小企業的獨特特質經營，即每家店就是一個獨特品牌，使得經營型態呈現多元化，以下依咖啡店的經營風格，將臺灣現有咖啡店分爲四類：

(一)連鎖咖啡店

此類型的咖啡店以品牌號召爲訴求，已具知名度，講究一定的裝潢型態格局、產品設計與服務、展店計畫等都有一致性。對創業者而言，此類咖啡店多半開放投資加盟，並由總公司負責整體行銷包裝與品牌行銷，加盟連鎖讓創業變得比較容易，但投資金額較高，且需付出大筆的權利金，自主性較低，不過卻有總公司的整體行銷包裝與品牌知名度做護航。

(二)複合式咖啡店

此類型咖啡店，咖啡本身只是店內眾多產品之一，並非全部營業的重點，多附屬在花店、書店、麵包坊與餐廳等地，除了提供精緻蛋糕及鬆餅甜點外，也提供早午晚餐、下午茶或簡餐，作爲其主要銷售重點，以餐飲爲主、咖啡飲料爲輔之複合式餐飲，經營者對餐飲有研究，投入興趣營業項目來增加利潤，能開拓及穩定客源。

(三)個性咖啡店

此類型咖啡店大多著重於咖啡調製的手法及過程，如虹吸式、義大利式及濾泡式等各式不同的調製法，經營多半帶有故事性經營手法，同時也相對重視商店風格和個人特色，強調商品擺設以及室內外裝潢，具有單獨店面並展現店主人的風格，通常店面積不大，經營者幾乎包辦所有工作，但因強調精緻化、個性化，經營者與顧客的關係最爲親近，較能提供人性化調製服務，咖啡單品售價較高，沒有一定標準的經營模式，依經營者理念與創意來經營，充分發揮自主與獨特性，因每家店的經營者皆不同，所以每家個性咖啡店呈現極大的差異，易吸引特定顧客。個性咖啡店這種非連鎖類型咖啡館，又可再分類，其經營特色詳見表 7-2。

表 7-2 非連鎖咖啡館分類與經營特色

歐式咖啡館	注重咖啡豆的產地，搭配適當的咖啡調製手法，以求咖啡原味的呈現，同時也重視商店風格與特色，特別強調店主人的咖啡專業。
人文咖啡館	人文訴求的咖啡館與歐式咖啡館，一般說來區別不大，主要的不同在於歐式咖啡館比較著重在咖啡口味上專業性的表現，如對於各種單品咖啡豆烘培、萃取的專業，反之人文咖啡館則比較注重氣氛的營造。
庭院咖啡館	開設地點以郊區為主，大部分利用現有的農舍改建而成，提供消費者的不只是咖啡飲品的諸多選擇，更有開闊的自然環境，可供旅客在郊區休閒玩憩後的另一放鬆休息的空間。
主題咖啡館	以主題為表現訴求，非常多元，如音樂性的搖滾樂、爵士樂，或寵物等特定空間風格的表現。
閱讀咖啡館	備有大量的書刊雜誌供消費者免費閱讀。
其他或複合型	不在上述分類中或者同時擁有上述多種特質者。

四、經營連鎖咖啡店與精品咖啡店

(一) 經營連鎖咖啡店

加盟是創業最快的路，也是許多人的創業首選，故經營連鎖咖啡店已成爲現代商業經營之主流，其優點可從軟、硬體兩方面來說明：

1. 經營連鎖咖啡店的軟體優點

(1) 總公司提供所有經營系統、商標經營技術及累積之經營知識，得以使經驗分享與傳承。

(2) 總公司塑造一致的企業識別系統，使各連鎖店分散，以廣泛服務顧客。

(3) 總公司提供完整的管理制度及教育訓練，以培訓營業人才。

(4) 專職連鎖人員對商品資訊蒐集較快速且易掌握最新消費動態，可針對目標市場發展。

(5) 定期由專業人員進行市場調查及展店前的商圈評估，相對之下，比自行創業的摸索風險低，提高成功率。

(6) 物流中心集中處理所有商品進貨作業，節省營運費用，形成相對存貨、運輸等成本降低。

(7) 總公司採取聯合販賣促銷，可發揮整體行銷戰力，總公司亦有訂定標準化服務流程，以穩定服務品質。

(8) 連鎖經營可以快速拓點，擴大市場地占有率。

2. 經營連鎖咖啡店的硬體優點

(1) 連鎖經營體系的規模大於單一商店，集中採購以及統一發包，提高議價能力，降低商店成本，毛利率也會跟著高於獨立店家。

(2) 連鎖經營體系具有統一之店面形象，廣告時由各分店分擔廣告費，因而具有大量廣告規模經濟優勢。

(3) 分店開辦，裝潢費用可整體降低，因有標準化的店面設計及裝潢形式，可節省開辦之籌備時間，新加盟店裝潢的設計費用，因大量採購，可獲得以量制價的折扣，降低開辦裝潢的工程費用。

3. 經營連鎖咖啡店缺點

(1) 因連鎖總公司對分店有一致性的要求，各分店較無自主性與自主運作空間。

(2) 少數不良分店因疏忽或缺失，造成破壞連鎖體系，將使全部連鎖店受到影響，尤其食品販售最易發生。

(3) 由於連鎖加盟有合約書之約束，加盟店主如欲將店鋪轉讓給第三者，需取得總部同意，不可擅自轉售。

(4) 商品由總公司進貨，商品結構受總公司左右，無法針對區域性不同或課程需求彈性調整商品結構，連鎖體系運作時，務必要使營運品質及管理水準達到一致的水平，且充分發揮其功能，方能獲得連鎖效益。

隨著興起連鎖化的經營模式，歐美各國咖啡店的經營管理思維開始引進臺灣。從單打獨鬥到連鎖加盟的經營模式、本土與進口品牌的土洋大戰，都讓咖啡市場的生態起了極大的變化，連鎖咖啡店在企業的經營包裝產品下，爲求與其他品牌有所區隔，在不同品牌間呈現出不同的風格，而同品牌的各連鎖店則要求差異化最小，以維持品牌新明形象，但是對精品咖啡而言，每家店各有特色，這特色正是與連鎖咖啡店最大的差異，精品咖啡店每家店就是一個招牌，不同的經營者有不同風格，每家店的風格都是獨一無二，這也是精品咖啡店最大的特色，更是與連鎖咖啡不同之處，因此能營造出不同咖啡店特色，越能跳脫出民眾對於咖啡館的既有印象，也能有足夠彈性滿足顧客眞正的需求。

（二）經營精品咖啡店

在開咖啡店以前，感覺開一間咖啡店是非常簡單的事，等到眞的開店後，才發現原來開一間咖啡店是不容易的，你必須定位經營策略、評估及分析開店地點、咖啡店成本分析、咖啡店商圈評估以及分析咖啡店經營技巧等，這都要花時間和人力謹愼思考，然而這只不過是開設一間咖啡店的開始，由器材擺放到開幕前人手備妥的序幕。要煮出一杯好咖啡，除了要熟悉咖啡機性能、操作及控制技巧外，還要先做好挑選咖啡豆、水質水溫控制、混合技術，才有能力煮出一杯賣相佳的咖啡。

精品咖啡店的經營還必須重視其他方向的發展，在咖啡店經營之研究中指出經營關鍵成功因素，分別是「服務品質」、「產品品質與特色」、「行銷方法」、「咖啡店風格與特色」、「顧客關係與店長個人能力」、「商圈與店址選擇」與「商務聚會的適合度」。不管是從整體、個人或連鎖咖啡店來分析，此七項經營關鍵成功因素的認知與掌握上皆有顯著差異。

市面上能獲利且生存下來的咖啡店，每一家的裝潢品味以及經營風格都各有所長，才能長久地與連鎖加盟咖啡店相抗衡而不失色，故要事先想好獨特的創意記憶點和市場定位，再根據這兩項所可能吸引的咖啡消費族群的喜好，找出店面的風格和特色，基本上你開的咖啡店裝潢品味以及風格絕不能比連鎖咖啡店還差，畢竟人還是視覺動物，總要在第一眼讓人留下印象才行。

只要籌到足夠資本，開一家咖啡店並不難，但如何持續支撐下去就是一大學問，一般而言，若沒有咖啡店的經營管理經驗，選擇加盟創業的開店創業成功率會比較高，盡量不要輕易嘗試頂讓或是開一家全新咖啡店，因爲投資一家咖啡店絕不是簡單的找咖啡店設備及供貨廠商而已，眞正有實力與特色十足的咖啡店家才能吸引人氣。因此不論你是加盟頂讓或是開一家全新咖啡店，在開設前你必須先問問自己幾項開咖啡店的基本必要因素是否皆已準備妥當。

阿甘創業加盟網（www.ican168.com）介紹了開咖啡店要思考的五個要素：

1. 開店地點最爲重要，你是否有選點的經驗，或是評估店址適不適合的能力嗎？
2. 如果沒有特色和差異化，難以立足市場，你已想好開咖啡店的特色或定位在哪嗎？
3. 需要專業技術來做出口碑？
4. 如何吸引顧客前來及留住？你是否具有行銷和推廣方案的能力？如何推動與執行？
5. 以開店的規模大小及裝潢，你是否已準備妥當開辦資金和周轉預備金？

7-3 經營策略

一、競爭策略

策略是現代企業經營之管理指導原則，也表示爲達成某種特定目的所採取的手段。學者認爲，對企業而言，經營策略包含企業的目標，即爲達成目標所採取的手段。不論業者採取何種經營策略，均是先訂定企業目標，然後分析整體的產業環境、檢討本身優勢，最後再根據這些分析結果提出策略，才能使企業有可依從的步驟，然後循序漸進地達到企業經營的目標。

波特（Michael Porter）於 1985 年在其《競爭策略》（The Competitive Advantage）一書中說到，競爭優勢源自於企業爲客戶所創造的價值。以資源基礎觀點來看，企業組織可透過其經營的策略，進行有形及無形資源之投入，培養其能力，進而確保其持續經營之優勢。提供給顧客更好的產品與服務，間接塑造企業組織本身的經營價值。如果說組織能耐是企業組織要達到其所設立目標，在經營的過程當中所會使用的武器，「策略」就是幫助組織發展組織能耐的工具，因爲策略能有效率地將企業內部的組織結構與技術資源跟企業外部市場的需求做結合，甚至可以搭建起溝通的橋梁，因此，當一家企業組織無法提出適當的經營策略，則其餘技術與組織結構資源運用上，將沒有辦法聚焦，甚至是會將資源做不當使用與浪費。

而策略的目的在於有效地運用資源，建構一套整體的思考，尤其是面對目前競爭激烈的環境，應如何盱衡全局，並根據人、事、時、地、物勾勒出未來發展的整體藍圖。策略應爲準確分析現狀後所採取的一套適當回應措施，對企業組織而言，更是爲了提升企業組織自我競爭優勢，不論是對外在環境的機會與威脅，或是內在的經營優劣勢所因應的行動；在確立了企業組織其獨特位置後，得以整合企業組織的各種活動。故「策略」可以說是一家企業組織所執行的一項方針藍圖，也能說是企業組織經營價值產生的過程。策略是一種可以將組織目標、政策、行動整合成整體性的計畫。計畫通常可因應環境變動和競爭情勢，且彼此協調一致，以指出企業經營方向並分配資源，以達到企業的長期基本目標。因此，可視企業組織的經營策略爲其經營意圖的表現。企業的競爭策略是企業爲了在產業中取得較佳的地位，所採取的攻擊或防禦性行爲。策略是一套手段，爲了達成某一特定目的，所必須採取的某種必要手段，這種手段稱爲「策略」，其重點也在於資源的調配，經營策略的關鍵就是競爭優勢。

策略是否能發展與其結構、市場、技術生命週期、競爭情勢、上下游產業與價值鏈、成本結構、市場供需、附加價值分配以及政府對產業的政策等等、均有密切的關連。因此，企業經營策略的擬定，必須對所面對的市場、所處的經營環境、競爭情勢等條件，有著清楚的認知與判斷，如此才能制定順應環境趨勢，又符合現實條件的可行方案。

對於策略分析，通常採用的是美國著名的戰略管理學者波特的五力模型進行分析。波特認爲決定企業獲利能力的首要因素是「產業的吸引力」，因此在擬定競爭策略時，務必要深入了解決定產業吸引力的競爭法則。而這些競爭法則通常是用五種競爭力來具體描述，這五種競爭力包括：潛在新進入者（Potential Entrants）的加入、替代品（Substitutes）的威脅、客戶（Buyer）的議價能力、供應商（Suppliers）的議價能力以及既有競爭者（Industry Competitors）之間的競爭（如圖 7-4）。任何產業都存在著五種基本競爭力量，這五種基本競爭力量的狀況與綜合強度，引發產業內在的經濟結構的變化，從而影響產業內部競爭的激烈程度，決定著產業中活動獲得利潤的最終潛力，即潛在的盈利性。

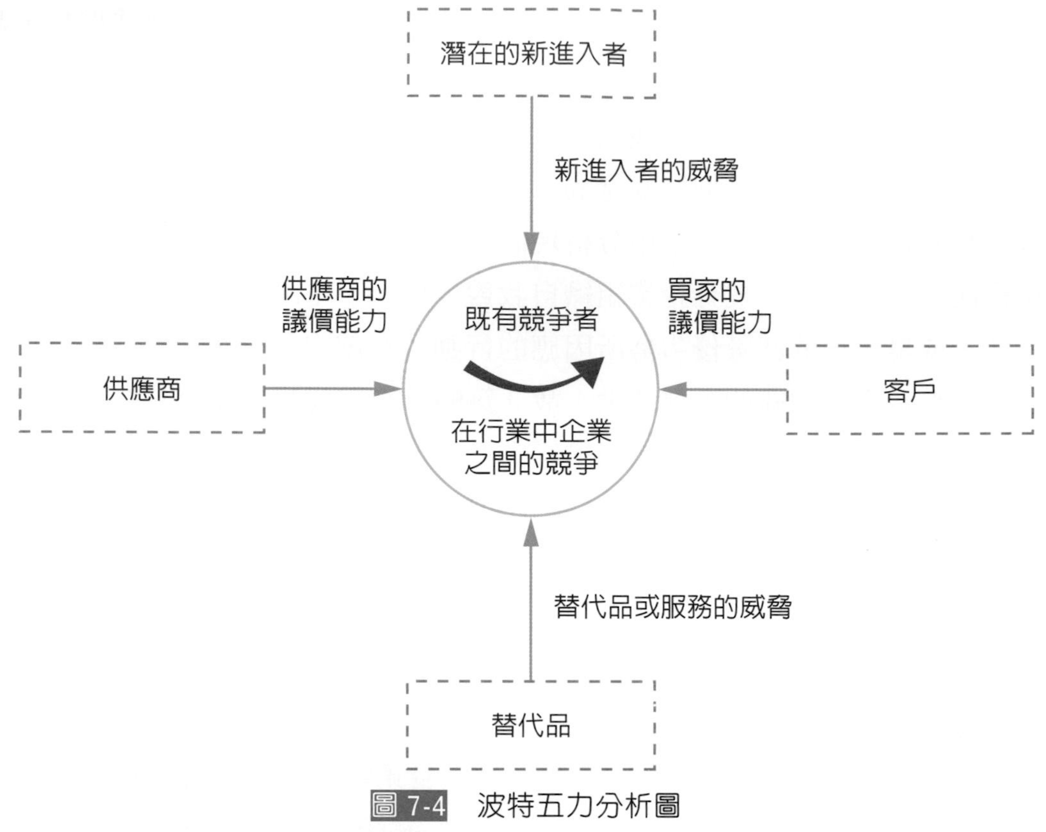

圖 7-4 波特五力分析圖

二、SWOT 分析

SWOT 分析爲態勢分析，由舊金山大學管理學教授 Weihrich 提出，此方法主要是檢視企業對內（自身條件）、對外（環境）加以分析思考，以便企業能據此做爲擬定行動策略的基礎，並找出最佳的生存之道。SWOT 分析是企業管理理論中，相當有名的策略性規劃，該分析除了可用做企業策略擬定的重要參考外，亦可用在個人身上，做爲分析個人競爭力與生涯規劃的基礎架構，是一種相當有效率、快速釐清狀況的分析工具。SWOT 四個字母分別代表優勢（Strength）、劣勢（Weakness）、機會（Opportunities）、威脅（Threats）。

優勢（Strength）爲公司內部環境分析，用來瞭解公司的實力和價值；劣勢（Weakness）亦是公司內部環境分析，用來檢視公司目前所欠缺的部分。優勢和劣勢都是存在於企業內部的、可以改變的因素。機會（Opportunities）亦是公司外部環境分析，爲公司達成目標的因素；威脅（Threats）亦爲公司外部環境分析，爲阻礙公司達成目標的因素。機會和威脅是存在於企業外部的、無法施加影響的因素。

在朴杜勳的研究中，將 SWOT 內、外部列出之檢核用問題，整理如表 7-3 所示。

表 7-3　SWOT 分析檢核項目表

Strength 企業內部優勢	Weakness 企業內部劣勢
1. 人才方面具有何種優勢？ 2. 產品有什麼優勢？ 3. 有什麼新技術？ 4. 有何成功的策略運用？ 5. 為何能吸引顧客上門？	1. 企業整體組織架構的缺失為何？ 2. 技術、設備是否不足？ 3. 政策執行失敗的原因為何？ 4. 哪些是企業做不到的？
Opportunities 企業外部機會	**Threats 企業外部威脅**
1. 有什麼適合的新商機？ 2. 如何強化產品之市場區隔？ 3. 可提供哪些新技術與服務？ 4. 政經情勢有變化有哪些可利用？ 5. 無法滿足哪一類型顧客？ 6. 企業未來十年之發展為何？	1. 大環境近年有何改變？ 2. 競爭者近來的動向為何？ 3. 是否無法跟上消費者需求的變化？ 4. 政經情勢有哪些不利企業的變化？

三、服務品質

在 ISO 9000 的定義中「產品或服務的總和特徵與特性，這種『總和特性與特徵』使得其產品或服務，有某種程度上滿足顧客明訂的或潛在的能力」。美國國家標準協會對品質定義爲「一種服務或產品，其具備滿足消費者需要的輪廓及特質」。因此品質爲特定的良好程度，但因爲針對評估的主題不同，或使用不一樣的評估方式，就會產生完全不同的品質定義。提供良好的產品品質與服務品質，就有必要先創造良好的工作品質與工作環境，並讓產品使消費者感到滿意，才能獲得消費者認同。

服務品質是一種概念，是顧客期望與實際感受之間的差距，所以服務品質最重要的關鍵就在於提供良好的服務，讓業者與顧客之間有良好的互動，這是因爲在企業提供服務與管理時，顧客會有預期的心態，但並不是眞的已經感受到實質的服務與體驗，所以在企業提供服務與產品之前和顧客之間的互動，就是「顧客期望與實際感受之間差距」發生的所在。

而服務品質又分爲「技術性」與「功能性」，前者係由實際傳遞服務的內容獲得，後者則由消費者參與服務傳遞而獲得，其中又以功能性爲最主要讓顧客留下最後的服務品質印象。因此服務人員的態度、服務內容、服務速度以及周邊設備，均可做爲服務品質的衡量基準。每位消費者皆爲獨立的個體，並有不同的需求與要求，而服務品質則是消費者對服務予以主觀判斷的結果。服務品質，係指一群具有代表性的消費者，對於某一個服務所知覺到長期且呈穩定性滿意度水準。

「PZB 服務品質模型」如圖 7-5 所示，從圖中可以判斷，企業提出的服務品質認知以及傳送給顧客的服務中，這兩項有很大的不同，稱爲「缺口」，而缺口會造成提供者給消費顧客高服務品質的障礙。企業與顧客所感覺的服務品質大不同，這決定在「期望服務」、「認知服務」缺口之間的差異性，即 SQ = P - E。

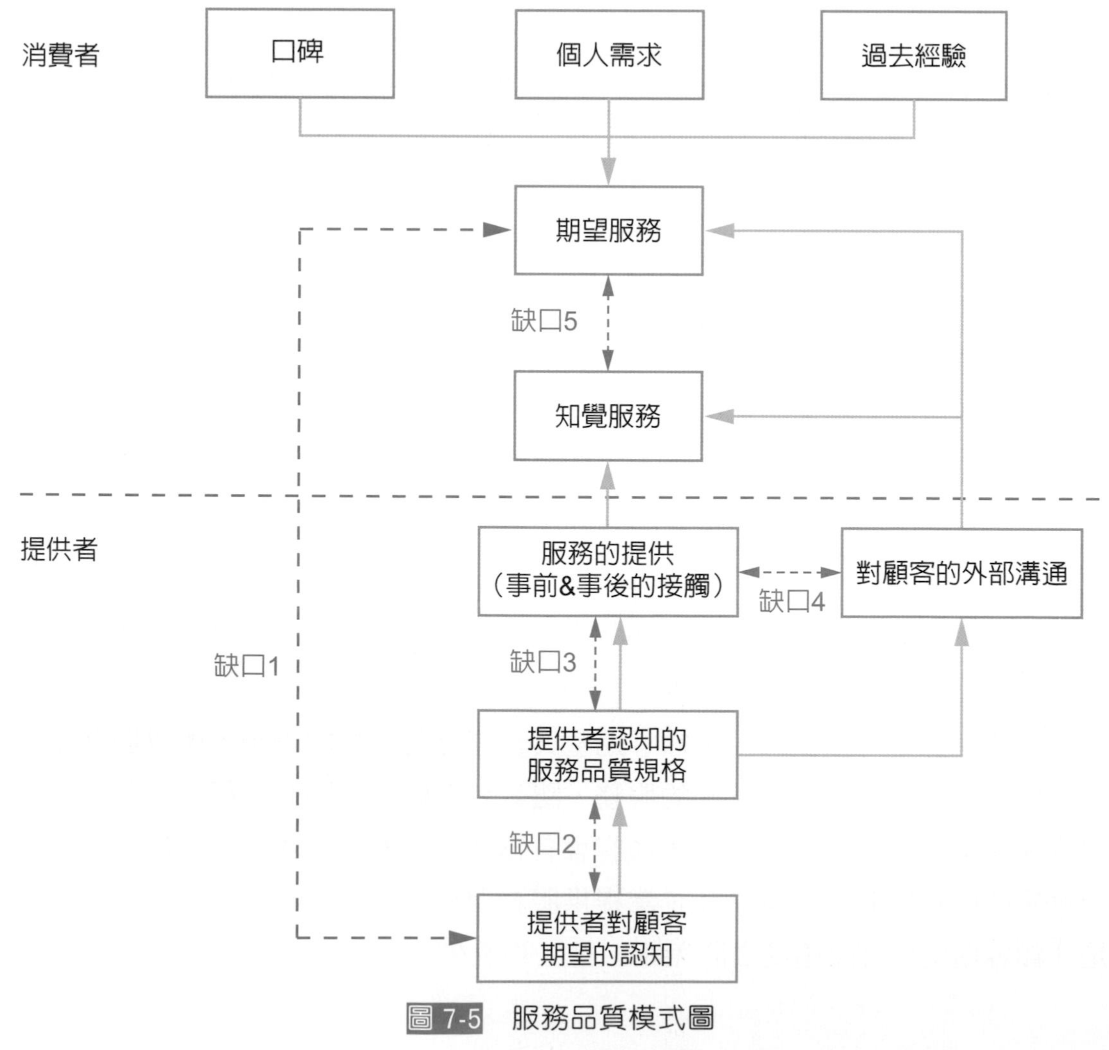

圖 7-5 服務品質模式圖

1. 缺口一：顧客預期與企業認為顧客的預期缺口，影響的觀點。
2. 缺口二：企業認定的顧客預期，與企業實際提供的服務品質，所影響顧客所認定的服務品質。
3. 缺口三：公司實際提供的服務品質與服務傳送缺口，將影響顧客認定的服務品質。
4. 缺口四：實際服務傳送與外在溝通之間的缺口，將影響顧客認定的服務品質。
5. 缺口五：顧客認知服務的品質，是介於對服務的預期與實際知覺服務的差距。

服務品質之決定因素之研究，並以此為主要的衡量模式，提出衡量表，分別為：可靠、反應、勝任、禮貌、信用、安全、接近、溝通、了解、有形。如表 7-4 所示。

表 7-4　服務品質衡量構面

構面	定義
1.接近性	等候服務之時間。
2.溝通性	解決顧客的問題，解釋服務之內容、費用。
3.勝任性	人際關係、支援他人之專業能力、研發能力。
4.禮貌性	尊重顧客、有禮貌態度、微笑友善。
5.信用性	公司品牌、聲譽。
6.可靠性	指定時間內完成任務、帳單正確性。
7.回應性	服務人員服務的速度與意願度。
8.安全性	服務安全、保密性、人身安全、環境安全。
9.有形物	提供服務的設備與品質。
10.了解性	提供個別照顧、提供顧客之特殊需求。
11.有形性	服務實體設備以及產品之呈現與完善程度。
12.可靠性	服務的穩定性、正確性與可靠性。
13.反應性	提供服務的意願與敏捷度。
14.保證性	服務人員的禮貌、微笑、尊重與友善的程度。
15.關懷性	對顧客的接受度、關懷度以及個別關心程度。

四、顧客滿意度

顧客滿意度的概念，最早是由彼得 ‧ 杜拉克在 1954 年《現代的經營》一書中提到，主張在經濟及經營理念中，事業唯一目的是創造顧客，同時，企業成長來自於創造顧客。顧客滿意度，是被廣泛使用在認可消費者消費程度的衡量指標，同時也是連鎖餐飲業，用來確認餐廳所營造的空間環境、服務品質、價格策略、硬體設施等，是否有讓顧客感到滿意的一個衡量工具。當滿意度提升，就會創造顧客的再消費意願，接著可能可以創造購買其它非相關性的產品，也可以提升公司的形象與營業額。因此，顧客滿意度在餐飲業相當受到重視，亦是餐飲業經營評估的重要指標，不論是餐飲業或連鎖餐廳都需要得到顧客對產品的高度滿意。「滿意」是一種情感上的喜好，反映顧客在購買一種產品或服務後，所產生的感覺，將滿足定義爲「評估購買產品的經驗至少應該和原先所預期的一樣好」。顧客滿意就是「每個人透過所消費的產品或服務所感覺到的效果，與他原先所預期的效果比較後，最後呈現的是感覺到滿意還是失望的結果」。

顧客滿意度從兩個角度來看：第一、顧客消費的活動或經驗的結果，第二、可被視爲一種過程。在服務產業中，其總體環境對於消費者行爲的影響以及創造印象的能力是相當重要的，服務品質與顧客滿意度之間有正向關係，顧客滿意度是服務品質的重要指標，兩者密不可分，能夠滿足消費者各方面的需求，好的服務品質與顧客滿意，自然可使得再消費意願提高。

從顧客角度來衡量服務品質，需要符合顧客的需求，業者所提供的服務必須超越消費者的期望，則消費者就會感到服務品質的滿意，所以服務品質就是「顧客滿意度」。顧客滿意度的衡量主要在考慮顧客的滿足程度，以及他們所期待與知覺。透過顧客滿意度，可以加深業者與顧客之間的關係、鼓勵顧客分享想法和關心的事物，再藉由衡量結果的回饋，滿足顧客的需求並積極讓顧客滿意。顧客對於產品或服務的滿意，與顧客對產品或服務特性的評價有顯著影響。從服務品質的認知來探討顧客滿意度，如圖 7-6 所示。

1. **可靠性**：可靠並且正確地執行承諾的服務能力。
2. **反應性**：提供迅速的服務，處理顧客的要求、疑問、抱怨的即時性與迅速性。
3. **確實性**：員工的專業知識足夠，能讓顧客信任與信心。

4. **關懷性**：給予顧客個別關懷。

5. **有形性**：實體設施、設備、人員和書面資料等外觀因素。

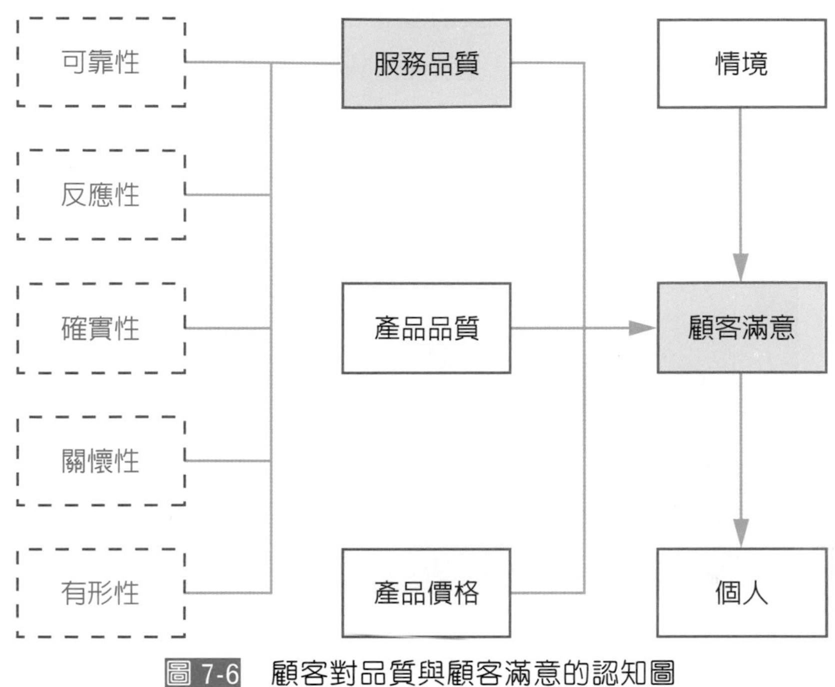

圖 7-6 顧客對品質與顧客滿意的認知圖

五、再購意願

顧客對於熟悉且知名的品牌較有再購意願，現今的消費者消費時不僅考量物品的價值與品質，也會考慮賣方的服務品質，以衡量其購買的可能。顧客滿意對購買意願有顯著影響，當顧客滿意增加時，則服務品質對購買意願的正面影響亦增加。再購意願就是顧客忠誠度的衍生行爲，也就是消費者會介紹、公開推薦或進行口碑傳播。以「顧客繼續向企業購買產品，並產生正面口碑效應向他人推薦，替企業招攬到新顧客購買產品」，再購意願的衡量的構面，其衡量如表 7-5 所示。

表 7-5 再購意願定義與衡量題項

構面	操作性定義	評量項目
再購意願	對於再次消費此餐廳的意願	1. 假如再選擇一次，我仍然會來此餐廳消費。 2. 若有新推出的餐點，我會再次來此餐廳嘗試新產品。 3. 如果此餐廳的餐點價格稍微漲價，我還是會再來消費。 4. 我會因此餐廳的品牌形象，而選擇來此消費。 5. 若將來有需要，我會考慮再來此餐廳消費。

六、體驗行銷

隨著體驗經濟的來臨，企業的行銷思維模式也必須有大幅度的轉變。目前企業正處於一場行銷革命之中，消費者要的不只是商品的功能和效益，他們更講究自己主觀的體驗。體驗行銷是基於個別顧客經由觀察或參與事件後，感受到某種刺激而誘發了動機，產生的思維認同或消費行爲，據此增加產品的價值。換言之，消費者的購買行爲不僅包含消費本身，更涵蓋了對體驗的追求。

而行銷人員必須深刻瞭解消費者所要追求的體驗是什麼，以提供正確的環境和場景，以達成讓顧客享受到有價值的體驗。行銷活動已不再單以服務或銷售爲主要目的，因此體驗不再過於強調產品的功能與價格，而是更密集地著墨於消費的過程體驗與建立，使消費行爲融入體驗活動中，讓顧客從中親身體驗，透過體驗進而認同與消費有關的行爲，提升服務的價值優勢，進一步喚醒消費者對於產品訊息的認知與體驗的感受。

藉由消費者心裡的認知，建立出衡量體驗機制，強調選擇產品與抉擇過程中所扮演的角色，包括消費者對於產品的認同感以及產品所帶來的成就與愉悅程度。近年來許多研究發現，消費者購買動機的元素，除了理性的層次外，感性的成分也是一個重要的動機。在服務過程中，能夠產生顯著差異化，而讓客人一再光顧的理由，就是顧客有難忘的體驗。

體驗行銷的模式，並非單純將產品認定爲品質上有所提升，而是提供了感情、知覺、認知、行爲與關係價值，這部分取代了過往的功能價值，現今的體驗行銷不再只是了解產品的功能與全方位的體驗，當中包含了情緒上的反應與感官的認知訊息，所以在行銷的方式與工具上皆須有所變化，透過新的方式來分析歸納體驗的各種不同構面，亦可取代傳統行銷所使用的產品區隔定位。傳統行銷與體驗行銷的差異比較，如表 7-6 所示：

表 7-6 傳統行銷與體驗行銷的差異比較

	傳統行銷	體驗行銷
行銷焦點	注重產品功能與效益	專注顧客體驗與享受
行銷目的	1. 提升產品與附加價值 2. 創造顧客滿意度	1. 創造更多附加價值 2. 建立良好顧客關係和忠誠度
產品類型及競爭的定義	狹義的	1. 擴大分類概念 2. 在廣泛社會文化背景中檢驗特定消費情境
對顧客的假設	顧客是理性的	顧客是理性與感性兼具
行銷方法	產品本身功能、品質、價格	創造消費過程的整體體驗
市場研究工具	定量方法（分析、口語）	定量與定性（創新、多面向、有彈性）

對於傳統行銷與體驗行銷兩相比較後，將兩者間的差異點歸納後整理出的架構，我們稱之爲策略體驗模組（SEMs），此模組主要說明了體驗行銷的整體架構，策略體驗模組包括感官（Sense）、情感（Feel）、思考（Think）、行動（Act）與關聯（Relate）等五大策略模組如圖 7-7，以下對此分別加以說明。

(一) 感官體驗

感官的行銷模式通常藉由產品本身所帶來的接觸與刺激來制訂行銷的策略與方針，產品本身的特質也包含了感官體驗，經由視覺、聽覺、嗅覺、味覺與觸覺等訴求，將有助於提高消費者的消費意願與其本身所帶來的附加價值，其中認知與感官所產生出來的差異爲其最重要的準則。

(二) 情感體驗

在情感的行銷方面，主要是讓消費者憶起內心的情感與情緒，進而創造出情感體驗，讓消費者從正面情緒的體驗中，與該產品的品牌產生連結，進而對產品有更強烈的歡愉感與驕傲的情緒產生，這些情感大部分都是在消費期間所發生的，情感行銷成功的關鍵在於要如何刺激消費者的情緒，而讓消費者主動產生共鳴。

（三）思考體驗

思考行銷主要是以激發消費者的思考與創造力爲訴求，其過程可以透過驚奇、引起好奇心和挑釁的方式，進一步刺激消費者集中與分散的思考模式。

（四）行動體驗

行動行銷的目的主要是讓消費者一起身體力行參與體驗，讓消費者購買產品後，使消費者的生活型態產生附加價值，進而讓其消費行爲有所轉變，這些都是透過行動行銷讓消費者體驗後，所得到新結果，因而創造出煥然一新的消費行爲。

（五）關聯體驗

關聯行銷包含了消費者本身的感官、思考、情感與行動，透過消費者本身理想的目標，與他人或是其他的文化得到認同，同時對該產品與品牌產生認同感，激起消費者對於自我要求的意識，開始進入自己所理想的生活型態模式。

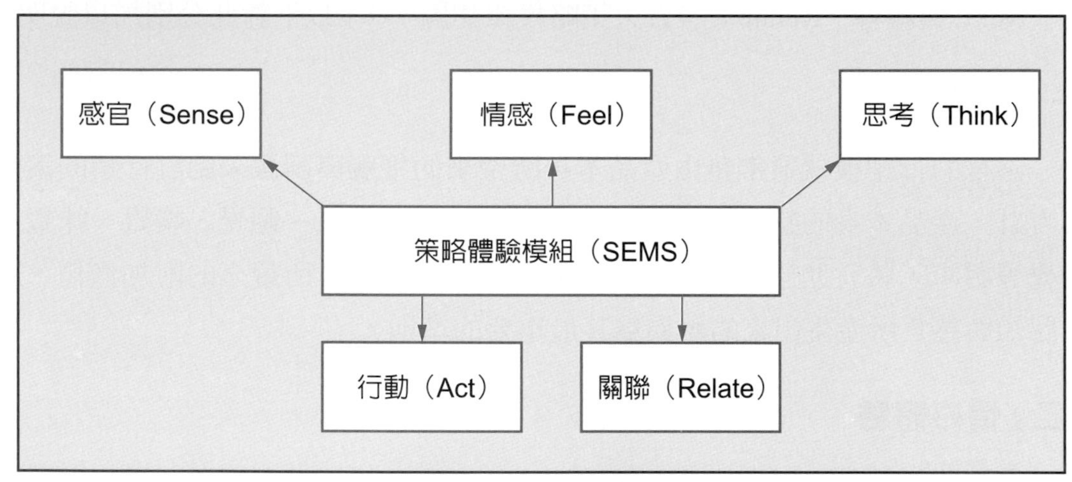

圖 7-7 策略體驗模組

7-4 咖啡館的創業經營

一、國內的咖啡市場

目前臺灣餐飲業面臨的正常淘汰率，大約超過 70% 接近 80%，餐飲創業者絕大部分都在一年內離場，能在商戰廝殺中活下去的只有少數，餐飲的生命週期越來越短，一家店若兩個月內生意不見起色，未來就有可能關門大吉。隨著餐飲成本中租金、人力、原物料等持續增加的情況下，生命週期可能會越來越短，現實對於餐飲創業者們是越來殘酷。

普世認為開咖啡館是很賺錢的行業，學者曾經針對臺灣微型創業關鍵成功與失敗因素的研究中指出，臺灣有高達九成的民眾有過自行創業的念頭，曾經創業過的民眾比例也將近四分之一，而且臺灣的創業者有趨於年輕化，高達 60% 是在 22-29 歲之間就開始初次創業，然而有 69% 的創業者曾經失敗過，其中 50% 的創業者們年限不超過 1 年，另外，37.5% 的創業者們於 3 年內就結束營業。2016 年《快樂工作人雜誌》提出開一間咖啡館的期初成本，可以讓你連續 57 年天天喝咖啡，同時也指出想要微型創業，開立一間咖啡館的評估要點如下：

1. 開設一間咖啡店前期，期初成本至少準備約 250 ～ 500 萬

開設一間微型創業咖啡館的前期費用就必須先準備一筆不小的開支，如表 7-7 所示。

表 7-7 開設咖啡店期初費用

期初費用	金額
裝潢、裝置、桌椅	120～300萬
房租+兩個月押金	10～30萬
廚房、吧檯	45～60萬
空調設備	25萬
餐具	5～20萬
網站架構	5～20萬
雜支	20萬
周轉金	40～70萬
合計約	250～500萬

資料來源：快樂工作人雜誌（2016）

2. 咖啡店要賺錢，每月要至少 20 萬營業額，才達到損益平衡

支出成本包括店面租金、人事成本、水電、瓦斯、雜費、食材成本等，光食材大約就占營業額的四分之一至二分之一，即使是坪數小的咖啡店，也要至少 15 萬營業額，才能達到損益平衡，每個月營運費用，如表 7-8 所示。

表 7-8 開設咖啡店每月營業費用

月營運費用	金額
人事	10～20萬
房租	5～20萬
食材成本	2～4萬
水、電、瓦斯	2～4萬
雜費	1～2萬
合計	20～50萬

資料來源：快樂工作人雜誌（2016）

3. 咖啡店的浪漫是留給客人的權利

許多人都很愛喝咖啡，若眞的懂咖啡原理與技術，也需有心理準備，開設一間咖啡館不是一件輕鬆容易的事，也沒有外界所想像得如此浪漫，創業對年輕人來說是爲了實現人生中的理想與夢想，開間微型創業咖啡館只是正跨出人生中創業的第一步，如何延續發展下去是値得思考的，創業者們一整天的行程是非常忙碌的，如表 7-9 所示。

表 7-9 咖啡店長一天工作行程

	咖啡店長的一天工作行程	時數
平時	上班時間（月休1～2天）	12小時
	顧店、沖煮咖啡、出單	
	進出貨物處理	
	與廠商、顧客溝通	
	危機處理	
	研究與研發產品	
	訓練店員	
	店內維修、清潔	
下班後	烘焙咖啡豆	5小時／周
	製作蛋糕、甜點	5小時／周
	網路行銷	不定期
	FB內容固定及不定期更新	不定期

資料來源：快樂工作人雜誌（2016）

二、咖啡館經營與成功因素

咖啡館列爲商業型餐飲中的餐廳類別，因爲咖啡館具有大眾化口味、服務快速、烹調簡單、合理經營的消費特色，咖啡館的經營在各個年代之下，隨著文化變化潮流而有所因應及改變。

咖啡館的顧客從過去到現在，都與當時的經濟、時空背景、社會背景有所變動，現代咖啡館爲民眾主要社交活動、飲食行爲、休閒活動空間的場所。探討臺灣咖啡館發展初期，都只是追求流行、追求身份的象徵，但是現在咖啡館提升了休閒氣氛與附加價値，使得人們更嚮往前往消費，越多的民眾喜歡咖啡館擁有舒適的環境及具有特色的空間，加上提供美味的餐點，能同時享受咖啡館內休閒風情的體驗，尤其消費者對於個性化咖啡館的印象滿意度，分別重視咖啡館的產品器具、服務促銷、外觀特色、設計效果、空間機能及環境氣氛；由此可知，消費者對於咖啡館的印象滿意度與消費忠誠度有顯著的影響。

在咖啡館經營方面，針對個人及連鎖咖啡館兩種不同經營型態的成功關鍵因素，經調查，將經營變數、關鍵成功因素及經營績效等三個方面進行研究，分析出咖啡館成功經營關鍵因素有：服務品質、產品品質與特色、行銷方法、商店風格與特色、顧客關係與店長個人能力、商圈與店址選擇及商務聚會的適合度，其中成功經營關鍵因素對績效有絕對影響的 2 個因素為：顧客關係與店長個人能力及商圈與店址選擇，對經營績效的好壞具有絕對的影響。

經營成功的咖啡館，是每個創業者最關心的，尤其投入大量人力、物力與金錢成本，故在事前需掌握經營的成功關鍵因素，以降低失敗的風險，成功關鍵因素的十項特性如下：

1. 成功關鍵因素因產業不同而有所差別，並不是固定不變的，會隨著時空背景不同而有所改變。
2. 成功關鍵因素會因產業類型的不同及產品、市場不同而有所差別。
3. 成功關鍵因素考量產業未來的發展趨勢，如果沒有充分了解成功關鍵因素改變的方向而衝動投入此產業，將會給企業帶來相當大的災難。
4. 成功關鍵因素亦會隨著產品生命週期變化而有所變動，意指不同的產品生命週期階段，會有不同的成功關鍵因素。
5. 經營者不應該將所有的事情視為同等，必須集中努力於重要的事物或關鍵工作上，要先確認該產業的成功關鍵因素。
6. 經營者必須深入研究評估與分析，致力探討成功關鍵因素並小心求證，以作為策略形成的基礎。
7. 企業如果沒有競爭者，就不需要策略，資本、人力、時間都是相當珍貴的資源，因此應該準備用於攸關企業成功或失敗的關鍵領域中。
8. 企業內部或外部必須加以識別而謹慎處理，因為這些因素會影響企業達成目標，甚至可能威脅企業的存活。
9. 成功關鍵因素有可能是企業內部和外部因素，然而其影響可能是正向或反向。
10. 審慎評估與確認企業的環境、資源、營運、策略及其他類似領域。

因此創業者探討成功關鍵因素時，要隨著產業變化、市場脈動及產品的不同，適時調整企業營運策略並謹慎處理，獲取該產業的競爭優勢。關鍵成功因素的構成，會隨著市場及產品的不同而有所差異，可分為以下之項目：

1. 企業形象

企業形象優良乃是強而有力的競爭因素之一，尤其對消費性產品，可使消費者對此產品有高度的信任，而加強企業形象的方式有廣告、公益活動及優良產品等等。

2. 品牌形象

企業除了塑造一般性的企業形象外，需爲產品創造個別品牌形象，兩者之間關係密切，然而品牌形象的特質類似企業形象，作爲品牌形象通常是消費者對於該產品的印象，因此比企業形象更具體、可接觸，而加強品牌形象的方式有行銷廣告、促銷活動、優良產品等等。

3. 進入時機

正確進入時機點對企業而言，可帶來極大的競爭優勢，進入時機越早，越能獲得先機，然而產品在市場上有一定的生命週期，包括導入期、成長期、成熟期、衰退期等，一般而言，企業在導入期就進入市場，最容易形成經濟效益。

4. 產品屬性

指產品的功能、效能、規格、外觀及服務品質等，這些屬性特色往往是產品價值的來源，產品的屬性若不能滿足消費者，將不會被消費者購買，代表此種產品競爭力薄弱。

5. 產品品質

是指產品的級數，同樣功能的產品有不同的品質存在，品質必須達到一定合理的標準，才能在市場上擁有競爭能力。

6. 核心技術

產品的生產和銷售體系中，最重要的是技術關鍵，他可能是產品的研發技術，也可能是生產技術，對此技術的掌握度越足夠，則競爭能力的效果越好。

7. 廣告效果

企業所推出之行銷廣告，會在消費者心中擁有一定的占比率，市場上銷售量的反應，稱之爲行銷廣告效果，行銷廣告之效果越好，產品的競爭力越強。一般而言，消費性產品會比較重視行銷廣告效果，而非消費性產品比較不會重視消費者的反應，來對照品牌偏好程度、產品態度、購買意願以及是否實際購買等。

8. 促銷效果

企業舉辦促銷活動，所產生的消費者反應及市場銷售量的績效稱為促銷效果，而促銷效果越優，產品競爭力就越好，廣告效果與促銷效果兩者不相同，前者是媒體的運用，後者是主要針對消費者與中盤商的推廣活動。

9. 進貨折讓

是指中盤商以更優惠的價格進貨，也就是讓他有更多的利潤可以獲取，通常進貨折讓越高，經銷商所投入的銷售精力越大，此產品的競爭力也越優。

10.價格競爭力

用相同的價格，可以買到多少的品質，是指價格相對於品質的概念；用相同的品質，誰能以較低的價格出售，誰就是贏家，相同的品質，價格越低廉，產生的競爭力越高。

11.通路掌握力

產品從公司離開至消費者手中的過程稱為通路，而有效掌握通路之企業才能更順利地將產品銷售給消費者，所以通路掌握能力越強者，競爭能力越強，越是能掌握通路，就越能掌握競爭力。

12.其他因素

除了上述各項外，例如行銷企劃能力、資金籌措能力、團隊銷售能力、財務規劃能力、資訊掌握能力、生產流程、主管企圖心及企業文化等皆屬。

企業能否經營成功和是否擁有該產業的成功關鍵因素，有不可切割之密切關係，所以在尋找企業成功的關鍵因素之前，必須先對成功這個名詞下定義，成功可解釋為組織對目標達成的程度，令經營者及公司股東有滿意的結果，同時受到社會大眾的認可，企業體為永續維繫競爭優勢，重視經營策略活動，知識可能因產業特性、經營環境及企業文化背景不同而有所差異，企業成功關鍵因素是企業競爭分析中最優先考量的方向。

7-5 案例介紹—福璟咖啡

體驗是最好的行銷方式，在板橋民族路的福璟鮮烘咖啡總店，用 140 元就能買到一杯精品級的莊園豆咖啡，也能買到在吧檯邊看老闆親煮咖啡的體驗，不藏私的知識教學，正是老闆阿福創新的經營策略，讓顧客在潛移默化中愛上自家烘豆的獨特風味，他將福璟咖啡定位在原物料供應商，主推咖啡豆與器具作爲主要銷售產品，而非單純只提供飲品，以平價特調豆爲基礎，推廣精品級高價莊園豆，吸引懂得在家品嚐的顧客上門消費，老闆阿福提到，開這種店就像開雜貨店，能煮、能教，待教會客人，他自然會找我買豆子。原來教煮咖啡的過程就是最好的行銷手段，讓咖啡小店能源源不斷地坐擁熟客，在不景氣的時局中，開創春天，目前福璟咖啡除了板橋總店外，還有三重店、中和景平店及位於土城的福璟咖啡分店，如圖 7-8 所示。

圖 7-8(a) 福璟鮮烘咖啡板橋總店

圖 7-8(b) 福璟咖啡板橋總店櫃檯

圖 7-8(c) 福璟咖啡板橋總店吧檯

圖 7-8(d) 福璟咖啡板橋總店內部

老闆阿福原是出版社企劃，17 年前因規劃餐飲教科書，開始烘豆及玩咖啡，因餐飲學校上課本來就要用到咖啡豆，得知只要將生豆買來烘一烘就可以賣錢，就算烘壞了，賣給學校老師讓學生練習打咖啡奶泡用就算了，沒想到就這樣開啓了創業之路，一般烘豆多從熱風、半熱風機入手，但他卻陰錯陽差買了直火烘豆機，升溫快，控火不易，反而造就了精純的烘豆功力，因爲直火烘焙較難，但烘焙出來的咖啡豆味道奔放，酸一點或苦一點，都能修正過來，玩出經驗後，慢慢有人上門買豆，等級也提升爲咖啡客在家品味的特調豆，原來咖啡豆分成多種等級，商業豆利潤最低，其次是透過烘焙調和，混合 2 種以上產區咖啡豆的特調豆與被視爲精品咖啡的莊園豆，咖啡豆就像葡萄酒，每個莊園都有不同的產季與味道。

因看好咖啡人口的未來消費將趨向精緻莊園豆，老闆阿福在 2009 年於土城創業第一家咖啡小館，推展他嚮往的咖啡夢，但他很清楚若單靠客人買單杯咖啡的消費模式將難以生存，假如能讓客人了解咖啡烘焙與沖泡的知識，進而再去了解精品莊園豆就容易多了，福璟咖啡明確定位在咖啡原物料供應及販賣咖啡雜貨店舖，除供應豆子外，也供應各式沖泡器具，因持續培植喜愛喝高品質咖啡的熟客群，果眞後來景氣雖一路下挫，但買豆子回家煮的人卻越來越多，如此的經營模式成爲福璟咖啡未來發展的成功之處，除了讓上門的消費者對福璟平實的收費經營模式產生認同感外，福璟咖啡能在競爭激烈的咖啡市場中屹立不搖的創新手法，也是福璟能發展越來越好的成功關鍵。

福璟咖啡的第一項創新手法，不只是將營運模式定位在咖啡豆的原物料供應與咖啡沖泡之提供者，更關鍵之處在於老闆阿福在 10 年前已預知，未來咖啡店若要進行連鎖展店，其核心能力便是咖啡烘焙，若能掌握咖啡的烘豆製程，就能透過烘焙，將潛藏在豆子裡的香氣激發出來。因爲目前的咖啡豆，都是經營者利用自身的烘焙經驗，藉由手動操作模式進行咖啡烘焙，這種傳統烘豆方式效率低，咖啡烘焙的產量也低，而且品質容易因機械式的操作模式，產生品質不穩定的情形，所以福璟咖啡於 2009 年便開始自行開發全自動式烘豆機，將咖啡烘焙的三大經驗參數：鍋爐溫度、鍋爐轉速及風門控制，藉由程式控制寫入全自動式烘豆機內，只要事先設定好就可以進行多達 30 種不同的烘豆參數進行烘豆，如此便可事前依照不同產地、不同莊園的咖啡生豆，將烘豆的製程完全依照原先設定來輕鬆完成，該全自動式烘豆機便化身爲一位經驗豐富的烘豆師，能輕鬆維持每次烘豆的穩定度，並且在各分店，只要操作人員按下按鈕，就算對於烘豆完全外行，也能輕鬆完成烘豆的工作，不需要老闆親自出馬或是在中央廚房統一烘豆，免去烘豆後新鮮度保存的問題及交通運輸到各分店的成本，如圖 7-9 所示。

圖 7-9(a) 自動化烘豆機圖

圖 7-9(b) 自動化烘豆機操作介面

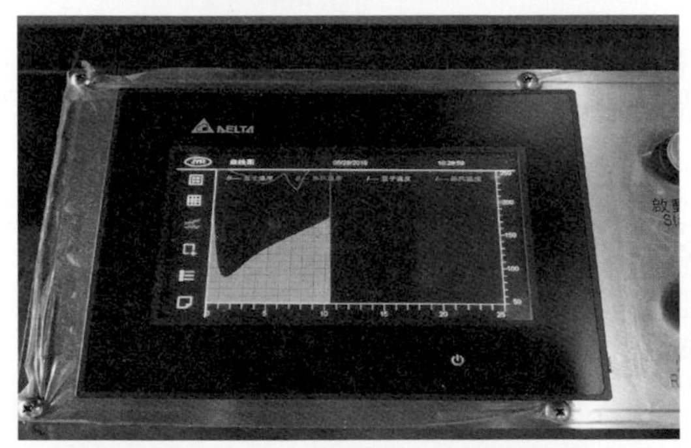

圖 7-9(c) 烘豆機溫度與時間曲線圖

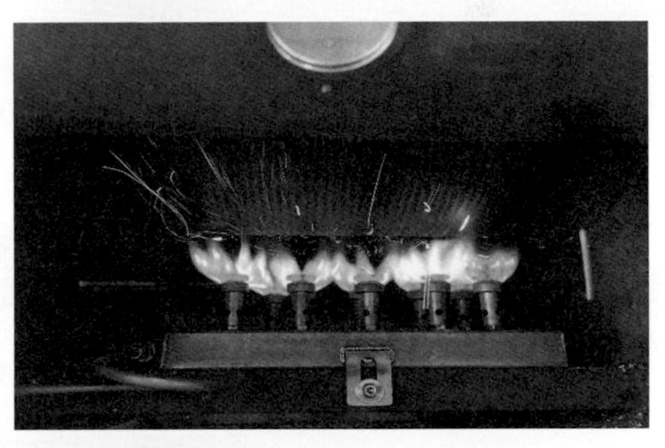

圖 7-9(d) 直火烘豆與鍋爐轉動情形

圖 7-9(e) 咖啡生豆

圖 7-9(f) 烘豆完成

福璟咖啡的第二項創新手法是運用現點現烘的客製化方式，在福璟則稱為「注文咖啡」，「注文」是日文點菜的意思，注文咖啡就是您點了咖啡豆，福璟現場即時提供咖啡烘焙，咖啡生豆的烘焙度任你選擇，工作人員也會提供建議焙度供顧客參考，全自動式烘豆機能將咖啡豆的特性或顧客需求，把烘豆的製程完全依照原先設定來輕鬆完成，為客人量身訂做客製化所需要的烘焙度，並能維持每次烘豆的穩定度，如圖 7-10 及圖 7-11 所示。

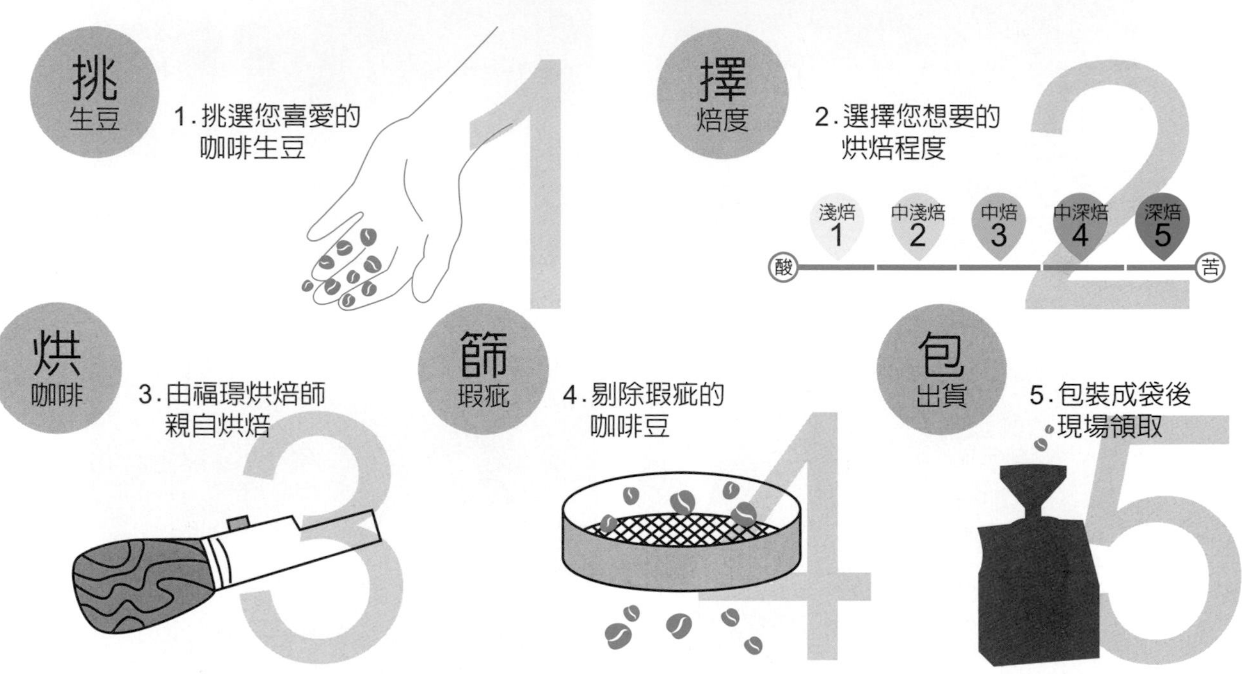

圖 7-10 注文咖啡操作步驟流程

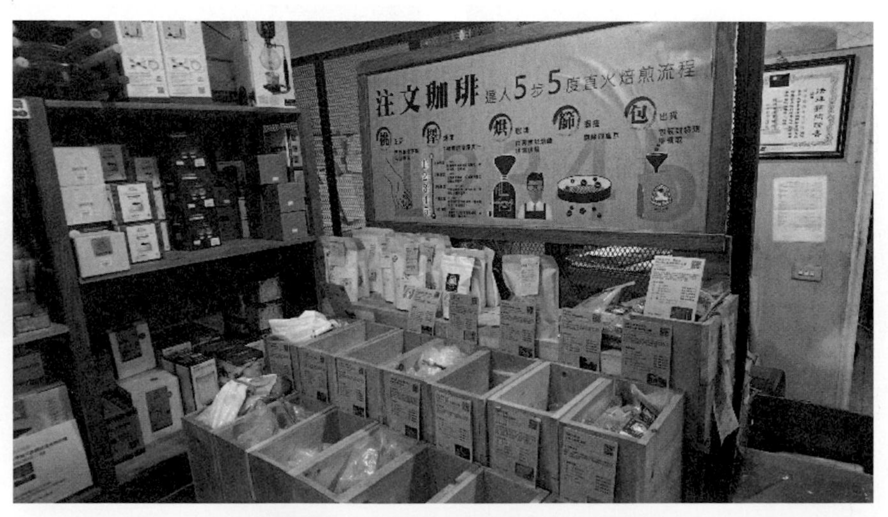

圖 7-11 注文咖啡精品豆挑選區

福璟咖啡板橋總店座落在住商大樓區域，白天可提供上班族來消費，下班時間或假日，則可吸引咖啡同好前來，福璟咖啡的各分店裝潢很一致，吧檯和陳列架都是木製的，雖然簡單但是相當符合咖啡館的特色，這種以精品咖啡深耕爲主的店家，歷經 10 年的烘豆機開發與測試，如今終於可以開花結果，除了能滿足客戶在家沖煮咖啡的需求與便利性外，該店獨家的電腦型烘豆機，更能將烘豆品質帶向更高、更快與更好的要求。

福璟咖啡店裡就像進到了「咖啡天堂」，店裡放置了嚴選來自世界各地的咖啡豆，其品項多達八十餘種，各分店使用的咖啡豆皆由福璟的全自動電腦型烘豆機烘焙，因此烘焙程度皆可客製化調整。

老闆阿福對於店內販售精品咖啡的咖啡豆，直接委託也是喜歡追求更高品質咖啡風味的國外朋友，到產區尋找更特定的豆子，甚至向莊園直接購買生豆。生豆烘焙後大約只有 7-14 天壽命，因咖啡是在地製作的產品，進口生豆來烘焙是必要的，不同產區品種、風土條件以及處理方式都會造成風味的差異，例如，哥斯大黎加的咖啡園因爲當地雲層低、遮蔭效果強，所以不種遮蔭樹，相對地，口味就較爲清淡；而薩爾瓦多、瓜地馬拉與尼加拉瓜等都是高海拔，在採收後的處理上會採用「日曬法」、「水洗法」或「蜜處理法」併行處理。

咖啡豆與沖煮方式方面，沖煮前要思考「豆子的烘焙深度」與「水溫的搭配」、「研磨的粗細」與「沖煮時間」的互補，所以一般愛好者就以自己喜愛的沖煮方式來選擇豆子烘焙的深淺，簡單說，淺焙適合較高的水溫，讓酸味取得平衡，而深焙就需要用較低的水溫，壓抑苦味。假如浸泡時間較長，比如「法國壓」，就採取較粗的研磨，重點還是從理解沖煮的原理去思考。另外建議上班族，沖煮法可採用「法式濾壓壺」。保溫效果越好的法式濾壓壺，沖煮出來的味道越好，隨身的法國濾壓壺配上手搖磨豆機，就是我的行動咖啡館。在外面想喝的時候就去便利商店加熱水，不過泡麵用的熱水通常溫度過高，所以加熱水時傾斜壺身，要特別注意別讓熱水直接接觸到咖啡粉。

圖 7-12 手沖咖啡中

當精品咖啡成爲國際咖啡界的潮流，人們逐漸講究咖啡原生產地味譜表現、以中焙至淺焙表現咖啡品種特色、產地資訊透明、注重有機環保，並以最純粹的萃取方法沖泡，追求極致的咖啡風味，都是精品咖啡的要件，在咖啡文化深入人心，市場成熟度越來越高，這些精緻而健康的有特色的精品咖啡店，自然越有其生存發展的空間，但是這樣龐大的商機，被連鎖企業與超商把持的低價咖啡市場、著重品牌行銷及品質的高價市場，在這個雙重壓力下，福璟咖啡店創造出自我的獨特性，便是在夾縫中生存的關鍵。

參考文獻

1. 台灣趨勢研究股份有限公司（2018.5），臺灣趨勢研究報告：餐飲業發展趨勢。
2. 林育正、楊海鈺（2003），開家賺錢的咖啡店，臺北市：邦聯文化。
3. 經濟部統計處（2018.8），產業經濟統計簡訊《318》。
4. 田紹辰（2018），微型創業之質性研究—以桃竹苗地區咖啡館爲例，中華科技大學航空服務管理系運輸研究所碩士論文。
5. 楊日融（2003），咖啡店經營關鍵成功因素之研究，國立中正大學企業管理系碩士論文。
6. 楊慕華（2003），個性咖啡店顧客之商店印象、綜合態度與忠誠度關係研究，中原大學室內設計研究所碩士論文。
7. 顧育成（2017），精品咖啡店在咖啡市場經營策略之研究—以肯達咖啡爲例，德明財經科技大學行銷管理系在職專班碩士論文。
8. 國際咖啡日臺灣咖啡年產值 750 億，好房網 News，2018.10.。
9. 飲料店家數 10 年大幅成長 1.8 倍 冷熱飲店賣贏咖啡館，商周 .com，2019.3.。
10. 臺灣 1 年喝掉 28.5 億杯 揭露「好咖啡」的 5 大條件，聯合新聞網，2017.4.。
11. 旺報專題，https://www.chinatimes.com/newspapers/20180324000892-260301?chdtv，<Access 2019.4.29>。
12. 衛生福利部網站，https://www.fda.gov.tw/TC/index.aspx，2016 <Access 2019.4.29>。
13. Aaker, D. A.（1984）. Strategic Market Management, New York: John Wiley & Sons Inc.
14. Boynton, A. C. and Robert W, Z.（1984）. An Assessment of Critical Success Factors. Sloan Management Review, 25（4th）, 17-27.
15. Hofer, C. W. and Schendel, D.（1978）. Strategy Formulation: Analytical Concepts, St. Paul: West Publishing Co.
16. Rockart, John F.（1979）, “Chief Executives Define Their Own Date Needs”, Harvard Business Review, 86-87.

CHAPTER 08

如何運用大數據及人工智慧創新與創業

8-1 從物聯網到大數據

一、物聯網的發展

(一)從網際網路到物聯網

網際網路（Internet）的出現，線上存放的資料不再侷限於實體的文件，各種資訊以數位方式儲存在網路上，使用者利用搜尋引擎（Search Engine），只要鍵入關鍵字（Key Word），即可輕易地找到我們要的資訊。這一切正默默地改變著我們的生活、學習方式，它除了成爲人與人間的新溝通方式外，更打破了傳統，創造了不同的商業模式（Business Model）。

隨著資訊科技（Information Technology，IT）越來越發達，網路所產生的應用也不斷深入及創新，現有的資訊內容已無法滿足快速變化的環境，人們迫切地需要實現人與物、物與物之間的溝通，用以提升資訊透明度，並能夠對外界產生的變化及時做出正確的回應。

一旦所有的物品都具備連結網路的能力，並透過網路提供服務，讓物品彼此間能夠相互溝通與互動，物聯網（Internet of Things，IoT）的世界便產生，所以，物聯網也可以說是網際網路的一種創新延伸。

物聯網的發展結合了人與人、人與物及物和物之間的關聯，所產生出新型態的合作關係，它不但改變人類未來的生活型態，更是徹底顛覆了大家以往對於網際網路必定有人爲操控的刻板印象。物聯網的出現，萬物都可連上網際網路後，交換訊息、分享資訊……等功能，不再只是人與人之間或人與物之間才能做到，物體也變得具有智慧、能夠思考及對不同事情做出選擇的能力。

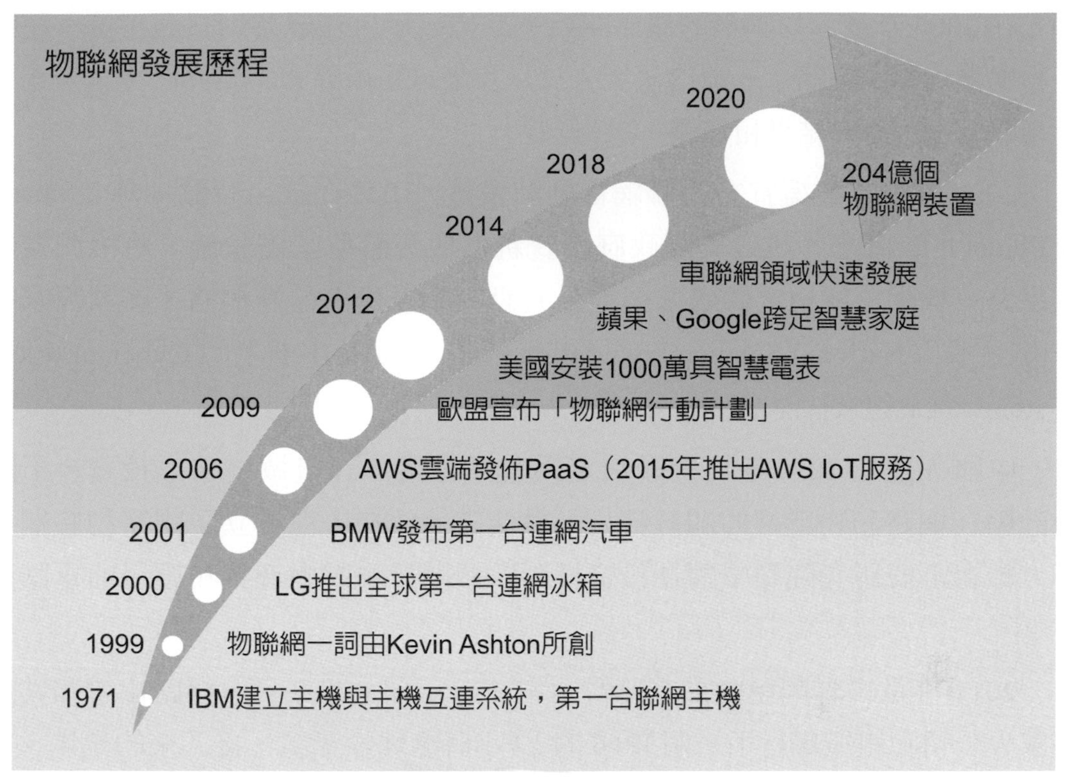

圖 8-1 物聯網發展歷程

物聯網在 20 世紀就已經開始研究，1971 年 IBM 建立了第一台聯網主機，讓主機間建立了互相連結的系統。1982 年一群卡內基美隆大學的學生開發網路的可樂機，它可以告知冰箱裡的存貨以及新放入的飲料是不是已經變冰，讓人們能經由網路遠端來排隊購買。

1999 年 Kevin Ashton 創立了 Auto-ID 實驗室，除了提出物聯網這個名詞外，也是在物聯網領域領先全球研究網路的學術實驗室。2000 年 6 月，LG 推出世界上第一台網路冰箱，它可以感測到冰箱裡面所存放的物品，並且使用條碼和 RFID 掃描來追蹤庫存，但是，當時它並不是一個成功的產品，因爲消費者將其視爲一個不必要的需求而且成本過高。

到了 2003 和 2004 年間，物聯網開始出現在衛報（Guardian）、科學人雜誌（Scientific American）和波士頓環球報（The Boston Globe）等書中，2005 年聯合國的國際電信聯盟（International Telecommunication Union，ITU）發表了物聯網的第一份報告，該報告詳盡地闡述關於物聯網及其技術、市場機會、挑戰和影響。

在 2006 年後，物聯網的概念開始被歐盟接受，在蘇黎世召開了第一屆歐洲物聯網會議，邀請了一流的研究人員以及來自學術界和工業界的專家一起分享相關應用、研究結果和知識。

2009 年除了歐盟宣布物聯網行動計畫外，IBM 亦提出智慧地球（Smarter Planet）的概念，建議美國政府投資新世代智慧型基礎設施，將感測器嵌入鐵路、橋樑、隧道、供水系統等公共設施，以建立監控網絡，美國國家科學基金會（National Science Foundation）亦推動網宇實體（Cyber-physical Systems，CPS）研究計畫。

中國大陸在 2010 年把物聯網定為重點產業並計畫做出重大投資，不斷地鼓勵在網路和物聯網的關鍵技術上做突破，並在上海成立了國家物聯網中心，結合上海研究院和中國社科院推動數個關於物聯網產業和應用的重點政策。

2011 年是物聯網發展很重要的一年，2011 年 6 月 8 日由網路協會和其他幾家大公司和組織舉行了一個 IPv6 的 24 小時全球性測試，接下來的幾年，在物聯網領域有很多的技術突破。

2012 年美國安裝了 1,000 萬具的智慧電表，2014 年 Google 推出了一種擴增實境（Augmented Reality，AR）技術的眼鏡，可運用在任何的無線方法去辨識可以被操作的連接設備。同時，Apple 也公布了 HealthKit 和 HomeKit 兩個健康與家庭自動化的產品，HomeKit 可以與 iPhone 配對，讓使用者可以用他們的 iOS 設備控制物聯網。HealthKit 和獨立的健康 APP 將會讓用戶持續追蹤他們的健康指標。

從此以後，物聯網的發展可謂百花齊放，除了車聯網的運用外，依據工業技術研究院的預估，2020 年約有 204 億個物聯網裝置，市場規模超過新臺幣 4,700 億元。麥肯錫全球研究機構估計，在 2025 年物聯網對全球經濟的影響將會高達 6.2 萬億美元。

(二) 物聯網的技術

物聯網其實並不是一個全新的概念，它強調設備與設施整合的系統化觀念，讓所有的物品都能聯網，而這些物品 / 設備需具備感測、邏輯與運算能力，以便透過資通訊技術來蒐集數據、監控、分析，再回饋給機器或物品，因此其技術架構的發展必須具備感知層、網路層與應用層等三大要素。

感知層是指各種聯網的設備或元件，如無線射頻識別、感測器、二維條碼等感測元件，將感知元件或嵌入式元件裝置在設備上，利用其感知特性，取得設備運作狀況有關資訊，並予以數位化，以利收集或遠端監控。其應用除了在工廠外，也應用在農業、環境監控、零售等方面。

層	模組	內容
應用層（自主管理軟體）	應用	依產業別、用途別開發應用技術與軟體：產業機器製造、醫療照護、能源、汽車、金融、零售業、家電、物流、農業畜牧業、基礎設施（道路、供水等）
	雲端平台	數據搜集、數據分析、應用管理、認證、安全管理、外觀資料連結、使用規費、SIM、管理聯網設備、位置資訊管理、數據使用量管理、網路使用費管理
網路層	通訊模組	WPAN：RFID、Zigbee、Z-Wave、Bluetooth、IrDA、UWB；WLAN：Wi-Fi；WWAN：2G/3G/4G；固網線路：FTTH、PLC
感知層	感測器／嵌入式系統	溫度、濕度、電壓/電力/電流、位置（GPS）、壓力、流量/流速、光/亮/色度、影像、加速度、角度、振動、重量、磁性、音量、土壤/（水分/PH）、脈搏、血壓、血糖值等

圖 8-2 物聯網技術架構

網路層是由各式各樣的通訊模組所組成，主要在發揮收集資料的效用，透過無所不在的 U 化（Ubiquitous Network Society）網路技術，利用無線及固網設施將蒐集到的數據，透過網路通訊上傳至雲端。

物聯網架構的最上層則是應用層，包含了雲端平台及資料應用，透過大數據分析，掌握設備等運作狀況，並根據分析結果，進行設備的最佳化（Optimization）及自動化（Automation）應用與調整等，以提高設備的使用效率，是物聯網發展的重要關鍵。

（三）物聯網的技術創新

物聯網係藉由各種聯網技術，將各式感知裝置所搜集的數據，傳送至雲端以進行遠端監控與分析，從而推動自動化與最佳化生產或開發新商品與服務，因此各國均將其發展視爲科技創新的核心，以及促進產業轉型升級的策略。

因此，網路傳輸、感測與運算能力是發展物聯網的先決條件，亦即具備了快速而低成本的傳輸、大量而多元即時資訊的收集，以及高速數據處理與分析能力，方可及時掌握商機，創造經濟價值。

根據瑞穗銀行的報告，物聯網之所以能實現，主要來自於感測器技術、網路技術與運算處理技術等三大技術之創新。

1. 感測器（Sensor）

感測器是物聯網的核心，其主要功能是在收集設備之溫度、振動、速度、位置等即時資訊，而感測器的小型化、節電化與低價化技術突破，使設備裝設感測器的個數激增，如穿戴式裝置、智慧手機等均裝置多種類型的感測器。加上半導體產業的輕薄短小化，以及微機電系統（Micro Electro Mechanical Systems，MEMS）發展，使感測器做得愈來愈小，而應用市場的規模愈來愈大，並使價格不斷下滑，加速應用的可行性。

2. 網路技術

資通訊技術的不斷進步，固網的數據傳輸從早期的非對稱數位式用戶線路（Asymmetric Digital Subscriber Line，ADSL），到寬頻網路的光纖到戶（Fiber To The Home，FTTH），而無線通訊傳輸亦由 1G 躍升至 4G 甚至 5G，隨著網路升級，傳輸速度加快之外，通訊覆蓋的範圍亦不斷擴張，通訊成本亦持續下跌，有助於相關應用的開發，而形成網路的良性發展環境。隨著聯網成本降低，聯網設備快速增加，Gartner 預測聯網設備到 2020 年將達 20 億件。

3. 運算處理技術

隨著聯網設備的成長，IDC 估計全球的數位資料量至 2020 年將會到達 44ZB，面對這麼大的資料量，能創造價值的高速運算與分析能力是必要的。目前爲止僅有少數的資料被分析與應用，所創造的價值仍然有限，隨著資料的快速增加，利用大數據分析，可設計與開發更及時且貼近顧客需求的產品，進而創造物聯網商機。

二、大數據的形成

過去儲存媒體的成本高昂，我們會考慮要儲存必要的資料，隨著儲存設備價格下降、雲端儲存的興起，人們已經不再篩選哪些資料要存下來了。物聯網的蓬勃發展，讓聯網設備及裝置增加，雲端所儲存的資料量也隨著快速增加。

趨勢科技的創辦人張明正說過：「能源和科技是人類社會過去 200 年來進步的源頭，而現今的資料（Data）正是當年的石油」。過去誰能夠掌握石油，誰就能雄霸一方；而未來誰能掌握資料，誰就是世界的老大。

2011 年 IBM 正式提出大數據（Big Data）的概念，並於 2012 年 2 月，於紐約時報的專欄中，宣告大數據時代來臨，大數據又稱做巨量資料、海量資料，綜合各學者對大數據的定義，大數據是大量、高速和多種類型的資訊資產，且資料量大於以往一般的資訊軟體所能儲存、管理和分析的資料，需要全新的處理方式，即需要更強的決策力、洞察力和最佳化處理。

2001 年 Gartner Group 的 Doug Laney 提出大數據具有三個特性：大量性（Volume）、即時性（Velocity）及多樣性（Variety）。

1. 大量性

大數據的第一個特性，就是大量性，資料量的增加，從過去的 MB，到現在的 TB，甚至是未來的 ZB，速度是以等比級數在成長。

2. 即時性

大數據的即時性包含資料的串流、存取與傳遞速度，資料串流一旦儲存到伺服器，就能立即使用，發揮最大價值。

3. 多樣性

大數據的多樣性，在於資料不僅種類繁多，也會以不同的格式呈現，包含結構化、非結構化和半結構化資料。結構化資料，是具有明確關聯性的固定結構資料，也就是經過編碼後，存放在資料庫中的資料。非結構化資料，也就是資料格式不一，沒有統一的概念，難以用傳統電腦去做分析，像是圖像、聲音、影片皆屬於非結構化資料。半結構化資料介於結構化資料與非結構化資料之間。

大數據的價值是與大數據的大量性和多樣性有密切相關，當數據量越大、多樣性越多，其訊息量也越大，獲得的知識也越多，數據能夠被挖掘的潛在價值也越大。但是這些都依賴於大數據處理和分析方法，否則由於訊息和知識密度低，可能造成數據垃圾和訊息過剩，失去數據的利用價值。

但是，根據 Viktor Mayer-Schönberger 及 Kenneth Cukier 的研究顯示，數據的價值將會隨著時間的流逝而降低，也就是說，數據的價值與時間是成反比。因此，處理數據的速度越快，數據的價值就越高。

大數據的價值也與其所傳播和共享的範圍相關，使用大數據的人數越多，範圍越廣，它的價值也就越大。大數據的價值能夠有效地發揮，依賴於大數據的分析及挖掘技術，更好的分析工具和演算法能夠更有效地獲得精準的訊息，也更能發揮其數據價值。

三、物聯網及大數據的創業方向剖析

當物物皆可聯網，加上儲存媒體成本減低之下，資料的數量愈來愈多，如何從這些數據中找到以往沒有發現的關係，進而利用這些連結，創造出新的商業價值，將會是下一波創業的方向。

在數位時代，資料的蒐集、分析將會有三種趨勢：數據化更普遍、資料成爲關鍵資產、分析將凌駕於專業知識。當大家發現大數據的好處之後，原來沒被數據化的資料，開始漸漸地被蒐集，如時間、距離、聲音等，都能被精確地度量及蒐集、追蹤及分析，而文字更是被數位化，以方便大家的查詢及運用。

在大數據的世界中，資料也可以是一個進入障礙，誰擁有較多的資料，誰就有競爭優勢，對於資料的運用，我們可以用不同的方式再次使用，也可以和其他資料結合，甚至可以尋找其新用途或廢物利用。

資料一旦被電腦取得並儲存後，就可以透過各式各樣的創新方法再次使用，這完全取決於企業如何看待這些資料，如從會員的消費資訊中，找出大部分消費者對日用品的採購週期，進而推出優惠方案，吸引消費者上門採購。

也可以結合其他外部資料，以創新的方法結合兩種或多種資料來源，找出創新的商機，如 7-ELEVEn 及全家便利商店分別與不同的氣象風險公司合作，藉由對隔天氣溫的預測，預訂生鮮產品。

而隨著科技進步，追蹤人們進行數位活動留下的蹤跡愈來愈容易，許多企業也更精於取得廢棄或二手資料，再透過其他方式使用。如玉山銀行就利用大數據建構了數位信貸及數位房貸平台，自 2014 年陸續推出個人信貸、房貸即時額度利率試算及線上申請、企業 e 指貸等服務。

大數據對於人們決策最大的衝擊是：決策來自於資料間的相互關係，而不再是人爲的判斷或成見，在這樣的產業結構下，大數據的價值鏈存在著 4 種不同類型的人：資料持有者、資料專家、決策者及資料媒介者。

資料持有者指的是握有大量資訊的人，他們會試著從資料中萃取價值，但是他們有時會欠缺必要的技巧和專業知識去找出資料的價值。資料專家則是那群擁有必要的專業知識和技術的人，他們具備可以執行複雜資料分析的能力。企業的或個人決策者可能沒有存取資料的管道或採取行動的必要技術，但是他們會看到可以掌握價值的機會。資料媒介者讓自己居於有利位置，讓資料價值只能夠透過他們取得，並藉由這種地位和專業技術得到可觀的營收。

接著從幾個面向，分析物聯網及大數據可能帶來的創新創業機會：

（一）賣場人流偵測

對零售品牌企業來說，日常決策的依據可能只有從 POS 機得來的銷售數據，大多的零售促銷計畫都仰賴過去的銷售數字來做事前規劃及事後檢討，有時候再加一點以往的經驗做些微調，這樣的決策模式往往會失準。

爲提供給消費者更好的服務，知名國際運動品牌在旗艦店及一般門市安裝了熱點人流偵測裝置，收集了店裡店外的人流數據後進行分析，結合交易數據交互比對。

以前品牌商根本不知道消費者在每一個櫃位停留的時間與頻率，但在導入物聯網感測設備與數據分析模型後，成功地蒐集到消費者在門市的資訊，像是每一個櫃位駐足停留的消費者人數等，結合該櫃位所擺放的產品與銷售資料，就能知道店內哪一區的坪效 / 業績最好，再根據這些資訊調整店內的人力配置、動線設計與產品陳列，讓消費者能夠更快地找到想要的產品，成功體現透過數據做到以人爲中心的全景行銷，有效提升成交率。

（二）個人化行銷

美國運通讓持卡人與自己的 Facebook 帳號連結，持卡人成為美國運通粉絲團粉絲後，美國運通會依據會員在 Facebook 上的活動與紀錄，提供相對應的優惠方案，美國運通結合社交數據和會員資料，就是為了提升消費者辦美國運通卡的誘因。

（三）社群行銷

大數據的興起來自於行動裝置與社群網路普及化，讓非結構化資料的重要性日增，根據 IBM 統計，目前銀行客戶的交易有 60～70% 是透過網路交易，當客戶不再透過實體通路與銀行互動後，銀行根本不了解客戶的需求，只能被動地銷售金融商品，無法主動出擊。

網路世界凡走過必留下痕跡，IBM 軟體事業處總經理賈景光指出，使用者在數位通路的任何行為，都可以被記錄下來，成為重要的資訊，但大部分的銀行都沒有相關的紀錄。對銀行而言，記錄數位通路的歷史軌跡，就是運用大數據的第一步，也是虛實整合最關鍵、也最重要的一步。

亞洲資採國際公司技術長尹相志指出，社群網站臉書（Facebook）在臺灣的滲透率高達 65%，居全球之冠，每月活躍人口高達 1,500 萬人，透過分析社群資料，銀行業可以得到以下資訊：

1. **品牌定位**：比較銀行與競爭對手品牌認知差異。
2. **了解客戶需求**：剖析網路言論，聆聽客戶聲音。
3. **語意解析**：透過語意解析技術，理解客戶正負評價。
4. **即時客服**：針對客戶抱怨即時處理。
5. **精準行銷**：根據社群網路資訊分析，找出目標客戶。
6. **尋找意見領袖**：找出特定議題的意見領袖，掌握輿論動向。

8-2 人工智慧

一、人工智慧的發展

人工智慧（Artificial Intelligence，AI）並不是一個新的技術，但卻是影響人類社會與經濟環境發展的關鍵科技。人工智慧的想法最早起源於 1950 年代，Alan Turing 首先提出圖靈測試（Turing Test），用來判斷機器是否具有思考與判斷能力，進而創造出智慧機器的可能性。

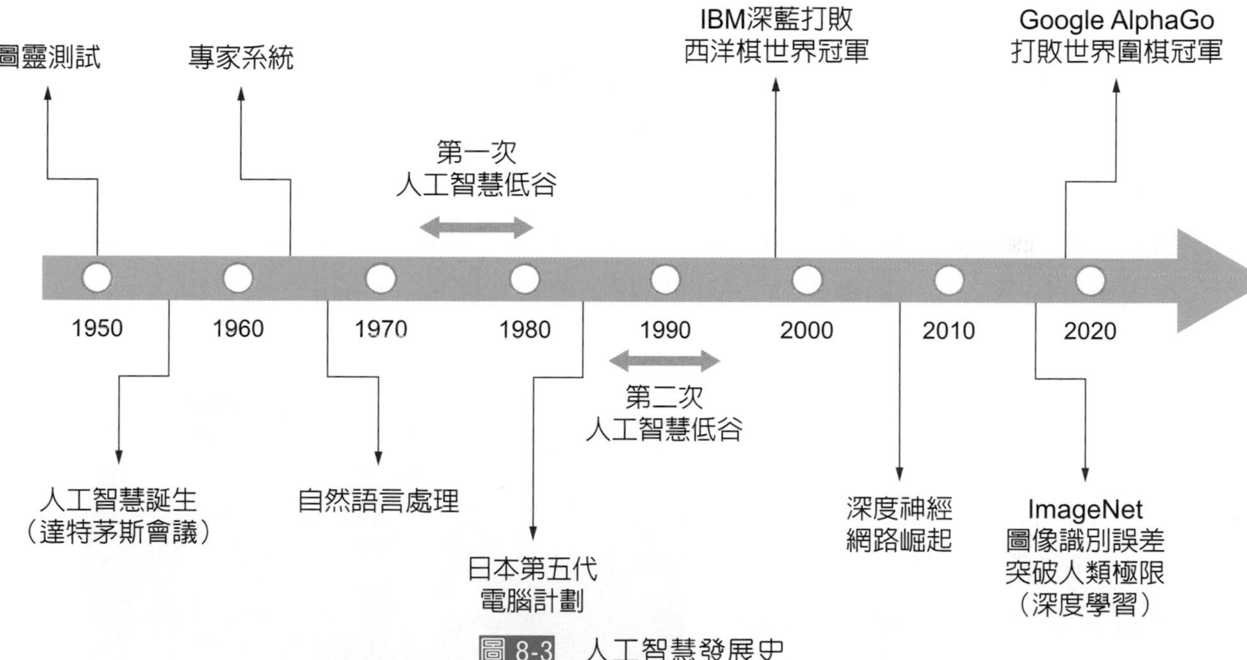

圖 8-3 人工智慧發展史

1956 年的達特茅斯（Dartmouth）會議上，人工智慧這個概念首度被提出，而這次會議也引發第一波人工智慧的研究浪潮。然而，由於當時神經網路發展遭到瓶頸，後來只有藉由專家系統（Export System），透過蒐集特定範圍的專家知識，儲存在資料庫中，以模擬決策能力。

但是，在 1970 年代初期，研究人員還是發現了電腦硬體效能不足、資料庫缺乏學習能力等多方面無法克服的障礙，導致人工智慧熱潮衰退，人工智慧進入第一波低谷期。

到了 1980 年代，日本宣布投入 1,000 億日元，開始推動第五代電腦計畫，其他國家也跟進類似的智慧型電腦計畫，讓另一波人工智慧的浪潮隨之興起。但隨著技術推進，逐漸發現維護費用高昂、缺乏自主學習、規則關係不透明、檢索策略效率低等問題浮現；1992 年在其核心能力無法達到標準下，正式宣布失敗，第二次的人工智慧寒冬也隨之而來。

隨著類神經網路（Neural Network，NN）的成熟發展，再次為人工智慧帶來希望，這種模仿生物大腦的神經元運作方式，所啓發建立的數學模型，為機器學習帶來新的運作方式。1997 年 5 月，IBM 製造的平行運算電腦系統深藍（Deep Blue）戰勝西洋棋世界冠軍卡斯帕羅夫，讓人工智慧又起死回生。

二、人工智慧產業結構

人工智慧的產業結構可分為：基礎層、技術層及應用層，基礎層又可分為硬體及大數據兩個子層，硬體則是包含了各類型的運算晶片、記憶設施、網路設施、伺服器、雲端運算等硬體設備。大數據則是一個結合各類結構化及非結構化資料數據為主的體系，通常都是由入口網站、社群平台業者所掌握，我國在大數據的著力點，則是透過公部門所推動的資料開放（Open Data）策略，找尋出商機。

技術層包含了處理模組及演算法與平台，處理模組用來進行語音識別、影像識別、路徑規劃、預測分析等工作，特別是自然語言處理（Natural Language Processing，NLP），它可以讓電腦具有理解人類語言的能力。

其次就是讓機器能做深度學習（Deep Learning）及強化學習（Reinforcement Learning），深度學習是把資料透過多個處理層（Layer）中的線性或非線性轉換（Linear or Non-linear Transform），自動抽取出足以代表資料特性的特徵（Feature）。強化學習則是以環境回饋作為輸入，在不藉助監督者提供完整的指令之下，自行發掘在何種情況下該採取何種行動以獲取最大報酬，並適應環境的機器學習方法。

圖 8-4 人工智慧的產業結構

應用層則包括了產業可應用的營運平台及各種解決方案，不同產業對於人工智慧的需求也不一樣。在應用層，不同的解決方案或平台也將配合 Domain Know-how 提升產品或服務的品質，或降低管理、人事及生產成本，讓產業藉此得以提升產業競爭力，甚至升級或轉型。

三、機器學習

由於機器學習（Machine Learning）的工具愈來愈進步，處理的技術價格也愈來愈低，使得資料儲存成本大幅下降，有人稱 2015 年是機器學習正式商業化的一年。機器學習就是讓機器像人類一樣具有學習能力，機器學習也是一種建模（Modeling）的過程，讓電腦反覆觀看、學習我們要讓它學的圖片或資料，也就是所謂的訓練資料集（Training Data Set），由機器在學習後將資料依特徵分群，機器學習最有價值的地方是能利用學習所建立的模型，對新資料做出正確的預測。

到 2000 年之後，深度學習技術有所突破，電腦的計算能力也比過去強大，加上網際網路普及而來的龐大資料，深度學習受到廣泛應用，以深度學習為架構的電腦程式能夠模擬人類的學習行為，重新組織已經存在的知識結構，透過自我學習掌握經驗模型的結果，獲得新的知識或技能。

深度學習使得機器學習演算得到驚人進步，賦予機器學習運用和處理大量資料的能力，克服傳統智慧技術處理非結構化資訊的缺陷，在模式識別、智慧控制、組合優化、預測等領域得到良好的應用，這也使得深度學習成為人工智慧的重要技術核心。

機器學習的方法目前可分為三大類：監督學習（Supervised Learning）、非監督學習（Unsupervised Learning）及強化學習（Reinforcement Learning）。

(一) 監督學習

在監督學習中，每個數據都會標記有正確的標籤，利用已有標記的數據，系統不斷調整並最佳化參數，目標是希望當有新的輸入數據（X）時，系統可以準確預測該數據的輸出變量（Y）。

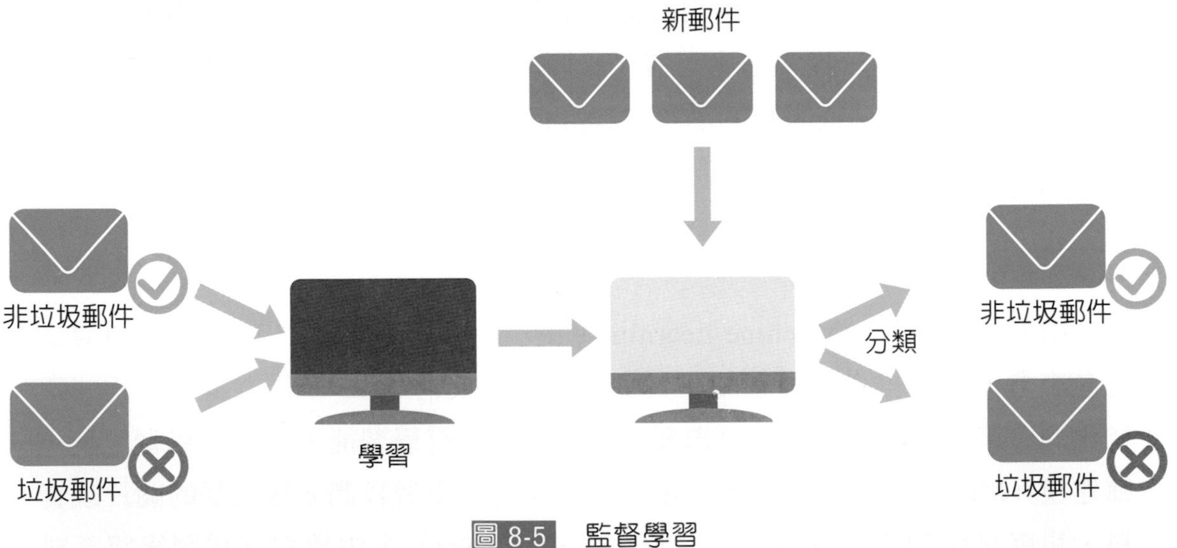

圖 8-5 監督學習

接著以圖 8-5 來說明監督學習，先收集了一些郵件的數據，並將其標記為垃圾郵件或非垃圾郵件，再用這些標記數據來做訓練學習模型。經過訓練完成後，就可以用新郵件來測試我們的模型，並檢查模型是否能夠把垃圾郵件及非垃圾郵件正確地分類。

監督學習可分爲分類（Classification）及回歸（Regression）：

1. **分類**

分類是把輸入的數據作分類，而輸出變量則是類別，例如紅色或藍色、疾病和無疾病，而圖 8-5 中分辨垃圾郵件或非垃圾郵件也是屬於分類。

2. **回歸**

回歸則是給定一個輸入值，讓系統預測一個輸出量，這裡的輸出變量以實數的形式顯示，例如預測降雨量、人的身高等實數值。

（二）非監督學習

在非監督學習中，系統並不會對數據進行標記或分類，只會處理輸入變量（X），但不會處理對應的輸出，而是由系統的演算法試著找出數據的結構，也就是說，它是使用無標籤的訓練數據，來建模數據的潛在結構。

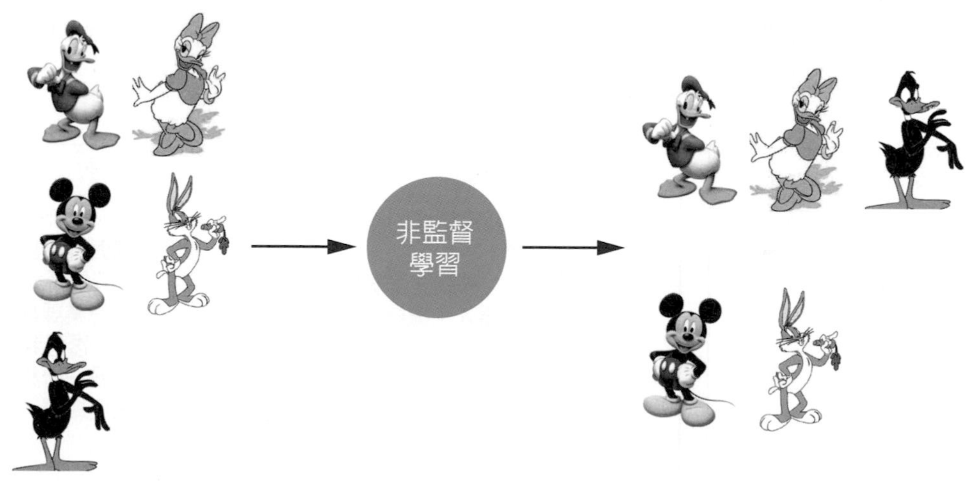

圖 8-6　非監督學習

圖 8-6 是一個非監督學習的例子，對於這些卡通人物，在機器學習的培訓數據中，不會對數據提供任何標籤，而是由機器能夠通過查看數據中的基礎結構或分佈類型，來分類哪些人物是唐老鴨、哪些不是唐老鴨。

非監督學習可分爲：群集（Clustering）、關聯（Association）：

1. **群集**

群集是希望發現數據中的組群關係，把相似的對象歸爲一類，而不是其他類別對象。例如通過購買行爲對客戶進行組群分配。

2. 關聯

關聯是要找出在同一個數據集合中，不同條件同時發生的機率。例如一位顧客買了麵包，那麼他有 80% 的可能性購買雞蛋。

（三）強化學習

強化學習的演算法是藉由與環境互動，透過試錯（Try and Error）的方式學習到最佳行動，系統如果能正確執行就會獲得獎勵，如果執行錯誤則會受到處罰。系統在最大化其獎勵並最小化懲罰的目標下，在沒有人爲干預的情況下學習。

四、人工智慧的創業方向

根據美國史丹佛大學（Stanford University）的研究指出，在 2030 年時，人工智慧的發展情境可分爲交通、醫療保健、教育、家庭 / 服務機器人、公共安全、就業市場及娛樂等 7 大領域，如圖 8-7 所示。有心在人工智慧領域創業的人，可以在這些領域中尋找可能的創新商機。

交通
- 智慧車：提高安全性與舒適性（預防碰撞；檢測目標與辨識聲音）
- 無人駕駛車：共享服務、因應不同路況、減少停車問題、提高高齡與殘疾者移動自由度
- 交通規則：無人機傳遞包裹之交通規則

醫療保健
- 醫療分析：醫療圖像內容識別與判斷
- 醫療機器人：共醫院送病例、送餐機器人；攙扶病人
- 健康：透過行動運算作醫療監控
- 銀髮護理：聽力與視力輔助、復健輔助

教育
- 教學機器人：針對K12學生邏輯演練與推論訓練
- 智慧輔助教學系統：語言教學、各種專業課程
- 學習分析：透過深度學習與自然語言處理分析學生們互動、行為與結果

家庭／服務機器人
- 智慧吸塵器：具電腦視覺、建構屋內3D模型，提高清掃效率
- 家庭互動機器人：與家庭成員互動

公共安全
- 打擊犯罪：高效率辨識嫌疑犯與預防犯罪
- 打擊網路與金融犯罪：網路詐騙、網路犯罪

就業市場
- 勞動型替代與新機會產生：取代例行規則化工作，包括金融、流通等服務業。而複雜化與網路創新，產生新工作機會

娛樂
- 娛樂新樣態：如電腦視覺與NLP改變舞台視覺場景。娛樂型態更具互動性、個性化、參與化

圖 8-7 2030 年人工智慧情境

至於在人工智慧的市場應用上，根據市調公司 Tractica 的調查與預測，廣告行銷業包括網路服務與社群媒體將會是人工智慧主要的市場，預估到 2024

年全球約有30億美元的產值，年複合成長率約62%。市場的主要應用在：圖形辨識的文案自動產生技術、對目標客戶的網路自動推播廣告及分析採購行爲的個人化電子商務。

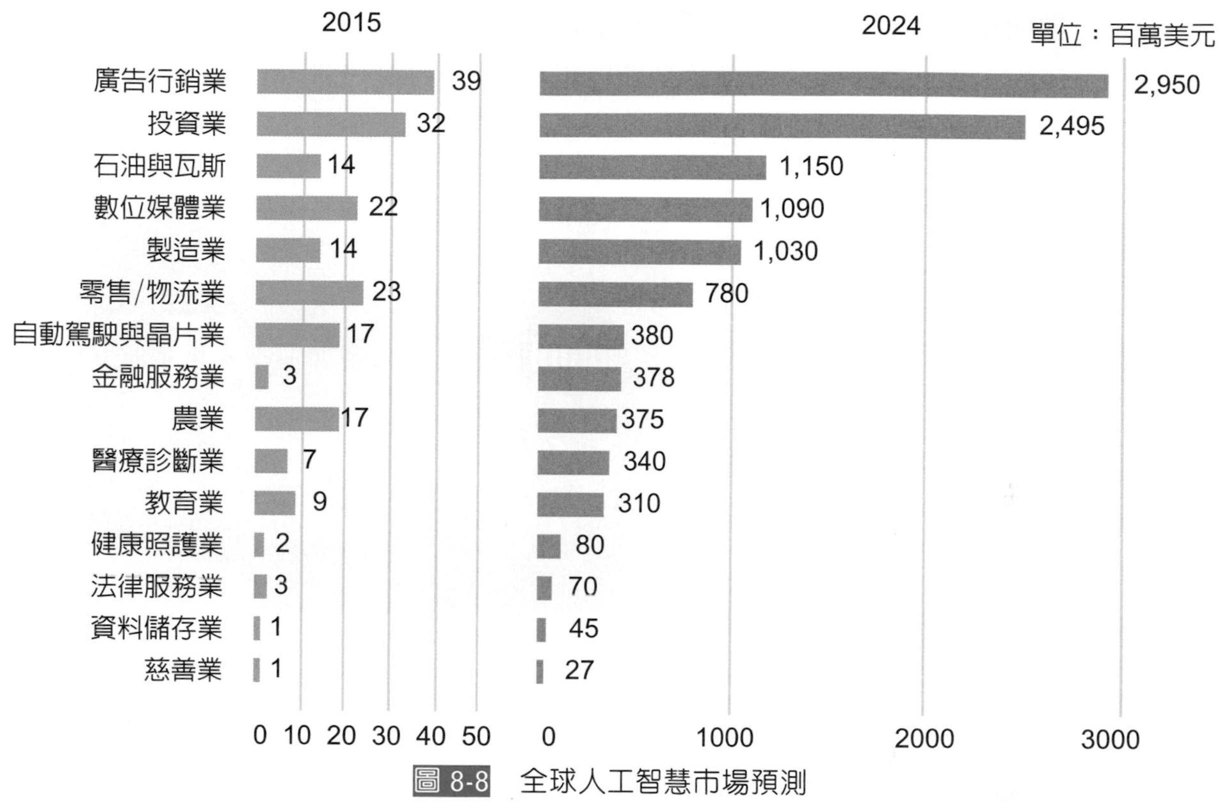

圖 8-8 全球人工智慧市場預測

第二大的市場則是投資業，未來數位貨幣包括行動支付將會愈來愈普及，所需要的數學分析模式也愈來愈多，引入人工智慧技術協助分析與決策的需求也會增加，Tractica預估2024年其全球產值約可達35億美元，年複合成長率約61%。市場主要應用的方向爲：數位化的投資數學模型分析、對沖基金的股票交易、股票分析及投資決策。

數位媒體業2024年在人工智慧應用的產值約有11億美元，年複合成長率約54%，Tractica認爲人工智慧未來在數位媒體業的應用包括了：自動化的新聞寫作與評論、由影像自動生成文字新聞稿、機器人自動作曲、視覺藝術創作、垃圾訊息與惡意評論篩選等。

8-3 人工智慧的創新與創業案例

人類的知識來自不斷的學習，但人類因爲時間有限、學習能力不同，因此，累積知識的程度也不同。而電腦的學習就不一樣了，在網路普及之下，知識已無國界，電腦處理速度的進步又是日新月異、沒有時間限制，一些常人無法做到的事，電腦都可以輕易處理。

知識的來源，也有很大的改變，以往企業能蒐集的資料，大多都是自己的客戶所產生的交易資料，這些資料經過清洗（Cleaning）後，大部分會以結構化的方式儲存在企業內部，當資料量大的時候，以資料採礦（Data Mining）的方法，可以找到資料間的關聯性來做爲行銷的決策。

美國零售大廠 Wal-mart 就利用自身累積的龐大資料系統，對顧客進行購物車分析，結果發現啤酒跟尿布這兩種看似完全不相干的商品，竟然會常常出現在同一個購物車之中，研究發現原來美國很多年輕的父親，在週末下班後去買小朋友尿布時，會順便買幾瓶啤酒，於是 Wal-mart 就把啤酒跟尿布兩個商品擺放在一起，因而創造不錯的營收。

在網路的世界上，可以運用的資料，已不限於企業內部所產生的交易資料，外部有更多的資料，若能找到企業的痛點，妥善地運用這些資料，也可以爲自己開創一個新的事業。

金融監督管理委員會（以下簡稱金管會）從 2015 年開始，要求國內實收資本額 100 億以上之上市櫃企業都要編撰企業社會責任（Corporate Social Responsibility，CSR）報告書，從 2017 年起，資本額 50 億以上的企業也都納入規範對象。希望企業要取之社會、用之社會，不光只是替股東賺錢而已，還要對社會、環境的永續發展有所貢獻。

在金管會的要求下，上市上櫃公司每年都要出版一本 CSR 報告書，對主管 CSR 的部門來說，光是要整合各部門的資料就一個頭兩個大，要編出一本 CSR 報告，更是耗人力也耗成本的工程。

來自各部門的內容表單格式不一，有 PDF 檔、Excel 檔，甚至還有 Word 檔，此外，每個部門負責撰寫人員的用字遣詞也不盡相同，對企業 CSR 部門而言，簡直就是一場夢魘。

爲了解決企業撰寫 CSR 報告的問題，永訊智庫看到了這個商機，先建立了一個永續投資平台，蒐集了大約 1,600 本國內企業的 CSR 報告書，透過人工智慧的文字分析，將這 1,600 本的內容拆解出將近 5,000 萬個字詞的詞庫，當企業有編寫 CSR 報告書的需求時，可先上平台填寫從各部門蒐集來的資料，平台會根據文字生成系統，彙整成一份 CSR 報告書。

此外，這個平台上還有大約 5 萬本來自全球各國的 CSR 相關報告，或企業永續相關的新聞報導與獎項評比等資料，透過人工智慧的技術，也會在彙整 CSR 報告書時加以搜尋對比，結合當前趨勢、社會關注焦點，試著找出可爲企業 CSR 報告加值的內容。藉由系統的協助，企業在編製 CSR 報告時，可以降低 30% 的成本、減少 50% 的時間。

參考文獻

1. 王文娟（2016.11）物聯網概念及應用，經濟前瞻。
2. 中國人工智能發展報告（2018.7），清華大學中國科技政策研究中心。
3. 中國信通院（2018.4），全球人工智能產業地圖發布。
4. 李開復、王詠剛（2017.4），人工智慧來了，天下文化。
5. 林琳、李廣宇、張海濛、倪以理、徐浩洵、華強森、王磊智（2017. 10），人工智能的未來之路，上海交通大學出版社。
6. 周碩彥（2015.11），物聯網發展趨勢展示內容研究報告，國立科學工藝博物館。
7. 紀茗仁、譚偉晟、黃亞琪（2019.1），CSR 報告超強寫手　完美解決企業痛點，今周刊。
8. 胡湘湘（2014.4），大數據藏金礦銀行業挖商機，台灣銀行家。
9. 胡榮勝（2016.3），物聯網帶來的衝擊，商業流通資訊季刊。
10. 許有進（2018.12），臺灣發展人工智慧之挑戰與機會，國土及公共治理季刊。
11. 陳榮貴（2018.10），物聯網發展與應用，第 27 屆近代工程技術研討會。

12. 梁豫婷，人工智慧起飛，工業技術。
13. 曾婉菁，機器學習探究，印刷科技。
14. 楊惟任（2018.6），人工智慧的挑戰和政府治理的因應，國會季刊。
15. 趙志宏、劉川綱、李忠憲，物聯網的便利與危機（2015.8），科學發展，512 期。
16. 鄭宇庭、謝邦昌、鄧家駒、陳世訓、韓鈺瑩（2016.11），大數據於金融穩定之應用，財團法人臺北外匯市場發展基金會。
17. 嚴萬璋（2017.3），臺灣物聯網產業推動現況與展望，工研院產經中心。
18. 蘇美琪（2016.10），被數據玩還是用數據做決策，震旦月刊。
19. 許凱富（2018.12），大數據分析於行銷策略的應用—以高爾夫練習場爲案例，東吳大學商學院企業管理學系碩士班碩士論文。
20. 工商時報，線上報價額度利率 玉山銀行新招 首創企業 e 指貸，https://www.chinatimes.com/newspapers/20170224000123-260205?chdtv，<Access 2019.6.9>。
21. 王葆華，大數據在臺灣金融行業的應用分享，http://bigdata.lic.nkfust.edu.tw/ezfiles/141/1141/img/1900/182834697.pdf，<Access 2019.6.7>。
22. 周秉誼，淺談 Deep Learning 原理及應用，http://www.cc.ntu.edu.tw/chinese/epaper/ 0038/20160920_3805.html，<Access 2019.6.9>。
23. 曹永忠，物聯網的現況與未來，https://www.researchgate.net/publication/319954911_wulianwangdexiankuangyuweilai/download，<Access 2019.6.7>。
24. 從網際網路到物聯網，http://epaper.gotop.com.tw/pdf/AEN002900.pdf，<Access 2019.6.6>。
25. 陳薇眞，人工智慧改變客戶體驗的 5 種方式，https://www2.deloitte.com/content/dam/Deloitte/tw/Documents/technology-media-telecommunications/tw-TMT-2017-deloitte-state-of-cognitive-survey_TC.pdf，<Access 2019.6.9>。
26. 勤業眾信，人工智慧商業價值勢不可擋，https://www2.deloitte.com/content/dam/Deloitte/tw/Documents/technology-media-telecommunications/tw-TMT-2017-deloitte-state-of-cognitive-survey_TC.pdf，<Access 2019.6.9>。
27. 勤業眾信，智慧製造大解讀，https://www2.deloitte.com/content/dam/Deloitte/tw/Documents/manufacturing/tw-2018-smart-mfg-report-TC.pdf，<Access 2019.6.7>。
28. 廖世義，大數據分析在產業之應用，https://commerce.nutc.edu.tw/ezfiles/17/1017/img/778/20170602-2.pdf，<Access 2019.6.7>。
29. 機器學習，http://physcourse.thu.edu.tw/~techphys/NP-L20/NP-L20-Note1.pdf，<Access 2019.6.13>。

CHAPTER 09

樂活在地創生

9-1 世界各國在地創生的內涵及概述

人們有樂活需求及經濟發展需求，而面對全球快速變化，發生一些人口移動現象及經濟發展變化；都市機能集中，導致歐洲、美國、日本、臺灣等，產生鄉鎮年輕人口減少及老化現況，也因都市人口集中，造成居住成本高、少子化。

一、歐洲城鄉發展概況

歐盟統計局日前發布「2018 年區域年鑑」，統計指出歐盟首都圈與其他地區的經濟發展差距擴大，都市圈有「富裕化、年輕化」的現象，繁榮的西倫敦中心，其人均 GDP 更是保加利亞地區的 21 倍。

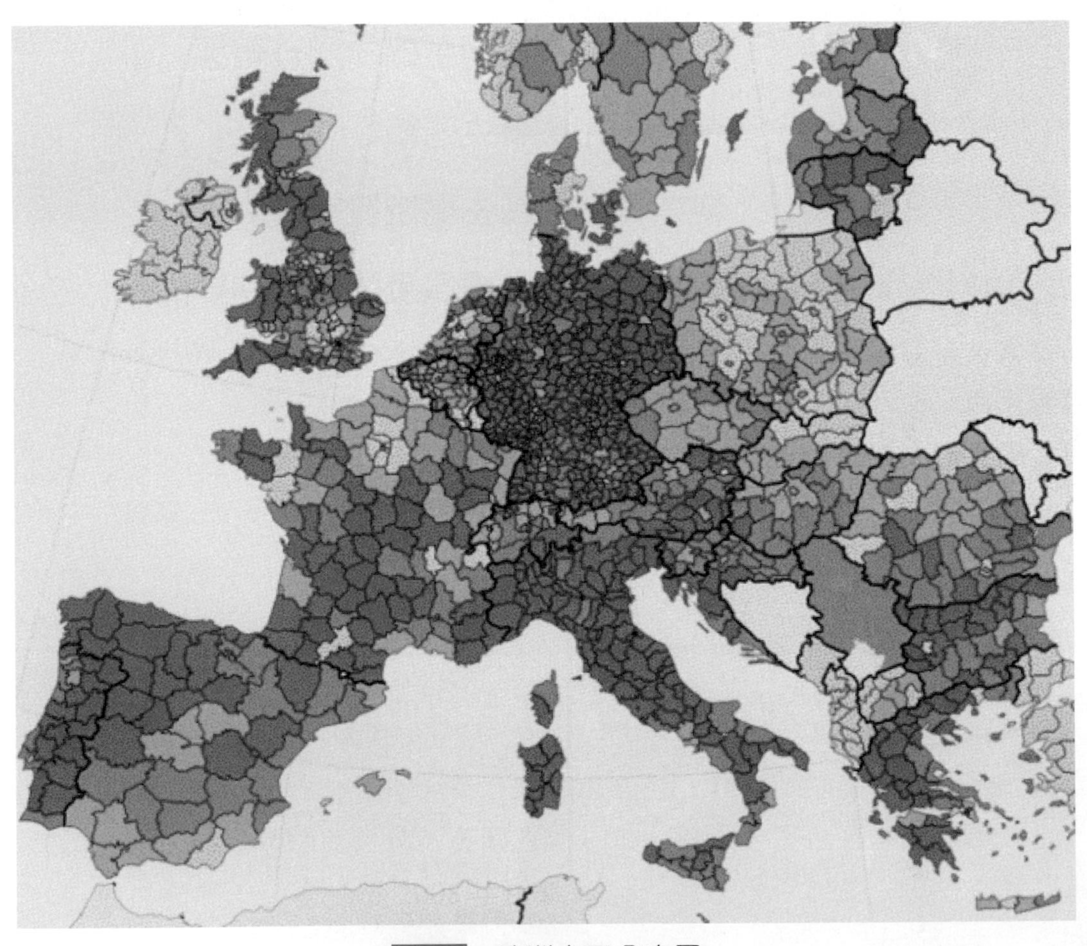

圖 9-1　歐洲人口分布圖

歐洲大陸的中位年齡爲 47.5 歲或以上的地區，表示爲深色如圖 9-1，而德國所佔比例最大，顯示出：德國除了東部區域、柏林等地區仍興盛繁榮，但整體的人口正在迅速老化。

針對歐盟地區，包括人口、健康、經濟等在內，提出 12 個主題的區域指標。其中經濟方面報告指出，倫敦地區在全英國 GDP 水平以上飆升，其西倫敦中心 GDP 是歐盟 28 國平均水平的 6.1 倍，更是南歐保加利亞地區 21 倍之高。

歐洲的都市也變得更加富裕，多落在中歐地區，城鄉差距增大，加強了非都市地區的人口推力，形成郊區老化嚴重、都市越趨年輕的現象。

報告點出經濟結構的改變，影響人口結構變化、深化城鄉差距，外界也開始擔憂整個歐盟體系將更難達到一個平衡的發展狀態。

二、美國城鄉發展概況

2008 年以降的經濟大蕭條雖然波及全美，但受創最深的是許多非都市地區。它加速了美國鄉村和舊工業區的死亡。2016 年 5 月發布的《經濟成長與復甦的新地圖》（The New Map of Economic Growth and Recovery）報告中指出，2010 ～ 2014 年，全美有 59% 的「郡」收掉的店家比新開的店家還多，遠高於上兩波的經濟衰退（分別是 17% 和 37%）。

對於職位、失業率、經濟總量（GDP）和平均房價持續倒退的狀態，讓許多都市的發展都面臨了停滯，而美聯社 Julie Bykowicz、Claire Galafaro、Angeliki Kastanis 三名記者也提出了相同的論點，在《城鄉差距是如何影響美國總統大選的？》也寫出了各地區的人對於生活窘境的心聲。其文中也提及「農村人口的持續減少和城市人口的迅猛增長，導致城鄉差距愈發明顯，就像兩個截然不同的世界。」

三、日本城鄉發展概況

三個困擾日本社會的問題：勞動力人口的減少、人口過度往東京等都市集中、地方經濟面臨發展困境。新成立的創生總部將致力於地方人口的回流工作，力圖在地方創造就業機會，打造能讓年輕一代成家生子育兒的環境。

2014 年 8 月，日本出版了一本題爲《地方消滅論》的新書，並隨即熱賣。作者增田寬也聲稱：目前東京一元獨大的狀況若無法遏止，則全日本的人口會持續流向東京，形成所謂的「極點社會」。地方上能生育的女性人數過少，因此未來有近 900 個鄉鎮市，可能在 2040 年之前，因爲無法維持其社會生活的基本機能而消失。

增田提出的地方消滅論引發輿論譁然之後，也引來幾本書的回應。在《地方消滅論》出版後四個月內就發行的《農山村不會消滅》，就是反對地方消滅論的代表作之一。作者小田切德美相信山村集落的韌性，從實際的山區偏鄉社區參與觀察中，他發現這些在數據上被歸類爲「限界集落」、「人口過疏」或「有消滅的可能性」的小村子，並未如統計數據上定義的那樣，容易失去社會生活的活力與機能。他因此主張農山村的消滅是個假議題，而主政者應該協助這些弱勢聚落財政，讓他們尋找願意回歸田園、在地長期居住的新成員，才能夠開創新的可能性。增田的《地方消滅論》，引起日本社會廣泛討論。

另外一本《地方消滅的陷阱》書中，地域社會學家山下祐介則指出：《地方消滅論》一書的內容具有高度的政治性，除了分析地方人口老化與流失的現況外，也提出應該讓地方人口集中到地方中小型都市，以作爲對抗日本繼續往東京集中的「極點社會」的防線。然而，這樣的政策建言，隱含著必須放棄一部分（如果不是大部分）的小型偏鄉聚落而任由其消失的意圖。

山下認爲，目前日本地方社會面臨的困境，並非完全肇因於這些農山村的經濟或人口問題，而是肇因於政府當初高估當地的公共服務與基礎設施成本，因而快速降低國家對於這些偏鄉的財政支援與資源提供。面對如此錯誤政策造成的地方社會困境，他提出「多樣性共生」的概念，主張透過社會實驗，來驗證各種未來地方社會可能容納各種居住樣態（如從都會移住到鄉村，或者定期往返兩地居住等等）。

另一位社會學家金子勇則認爲，增田提出「地方消滅論」的視野已達到「面」的廣度，必須提出同樣全面的論述與之抗衡。而小田切或山下的反駁依據，卻往往像是「點」一般的成功個案，相對容易被駁倒。金子勇批評小田切的討論，過度侷限在農業的領域（例如他對於田園回歸的提倡）；批評山下所說的多樣性，在現今的人口結構與社會變遷形勢下也顯得抽象、不樂觀。

《地方消滅論》一書是以各個鄉鎮市的「再生產力」來界定其「消滅可能性」，而「再生產力」的計算則是以 2010 ～ 2040 年間年輕女性（20 ～ 39 歲）的可能減少比例來推估。這樣的作法不僅將多面向的社會問題簡化爲人口學統計問題，在性別或老人學的面向上，這樣的推論也有些問題（另一篇巷仔口文章〈人口學知識、生殖科技與少子女化的東亞〉就論及此）。在這種具高度不確定性的風險評估邏輯下，讀者被迫得去接受日本的偏鄉小聚落必須被篩選淘汰，以及社會生活必須集中在地方中小型都市的選項，這正是小田切與山下所大力反對，試圖爲偏鄉農山村請命之處。

四、臺灣城鄉發展概況

50 年代，臺灣工業化起步，80 年代轉向高科技，20 世紀末進入知識經濟，亟需人口聚集效益。行政院主計總處於 2010 年發布的《人口住宅普查報告》指出，臺灣有 60.8% 的人口居住在 5 個直轄市，約 1,400 萬餘人，10 年間增加了 61 萬人。若加上後來升格的桃園市，6 大直轄市人口達 1,600 萬人，占全臺人數的 70.8%。

人口由鄉村往都市集中的過程稱爲「都市化」，各國因地理及人口條件不同，對都市化的定義也有所差異。主計總處過去曾對都市化有明確定義，但隨著行政區劃變遷，「聚居地」、「都市化地區」、「都會區」的分類已經廢止，因此目前並無明確的都市化統計指標，一般是以「都市計畫區」居住人口數爲普遍衡量標準。

深入言之，政府主要將國土分爲「都市土地」與「非都市土地」，前者依據《都市計畫法》規範人口或產業聚集區域的空間使用方式；後者按照《區域計畫法》認定及管理，但原則上沒有擬定整體性的土地控管計畫。

截至 2014 年，臺灣都市計畫區共有 433 處，面積總計 4,815 平方公里，占國土面積的 13%。占地雖小，卻有將近 80% 的國人住在都市計畫區裡，顯然臺灣都市化程度相當高。

放眼全球，人口高度聚集於都市，主要原因是就業機會。聯合國早在 70 年代即指出，全球「都市人口比率」與「人均國民生產毛額」的相關係數爲 0.81（在統計學中，相關係數 1 代表完全相關，大於 0.8 則爲高度相關），主計總處統計臺灣近 20 年則達 0.93，顯示我國都市化程度與經濟成長的關聯性高於國際平均水準。

這些數據意味著，城市對鄉村有極大的磁吸作用，就算城裡又忙又擠又貴，但能獲得比鄉下還要好的經濟、教育、醫療、衛生等條件，城市也能藉著吸納外地人才、集中大量資本而創造更多機會。然而，都市化並非沒有副作用。一旦人口集中到超出環境負載力，將導致地價上漲、交通壅塞、治安敗壞、產業汙染、綠地縮小等。相對的，當人口流失到掏空鄉村結構，將使區域內就業機會消失，青年移往都市，村裡剩下老人與小孩，年輕人找不到結婚對象，出生率急速降低，學校與醫院接連倒閉，最後鄉村更加孤立。

依照國家發展委員會的定義，全臺共有 81 個「偏遠地區鄉鎮」，除了離島、外島，其中有 2/3 位於山區及原住民區域，鄉鎮居民面臨了 8 大生活困境。

1. 出身低收入戶

教育部《教育統計簡訊》指出，102 學年度不分身分，國小、國中、高中、高職學生家庭屬低收入戶的比率分別爲 3.36%、4.10%、2.72%、3.00%；原住民則爲 13.9%、14.54%、9.41%、9.18%，大約高出 10% 左右。

2. 被迫告別家鄉

根據主計總處 2012 年的《國內遷徙調查》，全國以澎湖縣的外流就業比率最高，達 30.78%；臺東縣第二，29.86%；嘉義縣第三，28.75%；其後是雲林縣、嘉義市、花蓮縣、南投縣、宜蘭縣及屏東縣，都在 20% 以上。最低的前三名是桃園市 6.28%、新北市 7.67%、臺中市 9.7%，都未達一成。

3. 買不起都市房子

年輕人到臺北後，總算找到一份足以餬口的工作，驚訝地發現至少得 20 年不吃不喝，才買得起一戶中等價格的房子。這個數字來自「房價所得比」，指一個區域內中位數收入的家庭，須要花多少年的可支配所得，才能買到中位數價格的房子。比率代表需花費的年數，越高代表房價負擔能力越低。

內政部營建署統計 2015 年第 2 季的房價所得比，臺北市爲 16.1 倍，新北市爲 12.95 倍，其後是臺中市 8.83 倍、新竹縣 8.34 倍、彰化縣 8.11 倍、高雄市 7.91 倍、桃園市 7.90 倍、宜蘭縣 7.59 倍、新竹市 7.49 倍、苗栗縣 7.20 倍。

4. 移工勞動條件

勞動部發布《103 年度外籍勞工工作及生活關懷調查》，「社福外勞」（即家庭看護）目前國內有將近 20 萬人，他們之中有 10.3% 的人一整天休息時間（包含睡眠）不超過 8 小時，68.6% 完全沒有休假；且因不受《勞基法》保障，平均月薪約 18,000 元。

5. 學業程度落後

「經濟合作發展組織」（OECD）針對 15 歲青年每 3 年舉行一次「國際學生評量」（Programme for International Student Assessment, PISA），輪流測驗數學、科學、閱讀等 3 項素養，2012 年的主題是數學，根據「臺灣 PISA 國家研究中心」的《臺灣 PISA 精簡報告》，臺灣在 67 個國家地區中排名第 4，領先歐美諸國。但同時有 12.8% 的學生落在低標區（Level 2）以下，比例遠高於排名較佳的東亞各國；且成績前 10% 和後 10% 差了 311 分，約等同 7 個年級的程度，是所有受測國家地區中落差最大的。

6. 醫療資源匱乏

因爲鄉裡的醫院實在太少了。如金門縣平均每 1 萬人只分配得到 5.79 位醫師，約只有臺北市 34.09 位的 1/6。另外，臺東縣與最近的急救醫院相隔約 140 公里，平均車程至少需 2.5 小時，而臺北市的平均車程僅需 5 分鐘。

從 2015 年「急救責任醫院分區名單」來看，苗栗、南投、臺東、澎湖、金門、連江縣均無重度級醫院，病患必須後送其他縣市。然而急重症各有黃金搶救時間，如中風是 3 小時，心肌梗塞 1.5 小時，重大外傷、高危險妊娠、新生兒重症則狀況不一，平均起來黃金搶救時間在 30 分鐘內。

7. 傳統文化消逝

走在繁華的城市街頭，五光十色、車馬如流，原民的心思卻飛回部落裡，憶起柴火上的山豬肉、教堂的禮拜聲、一年一度的豐年祭……這份濃濃的思念反映出臺灣人對文化的認知。

依據 2011 年文化部的《文化參與暨消費調查》，臺灣民眾有 36.8% 認爲文化是「傳統、語言、習俗、社會或文化社區」，29.4% 認爲是「生活（食衣住行）及生活形態與方式」，第三是「藝術（表演藝術與視覺藝術）」爲 24.1%。這個結果與 2007 年歐盟《歐洲文化價值調查》（Eurobarometer on European Cultural Values）中，最多人（39%）將文化視爲「藝術」大不相同。

然而，臺灣人這份對傳統、語言、習俗、社區的認同卻快速消逝，其中尤以母語爲甚。例如原住民族委員會 2014 年《族語調查報告》即指出，原住民族在日常生活中使用族語交談的比例是 52.7%，另外半數則使用國語及閩南語。報告還指出，30 歲以下原住民族語能力退化程度「令人擔憂」。

這種情況也反映在客家語，客家委員會於 2011 年進行的《99 年至 100 年全國客家人口基礎資料調查研究》顯示，50 歲至 59 歲的客家民眾會說客家語的比例爲 72.4%，但 20 歲至 29 歲則驟降至 28.1%。另外在全體客家民眾中，有 95.3% 在家庭中使用國語交談、58.1% 以閩南語、51.6% 以客家語，顯示國語及閩南語在客家家庭中使用的比率都高過客家語。

8. 暴雨乾旱輪番襲擊

臺灣年平均降雨量 2,500 毫米，是全球平均的 2.5 倍，可是每人分配到的雨量卻不及全球平均的 1/5，缺水程度排名世界第 18 名。

上述經濟部水利署《多元化水資源經營管理》的數據令人吃驚，深究其原因，臺灣坡陡流急，3/4 的雨水落地後便迅速流入海裡。此外降雨時間分配不均，78% 集中在 5 月到 10 月的颱風季，其餘枯水期則時常缺水。降雨空間也差異甚大，北部「豐枯比」約 6：4，中部和東部約 8：2，南部爲 9：1。種種原因造成臺灣住民一年可使用的有效水資源，只有年均雨量的 42.5%。

來回一遭城市鄉村，漸漸發出「臺北不是我的家」的喟嘆，回望故鄉，又已經不是幼時那個家了。臺灣經歷一甲子的風華萬變、人口洗牌，生活益加便利，問題卻也日漸棘手。

9-2 創業與在地創生連結性

歐洲及美國鄉鎮發展有許多成功案例，例如：德國雙人牌的故鄉、英國美體小舖、美國迪士尼蘊含地方文化及重要產業。

引用日本安倍內閣所推行的「地方創生」政策，開始在臺灣引起注目。從 90 年代的社區總體營造開始，臺灣經常都受到日本社會發展方向的影響與啓發，因而這次日本首相安倍晉三大動作地投入人力與資源，推動地方發展，自然也容易受到矚目。不過，如果只是認定日本政府長期以來一貫重視鄉村與農業發展，而「地方創生」正是這個傳統的又一次優質表現，日本地方政治的複雜度與「地域」政策的歷史脈絡。

一、日本地方創生政策的目標

此施政計畫的目的是要解決三個困擾日本社會的問題：勞動力人口的減少、人口過度往東京集中、地方經濟面臨發展困境。新成立的創生總部將致力於地方人口的回流工作，力圖在地方創造就業機會，打造能讓年輕一代成家生子育兒的環境。

1. 日本的「地方創生政策」，可以開拓日本的未來嗎？

不同於先前的發展策略，「地方創生」的基調是由地方自行設定發展計畫與目標，而由國家來支援地方進行。支援的方式主要是透過提供「地方創生交付金」給申請的地方團體，給予他們發展地方產業時的具體援助。同時利用「地方創生」跨部會的性質，整合不同行政主管部門的資源來發展複合式的產業（例如，結合農林水產省的農村發展與厚生勞動省的高齡者照護預算，共同發展長照園區等）。最後，在地方層次則鼓勵「產官學金勞媒」的多行動主體之間的合作提案，也就是要讓在地的產業、政府、學界、金融、勞工與媒體都共同投入「地方創生」事業的行列。

2. 政治經濟脈絡中的地方創生政策

「地方創生」看起來大刀闊斧地建立了許多新制度，但對於日本的地方基層來說，仍有許多似曾相識之處。其實自明治維新以來，乃至大戰後的經濟復甦起飛過程中，東京與其他區域的發展落差始終是官僚與知識份子檢討的重要對象，並非當代所獨有。此外，在戰後的數次國土計畫沿革中，區域平衡與地方都市發展一直都被視爲規劃的重點項目，而中央對於地方發展的經費支援也構成了這些開發計畫的財政基礎。

3. 中央與地方關係

中央支援地方的關係，到了前首相小泉純一郎 2001 年執政後，開始出現斷裂。小泉開始大力推動「構造改革」，大幅削減分配給地方政府的分配款（地方交付稅），導致許多地方公共服務的撙節與停擺。這樣的舉措在地方社會（特別是偏鄉）中造成了巨大的衝擊與怨氣，累積到了 2009 年，成爲自由民主黨輸掉大選、失去政權的一個關鍵因素。

4. 中央必須支持地方

安倍作爲自民黨在三年後（2012）重返執政後的首任首相，必須重新思考取消補助地方財政的政策，重新擬定地方治理手段與策略。可是，安倍也曾是小泉的內閣閣員及其理念支持者，若要重新擁抱中央補助地方發展的政策方向，似乎顯得有點突兀。但就在這時，社會出現了一波關於地方消滅論的爭辯，讓安倍可以順勢改變政策走向。

5. 日本「地方消滅論」的爭辯

如果就此脈絡來理解安倍內閣的「地方創生」政策，或許地方消滅論的效應可以被視爲是一種政治議題（Political Agenda）的事先設定。安倍就公布了他的內閣改組名單，同時立即宣告、啓動「地方創生」所含括的多項政策與經費計畫。上述的學者如小田切或山下雖然大力抨擊「地方消滅」，但他們對於「地方創生」所能對偏鄉農山村帶來的可能性卻是有所期待，甚至不太認爲增田與安倍所談的是同一件事情。「地方創生政策」作爲治理地方社會的新架構。

6. 2014 年「地方創生」政策

安倍內閣在 2014 年 9 月提出「地方創生」政策，爲此還創置了特別任務編組的「町・人・工作創生總部（まち・ひと・しごと創生本部）」與一個稱爲「地方創生大臣」的閣員職位，並任命原自民黨秘書長石破茂擔任（2016 年 8 月卸任）。當年雖然已屆 2014 年底，安倍內閣仍很快地在國會與行政部門通過了相關的法案與計畫，並宣布 2015 年將爲「地方創生」元年。同時，他們也透過由國會通過追加預算和發放緊急交付金的方式，趕在新的會計年度到來前啓動日本各鄉鎮市的地方產業與永續經營之規劃行動，將「地方創生」付諸實行。另外引進了一套企業管理模式，來合理化這筆龐大但具道德正當性、民意支持度的政府支出。

二、我國「地方創生會報」

我國行政院於 2019 年召開第一次「地方創生會報」，由國家發展委員會（以下簡稱國發會）報告「我國地方創生國家戰略初步構想」，前行政院長賴清德肯定推動地方創生政策，來促進島內移民、都市減壓，正式將 2019 年定爲「臺灣地方創生元年」。

賴揆表示，未來政府將透過擬定地方創生精神的策略與行動方案，據此逐步推動，以緩和臺灣總人口減少及高齡少子化趨勢，達成 2030 年總生育率達 1.4，總人口數不低於二千萬人的願景，並透過地方創生的執行，來達成「均衡臺灣」目標。

賴揆提及，臺灣長期以來建設重北輕南，加上人口往都市集中，爲因應未來嚴峻的人口與國家競爭力問題，地方創生的啓動，刻不容緩。因此行政院召開地方創生會報，目的在協助地方發揮特色，吸引產業進駐及人口回流，藉此繁榮地方，進而促進城鄉、區域均衡適性發展。

地方創生是一項需要全民參與的跨領域整合工作，由下而上，從社區的需求與民眾需要形塑全民共識，再成爲一種全民運動，成功的關鍵在於產官學研社各界的全面參與。

行政院將地方創生的政策執行，提升到院級會報，不只要彰顯政府對於均衡臺灣、縫合城鄉差距的重視，更重要的是希望透過公私資源的整合，建構中央與地方的協調平台，讓相關的預算與資源分配可以合理化，發揮最大效益。

我國各地方社區及偏鄉地區，其極富特色之人文風采、地景地貌、產業歷史、工藝傳承均深藏文化內涵，爲協助地方政府挖掘在地文化底蘊，形塑地方創生的產業策略，刻正推動「設計翻轉、地方創生」計畫，藉由盤點各地「地、產、人」的特色資源，以「創意、創新、創業、創生」的策略規劃，開拓地方深具特色的產業資源，引導優質人才專業服務與回饋故鄉，透過地域、產業與優秀人才的多元結合，以設計手法加值運用，將可帶動產業發展及地方文化提升，必能使社區、聚落及偏鄉重新形塑不同以往的風華年代，展現地景美學並塑造地方自明性。

爲逐步推動透過設計翻轉地方、文創產業振興與社區發展相關工作，國發會於 2016 年 8 月已先假臺北松菸文創園區舉辦「推動『設計翻轉、地方創生』計畫說明會」，聚焦具永續經營潛力之產業項目，提出完整實施方案，並擇定特色鄉鎮辦理推廣。

三、「設計翻轉地方」推動臺灣「地方創生」計畫概念

爲強化各縣市鄉鎮特色產業發展，吸引更多優質人才，推動地區產業經濟永續發展，提升生活品質，創建更多地域性的品牌，本計畫透過示範點之實際

操作，盤點地方既有「地、產、人」的資源優勢並確立該地方特有的獨特性與核心價值，設計翻轉地方的產業策略，以「創意 + 創新 + 創業」的輔導機制，將地方的「作品、產品、商品」創造兼具「設計力、生產力、行銷力」的關聯效應，並構築出未來可供各縣市依循執行之推動架構。

推動架構主要有「甄選團隊」、「產業定位」、「目標願景」、「實施策略」、「推動執行」及「評估考核」六大步驟，逐步善用設計手法，規劃旅外優秀人才回流，配合統整專業團隊執行在地創生方案，輔以外部資源投入，中央及地方協力合作，進一步促使文化、產業、觀光各面向得以永續正面循環發展，並以具體可行的實施方案，讓地方產業及人才培育茁壯，創造多元經濟發展。

四、創業管理與創生連結

日本地方創生的推動，是一個建立在過去許多政策滾動檢討下的最新產物，爲了讓這個制度能夠眞正達到地域振興的目的。

地方創生的重點在於，建構與培育人以及其所在的環境彼此相互影響、依存的連結性關係，廣泛、專注、用心地提升地方品質，打造出地方的共有價值、社區能力，以及整合不同領域、人、事、物的資源，使地方擁有一個全新樣貌。地方創生亦是一個因應現代各種城市、社會問題而產生的觀念，如日本之所以開始重視地方創生，其原因跟日本的城鄉差距、高齡化社會有關，人口外流、少子化及高齡化讓地方產業、經濟快速萎縮，故希望藉由地方創生，解決相關的問題，減輕政府負擔。例如：臺灣南投運用地方創生發展地方婚禮產業。南投縣政府與交通部觀光局日月潭國家風景區管理處合辦 2018 年日月潭集團婚禮，於向山遊客中心登場，新人們暢遊日月潭，並在耶穌堂進行證婚儀式。

更多地方創生的基礎，須以「區域」、「場域」作爲基礎單位，強化地方自主、永續經營之能力，不全然由地方政治主導者擔任主要角色（更多時候他是一個輔助者）。以社區爲基礎的優點是，社區居民會在參與的過程當中，得到對於社區的認同及歸屬感，使其更加願意參與往後的地方事務決策，此時地方創生就會是建造社區共同資產的必要因素，如同歸屬感根植在社區居民心中一般。

創業與創業教育是近期相當熱門的議題；然而，創業的關鍵在「創業者」身上，而創業者的開創精神與開創行爲，絕對攸關創業之成效。

五、開創者的開創精神

開創者的開創精神是具冒險性、積極性與學習性，將自己投入一個持續進展的歷程中，每天持續地更新，每天都活出全新的自己。運用開創式共創：創連實務、創流實務、創變實務爲創造創業關鍵，及價值創造。

1. 開創行爲是「創造連結」

創造連結或彼此串連才能開創出新契機。當我們重新創造新的連結，創連彼此的問題、創連人事物、創連地點、創連時間，就會創生新的可能性；例如，創連彼此個別的問題，而形成系統性的問題。因此，創連是開創行爲的起始點。近年來，平台經濟正夯，也是透過平台的功能創（串）連彼此供需的問題，而創造出平台與共享的經濟模式。

2. 創連實務

不只是開創行爲的起點，也是開創行爲的基礎建設，中國大陸如火如荼地建設高速公路，每一個地區都要有高速公路之連結，以利運輸；這正是創連以開創契機的案例。此外，一帶一路也是這個意圖，公路也好、鐵路也好、船運與航空也好，創造連結也就爲彼此開創了新機會。

近年來，平台經濟崛起且盛行，透過「平台」的功能有效「創連」利害關係人的問題，而成爲系統性問題；創連利害關係人的資源，得以創造彼此的價值，例如 Uber、Airbnb、電子商務、跨境電商等新商業模式，都是運用平台去創連出全新機會。因此，開創行爲的起點與基礎建設是「創造連結」，創造連結也就開創機會。

3. 開創行爲創流實務（The Practice of Mobility）

開創行爲是創造流動；創造流動才能引起「人與人、人與物、物與物」的互動，資源的流動才有可能整合彼此的資源，開創出新資源，或爲資源創造新用途與新價值。因此，「創流實務」是開創行爲的核心活動。近來年，跨界合作、大數據、共創價值等議題興起，正是透過創造資訊、資源、資金等之移動與流動，加上人員彼此的互動進而創生各式各樣的創新的商業模式。

「創流實務」不只是開創的過程，也是開創行爲的關鍵活動。例如，平台建好了，供需雙方有了連結，可是利害關係人卻不互動，資訊、資金、資源並不流動，也是無法創造新的商業模式。這就好像兩地的公路、鐵路建好了，卻沒有車輛的運輸、人員的往來、物資的交換，漸漸就會變成「有連結、沒有流動」的窘境，能量無法持續流動，也就會逐漸死亡而無法開創新事物。故「創連實務」之後，更重要的是「創流實務」，創造移動、流動與互動。

4. 共創價值、跨界合作

共創價值、跨界合作等理論的關鍵都是「跨界」、「互動」，才能創造資源的互動與整合。參與者如何利用彼此的資源，創造共同的利益是共創價值的核心，互動以流動資源，才有可能共創資源的價值。如何共創價值之觀點，協助我們重新理解資源發展的三個趨勢，其一，「擁有資源到使用資源」，例如 Airbnb 等應用。其二，「資源給誰用」，有資源的人要將資源交給「更會使用」的人，才能創造出更多資源的價值。其三，「垃圾變黃金」，沒有價值的垃圾，對於另一方而言卻是有價值的；若將垃圾移動給另一方，垃圾可能從負價值變成正價值。因此，創流得以移動、流動、互動，創生資源的整合與開採資源的新價值。故，開創行爲的核心活動是創造流動，創造流動也讓資源得以互動並整合。

圖 9-2 初炳瑞顧問與地方青農共創價值、跨界合作

5. 創變實務（The Practice of Changing）

「創變實務」不只是開創行爲所展現的狀況，也是開創行爲持續改變的能量。例如，蝦皮一場行銷活動、淘寶1111光棍節創造利害關係人（平台、消費者、供應商）的流動，創造高流量與高業績；若只是短暫的改變，並不能是「創變行爲」。倘若能從創造流動之中，進行數據與使用者行爲分析，發展出新的銷售模式才能稱爲創造改變，否則只是一次性的變化，不能稱爲創變。

另外，航空業者、旅行社與離島居民三方若能一起共創價值，發展獨特的金字塔、高端的旅遊行程，不打擾與污染離島的風景，卻能帶來離島觀光的新風貌，透過持續以設計思惟開創「新創連、新流動」，才是一種創變的開創行爲。

6. 開創行爲是「無中生有、有中生變」

開創行爲是「無中生有、有中生變」，共創價值正是因彼此的互動與行動，創造彼此狀況的改變，進入一種持續往好方向改變的流動中（Flow）。因此，創變是創造參與者（利害關係人）行爲持續的改變（Changing）。故開創行爲持續的能量是創造變化，包括自己的改變、對方的改變以及共同的改變。

換言之，要開創流變（Becoming）就得去創造改變，包括改變彼此的關係、改變流動方式、改變互動方式、改變資源的使用方法等。故，開創行爲的持續能量是創造改變，創造改變也就讓「創連與創變」得以進入正向的循環之中。「開創行爲」是持續改變的歷程，若利害關係人能「創造連結、創造流動、創造改變」，開創者便能「無中生有、有中生變」，每一天朝更好、更新的狀態前進。

究竟如何實踐「開創式共創價值模式」，首先，我們可以透過平台策略或設計思惟重新創造利害關係人、問題與資源之連結方式，或者建構連結管道成爲價值共創系統，創造新連結。再者，促進資訊、資金、資源或「人事物」之移動、流動與互動，整合或創造新資源與新用途。最後，開創者保持持續改變的心態與行爲，就能實踐「開創式共創價值模式」。

9-3 創業者在地創生場域概念

一、創業者在地創生商業契機

創業者在地創生商業契機，運用地方共同努力及政府補助推動活動，創業商機在地創生對顧客七大需求及區域特色四大機會。

(一) 在地創生對顧客七大需求及區域特色四大機會

如何深入在地顧客需求及特色機會：科技運用及地方資訊，善用在地優勢，做好區域特色及稀有性，可利用策略分析 PEST 機會，就價值深入地方人文、政治、經濟、技術探討。

服務經濟時代，商品經濟空前繁榮，顧客對服務的需求不斷增加，對服務的品質日益挑剔。顧客對社會地位、友情、自尊的追求，使得高品質的服務成了滿足它們需求的主要經濟提供品。

體驗經濟時代，隨著社會生產力水平、顧客收入水平的不斷提高，他們的需求層次有了進一步的昇華，產品和服務作爲提供品已不能滿足人們享受和發展的需要。

從社會總體上看，顧客需要更加個性化、人性化的消費來實現自我。因此，顧客的需求也隨之上升到了「自我實現」層次；美國心理學家馬斯洛認爲：人的需求從低到高分爲七個層次，即生理需求、安全需求、友愛與社交需求、尊敬需求、求知需求、對美的需求和自我實現的需求。這種層次規律啓發銷售人員應向不同的顧客推銷產品不同的使用價值和差別優勢。

(二) 創業機會與地方資源

運用都市與地方鄉鎮差異性，引導顧客對於區域發展認知，如聯合國旅遊組織對於創造旅遊價值產業，創業機會就在地方創生建構與培育，以及其所在的環境彼此相互影響、依存的連結性關係，廣泛、專注、用心地提升地方品質，打造出地方的共有價值、社區能力，以及整合不同領

圖 9-3 阿里山區域青年，創造臺灣鄒族特色咖啡

域、人、事、物的資源，使地方擁有一個全新樣貌。例如，阿里山區域青年，創造臺灣鄒族特色咖啡，在大阿里山地區原種植家戶不到20戶，經由一連串的建構計畫，結合產業、創業及就業三合一的在地就業輔導模式及鄒族分享的浪漫情懷，如今種植家戶已超過500戶。不僅就業「量」提升，在「質」的面向上也脫離勞力密集的工作，獲得歐洲及亞洲餐廳指定咖啡，朝向觀光產業的經濟發展結構，創造地方產業升級。

(三)感動行銷

建立在地創業商業工具，運用吸引顧客要素分析、五大感動行銷及增值九項價值方向技巧。

1. 吸引顧客要素分析

美國心理學家馬斯洛認為：人的需求從低到高分為七個層次，運用價值主張及人性需求，對於吸引顧客要素分析；生理需求、安全需求、友愛與社交需求、尊敬需求、求知需求、對美的需求和自我實現吸引顧客要素分析設計。

表 9-1 吸引顧客要素分析設計表

人性需求要素	愛情麵包要素分析
生理需求	吃到飽的麵包
安全需求	店面安全的麵包
友愛與社交需求	用心為你製作麵包
尊敬需求	包裝精美的麵包
求知需求	在地材料蕎麥製作
對美的需求	心心相映美好心情愛情麵包
自我實現	在地唯一為你的愛情麵包

（初炳瑞，2018）

在地創生商業核心價值也是顧客願意購買的價值，創業者構思帶給顧客有哪些五大感動或九項價值方向，五大感動為眼、耳、口、鼻、意，九項價值方向為創新、便利、品牌、成本、設計、生活、客製化、地方限定、解決問題。

2. 促使顧客五大感動行銷

(1) 眼：如何讓顧客看到在地表創意涵而能感動。例如：客家花布、日本家徽圖記、原民圖騰……等。

(2) 耳：聽到悅耳聲音令顧客佇足聆聽而能感動。例如：雲雀、風鈴、竹林徐風、山歌、美妙的原民曲……等。

(3) 口：耆老的故事述說、解說人的介紹、知識傳達而能感動。例如：廟宇前石獅、宗教的彩繪拼玻璃、釀造的故事……等，也有吃在地特色餐。

(4) 鼻：聞到難以忘懷的味道而能感動。例如：萬巒豬腳、日月潭紅茶、日本特製香氣的香、難忘滷味……等。

(5) 意：意境的傳達而能感動。例如：阿里山雲海、玉山日出、司馬庫斯彩虹、日月潭晨雲交映……等。

3. 增值九項價值方向技巧

(1) 地方限定：令人想要收買，饑渴行銷，利用限定條件，如限量甚至買不到、超值收藏；日本有很多限定、期間限定、季節限定，這次是地方限定。地方限定就是利用各個地域的特產，配合全國有名的零食製作成的珍貴零食，不跑到特定的地方的話是無法取得。例如：紫色公仔、動漫公仔、作者親筆簽名、地方特色拉麵、關廟麵……等。

(2) 創新：創造是指以獨特的方式綜合各種思想，或在各種思想之間建立起獨特的聯繫這樣一種能力。能激發創造力的組織，可以不斷地開發出做事的新方式以及解決問題的新辦法，改善或服務價值。例如：手機功能、反摺傘、社頭五指襪、世界名球鞋底……等。

(3) 便利：物流服務及商品選擇有關的「配送的便利性」與「便宜的運費水準」。但進入高齡少子化後，未來將無法再仰賴勞動力增加來帶動經濟發展，唯有提高生產力，才能開啓經濟再度成長。而這裡所提到的生產力，指的是藉由新技術導入，結合創新服務來提高效率，才能彌合勞動力縮減的缺口，而能快速送達。例如：關山米送臺北、梨山水梨快遞……等。

(4) 品牌：品牌是獨有的名稱、識別符號、精神理念、核心價值，包含產品或服務各種有形和無形的綜合表現代名詞。例如：APPLE 手機、BMW 汽車、阿里山藝豆咖啡……等。

(5) 成本：係指企業爲獲取商品或服務所發生的一切「支出」；而費用（expense）則係指企業在營業活動中，爲獲取收入所支付的代價，如何降低成本分享利潤。例如：農產品在地價、DIY、特賣品……等。

(6) 設計：即「設想和計畫，設想是目的，計畫是過程安排」，通常是指有目標和計畫的創作行爲及活動。原意是「設置擺放其元素，並計量評估其效用」，現代通常指預先描繪出工作結果的樣式、結構及形貌，通常要繪製圖樣。設計現在在服飾、建築、工程項目、產品開發以及藝術等領域起著重要的作用。例如：飾品、包裝、三義木雕……等。

(7) 生活：是人生歷程的需要，精神生活則是人們在得到了物質生活後，所追求的另一種精神寄託。不同人對生活的意義有不同的看法，取決於個人的思想、愛好等。社會生活是日常生活、都市生活、政治生活、文化生活、藝術生活、宗教生活的總稱。社會生活是一個整體，各行各業的工作，對社會來說是不可缺少的。任何職業都關係著社會的發展，都有存在的價值。例如：生活工藝品、木屐、面具、家具……等。

(8) 客製化：許多商務禮品、節慶活動、廣告宣傳禮贈品，都漸漸以專屬客人需求製作專屬的禮品爲走向，客製訂做規劃。例如：皮包姓名專屬、刻名手機、手工繡名……等。

(9) 解決問題：運用、排除（Elimination）、對照試驗、歸納、推理、研究、類比、外推、腦力激盪、假設檢定、實驗與測試、計算機模擬、根本原因分析、8D 問題解決法、協助顧客解決問題。例如：物流貨運、提袋、防水……等。

二、在地創業優勢團隊建立

如何運用在地優勢，結合人力、物力、財力創造地方產業的誕生。

(一) 家族

指基於血緣、婚姻、生命共同體構成的利益集團，通常表現爲以一個家庭爲主構成的中心，如東亞社會的財團，多以一個家庭爲背景所形成的企業集團；有時幫派內的不同派系也以家族稱之。「家族」小範圍內有時和宗族混淆使用，但其家族特徵表現爲同一「姓氏」，以一個家庭爲中心，中心家庭爲家族共同祖先或家族中心人物。善用地方家族優勢，可有較大人力支援及用人彈性。例如：金門陳家、南港闕家、霧峰林家……等在地優勢，人力資源較爲充足，有利於降低成本及提高綜效。

（二）地方資源運用

政治資源如鄉鎮公所、地方團體、協會、農會、學術團體學校、學會，有助於創業資源取得及互助。

（三）專案

組織進行的一個暫時性（Temporary）的努力付出，在一段事先確認的時間內，運用事先決定的資源，以生產一個獨特（Unique）且可以事先定義的產品、服務或結果。並是運用管理的知識、工具和技術於專案活動上，來達成解決專案的問題或達成專案的需求。所謂管理包含領導、組織、用人、計畫及控制等五項主要工作。

9-4 在地創生核心價值及政府補助要因

「地方創生」這一名稱發源於日本，其中心思想是「產、地、人」三位一體，一句話來說，就是希望地方能結合地理特色及人文風情，讓各地能發展出最適合自身的產業。

前行政院長賴清德宣布 2019 年爲地方創生元年，推出臺灣地方創生國家戰略，達到均衡臺灣的目標，解決總人口減少、高齡化及人口過度集中大都市等問題，同時學習日本地方創生相關政策，將規劃建置地方經濟分析資料庫、進行縣（市）及鄉（鎮市區）的地方創生示範計畫及規劃作業指引、分階段補助地方政府之地方創生規劃。

一、日本地方創生補助金及 KPI 驅動要素

日本在推行地方創生交付金政策前，有「故鄉創生」政策，提供一億元給地方政府做建設，然而效果有限，沒有「可經得起檢驗」的成果，也無制定「政策評價」機制，遭到許多批判；因此，稅金到底該如何有效率地被使用，便成了現行地方創生補助金政策的關鍵，申請的經費由地方政府出一半，中央政府出資另一半。

(一)日本地方創生交付金

日本地方創生交付金，是有目的的地方補助金，是地方發展產業的銀彈，由地方政府與公共團體自主申請，以中央政府的「地方創生戰略」爲目標藍本，提出相對應的地方版地方創生目標，透過設定計畫 KPI 要求。

以及戴明 PDCA（Plan-Do-Check-Action 績效管理循環）年度政策績效改善制度，看計畫成效逐年提撥補助金，推動地方永續經營計畫，同時也視地方執行成效來逐年反饋給中央，調整地方創生中央綜合戰略。

(二)政府對地方創生計畫

政府對地方創生計畫，制定 KPI 計畫的「驅動要素」，引用日本及我國對地方補助計畫要求方式。

1. **成功關鍵指標**：關鍵成功因素是對於成功的戰略至關重要的要素。

   關鍵成功因素帶動戰略的推進，它致使或打破了困境；戰略的成功（所以「關鍵」）。戰略制定者應該問自己「爲什麼客戶選擇我們？」。答案通常是成功的關鍵因素。

   另一方面，關鍵績效指標是量化目標管理的措施，結合了目標或閥值，並確保戰略績效可衡量。

   例如：API = 新客戶數量。（可衡量、可量化的）+ 閥質 = 10 位新顧客 / 周

   [如果有 10 個或更多的新客戶，KPI 達到；如果 < 10，KPI 失敗]

   CSF = 爲了提供優質的客戶服務（和間接影響——通過客戶滿意度獲得新客戶）而設立一個服務中心。

表 9-2　地方創生制定計畫的成功關鍵指標

計畫分類	計畫例子	綜合Outcome	計畫Outcome	計畫Output
		政策全體效果	個別計畫直接效果	個別計畫活動量
		案例	案例	案例
地方創業	創業支援	地方創業人數	創業僱用人數和銷售額	創業家支援研討會、研修課程活動數量
	中小企業支援	地方中小企業業績	新開發商品的銷售額、業績恢復的中小企業數	企業参加數
農林水產	6次產業化支援	地方農林水產就業人數	新開發商品的銷售額	商品開發數
	生產性向上、系統化支援	地方一手產業就業所得	增加的銷售額、單位面積增加的產量	技術、系統開發數和導入數
觀光振興	入境觀光基礎建設改善	一個人觀光消費額	完備設施後的收入提高數	完善的設施數量
	觀光PR	觀光來客數	專案行銷活動入場者數、活動的觀光消費額	專案行銷活動數量
地方人口移動	移居諮詢	移居者數	經過移居諮詢後的移居數	参加諮詢人數
	實習	當地就職率	實習後留在當地就職者數	相關活動學生参加數
街區營造	小節點生活整備	定居人口數	小節點店鋪使用者數量及銷售量	地方營運組織數量
	街區再生	街區居住人口	新的開業數、新雇用者數以及補助地區的空店減少率	

2. 日本對自立性要求

在申請補助時，要確保計畫是「能賺錢的」，換言之，不依靠補助也能活下去的計畫，才是符合自立性的提案。像是長良川流域觀光推進協會，由岐阜縣、岐阜市、關市、美濃市、郡上市的相關行政、觀光團體組成，一起挖掘長良川流域的「觀光內容」，攜手當地DMO（Destination Management Organization）精通當地觀光資源，包括景點、自然、食文化、藝術、風俗習慣、藝能的地方法人，一起「推銷」（推銷的手法包括人員行銷、廣告、促銷活動、直效營銷及公共關係）長良川「舞妓列車」、「地酒列車」主題鐵道旅遊和「漁舟旅遊」，希望振興地方觀光產業。

KPI：使用當地付費觀光設施的旅客數量、旅宿設施新企劃商品數量、新的額外付費旅遊商品數量、訪問兩個以上長良川流域地區比率。

3. 官民聯合製作

所謂聯合製作，政府的角色並不只是用「看」的方式與地方公共團體合作，而是一起聯合製作參與，甚至能透過合作獲得來自民間的更多投資。舉例來說，早稻田大學的都市・地方研究所與岩手縣下石町內的利害關係人（Stakeholder）像是照護機構、建築事務所、物產企業、福利機構等組織一個「綜合計畫推進示範計畫檢討委員會」，依照當地待檢討的社會問題盤點結果，提出了新的CCRC（Continuing Care Retirement Community）計畫，希望能活用「小岩井農場」旁的町有地、「身障者活動中心與農業活用就業設施」、「讓高齡者安心住的高齡者住宅」、「跨世代多功能圖書館和能交流的咖啡餐廳」、「地方產材、農業和地方能源等地方資源活化的環境共生企業」。

KPI：移居諮詢人數、移居體驗活動參加人數，以及經過諮詢後移居的人數。

4. 跨地區合作

申請計畫時，盡量與企劃內容有關或鄰近地方政府合作，廣泛發揮彼此長處。像是山形縣寒河江市與朝日町，一起提出以戰略農作物爲核心的成長循環計畫，希望能合力解決彼此面對高齡化人手不足的課題，一同振興地方農業。

KPI：成立出口海外組織、成立六次產業化（傳統一級農業向二三級產業延伸其附加價值）組織、提升外國人觀光客數量，以及增加栽培面積與輸出量。

5. 跨政策間合作

不只是單一個政策目的爲出發點，而是通盤來看，發揮地方創生相關的政策效果，並整備滿足利用者的需求。新潟縣上越市欲打造一個商業城鎮，利用當地高田地區兩棟百年建築料理亭和電影院發展歷史文化接到再生的觀光，同時結合了產業振興政策，與首都圈的 IT 企業衛星辦公室，一起合作將地方空屋改建爲 share house，並進行市場導向的社會實驗，促進定居人口成長。

KPI：空屋活用數、街區集客人數、百年建築來客數，以及街區平日與假日步行人數。

山梨縣都留市與市內都留文科大學的教員養成系、健康科學大學的健康醫療系與縣立產業技術短期大學工業系合作提案，共同以廣闊的視野育成未來銀髮產業人才，並打造活躍生涯的社區。三重縣鈴鹿市提出身障者農業勞動福利合作計畫，協助身障者從事農業生產，並確保在政府官廳內開辦特產直銷商店。

KPI：CCRC（Continuing Care Retirement Community 連續照護退休社區）檢討會舉辦次數、諮詢活動次數、東京圈移居活動舉辦次數、具體移居諮詢人數。

6. **計畫的主體明確**

爲了形成有效以及可持續的推動計畫，在眾多利害關係人中，必須要有一個具領導力的計畫推動主體，確保計畫有能力被實施。長野縣的振興信州酒谷 NAGANO WINE 計畫，是一個從栽培、釀造到販賣的一貫計畫，由地方相關團體、市町村組成推動合作會議，地方的關鍵人物和大家一起向國內餐廳合作，並成爲海外貴賓桌上的貴賓酒。

KPI：第一年爲縣內酒的釀造量以及酒廠數量，後增加酒的販售量、相關商品販售量以及酒廠觀光人數。

奈良縣曾爾村的地方創業計畫，成立農林業公社，由當地第一的米農家率先發聲，米農家有十年以上的米種植與銷售經驗，因此能協助村內其他五個地區的生產者擴大行銷計畫。

KPI：新創品牌數量與創業團體數量，藉此增加移居定居人數。

7. **確保培育地方創生人才**

地方創生計畫推動過程中，要確保能培育地方人才，育成後的人才無論是在當地定居或是自行創業，都盡量要有繼續培育新人才的好循環。

長野縣岡谷市、諏訪市、茅野市、下諏訪町、富士見町和原村，爲了培育精密工業人才，由信州大學航空宇宙研究中心與地方工業企業共同舉辦小型火箭製作計畫，讓諏訪圈的研究生與企業能互相交流學習，並於當地高中舉辦教育座談會，確保留下將來的宇宙機器技術人才。

KPI：小型火箭人才育成研究會參加人數、醫療健康機器類人才育成研究會與研討會參加人數、新產品開發件數、展覽會貿易商談簽約數、全區域新雇用人數與製造產品的出貨金額。

二、臺灣地方創生 PDARO——初子循環

運用適合臺灣民情及特色多，探討如何設計活動及行動，並強調成果展現。

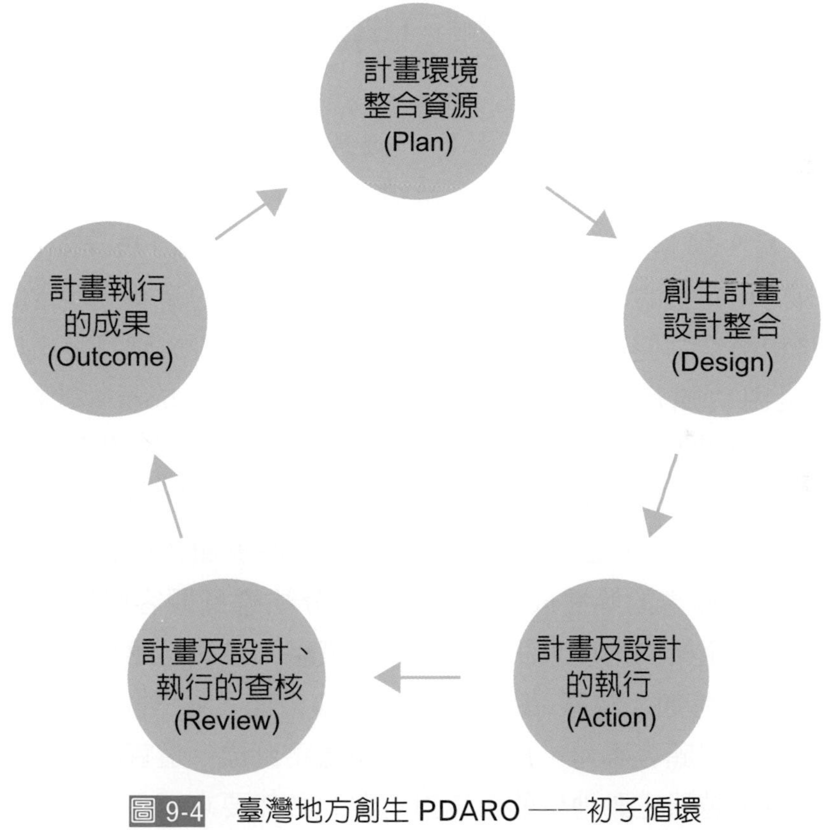

圖 9-4　臺灣地方創生 PDARO——初子循環

(一) 計畫環境整合資源（Plan）

就地方創生活動計畫期程設定及環境設定限制，就計畫考量範疇如列：

1. **大環境需求**：中央政策及補助要求、區域氣候、人文、地理、政治、經濟。
2. **小環境需求**：經營目標、地方區域、地方人文、地方產業發展。

3. **經營期程目標的質化量化**：經營策略、經營要求 KPI。

4. **經營政策方向及策略**：帶動地方經濟綜效及策略方向。

5. **核心價值**：願景、使命、價值觀及其他。

（二）創生計畫設計整合（Design）

規劃與目標結合：就創生目標對於期程目標分為年度目標、中程目標及長程目標。

1. **3S+3S 策略**：構思策略的三個核心則是策略 3S（選擇、差異化、集中）及策略 3C（顧客、競爭者、企業）加上洞察策略結構，訂定具體的方向。並創造對顧客而言最重要的核心價值。根據營收基準與價值基準，衡量風險進行決策。

2. **4P+4C 策略**：美國行銷學學者麥卡錫教授（Jerome McCarthy）在 20 世紀的 60 年代提出了著名的 4P 行銷組合策略（Marketing Mix），即產品（Product）、價格（Price）、通路（Place）和促銷（Promotion）。他認為一次成功和完整的市場行銷活動，意味著以適當的產品、適當的價格、適當的通路和適當的促銷手段，將適當的產品和服務投放到特定市場的行為。4C 理論是由美國行銷專家勞特朋（Robert F. Lauterborn）教授在 1990 年提出的，它以消費者需求為導向，重新設定了市場行銷組合的四個基本要素：即消費者（Consumer）、成本（Cost）、便利（Convenience）和溝通（Communication）。它強調企業首先應該把追求顧客滿意放在第一位，其次是努力降低顧客的購買成本，然後要充分注意到顧客購買過程中的便利性，而不是從企業的角度來決定銷售通路策略，最後還應以消費者為中心實施有效的行銷溝通。與產品導向的 4P 理論相比，4C 理論有了很大的進步和發展，它重視顧客導向，以追求顧客滿意為目標，這實際上是當今消費者在行銷中越來越居主動地位的市場對企業的必然要求。

3. **標準作業程序（Standard Operating Procedures，SOP）**：是指在有限時間與資源內，為了執行複雜的事務而設計的內部程序。從管理學的角度來看，標準作業程序能夠縮短新進人員面對不熟練且複雜的學習時間，只要按照步驟指示就能避免失誤與疏忽。標準作業程序的成立理由，通常有下列幾點：

   (1) 標準作業程序可以節省時間，進而達到高效率。

(2) 標準作業程序可以節省資源的浪費，從而達到環保效應。

(3) 標準作業程序可以獲致穩定性，穩定可以使組織繼續存在也是主要動力。（ISO：9000）

（三）計畫及設計的執行（Action）

1. **執行**：每一個行動都一定是起因於這七種原因中的這個或那個：機遇、本性、強迫、習慣、理性、憤怒或嗜欲。

2. **效率**：效率都是能量轉換效率。電效率（Electrical Efficiency），可用功率輸出及總耗電的比例。產出／投入的效率，可用的熱或功輸出與輸入能量（或消耗燃料對應的能量）的比例。

3. **效益**：性價比（Price–Performance Ratio）在日本稱作成本效益比（Cost–Performance Ratio）——爲性能和價格的比例，俗稱 CP 值。在經濟學和工程學，性價比指的是一個產品根據它的價格所能提供的性能的能力。在不考慮其他因素下，一般來說，有著更高性價比的產品是更值得擁有的。

4. **效果**：效果可以指效應，事物所產生的重要結果。

5. **效能**：是一種管理模式，其目標是爲了達到更好的績效。績效管理與發展（Performance Management Development，PMD）、網路效能管理（Network Performance Management）、組織發展（Organization Development，OD）、應用程式效能管理（Application Performance Management，APM）、企業績效管理或業務績效管理（Business Performance Management，BPM）、營運績效管理（Operational Performance Management，OPM）。

6. **擴散**：擴散作用是一個基於分子熱運動的輸運現象，是分子通過布朗運動從高濃度區域（或高化勢）向低濃度區域（或低化勢）的運輸的過程。特爲文創及創生的影響。

7. **資料與管理**：資訊管理（Information Management，IM）是從一個或多個來源中蒐集並管理資訊，並分配這些資訊給一個或更多的人閱讀。這有時會牽涉到支配或有權力去獲得這些資料。管理意味著組織管理以及支配資料的結構、處理和傳送等。1970 年代，紙本文件、其他媒體與記錄的歸檔、檔案管理與生命週期管理有極大的限制。

（四）計畫及設計、執行的查核（Review）

步驟修改：SOP 條文及適時修訂。

1. **定期及討論報告（日報、周／月／季／半年報、年報、同期報）**：定期審查文件總覽表適宜性。規定各階文件之編輯格式、發行日、編碼、版別、頁碼、總頁數、核准權責及分發對象。建立文件總覽表（企業報表）。
2. **矯正及預防**：著重在系統化地審查一個已識別問題或是風險的根本原因，避免這些問題再度出現（矯正措施）或是預防這類問題的出現（預防措施）。
3. **輔導及獎勵修訂**：獎勵是給予個人、團體、組織的精神或物質方面的激勵，以表彰他們在某個領域的卓越表現。

（五）計畫執行的成果（Outcome）

1. **初步**：計畫認同及地方參加單位及人數，區域合作。
2. **營收**：銷售及推廣效益。
3. **品質**：如何提升良率及美質。
4. **數量**：創造數量及生產能力，帶動區域生產量。
5. **成長**：對於地方人口、產業及收入成長。
6. **擴散**：效益擴散，區域發展。
7. **顧客滿意**：顧客充分的互動，以達到顧客的獲取、滿意度、忠誠度與淨值的提升。
8. **客戶關係管理系統**：爲企業從各種不同的角度來瞭解及區別顧客，以發展出適合顧客個別需要之產品／服務的一種企業程序與資訊科技的組合模式，其目的在於管理企業與顧客的關係，以使他們達到最高的滿意。
9. **產業建立**：產業，指農業、工業及服務業等各行業爲共同發展區域特色產業。

9-5 案例探討

一、探討大園在地價值，「地方創生」翻轉城鄉創生轉型經濟？

聯程工業股份有限公司，爲大園的在地企業，創立迄今已有五十多年，是具有高知名度及製造名品牌 KHS 單車（單車中文一詞爲謝正寬董事長提出），並有志帶動地方轉型。大園與其他鄉鎮有相同問題：年輕人流失、農村老化，而單車製造又面臨鄰國大量低價競爭，要如何帶動區域核心競爭力？是該公司所要解決的問題。

1. 大園優勢有國家門戶之稱：桃園國際機場就在大園，但是也限制大園發展限建及開發，帶給農村聲量及空中交通繁忙，甚至安全顧慮，有一家賞飛機名店奇跡咖啡就是當年大園空難倖存樓房。
2. 面對農村及製造業年輕人大量流失，進入鄰近臺北及桃園都市工作，該公司期待在經濟活絡的帶動下，讓離鄉背井不再是不得已的選項，留在家鄉也可以是驕傲又深具前途的選項。返鄉深耕在地價值，「地方創生」翻轉鄉鎮地方經濟，翻轉地方前，先翻轉想法：用投資取代補助，用經濟誘因吸引返鄉，聯程工業及 KHS 功學社單車由製造業轉型爲觀光休閒工廠，結合地方特色。
3. 經過人、文、地、產、景的調查，發現當地的地方特色，大園農場提供大臺北及桃園市重要花卉種植中心，是常年提供；如何提升農產價值也是重要考量，近年有花彩節、西瓜節、稀有彩色海芋節等地方特色。

圖 9-5　城鄉創生轉型計畫配合地方鄉鎮特色（溪海花卉園區）

4. 如何結合地方特色及工廠轉型，又要讓旅客可以在廣大鄉鎮中旅行及擴大休閒活動，於是單車之旅的想法誕生，把住宿、輕旅行與桃禧航空機場大飯店結合及地方和春花卉農場、溪海花卉協會一同推動花現大園。

圖 9-6　城鄉創生轉型計畫

5. 在政府經濟部中小企業處推動計畫補助之下，對於地方人力培育及教育訓練，結合桃園市職業訓練培訓人員工會努力協助、培育青農及青年返鄉創業、就業；並在初炳瑞理事長及相關重要師資顧問協助農場轉型有機農場及休閒農場認證，以及休閒農業區配合桃園市政策成立三個休區，休區至少 50 公頃以上，而串聯休閒活動樂活、慢活，又綠能健身，就是雙輪樂活。

圖 9-7　臺灣地方創生樂活大園社區人才培訓

二、探討返鄉深耕在地價值，「地方創生」翻轉農村經濟？

1. 依近幾年從日本紅到世界的「里山倡議」、「里海倡議」，提倡的概念是居民與自然、山林和海洋間的和諧關係。從人與生態的連結串連了社會關係，也創造出與自然緊密依存的創新經濟模式。在經濟活絡的帶動下，離鄉背井不再是不得已的選項，留在家鄉也可以是驕傲又深具前途的選項。返鄉深耕在地價值，「地方創生」翻轉農村經濟，翻轉農村前，先翻轉想法：用投資取代補助，用經濟誘因吸引返鄉。

2. 農村是都市的故鄉，也是糧食的安全基地，特從受六都磁吸影響而快速人口老化、外移的地區中，選定 134 個重點鄉鎮市區，以「翻轉農村、地方創生」的概念，打造農村成爲宜居宜業宜遊的桃花源。同時也借鏡日本地方振興農村翻轉的經驗爲他山之石，以彈性的配套措施，向企業和個人招手，提供歸鄉、歸農，甚至外地人移居的拉力，讓更多人能感受到、享受到，進而參與這股綠色運動，讓更多人從綠色資源所衍生出的產業和文化中受益。

3. 要吸引爲了工作而離鄉的青壯年回流返鄉並不容易。過去，政府一系列社區總體營造、社區再造、農村再生等計畫，已經完成階段性任務。隨著時代變遷、人口、產業結構的變化，想要翻轉農村、地方創生，農委會意識到必須跳脫傳統行政思維，應用經濟、企業轉型的概念，從增加就業和所得著手，用「經濟誘因」來吸引青壯年返鄉。另一方面，爲了鼓勵企業和個人用「投資」的角度來探尋農村的商機，取代傳統上依賴公部門補助的模式，農委會也指出適度的鬆綁法規、建立友善的經濟支持制度、看重農村培力等都是施政的重點項目。最終就是希望吸引企業、個人來創新農村的商業運作，創造就業機會，讓青壯年人口回流，進而振興地方經濟。

4. 在家鄉安居樂業不是一個遙遠的夢。近年來，公私部門的能量逐漸匯聚，農村的地方創生也在逐漸成形。許多感人又有創意的地方創生案例正在發生。例如獲得今年第一屆全國金牌農村的社區：三芝鄉共榮社區，原本面臨人口外移、少子化及高齡化的衝擊，農田荒廢的景象處處可見。然而退休返鄉的林義峰卻不願自己的家鄉就此荒蕪，在他多年堅持下，原本已忘卻農村生活的居民，重新思考家鄉的意義，也讓「種田」變成返鄉青壯年的熱門選項。原本廢棄休耕、堆滿廢棄物的水梯田，如今恢復成綠油油的農田，共榮社區種出屬於自己的農村生機。

5. 農村的未來很多元：可以創業、可以生活、可以圓夢。由此可見，農村可以很有活力，也能一步一步與時俱進，適性發展出各地的特色。農村發展可以結合文化、休閒、教育等多種類型，在重新定位的過程中，最重要的資源就是資金和人才，若有更多個人以地方創生人自居、更多企業改以投資角度回饋家鄉，加上國發會、農委會、科技部等各公部門彼此整合資源，共同打造一個更適合現代人工作、生活的創業平台。那麼家鄉不再是長大後為了工作不得已離開的地方，鄉愁也不再只是逢年過節的車票。家鄉可以是生長於斯的地方，更可以是安頓、發達於斯的樂園。

三、結語

每一個鄉鎮都有特色及優異文化，如何吸引顧客及帶動地方經濟，有賴地方人員共同參與及結合地方文化推動，讓顧客由世界各地來到寶島而能流連忘返，及盡興參與地方活動，108 年 5 月彩色海芋節連續三年突破百萬人觀光，已經帶給地方經濟成長，爾 KHS 功學社參與世界單車賽事，並推動 10K（公里）、20K、50K、200K 單車活動，帶來顧客上門銷售機會，活絡地方經濟，以及提供單車教練、解說、活動策畫、導覽、綠能、環保相關工作機會及創業成功要素。

延伸案例 其他在地創生案例

案例一：永安社區

位於花東縱谷的臺東鹿野永安社區，依山傍水的景觀特色除了如畫，更是社區推動生態旅遊與環境教育的基石。線道分流後人車漸少的武陵綠色隧道，雖不再是公路的關鍵節點，透過居民對空間的共同想像與活化，反而成為東臺灣最大的 2626 假日市集場域，推廣在地農產不遺餘力，不只各地遊客停留，也為社區新世代的青年創造返鄉回流的路。

案例二：仕安社區

臺南的仕安社區，也有屬於自己獨特的農村地方創生故事。在里長廖育諒的努力奔走下，成立友善種植水稻的合作社，不僅以友善方式耕種，也建立起社區內互補互助的農村氛圍。合作社還提撥部分盈餘投入社區的高齡照護，購置服務社區長者的醫療專車，讓社區內的長者透過社區創新機制獲得在地老化的良好照顧，實現《禮運大同篇》的「老有所終、壯有所用」。

案例三：內城村

除了農產相關之外，宜蘭員山鄉的內城村原本也因為少子化而關閉學校，也在縣府的支持下，在實驗教育法通過之前，就將國中小整併成公辦公營的實驗學校，用實驗教育築巢引鳳，吸引外地家長移居到此，也吸引有志的青年師資，創造寶貴的地方創生經驗。

參考文獻

1. Lusch & Vargo（2006.6）, 企業的經營與消費者共創價值，上下游。
2. 王榆琮譯（2018.8），地方創生 2.0，時報出版。
3. 李宜欣、翁群儀、涂翠花、陳玉蒼、陳香廷、陳譽云、張英裕、黃世輝（2018.10），地方創生的挑戰：日本 NPO 的在地創業，開學文化。
4. 林書嫻譯（2018.2），地方創生戰鬥論：地區營造從活動到事業，必備的思考、實踐、技巧！，行人。
5. 林詠純譯（2018.3），地方創生最前線：全球 8 個靠新創企業、觀光食文化，和里山永續打開新路的實驗基地。
6. 陳玠廷（2019.10），愛地方鄉村與地方創生／創業不能像賭博，上下游。
7. 張正衡（2017.3），「地方創生」政策作爲日本地方治理新模式，巷仔口社會學。

8. 張佩瑩（2018.4），地方創生：觀光、特產、地方品牌的 28 則生存智慧，不二家。
9. 張佩瑩譯（2018.6），地方創生大全：經營比創意重要，讓賺錢的街道來大大改變地方，不二家。
10. 張佩瑩譯（2017.4），地方創生：小型城鎮、商店街、返鄉青年的創業 10 鐵則，不二家。
11. 謝志誠（2018.6），鄉村與地方創生，上下游。
12. 初炳瑞（2007.6），文化部 華山文創園區提案計畫，職訓研發中心。
13. 初炳瑞（2008.2），台糖尖山埤江南渡假村解說人才培訓計畫。
14. 初炳瑞（2017.3），勞動部桃竹苗分署導遊及領隊人才培訓計畫。
15. 初炳瑞（2018.7），經濟部 SBTR 地方文創計畫樂活雙輪花現大園計畫。
16. 聯合報社企編輯小組（2018.8），社企流的《讓改變成真》。
17. 王茜穎（2018.3），爲什麼這麼多小鎮鎮民支持川普？—從城鄉差距看美國大選。
18. 李慶芳、價值共創研究社群 VCC 成員（2012.3），創（串）連實務、創（串）流實務、創（串）變實務，VCC 社群。
19. Baglieri, D., & Lorenzoni, G. 2014. Closing the Distance between Academia and Market: Experimentation and User Entrepreneurial Processes. Journal of Technology Transfer, 39(1): 52-74.
20. Baker, T. 2007. Resources in Play: Bricolage in the Toy Store(Y). Journal of Business Venturing, 22(5): 649-711.
21. Baker, T., & Nelson, R. E. 2005. Creating Something from Nothing: Resource Construction through Entrepreneurial Bricolage.Administrative Science Quarterly, 50(3): 329-366.
22. Johannisson, B. 2011. Towards a Practice Theory of Entrepreneuring.Small Business Economics, 36(2): 135-150.
23. Mair, J., Battilana, J., & Cardenas, J. 2012. Organizing for Society: A Typology of Social Entrepreneuring Models.Journal of Business Ethics, 111(3): 353-373.
24. Merz, M. A., Zarantonello, L., & Grappi, S. 2018. How Valuable Are Your Customers in the Brand Value Co-Creation Process? The Development of a Customer Co-Creation Value (Cccv) Scale. Journal of Business Research, 82: 79-89.
25. Prahalad, C. K., & Ramaswamy, V. 2004. Co-Creation Experiences: The Next Practice in Value Creation. Journal of Interactive Marketing, 18(3): 5-14.
26. Ramaswamy, V., & Ozcan, K. 2018. What Is Co-Creation? An Interactional Creation Framework and Its Implications for Value Creation. Journal of Business Research, 84(Supplement C): 196-205.
27. Rindova, V., Barry, D., & David J. Ketchen, J. 2009. Entrepreneuring as Emancipation. Academy of Management Review, 34(3): 477-491.
28. Steyaert, C. 2007. ‘Entrepreneuring’ as a Conceptual Attractor? A Review of Process Theories in 20 Years of Entrepreneurship Studies. Entrepreneurship & Regional Development, 19(6): 453-477.
29. Vargo, S. L., Maglio, P. P., & Akaka, M. A. 2008. On Value and Value Co-Creation: A Service Systems and Service Logic Perspective. European Management Journal, 26(3): 145-152.

CHAPTER 10

創業前的準備

10-1 創業前的自我評估

一、創業興起的原因

根據 HIS 在 2018 年 8 月出版之全球前瞻（Global Insight，GI）顯示，2017 年全球經濟成長率爲 3.2%，爲近年新高。而根據經濟部統計，2017 年國內總企業家數約 147 萬家，中小企業約 144 萬家，占全體企業家數的 97.7%，約與 2016 年相同，而大企業 3 萬餘家，僅占不到 3%，顯見國內企業仍以中小企業爲主體。

中小企業中又以獨資、合夥占大多數，二者即超過 55%，而這類企業大多爲微型企業。爲什麼國人樂於創業，在張思齊的研究中發現，創業者會投入創業的原因可以分爲 4 大因素：負面壓力（Negative Displacement）、轉換軌道（Being Between Things）、正面拉力（Positive Pull）及正面推力（Positive Push）。

（一）負面壓力

事業平順的人通常不會選擇創業，會有創業念頭的人，往往都是在身心受到傷害之下，所做的決定，如在現有的工作中無法獲得期望的報酬，或在工作中受到挫折，讓他不想再受人管理，進而選擇創業。

（二）轉換軌道

當人生正在轉換跑道或者受到重大打擊時，會比一般人容易產生創業的動機，如中年面臨失業的壓力時，往往會讓人興起自行創業的念頭。

（三）正面拉力

創業者在創業前都會尋找資源或機會，如果此時碰到好的導師或夥伴，可以提供經驗或互補的資源，這種適時的協助與指導，都是給創業者的正面拉力，加速他走向創業之路。

（四）正面推力

拉力與推力的不同在於拉力不是來自於創業者本身的力量，而是影響創業者的外在力量，也就是說，它是由外在的人、事、物所提供的。而推力則是來自創業者本身的能力，它可能是創業者以往的工作經驗、專業知識、能力、社交網路……等。

二、創業的自我評估

創業（Entrepreneurship）這個名詞最早是源自於法文的 Entreprendre，它的原文意思是承擔（Undertake）之意，是個人不考慮當前所掌握的資源，而追求機會的過程，所以，創業的本質在於能辨認機會，並適時將有用的構想付諸實現。

創業原本是一個社會、一群人活力的展現，除了能爲創業者帶來自我實現或贏得財富的成就感外，也釋放了豐沛的就業機會，也就是說，創業行爲的本質在於識別機會並將有用的構想付諸實踐，創業行爲所要求的任務既可由個人也可由小組來完成，且需要創造性、驅動力和承擔風險的意願。

目前在臺灣，創業年齡傾向兩極化，其中一群創業者年齡約在 25 至 45 歲，另外還有一些則是中年失業者透過創業開創第二春，不論是什麼原因創業，創業都不能任性爲之，應該要事先評估自己是否適合創業，再按照創業流程與步驟，一步一腳印去實現創業構想，進而將產品或服務予以商品化、市場規模化。

創業家（Entrepreneur）這個名詞來源於法語辭彙 Entre 與 Prendre，最初是用來描述買賣雙方承擔風險的人或承擔建立創新企業風險的人，劉常勇認爲創業家是一位有願景、會利用機會、有強烈企圖心的人，願擔負起一項新事業，組織經營團隊、籌措所需資金、並承受全部或大部分風險的人。

許士軍也對創業家做了定義，認爲創業家是建立及創立一家企業的人、基於利潤與成長而建立與管理一家公司的人、從事經濟風險事業從而負擔經營風險的組織者、有能力並願意承擔個人風險及責任，將生產及信用相結合，以實現利潤或是其他權力聲望等目的的人。

爲了讓創業者能評估自己是否具備創業家的行爲與特質，有很多的方法與工具可以協助創業者自我檢測，中國青年創業協會與學術機構合作進行質化與量化之研究，發展出以學術理論爲基礎、又具實務利用價值的華人創業家創業適性量表，受測者填完後，系統即自動完成受測結果顯示，並給受測者參考建議。打算創業的朋友可以上新創圓夢網受測，以了解自己目前是否具備創業的特質。

除了華人創業家創業適性量表外，經濟部中小企業處也提供一個創業適性量表，讓想創業的人可以自己做評估，了解自己的性格是否適合創業，總共有20題，都是生活中的態度與行爲描述，有意創業的朋友可以根據自身實際狀況作答，分數愈高，則代表愈擁有創業家的特質。

表 10-1　創業適性量表

題號	問題	Y / N
1	大部分的人只要肯努力就能勝任工作	
2	一旦做出決定，我從不後悔	
3	一般說來，認真工作的人都能獲得應得的報償	
4	工作的時候，我總是拼命去做，直到我自己滿意為止	
5	不管事情有多困難，只要自己認為值得去做，我就會盡力而為	
6	在決策過程中，我總是扮演主導角色	
7	我的組織不能達到專案預設目標，我認為自己有責任改善這種狀況	
8	我所追求的生活目標與價值，是由我自己來決定	
9	我喜歡在充滿挑戰與變化的環境中工作	
10	我會為自己的行為負責	
11	我會觀察市場及預測市場的趨勢	
12	我對生活週遭的事物充滿好奇心	
13	我對自己的判斷力很有信心	
14	我樂於投入自己理想的工作	
15	我盡可能找尋更好的方法來完成事情	
16	我總是能夠影響團體會議的氣氛	
17	我願意奉獻生命去實現人類應有的理想生活方式	
18	我願意善盡社會責任，回饋社會	
19	看到自己的理想付諸實現，我會感到興奮	
20	遭遇失敗時，我會檢討、反省，希望失敗得有價值	

受測者針對這20個題目，同意者得1分，不同意者得0分，做完統計出總分，再進行以下分析：

- **1-5分：**你稍欠缺創業家的性格，建議先認識自己、強化自我管理，對就業或創業來說，都是好事。

➡ **6-10分**：雖然不一定是天生的老闆，但透過探索外在機會，從尋找好點子開始也能成功。

➡ **11-15分**：你應該具有創業的潛力，付諸行動前可以先參加相關課程，聽取顧問或其他創業者的建言。

➡ **16-20分**：你顯然有創業者的特質，提醒你善用資源、穩紮穩打，你就是未來的創業之星。

10-2 微型企業的發展與困境

一、微型企業

（一）微型企業的定義

微型企業的概念始於 1970 年代，主要是當時開發中國家爲減低貧困，及改善弱勢族群生活所輔導之創業類型，也是那一段時期中，開發中國家創造就業機會的重要管道。

1980 年至 1990 年初期，開發中國家推動微型企業的目的，也是在減少貧窮，但由於當時產業環境不發達，因此，微型企業所經營的產業還是以農業爲主。1990 年以後，微型企業漸漸成熟，營運範圍涵蓋製造、零售、服務業。

顧名思義微型企業是比中小企業更小的一種企業組織，分界的標準可以是資金、員工數、創業動機……等，各國的定義都有些許差異。根據國際金融中心（International Finance Centre，IFC）與麥肯錫（McKinsey）針對 132 個國家所做的調查報告指出，有 69 個國家將微型企業定義爲低於 10 人的事業體，有 27 個國家將 5 人以下事業體定義爲微型企業。

美國 AEO 組織（The Association for Enterprise Opportunity）對微型企業的定義爲 5 人以下或資本額 35,000 美元以下的企業。亞太經合會（Asia-Pacific Economic Cooperation，APEC）定義員工人數在 5 人以下者爲微型企業。日本則定義製造業 20 人以下、商業服務業 5 人以下爲微型企業。

聯合國國際勞工組織認爲自僱型工作者及低於 10 人的事業體才是微型企業，經濟合作暨發展組織（Organization for Economic Cooperation and

Development，OECD）則是定義員工人數在 20 人以下的事業組織才是微型企業，英國及歐盟都是以 10 人以下的事業體爲微型企業。

國內只有定義中小企業，對微型企業並沒有官方的定義，經濟部的中小企業發展條例第四條提到小規模企業，但該條例並未再定義什麼是小規模企業，中小企業處頒布的中小企業認定標準第三條，則說明中小企業經常僱用員工數未滿 5 人的事業稱小規模企業。

(二)微型企業的特性

微型企業因爲員工人數少，負責人往往需要身兼數職，因此，受限於各種資源配置，在經營上無法打組織戰，大多以能自己掌握的獨特資源或技術，在利基市場或供應鏈中，提供具競爭優勢的產品或服務。

受限於規模及產能，微型企業大多有地域性，以內需市場爲主，因此，其行銷方式也只能透過個人的人脈關係，以口碑行銷的方式，來販售其產品或服務。至於雇用的人員，除了自己之外，大多爲週遭的親朋好友爲主，也沒有正規的人員升遷、管理制度。

在創新方面，企業主大多對於所提供的產品或服務，具有獨特的研發創新想法與專業能力。企業經營模式以現金交易爲主，營運所需的資金不易以企業方式向銀行貸款及融資，僅能以個人名義向銀行貸款，或向親友借貸，缺乏正常的融資管道。

二、微型企業的困境

在紀怡安的研究中也發現，微型企業的困境在於規模小、進入障礙低，加上經營者資金、經驗不足，面對競爭及快速變動的市場，常會面臨人力資源不足、資金不足、協力網路建立困難、環境限制、關鍵能力不足的問題。

(一)人力資源不足

絕大部分的創業者並不是各方面能力都精通，在沒有團隊組織的情況下，無法將創業過程的資源、能力有效地運用，以因應變動快速的市場環境。加上資金匱乏、企業條件薄弱，通常難以聘請適當、需要的專業人力，使企業管理與經營規模運行困難，而難以掌握市場、技術、法規、財務等各方面的資訊。

(二)資金不足

資金不足通常是微型企業於發展上最困難的地方，對於業務成長、經營、實體設備、技術研發與人才聘雇都有相當大的影響，且微型企業的創業者多數需要身兼數職，以致於營業收支的管理也時常難以兼顧，使得資金經營運用與流向準確掌握上較為困難。加上擔保品不足、保證人尋找不易，因此從資本市場中取得企業長期經營所需的財務資本有相當大的難度。

(三)協力網路建立困難

分工協力的企業網路是企業發展的關鍵，然而微型企業在市場上人脈建立尚未健全，因此市場、原料供應、技術、財務體系等相關的資訊取得不易，也直接影響著行銷管道的取得。

(四)環境限制

目前國內企業發展的法規及輔導政策措施，並未針對微型企業的生存發展有較周詳的規劃，難以享受租稅上的優惠，再者微型企業本身條件大多不佳，又欠缺可向外部諮詢的服務資源，因此經營不善而退出市場的比例很高。

(五)關鍵能力不足

微型創業者由於普遍缺乏使企業長遠發展的關鍵能力，包括經營管理、資訊科技及創新能力，因此企業失敗率很高。

10-3 創業的方向

一、行業別

在確定自己已經擁有創業者的特質後，就要開始思考自己適合從事哪一種行業，在選擇創業的行業前，先了解各個行業在做什麼？有什麼差別？再來做最後的決定。

行業係指經濟活動部門之種類，而非個人所擔任之工作，包括從事生產各種有形商品與提供各種服務之經濟活動在內，每一類行業均有其主要經濟活動，傳統的行業別大概可以分為：零售業（Retail Industry）、批發業（Wholesale Business）、製造業（Manufacturing Industry）、服務業（Service Industry）。

(一)零售業

零售業是國家最古老的行業，指的是向最終消費者（包括個人和社會集團）提供所需商品及其附帶服務爲主的行業，如果創業者擁有門店、流動貨車、固定攤位……等，可以直接面對顧客銷售產品或服務，都屬於零售業。

(二)批發業

批發業是面向大批量購買者開展經營活動的一種商業形態，也就是將有形產品賣給零售業者的行業，批發業者通常會向製造商購買商品，存放在倉庫後，再銷售給零售業者，經營所需的成本較零售業者高。

(三)製造業

製造業是指將原料經物理變化或化學變化後成爲了新的產品，不論是用動力機械製造，還是手工製作，都屬於製造業。製造業直接展現了一個國家的生產力，包括：產品製造、設計、原料採購、倉儲運輸、訂單處理、批發經營、零售。

(四)服務業

服務業是指利用設備、工具、場所、資訊或技能等，爲社會提供勞務、服務的業務，它包括飲食、住宿、旅遊、倉儲、寄存、租賃、廣告、各種代理服務、提供勞務、理髮、照相以及各類技術服務、諮詢服務等。

在選擇創業的行業別時，除了要選擇具有前景的行業別外，還要考量自身的資源，這些傳統產業別，創業者所需投入的資源都要非常龐大，不是所有的創業者都足以應付，對於微型創業者而言，更是不易。

二、新的創業趨勢

根據經濟部中小企業處的研究顯示，新生代選擇創業的關鍵因素在於創業成本，創業成本指的不僅是開辦初期的投資成本，還包括正式創業後隨之而來的營運成本，例如店租、進貨費用、人事費用……等，這些在過去創業過程中占成本最高比重的障礙，因爲加盟體系的興起，以及創業資訊的普及，讓創業門檻降低許多。

在以往的資本密集市場中，創業是件很困難、門檻很高的大事，沒有相當的資金恐難成行。但是，當微型、知識型創業時代的來臨，資金不再是創業的最大障礙，小額創業吸引更多年輕族群的投入，從調查中可以發現，超過 55% 以上的創業者把創業資金設定在百萬元以下。

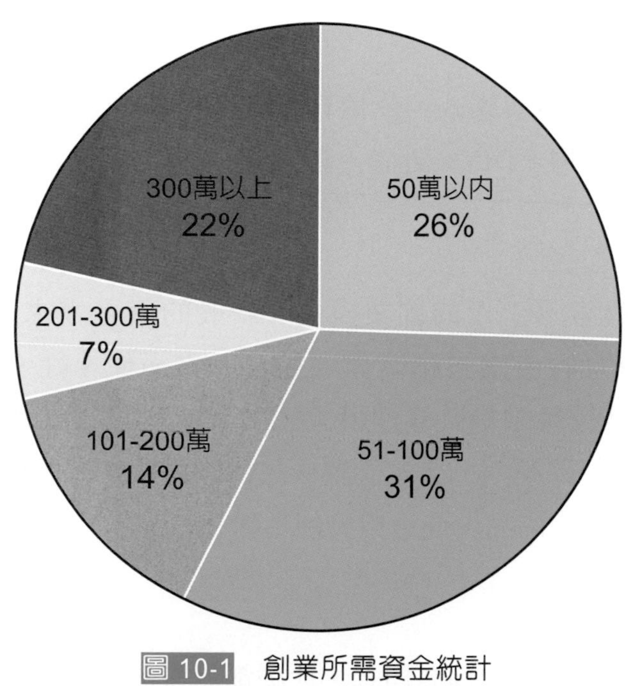

圖 10-1 創業所需資金統計

至於創業者創設行業的趨勢，根據經濟部中小企業處的統計如表 10-2 所示，未創業者心目中的創業業別以食品餐飲業最多，約占 46%，遠高於第二名服飾配件業的 6.6%，其次是美容養身業、創意精品業及居家百貨業。

表 10-2 創業業別統計

未創業者		已創業者	
業別	百分比	業別	百分比
食品餐飲	46%	食品餐飲	20%
服飾配件	6.6%	服飾配件	7.9%
美容養身	3.5%	3C家電	5.2%
創意精品	3.4%	創意精品	4.3%
居家百貨	2.6%	交通運輸	3.9%

如果從已創業者做統計，食品餐飲業仍然是首選，但比率已降到 20%，顯示理想跟實務還是有很大的差距，服飾配件則仍與未創業者的理想相距不遠，已創業者約 8% 是從事服飾配件業。

接下來的排名就有些許異動了，創業的第三名，約 5% 的創業者選擇從事 3C 家電業，約 4% 的創業者選擇做創意精品及交通運輸業，這應該跟微型創業者的特性有關，因爲他們的資源有限，無法大規模地投入傳統的產業別，而這些業別所需的資源相對較少。

目前熱門的微型創業模式，依據經濟部的統計分析，可歸納有 8 種：加盟、零售、時尚、寵物、DIY、外包、創意及知識。

(一) 加盟

加盟方式是最容易上手的創業模式，一般的資金需求約新臺幣 10 萬到 1,000 萬元，可加盟的產業包羅萬象，從食、衣、住、行、育、樂都有，通常加盟主都會提供教育訓練及管理模式，創業者可以掌握加盟品牌的獲利模式，未來可同時經營好幾家分店，能讓收入倍數增長，學習加盟總部的管理方式後，也可以考慮創新商品，或選擇另創品牌。

(二) 零售

零售是一種本小利大的創業模式，什麼都能賣，資金需求不高，如果沒有門店、選擇二手生財器具的話，約新臺幣 15 萬元以下就可開業，未來可以發展成小型連鎖體系或供應商。

(三) 時尚

至於年輕女孩喜歡的時尚風，開一間賣時尚、賣美麗的店也是潮流所趨，所販售的商品包括：流行服飾、飾品、配件、保養品……等，資金需求較高，約新臺幣 50 萬到 100 萬元，但風險較高，因爲創業者要對時尚有足夠的敏感度，才能準確地進貨，不致產生高庫存，目前很多時尚玩家除了實體店面外，也有很多是透過網路進行交易。

（四）寵物

因應少子化的風潮，寵物反而變成家中的替代品，寵物在家中的地位甚至取代小孩，在這股潮流下，販售讓家有寵物的家庭買單的商品或服務，就變成主流，包括：開寵物餐廳、賣寵物的衣服或精品百貨……等，不過，寵物商品不易產生進入障礙，經營模式很容易被模仿，要做出品牌或市場區隔，才有利基點。

（五）DIY

DIY 主要是讓顧客能自己動手做出獨一無二、與眾不同的東西，所販售的商品包括：手作雜貨、服飾、飾品……等，主要賣點在於創意，資金需求相對較小，可以先在藝術市集駐點，等到有知名度後再開自己的門店。

（六）外包

對於有特殊專業的創業者，也可以自行開店接案，提供專業的服務，如幫客戶代工寫程式、開發網頁、做設計……等，如果口碑、績效好，甚至可以有長期的合作夥伴。

（七）創意

創意風除了可以跟商品或服務結合推出創意包裝、創意商品外，也可以跟地方特色、文化相結合，利用源源不絕的創意，創造自己的風格，引領流行的風潮，創造新的商機。

（八）知識

在知識經濟的時代中，知識也成爲一種商機，運用智慧資本爲自己創造利潤是一種方式，利用資訊不對稱創造財富，是另一種商機，但前提是創業前要先想好您的經營模式是什麼？有人運用大數據（Big Data）賺錢，有人利用開放資料（Open Data）營利，也有人靠建立品牌獲利，端看您選擇哪一種。

10-4 工商登記面面觀

當創業者找到自己的創業標的後，接著要思考的問題是我要開公司還是行號？我要合夥還是獨資？

一、行號

商業登記法第 3 條所稱商業，指以營利爲目的，以獨資或合夥方式經營之事業。依商業登記法規定登記的行號，分爲獨資及合夥組織兩種，而不論是獨資或是合夥組織，經營者都必須對經營的行號承擔無限清償責任。

(一) 獨資

獨資係由經營者個人獨自出資，依商業登記法規定，向各地之縣（市）政府辦理商業登記，資本額 25 萬元以下，免提出資金證明。

(二) 合夥

合夥組織係經營者 2 人以上共同出資，依商業登記法規定，向各地之縣（市）政府辦理商業登記。資本額 25 萬元以下，免提出資金證明。

二、公司

公司法第 1 條所稱之公司係以營利爲目的，依照公司法組織、登記、成立之社團法人，公司法第 2 條原將公司分爲無限公司、兩合公司、有限公司及股份有限公司 4 種型態，2015 年 6 月 15 日修訂公司法時，增修了第 13 節閉鎖性股份有限公司。

(一) 有限公司

有限公司的經營者需依公司法規定，向公司登記機關辦理公司登記後，再向營業所在地國稅稽徵機關辦理營業登記。其基本條件，依公司法規定股東至少 1 人，各就其出資額爲限，對公司負有限責任。

(二) 股份有限公司

股份有限公司的經營者需依公司法規定，向公司登記機關辦理公司登記後，再向營業所在地國稅稽徵機關辦理營業登記。其基本條件，依公司法規定，需 2 人以上股東或政府、法人股東 1 人所組織，全部資本分爲股份，股東就其所認股份，對公司負其責任，選出董事至少 3 人、董事長 1 人，並選出監察人至少 1 人。

(三)閉鎖性公司

閉鎖性股份有限公司是指股東人數不超過 50 人，在章程中訂有股份轉讓限制之非公開發行股票公司，強調的是股東間的契約規範和公司自治，且在章程中載明與規範股東轉讓股份的限制，以增加凝聚力於初創期股東之間的信賴感與使命感。

除了現金之外，股東可以信用、勞務或技術做爲公司資本，爲使交易相對人便於查詢，主管機關會將閉鎖性公司的資訊公開於政府資訊網站上。股東如果要以信用、勞務或技術做爲公司資本，因爲技術、信用或勞務鑑價不易，故申請登記前須全體股東同意及會計師查核簽證。

參考文獻

1. 陳明惠（2012.1），創業管理，初版二刷，華泰文化。
2. 陳振遠、田文彬、朱國光、林財印、林靜香、孫思源、陳彥銘、趙沛、薛兆亨、蘇永盛、蘇國璋（2013.3），創新與創業，初版，華泰文化。
3. 陳振遠、張思源、龍仕璋、蘇國璋、蘇永盛、楊景傅、賴麗華、田文彬、廖欽福、林財印、鄭莞鈴、呂振雄、王朝仕、王明杰（2014.9），創業管理，初版，新陸。
4. 魯明德、陳秀美（2017.12），創業管理—微型創業與營運實務，二版，全華圖書。
5. 鄭雅穗、盧以詮（2009.6），創業管理，初版，普林斯頓。
6. 紀怡安（2012.6），微型創業者的創業資源、工作壓力與堅毅人格、社會支持對工作倦怠之相關研究，國立臺灣師範大學教育心理與輔導學系碩士論文。
7. 張思齊（2009.1），創業行爲與創業意願之認知比較，國立中山大學企業管理學系碩士班論文。

NOTE

CHAPTER 11

商業模式：找到新藍海的方法論

11-1 商業模式概述

一、創新經濟催生商業模式的應用

自 2000 年至今，全世界成功孕育出震撼世界的獨角獸公司與無數間中小型企業，爲各個產業與使用者帶來翻天覆地的創新與改變。這種以各種科技與電子商務爲主的創新模式，改變了產業間不同廠商的互動關係，創造不同於以往的企業經營模式。

當然也有諸多失敗的案例，除了天時、地利、人和與運氣的種種因素讓人感到遺憾與可惜之外，這些企業雖然充滿創新和創意，卻無法成功開展出新的使用契機，而這些成功與失敗的關鍵因素，可能都能歸因於沒有思考如何將企業的策略方針調整成正確合適的商業模式（Business Model）。

二、沒有商業模式就註定失敗？

有些人可能會質疑難道沒找到商業模式就一定失敗嗎？甚至會說「有些創業團隊事前也沒有寫什麼計畫書，爲何可以憑藉一個點子，加上善用資訊科技工具，最後卻可以成功募得資金，找到更多優秀合適的人才，然後在媒體上大放異彩，成爲獨佔鰲頭的獨角獸呢？」因此，思考商業模式眞的重要嗎？重要性有高過創意嗎？

的確，在現實的產業中，沒有任何人可以明確地、直接地告訴我們，什麼是對的商業模式，或者列表出來，產業當中哪些是沈痾已久難解的眞正問題，然後讓創業者用新科技、新方法就可以解決？因此，商業模式就是可以提供一個思考創新的思維引導，重點不在使用了這個商業模式之後，能讓最終成功的機率有多高，而是這新的思維提供了一個「想法改變的過程」，讓我們能檢視是否思考了全部商業系統的問題。

11-2 商業模式圖的架構

一、商業模式概述

商業模式圖（Business Model Canvas）的原創人是亞歷山大・奧斯瓦爾德（Alex Osterwalder），主要針對商業模式的核心問題進行探討，一步一步地從基本討論起，從改變創業家最容易出現的「自我中心」談起，也就是說，創業家時常從自身產品的角度出發，發展一個自認為「超讚點子」的產品，而忽略了真正去了解使用者的需求，找到「需要且尚未解決的問題」。

亞歷山大認為，站在顧客的角度思考他們遭遇到的痛點（Pains）、益處（Gains）與任務（Jobs）是一件最重要的事情。而且不是一次而已，是將這些痛點、益處與任務反覆不斷地檢視、排序、確認。因此，規劃了「設計、測試、演進」三程序，協助思考「找到問題」、「測試想法」、「不斷創新」的具體步驟，然後建立一個具有規模而且可以獲利的模式。

商業模式圖又稱為「商業模式九宮格」，依據作者的定義，他認為「商業模式是描述一個組織如何創造、傳遞與獲取價值的手段與方法」。九宮格代表這個模式包含了九個構成要素（Factor），而這些要素涵蓋顧客、產品（或服務）、基礎設備與財務健全程度。九個構成要素分別是目標客層（Customer Segments）、價值主張（Value Propositions）、通路（Channels）、顧客關係（Customer Relationships）、收益流（Revenue Streams）、關鍵資源（Key Resources）、關鍵活動（Key Activities）、關鍵合作夥伴（Key Partnerships）與成本結構（Cost Structure）。

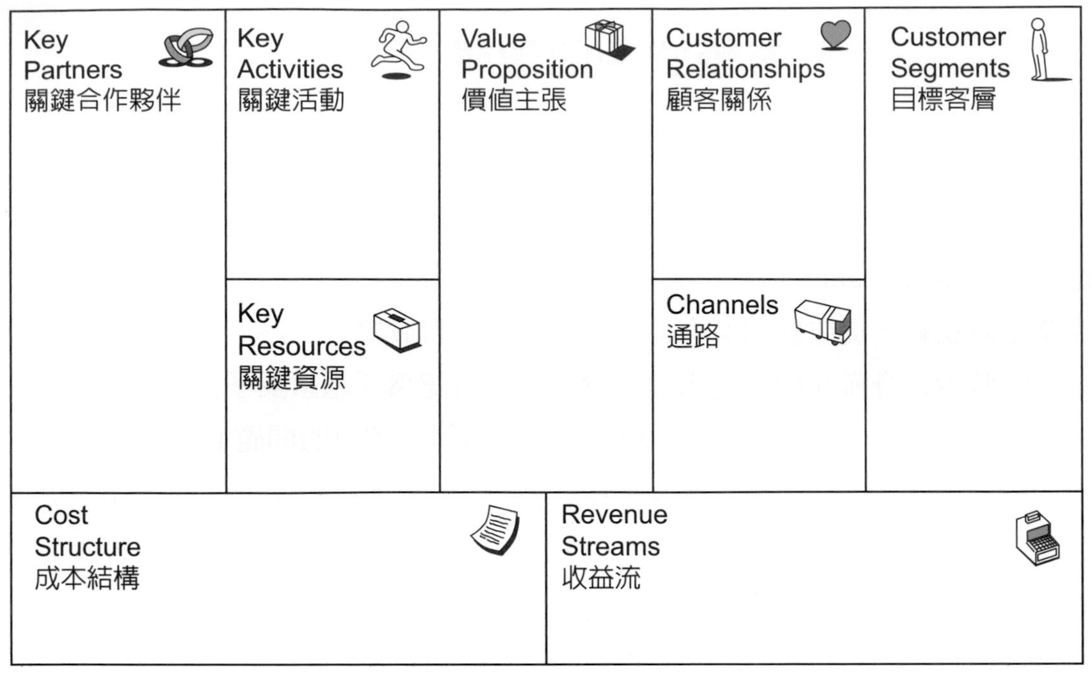

圖 11-1 商業模式圖

二、商業模式的構成要素

（一）目標客層

在九個構成要素當中，目標客層是我們最核心的問題，也就是我們要「爲誰提供價值？」，或者說「誰是我們最主要的顧客？」這個問題不容易用定義回答清楚，我們用旅遊業電子商務平台爲案例說明。

2000 年電子商務（E-commerce）盛行，在旅遊業也產生一波商業模式的變革，透過網際網路與商業模式的搭配，電商開始提供讓旅客「線上購買機票與安排食宿」的平台服務。電商業者更進一步投入服務深化與擴大市場，從自由行與團體旅遊，乃至於頂級旅遊，透過精緻的使用者流程設計，將所有交易透過網路執行，瞄準新客層，開闢新的服務，滿足客層需求。

因此，旅遊業電商平台新的目標客層到底是什麼呢？在 2000 年時，年輕人對於網路購物接受度較高，所以電商應該將目標客層專注於「年輕人」上嗎？其實不然，年輕人雖然上網的比例高，但是不一定都有網購或自由行的需求，亦或者有網購與自由行需求的不只是年輕人。新的客層也許是「經常上網且有國外自由行需求的人」，所以當我們設定目標顧客不同，衍生出來的後續思考就完全不同，當然，我們所討論的「顧客想要完成的工作」、「顧客面對的痛點」與「顧客期待的結果」就不同。

上面所提的「顧客想要完成的工作」、「顧客面對的痛點」與「顧客期待的結果」三面向就是商業模式圖原創人亞歷山大所稱的「顧客素描」（Customer Profile）。他定義的顧客素描為「有架構地描述商業模式中的某個客層，將顧客的需求更進一步拆解為顧客的任務、痛點與獲益。」亦即，顧客素描包涵三個面向：顧客任務、顧客痛點與顧客獲益。

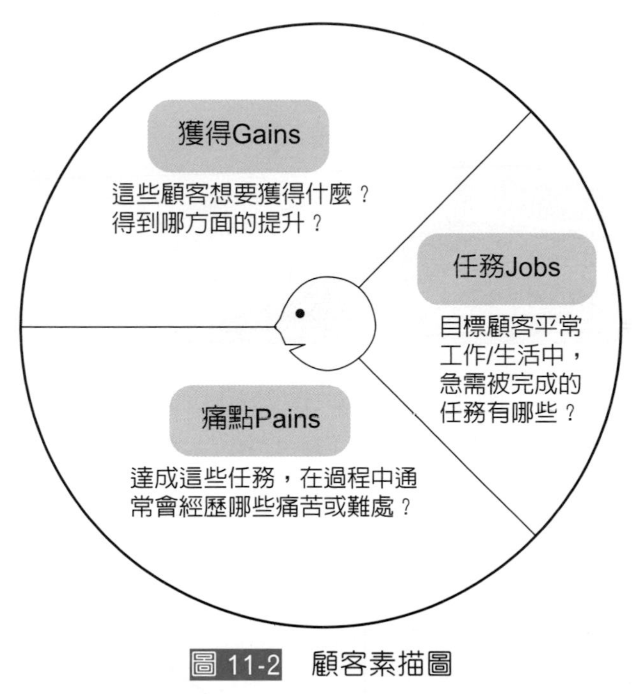

圖 11-2 顧客素描圖

顧客任務是指我們在思考目標客層時，我們用顧客自己的話語，描述出顧客想要在工作與生活中完成的事情。以前面的旅遊業為例，當我們在思考目標客層時，顧客任務的描述可能就是「我想要在晚上訂一張從臺北飛到高雄的便宜飛機票」。在早期，晚上六點以後旅行社就不服務了，因此當然就買不到飛機票，先不用論便宜了，連買都無法購買，要等到早上上班時才可以購買。「晚上」這個時間因子就成為顧客痛點，亦即「顧客要達成任務有關的風險、困難與負面結果」；另一方面，便宜也是另一個問題，當時的比價系統不盛行，都是由服務人員報價的，價格是不透明的，當然也無法確知到底是不是便宜的機票。在旅行業的案例中，「時間彈性」與「價格透明」就成為顧客最大的兩個痛點了。

我們看到這個例子時，一定會想，網路是 24 小時的，然後加入比價系統，讓所有國內外的航空公司機票價格與座位訂購都連線到系統中，這樣子不就解決顧客痛點了。完全沒有錯，在 2000 年時，多家旅遊業者尚未開始提供網購服務，就有科技公司看到這個利基，將「24 小時購票與比價功能」包含在購票系統中，在旅遊市場打開了新藍海，從單純網購機票與自由行到全方位的線上訂位及線上付款服務，目前已經達到員工人數 650 人，擁有 230 萬會員，服務旅客突破 1,200 萬人次。

就旅遊業電商平台的例子而言，科技公司在 2000 年時掌握到網購機票與自由搭配行程的新藍海，簡單來說，「顧客可以透過網路服務，取得最低的機票票價，而且可以在 24 小時中任何時間訂票」，也就是之前提到顧客獲益「顧客尋求的具體利益」。

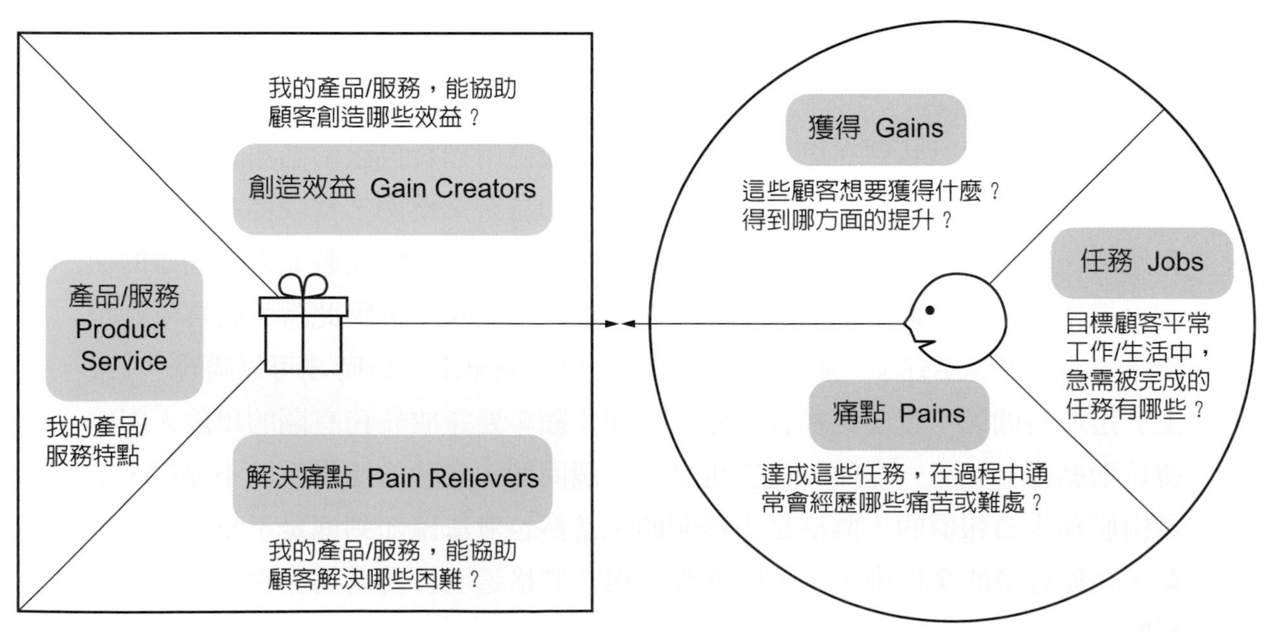

圖 11-3 價值地圖與顧客素描圖

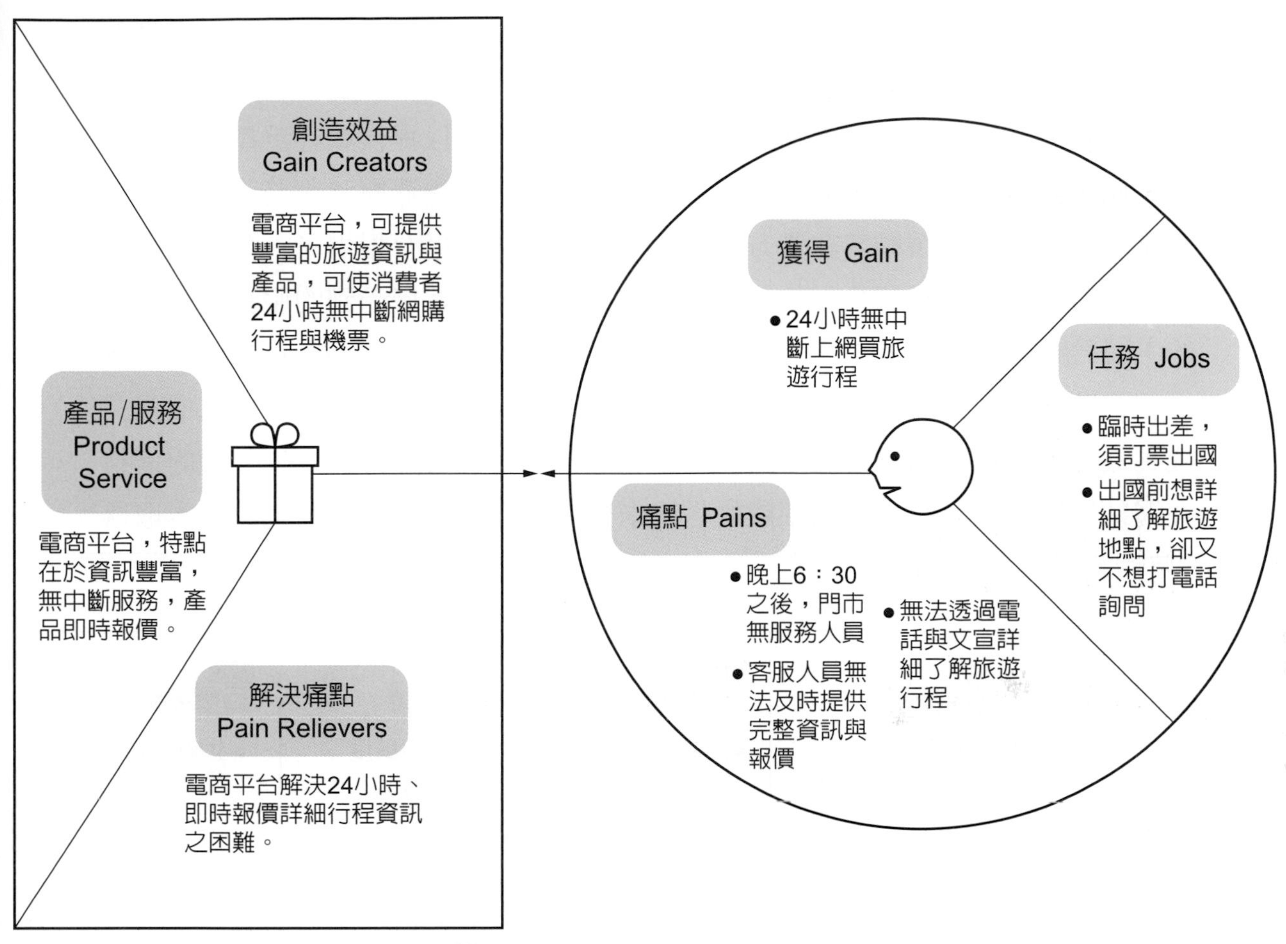

圖 11-4 旅遊業的價值地圖與顧客素描

（二）價值主張

價值（Value）是一種抽象的概念（Concept），所以價值主張不一定是一種具體的產品（Product），也可以是一種服務（Service），而這配套好的產品與服務可以讓顧客滿足他的需要。也就是說，我們在提出價值主張時，應該仔細思考提出的產品與服務能幫助顧客解決什麼？

價值主張包涵產品和服務（Products and Services）、痛點解方（Pain Relievers）與獲益引擎（Gain Creators）三個面向。產品與服務就是我們提出的有形產品、無形服務等。痛點解方就是說明我們提出的產品與服務解決了顧客的什麼關鍵的痛點。獲益引擎則在於我們的產品能夠幫助顧客創造價值，讓顧客能從中獲得利益。

以旅遊業電商平台爲例，電商平台提供了一項數位且無形的服務（產品與服務）給顧客，這些無形服務包含各個航空公司的透明票價，而且這些票價是可以比較的，同時，當地住宿的訂房與行程規劃也可以提供顧客選擇；更重要的，原本顧客只能從單張的文宣看到當地風景，只要透過網路服務，圖片與說明沒有頁數問題，讓顧客非常方便查詢。因此，電商平台提供了一項數位與無形的搜尋、閱讀與購買行程的服務。對顧客而言，顧客接受到的服務是更便利的，因爲顧客可以於 24 小時在任何地方自行規劃時間上網查找與閱讀行程，讓顧客省時省力而且更加輕鬆便利，也可以透過電商提供的新功能，以比價程式找到最便宜或最合適的班機，讓顧客更滿意。顧客也可以用較以往省錢的價格在網站上使用包含有乘客旅平險的信用卡分期付款，讓顧客用較低的成本取得更好的服務。

KP 關鍵合作夥伴	KA 關鍵活動	VP 價值主張	CR 顧客關係	CS 目標客層
●旅行社 ●航空公司 ●遊覽車公司 ●保險公司 ●新聞媒體	●旅遊展 ●國際重大節慶預訂	●無中斷訂購旅遊行程服務	●品牌忠誠度 ●皮鞋成本	●上網訂購旅遊行程市場
	KR 關鍵資源 ●旅遊達人 ●平台伺服器業者		CH 通路 ●網路	
CS ●人事 ●行銷業務成本		R$ 收益流 ●旅費收益 ●機票銷售收益		

圖 11-5 旅遊電商平台的價值主張圖

（三）通路

Kotler 認爲通路是一組相互依賴的組織，共同參與讓產品或服務可以使用或消費的過程，並使最終消費者購買與使用的可能性達到最大。簡單來說，就是我們要透過哪些管道與目標客層接觸，應該如何整合通路能在符合成本的條件下，使得接觸目標客層的數量最大、最有效益。Osterwalder 則認爲通路有自有通路、合夥通路或者兩者都有，自有通路又可以再細分爲直接與間接；合夥通路則全部都是間接的。

Osterwalder 也認爲通路有五個不同的階段：認知、評估、購買、傳遞與售後。

1. 認知：如何提高目標顧客對於公司產品與服務的認知？

2. 評估：如何協助目標顧客評估本公司的價值主張？

3. 購買：如何讓目標顧客購買特定的產品與服務？

4. 傳遞：如何將價值主張傳遞給目標顧客？

5. 售後：如何提供顧客售後服務？

以旅遊電商平台爲例，最單純的想法就是平台成爲消費者的通路。消費者透過網路上的功能，可直接消費。另外，電商平台爲了與消費者能進一步地溝通，所以成立粉絲團，因此，粉絲團又成了另一個消費通路，讓消費者可以認同理念，並進一步思考、評估「該不該買」。

（四）顧客關係

在九個構成要素當中，目標客層是我們最核心的問題，也就是我們要「爲誰提供價值？」，或者說「誰是我們最主要的顧客？」這個問題不容易用定義回答清楚，我們用旅遊業電子商務平台爲案例說明。

2000 年電子商務盛行，在旅遊業也產生一波商業模式的變革，透過網際網路與商業模式的搭配，電商開始提供讓旅客「線上購買機票與安排食宿」的平台服務。電商業者更進一步投入服務深化與擴大市場，從自由行與團體旅遊，乃至於頂級旅遊，透過精緻的使用者流程設計，將所有交易透過網路執行，瞄準新客層，開闢新的服務，滿足客層需求。

有關顧客的幾個觀念：

1. 顧客生命週期

顧客關係管理主要包含獲取（Acquisition）、增進（Enhancement）和維繫（Retention）三個階段，這三個階段也可以對應到顧客生命週期。Kalakota

和Marcia在1999年於E-Business：Roadmap for Success一書中提到「顧客生命週期理論」，該理論提到顧客關係管理應該包含三個階段，在獲取顧客的階段，最重要的策略就是差異化、創新性與便利性；在增進階段，最重要的就是成本降低與顧客服務；在維持階段，則顧客管理應著重適合性、傾聽與新產品推出。

(1) 獲取：獲取可能購買的顧客

顧客關係管理的第一步，就是吸引顧客，而要如何吸引顧客則要透過產品取得的便利性，或者具有創新的產品與服務來讓顧客上門。然而，每個顧客是不是都是具有高價值的顧客呢？這就不一定了，因此，企業得要透過適配顧客的產品與服務，來找尋如何提高顧客的價值，在這個階段，差異化、創新性與便利性，就是最核心要突破的關鍵。

(2) 增進：增進現有顧客的獲利

現有顧客是指企業原本的銷售對象，有學者認爲留住一位舊客戶遠比獲取一位新客戶重要。因此，透過大數據科學分析的方式，可以精準地找出顧客的行爲態樣（Behavior Pattern）。更進一步，企業在有效地運用交叉銷售與提升銷售的情況下，不但可以提升顧客對品牌的連結程度，也能創造企業更多的利潤。另一方面，對顧客而言，交易便利性與成本降低可以使得顧客獲得更多的價值滿足。因此，在本階段，產品組合以降低顧客成本並提供更好的服務，就是最核心需要提供給顧客的。

(3) 維繫：維繫具有價值的顧客

所謂的顧客維持，即爲企業以顧客需求爲服務目標，而非市場需求爲標的。因此，企業的重點應該掌握在提供顧客感興趣的產品，有效地察覺顧客的需求，並加以滿足，就是所謂的服務適應性（Adaptability）。企業有許多察覺顧客的方式，例如：透過社群網站的探勘，可以有效地觀測顧客對產品的想法，因此可以精準修正或者有效地把產品設計成符合顧客期待的方式。所以，這階段最重要的就是在於企業要不斷地傾聽顧客的聲音，透過聆聽與了解，將顧客需求設計入產品當中，並致力於產品的創新與發展。

上述的三個階段，看似各自獨立，其實環環相扣，彼此之間具有相互的影響關係，因此在面對不同群體的顧客時，任何階段的改變，就會連帶使得其他部分變動。

2. 顧客關係管理的執行步驟

Peppers 和 Rogers 提出顧客關係管理的四步驟架構，以協助 CRM 企業執行一對一行銷。

(1) 確認你的潛在顧客與現有顧客

Peppers 和 Rogers 認爲企業不需要獲得每一位顧客，而是應該從所有銷售管道與顧客接觸點蒐集各種資訊，建立、維持與發掘一個豐富的顧客資料庫。

這個顧客資料庫應該要盡可能地齊全，舉例來說，顧客的背景資訊（如：年齡、教育背景、家庭人數、性別、所得、職業、宗教、種族、社會階級等）就是一項很重要的人口統計類變數。又如，客戶的購買行爲（如：顧客使用率、顧客忠誠度、顧客購買頻率、顧客瀏覽網站頻率或者顧客對產品的態度正向或負向）則是記錄顧客的採購行爲。因此，這樣子的資料庫建構，對於企業未來要進行的大數據分析就可以有效作爲分析變項，以有效地建構「顧客的行爲態樣」。

(2) 區分顧客

兩位學者認爲可以用「顧客的需求」與「顧客對公司的價值」兩個構面來區分顧客，然後將更多的努力放在最有價值的顧客群當中。例如，企業可以採用「成本計算法」來估計顧客終生價值。企業對「顧客的所有購買行爲」、「顧客購買的利潤水準」與「因推薦產生購買行爲」等三項估算企業未來收益，再扣除每位顧客的服務成本，來計算顧客的淨收益值。然後企業針對不同價值的顧客，規劃不同的一對一行銷方式。

(3) 加強個別互動以了解顧客個別需求、鞏固關係

透過個人化的互動方式與個別的顧客溝通，以製造出客製化的服務方式與客製化的提供物品。例如，企業業務在重要顧客的重要時間點都會送禮物，但是送對禮物是相當重要的，通常高所得客戶不一定在乎名牌或者貴重的禮物，也許一份具有心意但不貴的禮物比一份貴重的禮物更是重要，當然，送對禮物之後，企業與顧客之間的關係，也相對更加鞏固。

(4) 以客製化的產品、服務與訊息提供給每位顧客

透過對每位顧客的了解，將資訊藉由企業的客服中心與網站來促進顧客與企業之間的互動。這個作法對企業尤其重要，當消費者進入某個企業

網站時，這個企業能夠稱呼他的中英文姓名，跟他打招呼，消費者會不會覺得非常親切呢？這就如同星巴克的服務人員一樣，只要常到店內消費的顧客，星巴克的服務人員都能輕鬆地叫出他的姓氏，享受非常親切與個別化的服務。

3. 顧客關係管理的策略

企業會透過不同的策略以提高所有顧客的價值。這些不同的策略大致上有五種：

(1) 降低顧客背離率

透過策略執行的方式，降低顧客的背離率。例如：星巴克就透過強而有力地訓練有知識與服務親切的員工，讓詢問或喜好不同咖啡的顧客可以獲得滿意的答覆，然後降低顧客的背離率，同時也提高了顧客對企業的貢獻度。

(2) 提升顧客關係的壽命

顧客與一家企業的關係越深，越可能成爲長期交易的顧客，因爲有些企業會對待顧客像是對待夥伴一般。舉例而言，對於工業產品市場的顧客或者高價市場的顧客都有類似的情形，因爲顧客的意見可能就是新產品開發與改善的重要依據。例如：Lexus 是屬於偏高價的汽車，固定推出不同的顧客方案，讓顧客提供對產品與服務的評論與建議，Lexus 不但在顧客中取得曝光的機會，也透過顧客視角來看自身產品的品質與行銷方式，以及如何提高顧客價值，更重要的是，行銷人員可以透過這些過程，了解顧客的需求，並且進一步滿足顧客的需求。

(3) 透過利潤分享交叉銷售與向上銷售，來強化顧客成長潛力

顧客購買產品時，有時候會出現交叉銷售的行爲，例如：旅行社會同時販賣旅遊平安險，因爲顧客在購買旅遊產品時，會思考到過程中的安全問題，因此，這樣子的交叉銷售就可以提升顧客對企業的貢獻度。當然這樣子的交叉銷售也同時發生在汽車業，例如 Toyota 在販賣汽車時會搭售附加行車記錄器的導航系統，以增加品牌的銷售額。

(4) 提升低獲利顧客變爲有獲利顧客，否則就放棄他們

爲了不放棄毫無貢獻的顧客，因此，會鼓勵這些顧客購買多一點的數量，或支付更高的費用。例如：銀行與電信業者會透過「免費的服務」開始收費，以確保最低程度的收益。

(5) 將更多精力專注於高價值顧客

企業可以用特別的方式服務最有價值的顧客。

4. 顧客資料庫與資料庫行銷

(1) 顧客資料庫

當你進入 7-ELEVEn 時，這家便利商店並不知道你是誰，但是當你登入博客來書店時，它會用你的名字親切地歡迎您，還會給你相對應的折扣與推薦書，甚至給你一些相對應的購物建議與資訊。

在理想的狀態之下，顧客資料庫會包含顧客過去的購買紀錄與人口統計資料，例如：年齡、收入、家庭成員、生日等等，甚至曾經參與的活動、喜好與意見看法，以及其他有用的資訊。更進一步，將這些顧客根據不同的價值水準予以分類，用不同的方式對待不同群體的顧客。

透過有效地記錄與運用這些資料，並深入了解顧客的前提下，協助公司選擇性地在顧客事業中獲得更大的佔有率。

(2) 資料倉儲（Data Warehouse）與資料探勘（Data Mining）

資料倉儲把資料透過有效率的分類整理，讓企業員工隨時有效率地取用、找尋與分析這些資料，並根據顧客個別的需要與回應做出統計上的推論，再透過行銷分析人員，以顧客關係的分析結果來回應顧客的詢問。

這在資料當初存放的時候就要思考完整，把資料結構格式處理好，以方便關聯與資料存取，尤其是企業都會有很多與顧客相關的資訊，不僅是包括地址與電話號碼，也包含他們的交易紀錄，以及年齡、家庭成員數、收入、其他人口統計資訊等大量資料。

資料探勘則是行銷統計分析人員從大量資料中將有關顧客個人、整體趨勢與不同市場區隔等有用的資訊挖掘出來，通常這個部分會跟統計機率的計算與數學的計算有關，例如集群分析、交互偵測、預測模型與各式演算法。

近幾年，由於人工智慧的進步，資料探勘也有大幅度地進展，又可將資料探勘分為文字與非文字的部分，文字是人類傳遞知識的工具，因此，文字資料帶有許多訊息，透過文字的探索，可以有效地將資訊萃取出來，非文字資訊也可以透過統計分析與模型預測，將資料彙整成有用的資訊，甚至能成為企業的競爭優勢。

(五)收益流

再好的企業,如果不能有效地提供服務與合適的產品給顧客,這個企業必定倒閉。因此,一家企業重要的是如何產出現金,白話的定義就是一家企業從客戶端所產生的現金,這些現金我們稱爲營業額或收益,收益再扣除成本,就能得到利潤。因此,企業商業模式的心臟就是顧客,收益就像是動脈一樣流動,供給身體所需要的養分。企業一定要反覆詢問的就是引發消費者願意付費的是什麼樣的價值?如果我們很清楚這個部分,這個企業就能從不同客層中賺到收益流。

一般來說,收益流從以下的方式進入公司:

1. 產品銷售

亦即販賣實體商品。例如賓士(Benz)是販賣汽車、博客來是賣書等等。買到產品的人可以隨意使用,也可以轉賣或者報廢。

2. 使用會員費

就是顧客購買一項服務,例如像是電話費,以分計費或以秒計費。

3. 訂閱會員費

這個有點像是電玩的月費制,或者像是 KKBOX 的月費會員,透過繳交月費的方式,進入資料庫使用資料。

4. 租賃費

這個有點類似顧客繳交一筆費用,向出租者租用某一項設備。例如:辦公室影印機的租用與維護,只要繳交有限期間內的費用,都不用負擔買下此權利的全額成本。還有像觀光景點盛行的租車公司,讓各地的車子按照小時計費,所以節省很多長途開車的過路費用與時間浪費。

5. 授權費

這個是透過顧客繳交一筆授權費,取得智慧財產權的使用權。

對旅遊電商平台而言,產品(飛機票、火車票、團體旅遊費)會是很重要的收益流,產品賣得越多,收益流越高。假如旅遊平台發展一款電子報,受到大家的喜愛,因此老闆想要開始收費,這類的費用就是所謂的「訂閱會員費」。

（六）關鍵資源

「關鍵資源」指的是：讓商業模式運作所需要的最重要資源，這些資源都與消費者有關，這些關鍵資源透過企業的妥善運用，讓使用者感受到服務的提供並賺取企業認爲應得的獲益。

關鍵資源會依照企業建構商業模式的不同而有所改變，不同型態的商業模式，需要的關鍵資源並不相同。例如博客來在網路上賣書，他們需要相當的資本密集的設備，如高效能的伺服器與儲存器材，另一方面，他們的購物程式，也需要大量的工程師，因此，需要的關鍵資源則是人力資源。目前興起的人工智慧產業，則需要跨領域的人才，除了原本的資訊背景之外，重要的還有語言分析、語意分析與數學建立模型的能力，才能解決實際問題。而這些人力資源所創造出來的專利權、商標權、著作權與營業秘密，也是相當重要的資源，不但讓企業在某領域保有一定的地位，而且具備不允許別人實施智慧資產的權利。因此，這些關鍵資源讓企業可以創造對於股東、消費者最有利益的價值，當企業與目標受眾接觸時，可以進一步維繫與目標客層的關係，然後賺得獲利。

因此，由上可知，關鍵資源可以是具體的資源，也可以是無形的（Intangible）。例如，生產設備、財務資產是具體的資源，而智慧財產權與人力資源較偏向抽象的資源。企業可以自己擁有這些資源，當然也可以租用或者購買這些關鍵資源，也可以透過合作夥伴的結合取得資源。例如：臺灣相當大的社群媒體「LINE」，透過購買國內最大學生社群（優仕網）——嚮網科技，取得優秀的人力資源。統合以上的概念，亞歷山大．奧斯特瓦德（Alex Osterwalder）把這些關鍵資源定義爲「實體資源」、「智慧資源」、「人力資源」與「財務資源」。

一般而言，關鍵資源可以分爲下列幾類：

1. 實體資源

實體資源是指企業內的各種實體資產，如製造設備、建築物、車輛、機器、電腦系統與配銷網路等。例如：國內的大型網路書店業者「博客來」與大型數位電商「PChome」就非常需要這類資源。博客來對倉儲與物流投入大量的資本，達成大型網路書店「中午訂書，隔天到貨」的服務。另外，PChome則透過自有倉儲的擴建與合作商的投入，創造24小時內將訂貨送達顧客手中的競爭優勢。

2. 智慧資源

智慧資源泛指企業所具有的品牌、專業知識、專利、著作、商標、營業秘密、夥伴關係與顧客資料庫等，都是重要的元素。智慧資源很難開發，但一旦創造成功後，就可能帶來很大的價值。像耐吉（Nike）、索尼（Sony）這類消費性商品公司，最仰賴的關鍵資源就是品牌；而微軟（Microsoft）和 SAP 這樣的軟體公司，則大力仰賴多年來所開發的軟體和相關的智慧財產權。手機晶片設計及供應龍頭高通公司（Qualcomm），其商業模式的核心就是替公司帶來巨額授權費的專利微晶片設計。

3. 人力資源

每個公司都需要人力資源，但在某些商業模式中，人的因素特別重要。比方說，在知識密集型產業和創意產業中，人力資源就是關鍵。像諾華（Novartis）這樣的製藥公司，就很仰賴人力資源，其商業模式的成敗，取決於一大群經驗豐富的科學家，還有熟練的銷售人員。

4. 財務資源

有些商業模式需要財務資源和 / 或財務保障，例如：現金、信貸額度，或者可以用來雇用關鍵員工的股票選擇權多寡。舉例來說，電信產品製造商愛立信（Ercisson）的財務資源，在其商業模式中就可以發揮重要的影響力。愛立信可以選擇向銀行和資本市場借貸資金，然後將部分資金借給客戶採購設備，這樣就能確保這些客戶會跟愛立信採購，而不是跟其他競爭對手。

（七）關鍵活動

「關鍵活動」指的是：一個企業要讓其商業模式運作的最重要的工作任務。每個商業模式都需要一些工作任務，達成了任務，商業模式就可以運作。一個公司想要成功，就必須採取這些最重要的工作。要賺到收益，就必須維繫顧客關係，出入市場，提出企業創造的價值。因此，不同的商業模式，就需要不一樣的關鍵活動。比如對軟體業者微軟來說，關鍵活動就包括了軟體程式的開發。而對 7-ELEVEn 而言，供應鏈管理是關鍵活動之一；至於全球型管理顧問公司麥肯錫（McKinsey），關鍵活動則是解決問題。

根據 Osterwalder 的主張，關鍵活動可以分爲下列幾類：

1. 生產

生產活動是指一個透過製造、設計，而產生的作品。因此，生產就是製造業的商業模式。這一類活動，是指設計、製作及傳送一種數量可觀及 / 或高品質的產品。在製造業廠商的商業模式中，其關鍵活動就是生產。

2. 解決問題

解決方案可以是一個服務，針對客戶所提出的問題，提出新的作法。像顧問公司、醫院和其他服務性組織，其關鍵活動通常就是解決問題。這類組織的商業模式，需要進行知識管理和在職訓練之類的活動。

3. 平台 / 網路

如果一個公司的商業模式中，關鍵資源是平台，那麼其關鍵活動就與這個平台或網絡有關。網路、撮合平台、軟體，甚至品牌，都可以發揮平台的功用。例如亞馬遜（Amazon）的商業模式，就必須持續開發並維繫其平台，也就是亞馬遜的網站。7-ELEVEn 的商業模式中，其關鍵活動就與零售商、顧客及銀行間的交易平台有關。至於 Google 的商業模式，需要的是管理搜尋平台與其他公司軟體之間的介面。這類的關鍵活動，與平台管理、服務的供應及平台推廣有關。

（八）關鍵合作夥伴

「關鍵合作夥伴」是要讓一個商業模式運作，所需要的供應商及合作夥伴網路，包含零售商、供應商、設備商等等，一個企業不可能獨自完成整個價值鏈內的工作，因此，夥伴關係的形成也成爲成功商業運作模式的驅動力，不但可以增強公司的產品實力，也可以讓公司專注於研發。Osterwalder 認爲建立夥伴聯盟的原因，不外乎是讓商業模式最適化，或是減低風險，或是取得資源。我們可以把夥伴關係分爲以下四種類型：

1. 非競爭者之間的策略聯盟。
2. 競合策略：競爭者之間策略夥伴關係。
3. 共同投資以發展新事業。
4. 採購商與供應商之間的夥伴關係，以確保供貨無虞。

Osterwalder 也認爲區分以下三種建立夥伴關係的動機，會非常有用：

1. 最適化與規模經濟

採購商與供應商的關係是夥伴關係形式，這是爲了要讓資源和活動的配置達到最適化。建立最適化和規模經濟的夥伴關係，通常是爲了要降低成本，而且往往會有外包或共用基礎設施的情形，外包也可以是取得創意的方法之一。

2. 降低風險與不確定性

不確定性越高的競爭環境中，夥伴關係越重要，良好的夥伴關係有助於降低風險。有時候競爭廠商在領域形成合作的夥伴關係，但在其他領域卻又是競爭關係，這類狀況並不少見。如藍光光碟這種規格，就是由一群消費性電子產品廠商龍頭、個人電腦廠商、媒體廠商所共同開發出來的。這一群廠商合作把藍光技術研發上市，但各個成員在銷售自己的藍光產品時，仍然互相競爭。

3. 取得特定資源與活動

很少公司能取得商業模式中的全部資源，或是可以提供全部服務。相反的，大部分公司會仰賴其他廠商供應特定資源，或是執行特定活動，以擴大自己的能力。這類夥伴關係的建立動機，可能是需要取得知識、授權，或顧客門路。以旅遊電商平台爲例，就可能取得旅遊方案的合作夥伴關係，而不會自己做全部的旅遊方案。而保險公司可能會仰賴獨立的壽險經紀商去賣保單，而不是自己建立銷售團隊。

(九) 成本結構

「成本結構」是指：運作一個商業模式，會發生的所有成本。成本結構要素是指創造並傳遞價值、維繫顧客關係、產生收益，而這些都會產生成本。如果能弄清楚關鍵資源、關鍵活動、關鍵夥伴關係的定義，這類成本就會比較容易計算。不過某些商業模式受成本因素的影響會比較大，比方所謂的「廉價航空公司」，就完全是環繞著低成本結構來建立其商業模式。

當然，成本降至最小是商業模式成功的要件之一。但低成本結構對某些商業模式而言，會特別重要。因此，最好能區分以下兩大類商業模式的成本結構：成本驅動與價值驅動（很多商業模式是介於這兩個極端的中間地帶）。

1. 成本驅動

成本驅動聚焦在「任何可能的成本降至最低」。而其作法，則著眼於開創並維持最省錢的成本結構，利用低價的價值主張，盡量採取自動化，以及廣泛利用外部資源，全聯、Costco 就是典型的成本驅動商業模式的成功案例。

2. 價值驅動

有些公司比較不關心成本的思考，而是將焦點放在價值創造。高價的價值主張和高度的個人化服務，通常就是價值驅動商業模式的特徵。例如飛機的商務艙有奢華的設備和專屬的服務，就屬於這一類。

成本結構可能具有下列特徵：

1. 固定成本

不論商品或服務的生產量多寡，成本都是固定的，例如租金、有形的設備等，像製造業，其特徵就是高比例的固定成本。

2. 變動成本

成本隨著商品或服務的生產量不同而變動，例如原物料，產品與原料會成比例。有些商業活動，例如音樂節，其特徵就是變動成本比例高。

3. 規模經濟

因為產量擴大而享有成本優勢。例如比較大型的公司，就可享有大量購買的折扣。再加上其他種種因素，使得產量增加時，單位生產成本隨之下降。

4. 範疇經濟

由於營運範疇較大，而享有成本優勢。例如在大型企業裡，同樣的行銷活動或配銷通路，就可以支援好幾種不同的產品。

11-3 商業模型的動態系統

Osterwalder 依據商業模式的動態變化，列出以下五種商業模式的態樣，以便讓使用者明白變化的過程，並能啓發使用者建構自己的商業模式。這五種類型分爲：分拆、長尾、多邊平台、免費與開放模式等五種商業模式。

(一)分拆

創造出「分拆企業」（Unbundle Corporation）一詞的海格爾（John Hagel）和辛格（Marc Singer）認爲，企業由三種不同型態的業務構成，各有不同的經濟、競爭力及文化挑戰：客戶關係管理業務、產品創新業務以及基礎經濟設施業務。同樣的，管理顧問崔錫（Michael Treacy）和威瑟瑪（Fred Wiersema）也有類似的看法，認爲各公司應該聚焦於以下三種價值原則中的一個：經營的卓越性、生產的領先優勢，或者與客戶的親密度。

海格爾和辛格主張，顧客關係管理業務的職責是尋找顧客，與之建立關係。同樣的道理，產品創新業務的職責，是發展有吸引力的新產品與新服務；而基礎設施業務的職責，則是建立並管理各種平台，以處理大量重複發生的事務。海格爾和辛格主張，各公司應該把這些業務分開，只專注在其中一種。因爲每種類型的業務都由不同的元素驅動，在同一個組織內有可能彼此衝突，或者製造出不情願的取捨。

(二)長尾

長尾指的是銷售上的少量多樣，提供利基產品。長尾商業模式的關鍵在於「平台夠強大」，或是「低庫存成本」。

Osterwalder 以圖書爲例，提出了出版業的轉變，Lulu.com 看到自助出版的商機，他的商業模式是建立在協助有利基的業餘作者出書，作者越多，這個模式越成功。然而，萬一書賣不出去，對 Lulu 也沒有影響，因爲就算出書失敗，也不會產生成本。

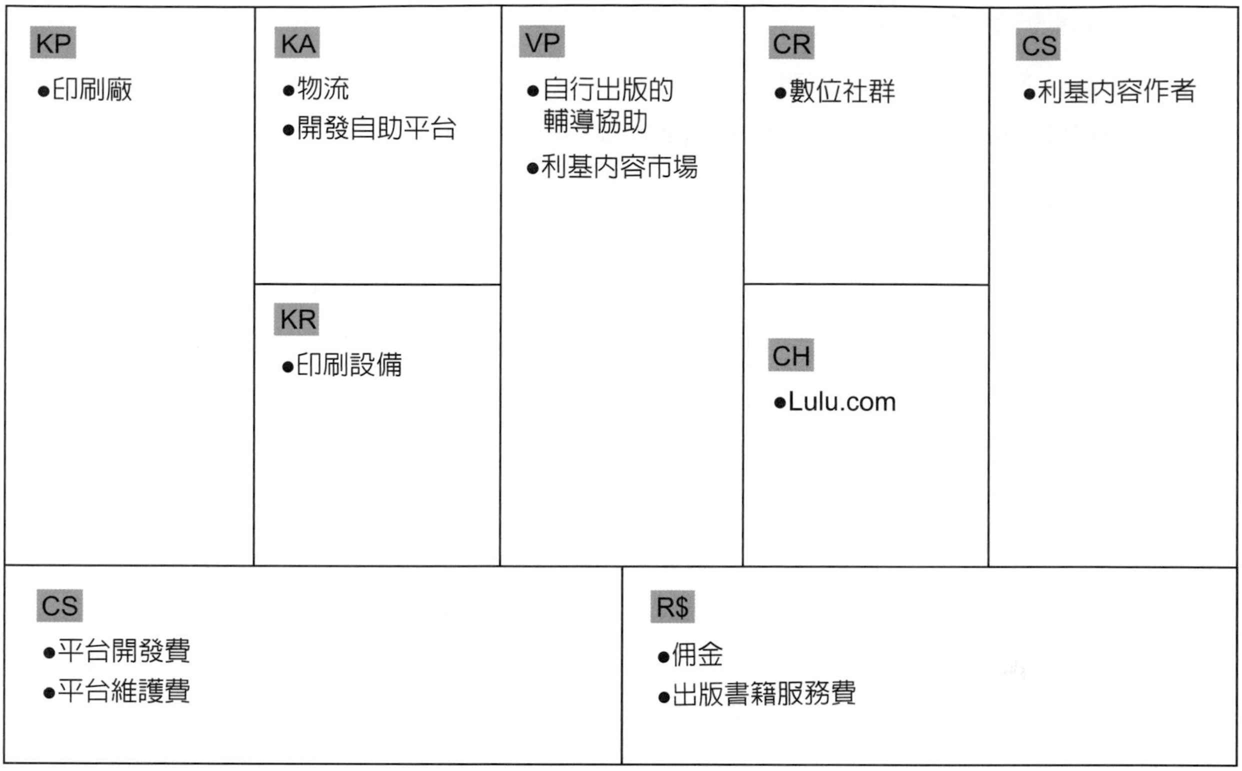

<table>
<tr><td colspan="2" rowspan="2">KP
●印刷廠</td><td colspan="2">KA
●物流
●開發自助平台</td><td colspan="2" rowspan="2">VP
●自行出版的輔導協助
●利基內容市場</td><td colspan="2">CR
●數位社群</td><td colspan="2" rowspan="2">CS
●利基內容作者</td></tr>
<tr><td colspan="2">KR
●印刷設備</td><td colspan="2">CH
●Lulu.com</td></tr>
<tr><td colspan="5">CS
●平台開發費
●平台維護費</td><td colspan="5">R$
●佣金
●出版書籍服務費</td></tr>
</table>

圖 11-6　Lulu.com 的商業模式圖

(三) 多邊平台

多邊平台是指把二種需求完全不同，但相互依賴的客群聚在一起，多邊平台可以連結不同客群，創造互動與價值，例如：Apple 公司，從 iPod 到 iPhone，成功轉型爲平台商業模式，並透過 APP Store，形成強大的多邊平台。

1. 2001 年：iPod

Apple 於 2001 年推出 iPod，使用者可以從網路下載音樂放入 iPod 中，此時 Apple 沒有針對 iPod 平台去開發，只是把 iPod 當成技術平台，可以儲存不同來源的音樂。

2. 2003 年：iTunes

Apple 於 2003 年推出 iTunes，與 iPod 密切結合，iTunes 讓使用者方便購買音樂，並可自由下載至 iPod。

3. 2008 年：APP Store

Apple 於 2008 年推出 iPhone 時順勢推出 APP Store，應用程式開發商透過 APP Store 販售應用程式，而 Apple 公司則抽取 30% 的權利金。

(四) 免費

免費商業模式是以一部分客群的消費挹注，來負擔免付費客群的成本。

另一個方案則是由 Jarid Lukin 所提出的「免費增值」概念，這個模式以網路爲基礎，免費提供基本服務，付費則提供增值服務。這種模式最大的問題是大部分用戶可能不會變成付費使用者。

(五) 開放模式

此類商業模式有系統地與外界合作，例如公司內部採用外界的點子：「由外而內」，或者將內部不用的點子或資產提供外界使用：「由內而外」。這個模式常使用在專利技術上，例如某藥廠的專利庫，讓最貧窮的國家更容易取得藥物。

11-4 商業模式與經營計畫書

營運計畫的背後，就是描述與傳達一個營利與非營利提案的內容與做法，而這個做法就是商業模式。然而如何撰寫一份成功的經營計畫書，卻是許多技術創業家所面對的最大挑戰。

經營計畫書不但是創業的藍圖，同時也是創業家整合組織內外的重要依據。首先，創業家必須顯示出這項創業不但可以成功，同時還會帶來很高的利潤與報酬。創業家需要很明確地說出事業經營的構想與策略、產品市場需求的規模與成長潛力、財務計畫以及投資回收年限，同時創業家也要證明他對市場、財務的分析預測，是有具體事實的根據。簡單來說，這個就是商業模式的文字版，下一章將會對營運計畫書有完整的說明。

11-5 結論

商業模式工具，可以說是找尋藍海的最佳架構，可以用來探討現有的商業模式，並且開創出更有競爭力的新模式。

《藍海策略》的作者提出了四項行動架構，來挑戰既定的商業模式，這四個架構是產業中習以爲常的因素：

1. 有哪些應該被刪除？
2. 哪些因素應該降低到遠低於這個產業的標準？
3. 哪些因素應該提高到遠高於這個產業的標準？
4. 哪些是產業目前沒有，但應該被創造出來的因素？

最後，隨著時間的演進，透過商業模式觀點，也會有不同的策略出現，每個企業可能會考慮將商業模式分階段整合，或分階段獨立。甚至，應該要思考並開拓未觸及的市場，並將商業模式充分應用，創造整體性的成功。

延伸案例 臺灣攝影師配件的創始人

銳新數位影像有限公司是一家定位在數位影像與數位配樂的創作型公司，公司內成員就是負責人蘇家弘與他的助理。蘇家弘大學就讀中原大學商業設計系，考上元智大學資訊傳播研究所之後，就開始他的創意創業之路。

早期唸書的時候，蘇家弘就常常接到音樂或廣告公司的數位音樂編曲計畫，後來國內數位配樂漸漸發展起來之後，他的創作量能需求逐漸擴大，因此，後來萌生正式成立公司的想法。在 2014 年，蘇家弘正式成立了「銳新數位影像有限公司」。

這個公司的營運重心就是他個人的創作，他對數位音樂的創意逐漸在音樂界建立了一定的知名度，加上有明星的賞識，甚至有明星開始探詢蘇家弘擔任 MV 拍攝導演的可行性。因此，蘇家弘就從原本的配樂，變成了導演。蘇導演提起當初的變化，認為這一些都是幸運。

在一次偶然的機會之下，蘇導演看到拍攝定裝照的攝影師，揹著多台多功能的專業相機，專業相機十分沉重，而且相當不好攜帶，尤其當攝影師需要移動時，更加不方便。當時蘇導演就想到，如果像擁有多把手槍的西部牛仔一樣，讓攝影師在工作時能夠輕鬆拿取需要的相機，也不會造成手部肌肉勞損的職業傷害。

蘇導演文創之路就此展開，除了構思與計畫生產產品，還要思考攝影師的多種需求，讓產品的設計能夠更加完整。蘇導演發現攝影師最多的場合是現在流行的婚宴場域，一場婚宴下來，從早上到晚上的影像紀錄，對於攝影師的手臂十分傷害，主要就是多台的專業相機實在太重。另一方面，由於攝影師職業的關係，對於美感相當重視。因此，背帶不但要設計得耐重與時尚，而且還要能夠掛在隨手可拿的地方，讓攝影師拿起來十分順手。這個產品一設計出來，攝影師一開始使用，紛紛覺得真的是太棒了，節省了很多的力氣，因此，訂單就逐漸增加。

蘇導演並不滿於現狀，希望透過社群的功能，讓自己的產品能夠和顧客建立關係，一方面有售後的服務，一方面能夠拓展需求。蘇導演發揮創意建立了 Retro+C. 品牌，希望能以提供攝影師最時尚的高品質配件為主軸。蘇導演發現攝影師在臺灣大概僅有 3 萬人左右，市場不算大，而且文創商品很容易模仿，所以行銷上不但要快、要重視品牌與售後服務，還要重視網路行銷活動，同時降低產品成本，並且讓消費者非常容易購買與付款，這樣子才能延長產品生命週期。

為了能快速行銷，蘇導演在臉書社群上開設了粉絲團，定期採購關鍵字廣告，希望透過精準行銷，將知道 Retro+C. 的人數帶動起來，並請模特兒配戴背帶，強調產品的時尚感與手作感。同時，在臉書上提供產品售後服務，也在購物網站上開始販賣，購買以後可以順利刷卡完成結帳，十分便利。

這一連串精細的設計，讓攝影師背帶至目前已經成功銷售到香港、新加坡、馬來西亞與泰國等地。蘇導演也知道，如果想要類似背帶的配件持續獲得更多的銷售，一定就要維持更多的創新，滿足更多攝影師的需求，並且把商業模式能夠建構得更完整，他也相信，這個勢必能改變攝影師配件的市場。

根據本章延伸案例：

1. 你是否能描繪出蘇導演攝影師配件產品的商業模式？
2. 你認為蘇導演目前的商業模式能不能再加強哪一個部分，讓產品銷售能持續成長？

1. 吳書榆（2018.6），麻省理工 MIT 黃金創業課，商業周刊。
2. 裴有恆（2016.5），改變世界的力量—臺灣物聯網大商機，博碩。
3. 樓永堅、方世榮（2006），行銷管理，十二版，東華書局。
4. 盧希鵬（2018.9），隨經濟：第二曲線的 77 個思維模型，天下文化。
5. Alwx Osterwalder, Yves Pigneur, Greg Bernarda, Alan Smith（2015），價值主張年代，天下文化。
6. Alwx Osterwalder, Yves Pigneur（2012），獲利年代，早安財經文化。

NOTE

CHAPTER 12

撰寫營運計畫書

12-1 營運計畫書

一、營運計畫書的用途

營運計畫書（Business Plan，BP）就是創業者經營企業的藍圖，它的重要性就如同我們去自助旅行前，事先做行程規劃一樣，要安排景點、時間、車程、住宿……等，事前安排一切就緒，我們才能有個順利的旅程。營運計畫書也是一樣，我們在創業之初，透過營運計畫書對未來做一個規劃，才能降低營運風險。

營運計畫書中除了要有企業對未來發展的規劃外，還需要有詳細的獲利模式及投資報酬率，讓企業經營者及利害關係人清楚知道資金消耗的速度、損益二平（Break Even）的時間，並且要有資金回收計畫。

創業者決定了自己的商業模式後，即可依其商業模式撰寫營運計畫書，營運計畫書就像是一本故事書，描述您的企業如何運作、如何賺錢？在撰寫營運計畫書前，要先釐清這份營運計畫書的讀者是誰？隨著讀者的不同，他們關注的重點也不一樣，所以，我們的營運計畫書應該要針對不同的讀者，提供其所需的資訊，而不能對所有的人都用同一本營運計畫書。

營運計畫書的讀者可以分爲：企業經理人、融資者、投資人，寫給企業經理人看的營運計畫書，攸關企業的藍圖、願景、策略……等，是經營上最重要的方向，對創業者而言，這也是在協助自己釐清創業方向的好時機，應該要靜下心來仔細思考未來在經營上的每一個環節。

如果創業者的營運計畫書是要用來融資，它的讀者是金融業者，內容除了要敘述營運模式外，最重要的是讓融資者看到可行的還款計畫，融資者才會放心地把資金借給您。

如果創業者的營運計畫書是要招募投資人，則營運計畫書的內容要著重在未來的營收，並且要說明營運計畫書未來要如何被執行，如何才能回收投資的資金，每年能有多少股利給股東，希望藉由股利吸引投資人成爲股東。

二、營運計畫書的撰寫原則

一份好的營運計畫書除了要有客觀的佐證資料證明其具體可行外，還要能展現出自己的競爭優勢、投資者的利基，爲達到這個目的，營運計畫書的內容必須要能完整地表達所有重要的經營活動，並且透過對環境變化的假設與預測，以顯示創業者對企業所處產業環境的熟悉程度，進而讓利害關人相信創業者能具體實現計畫。

因此，創業者在撰寫營運計畫書時，應該注意以下幾點：競爭優勢與投資利基、經營能力、與市場結合、前後一致、客觀明確、完整。

1. 競爭優勢與投資利基

營運計畫書中除了要完整地敘述經營方向及獲利模式外，最重要的是要能夠具體呈現出自己的競爭優勢，並且能明確地展現出投資者的利基。

2. 經營能力

營運計畫書中應能展現經營團隊的專業經營能力與豐富的產業經驗及背景，並顯示對該產業、市場、產品、技術……等的熟悉程度，以讓投資人感受其對未來營運已有完全的準備。

3. 與市場結合

營運計畫書應從市場導向的觀點來撰寫，才能顯現創業者對於市場現況的掌握，因爲企業的利潤是來自於市場需求，沒有依據市場分析所寫的營運計畫書，很難達到預期目標。

4. 前後一致

營運計畫書的前後內容要能呼應、邏輯要合理，不能夠互相矛盾。

5. 客觀明確

創業者容易高估市場、低估成本，在營運計畫書中，創業者應該用客觀的數字來估計各項營收與成本，儘量少用主觀的估計。評估市場機會與競爭威脅時，也要以具體的資料佐證。

6. 完整

營運計畫書應完整地包括經營的各項功能，才能提供投資者要評估的資訊及創業者經營的依據。

12-2 營運計畫書的架構

爲了讓營運計畫書達到應有的功能，創業者在撰寫時應包含以下的內容：摘要、願景與使命、創業團隊、產品與產業、市場分析、行銷計畫、營運計畫、財務分析、風險評估。而其具體內容則可藉由前一章的商業模式圖，做適當的轉換而來。

一、摘要

營運計畫書的摘要應包括：企業提供的產品或服務、價值主張、企業所具備獨特的競爭優勢，並且要提綱挈領地把計畫書的重點、結論寫出來，讓讀的人很快就可以了解到計畫的全貌，內容應控制在 1 頁以內。

二、願景與使命

願景是創業團隊的理想，使命則是對企業的長期期望，它是完成企業願景的經營指導方向。爲了達到理想的願景，需要設定階段性目標、擬訂策略、決定行動方案，並將行動方案再分成可量化的工作細項，逐步把工作細項完成，累積成一個個工作，繼而能達成企業的使命。

創業者在寫營運計畫書這一段時，應該要靜下心來，仔細思考自己的企業未來的願景是什麼？要達成願景的階段性工作有哪些？

三、創業團隊

(一) 創業團隊（Entrepreneurial Team）

創業團隊指的是在創業初期，由一群能力互補、責任共擔、願爲共同創業目標奮鬥的人所組成的群體，是企業經營非常關鍵的要素，一般而言，創業團隊是由目標、人員、角色分配所組成。

目標是凝聚團隊的重要因素，創業團隊的本質目標就是在創造一個新的企業價值。人員則是知識的載體，任何計畫最後要確實執行，最終還是要落實在人身上，團隊成員的知識對企業的貢獻度，將會決定企業在市場上的價值。而團隊成員的角色分配，即是創業團隊每個人未來在新創企業中，所擔任的職務及承擔的責任。

創業團隊除了要具備以上的特質外，在 Ardichvili 等人的研究中認爲還需要具備學習能力及知識整合的能力，才能克服風險、實現創業計畫。企業在執行特定任務、解決特定問題時，可能都不是以前所碰到過，也可能必須要蒐集資訊、判讀資訊、消化、吸收、擴散……等，才能夠把該特定任務的執行過程予以標準化，所以，創業團隊的成員必須要具備學習能力，才能提供企業組織改善及提升績效所需的能力。

企業內部的知識整合除了對既有知識的複製（Replication）外，更重要的是要把既有知識與新知識重新配置與運用的能力，才能透過企業內部分享、擴散、知識管理等機制，把知識變成企業的資產，形成企業的競爭優勢。

(二) 創業團隊的特徵

創業是件複雜的事，不是純粹追求個人表現的行爲，所以，晚近創業成功者大部分都會運用團隊會做的方式，進行他的創業活動，根據統計資料顯示：團隊創業成功的機率遠高於個人獨自創業。

組成創業團隊的基石（Anchoring）在於創業的願景及共同信念，創業者最重要的是要提出一個能夠凝聚人心的願景及經營理念，才能形成共同目標、語言、文化，做爲建構團隊的基礎。

一個成功的創業團隊必須具備以下的特徵，才能有效運作：

1. 專業能力

創業者在組成創業團隊時，首先要考量的是成員的專業能力，專業不要太集中，要能彌補資源的不足，也就是說，要先評估創業目標與現在所擁有資源的落差，再來尋找能縮短差距的成員加入，一個好的創業團隊，其成員間的專業及能力要能互補，減少同質性成員。

2. 凝聚力

團隊應該是一體的，所以，成敗也不是一個人的，創業團隊的成員要有同甘共苦的凝聚力，才能形成一個強大的團隊。

3. 團隊優先

創業團隊的成員要能把團隊利益置於個人利益之上，而且要有個人利益是建立在團隊利益之上的認知，才不會有個人英雄主義，大家一起爲團隊的成功而努力。

4. 誠信經營

堅守誠信原則，以客戶爲先、品質第一、童叟無欺的態度，做爲企業經營的理念。

5. 長期承諾

在創業之初都會面臨一段不知多久的篳路藍縷的艱辛挑戰，創業團隊對此要能有共同的認知，同時要承諾不會因爲一時的困難而退出，大家齊心一起努力。

6. 犧牲奉獻

創業團隊成員要能不計較短期薪資、福利……等，而將創業目標放在創業成功後的分享。

7. 創造價值

創造新事業的價值才是創業的主要目標，唯有不斷創造企業的價值，團隊成員才會有收益。

（三）組成創業團隊的原則

在前一小節的討論中，我們已經了解到創業團隊的特徵，接著我們再來思考在組成創業團隊時，有哪些可供參考的原則。

1. 目標明確合理原則

創業的目標必須要明確，這樣才能使團隊成員清楚地認知到共同的奮鬥方向是什麼，其次，創業的目標也必須是合理的、切實可行的，這樣才能眞正達到激勵的目的。

2. 互補原則

創業者在建構創業團隊時，他的目的就在於彌補創業目標與自身能力間差距，所以，只有當團隊成員間在知識、技能、經驗等方面產生互補作用時，才有可能通過相互合作發揮出「1 + 1 > 2」的效用。

3. 精簡高效原則

爲了減少創業初期的營運成本，創業團隊人員組成，應在保證企業能在高效能營運的前提下儘量精簡。

4. 動態開放原則

創業是一個充滿了不確定性的過程，團隊中可能因爲能力、觀念等多種原因不斷有人離開，同時也有人要求加入。因此，在建構創業團隊時，應保持團隊的動態性和開放性，使眞正合適的人能被吸納到創業團隊中來。

創業者根據本小節所述的原則，在組織創業團隊之後，可用表格式的方式，將團隊成員的背景及工作分配寫在營計畫書中，並適度地揭露其以往的成就，以供投資人做爲投資的參考資料。

對於微型創業者而言，由於創業人數不多，也許現在無法組成創業團隊，但很多企業的成長都是突然的，讓創業者措手不及，所以，創業者可以藉由這個機會去思考如果以後企業成長之後，需要哪些人力投入，先做個初步規劃，屆時再視實際狀況修正。

四、產品與產業

以商業模式圖而言，營運計畫書的這一段所要描述的就是創業者所提供的價值主張，企業提供的價值主張可能是實體的產品，也可能是無形的服務。不管是產品還是服務，都要在這裡說明：企業會提供客戶何種價值？能幫助客戶解決什麼問題？要滿足客戶什麼需要？將提供客戶何種產品或服務？

在描述價值主張時，要能清楚地說明未來的發展潛力、可帶來的利益，所謂的附加利益指的就是增加產品或服務在市場上的競爭力，附加利益必須要能超出客戶的期望，並且增加競爭者所沒有的功能或特色，以創造差異化。

產業分析的目的在對產業結構、供應鏈、產品生命週期、成本結構及附加價值、未來發展趨勢等要素進行分析，以了解新創企業本身的實力，進而擬訂未來的策略，通常會採用 Porter 的五力分析來做。

如果營運計畫書是要來融資、募資用的，通常投資者需要了解創業者是在什麼樣的產業內競爭，所以，從總體面，創業者要把整個產業分析清楚，包括了以往的歷史、未來的趨勢，並研判出對該產業的未來展望。

繼而再從個體面，找出這個產業內的主要競爭者，對他們提供的產品或服務的優、劣點進行分析，以找出自己的產品或服務面對競爭的優、劣勢，特別是要分析競爭者對我們的影響。

五、市場分析

透過市場分析可以協助創業團隊找出較佳的市場策略，並定義出目標市場，進而找出潛在客戶與商機。創業者在進行市場分析時，不但要蒐集客戶的需求，更應該要對競爭者的市場占有率、銷售量、優劣勢、經營績效等資訊，加以蒐集、評估，才能知己知彼，擬訂自己的定價、品質……等策略。

（一）資料來源

做市場分析時所需的資料，依其來源不同，可分爲初級資料（Primary Data）及次級資料（Secondary Data）。

1. 初級資料

初級資料是目前不存在的資料，也就是市面上沒有現成的資料，需要我們自己去做市場調查，才能獲得的資料，初級資料在取得上需要的成本較高，但是，在資料的質跟量上會比較符合我們的需求。

常用的初級資料蒐集方法有：問卷調查、田野調查、觀察法、訪談法……等，其中問卷調查是最常用的方法，進行問卷調查時，可透過電話、郵寄、網路等途徑發放問卷，但是，要注意的是要找到對的人，對的人才能提供對的資料，否則問卷調查的結果是有問題的。

2. 次級資料

次級資料是已經由別人調查過的資料，包括報章雜誌的資料、學術研究的結果，甚至國內外有很多市場調查機構，都會定時或不定時提供相關的市場報告，它取得的成本較初級資料低，但是，它的質跟量不一定符合需求。

國內提供產業次級資料的機構很多，視其資源多寡，所能提供的產業別也不同，如資策會產業情報顧問服務網、工研院產業情報網……等，也有研究機構專門提供總體經濟資訊，如台經院產經資料庫、中經院臺灣重要經濟變動指標……等，官方機關也有相關資訊可提供，如財政部關稅署就提供國內進出口資料。

（二）蒐集的資訊

創業者做市場分析前，知道了資料來源後，接下來要決定的是要蒐集哪些資料？選擇資料來源時，我們會傾向先用次級資料，因爲它的成本較低，資料不足時，才會運用適當的資訊蒐集方法，做初級資料蒐集。

爲了要做市場分析，所需蒐集的資訊包括：客戶的資訊及競爭對手的資訊。

1. 客戶資訊

客戶的資訊不論來自初級資料或是次級資料，都要從 5W1H 的方向去思考，5W1H 指的是：(1) Who：誰是你的顧客、誰會購買你的產品；(2) What：他們需要什麼、他們購買哪些產品；(3) When：他們何時會購買；(4) Where：他們會在哪裡購買；(5) Why：他們爲什麼會購買這些產品、購買這些產品爲何能滿足他們的需要；(6) How much：顧客願意支付多少錢來購買。

2. 競爭對手資訊

創業者除了要了解客戶的需求外，還要掌握競爭者的資訊，因爲客戶有了產品或服務的需求時，市場上除您可以提供外，您的競爭對手也可以提供相同或類似的產品或服務，所以，在做市場分析時，也要蒐集、分析競爭對手的資訊：

(1) 競爭對手提供什麼樣的產品或服務？他們的品質如何？

(2) 競爭對手提供什麼樣的額外服務？

(3) 競爭對手提供的產品或服務的價格爲何？

(4) 競爭對手用什麼方式推銷產品或服務？是用廣告？是用人員銷售？還是使用其他的促銷活動？

(5) 競爭對手是如何配銷他們的產品或服務？是透過零售商？是透過網路？

(6) 競爭對手的資金是否充裕？管理人才的素質如何？設備是否先進？

(7) 競爭對手過去的績效如何？是成長？是持平？還是衰退？

(三) 企業競爭分析

做完市場分析後，創業者應該已經掌握了市場上的資訊，接著就要來做企業競爭分析，企業競爭分析所採用的工具爲 SWOT 分析，分別對企業內部的優勢、劣勢，及外部環境的威脅、機會進行分析。

內部分析是站在客戶的角度，透過評估企業內部的優勢、劣勢，來衡量企業及其產品或服務是否具備超越競爭對手的優勢。環境分析則是分析面對環境的威脅，企業要採取什麼樣的對策，才能維持目前的競爭地位，看到的機會要用什麼方式，才能讓它成爲企業所擁有的競爭優勢。

做完 SWOT 分析後，就要再從以下 4 個面向來思考企業的競爭策略：

1. 如何善用（Use）每個優勢？
2. 如何停止（Stop）每個劣勢？
3. 如何成就（Exploit）每個機會？
4. 如何抵禦（Defend）每個威脅？

六、行銷計畫

行銷計畫可從商業模式中的關鍵活動、目標客層、客戶關係及通路等 4 個構面導入，分別從廠商觀點及客戶觀點思考行銷計畫。

(一) 從廠商觀點

從廠商的觀點來看，行銷組合應該要包括：產品（Product）、價格（Price）、通路（Place）及促銷（Promotion）。

1. 產品

產品策略是生產者在擬訂行銷組合的核心，產品或服務必須要配合企業的價值主張，能夠滿足客戶的需求，並且很快地把產品或服務送到客戶手上，構成整個企業的關鍵活動。

產品是由一些屬性集合所組成，這些屬性包括：實質屬性、服務屬性及品牌屬性。實質屬性包括材質、顏色……等，必須要能滿足客戶特定需求，如咖啡的口味、左撇子用的剪刀……等。服務屬性指產品的附加服務，讓客戶在購買產品時能放心，如免費的售後服務電話、免費的軟體更新……等。品牌屬性強調在客戶心目中所建構的產品形象，在競爭激烈的市場中，品牌將是一個差異化的工具。

在創業初期，企業所擬訂的產品策略，是根據目標客戶的需求，將產品屬性組合成的產品，出售給客戶。隨著產品的生命週期，企業也要不斷地推陳出新，但是，不管是新產品或是延伸性產品，都要針對目標客層的需求，才能降低企業的研發風險。

2. 價格

價格即是您的產品或服務的訂價策略，訂價除了考慮供給與需求、成本、市場競爭外，企業通常也會針對不同的市場區隔，進行差別訂價的策略，不管是採用哪一種訂價策略，一定要讓客戶有物超所值的感覺。

價格策略直接影響到企業的獲利，訂價過高超過客戶的期待，會讓客戶不買單，進而轉向您的競爭對手或選擇採購替代品。訂價過低不足以支付成本，長期以往會造成虧損，讓企業無法獲利。

創業者在擬訂價格策略時，一方面要考慮價格是否能吸引客戶的購買意願，一方面也要考量到能否爲企業帶來利潤，在這個前提下，制定價格時必須要知道產品的成本結構、客戶眼中產品的價值、競爭產品的價格。

3. 通路

通路是產品或服務送到客戶手上的管道，傳統通路透過經銷網路來鋪貨，企業經由經銷商與客戶接觸，好的通路策略可以讓產品順利送到客戶手上。爲了能讓產品或服務在適當的時間，運送到適當的地點，企業在規劃通路策略時，應該要思考販售地點、販售時間及一次購足。

產品販售的地點愈多，客戶方便性愈高，就愈容易會購買，販售地點的營業時間愈長，客戶在想要購買的時候就可以買到，購買意願也會提高，客戶在購買產品時，如果能夠提供一個通路，讓他一次就購足所有需要的產品，可以節省他的採購時間，他也會願意到這裡來採購。

4. 促銷

促銷策略是把企業的產品或服務的相關訊息傳送給客戶，讓客戶知道產品、對產品感到興趣，進而吸引客戶來購買產品，常用的促銷策略有：廣告宣傳、促銷推廣、公關宣傳及人員銷售。

促銷活動需要投入資源，適當的促銷可以吸引客戶的注意，爲企業創造價值，相反的，不當的促銷活動，則是浪費資源的行爲，創業者在進行促銷活動前，要先評估產品的生命週期、產品類型及客戶購買行爲，再決定適當的促銷策略，才能收到成效。

產品在不同的生命週期，促銷方式也不同，萌芽期的產品需要透過強力的廣告宣傳及公關宣傳，來建立產品的品牌知名度，成長期的產品的促銷活動要跟通路搭配，成熟期的產品採用促銷推廣及人員銷售會有較好的效果，至於衰退期的產品，則要採用促銷推廣的方式會較有效果。

從產品的類型來看，消費性產品選擇廣告宣傳較爲適當，工業型產品則採用人員推銷會有較佳的效果。最後，在客戶的購買行爲上，如果客戶對產品還在認識階段，廣告宣傳會有效果，當客戶在選擇方案時，則以人員銷售會比較有成效，到了客戶已經有意願的階段，就要採用促銷推廣及人員銷售的方式，達成最後一哩。

(二)從客戶觀點

接著再從客戶的觀點，行銷要考量客戶的價值（Customer Value）、客戶的成本（Customer Cost）、便利性（Convenience）及溝通（Communication）。

1. 客戶價值

創業者要了解客戶的需求，才能滿足客戶、創造收益，因此，滿足客戶的需求與價值，比產品本身的功能還重要。企業可以透過客戶意見調查等方式，蒐集客戶的需求，歸納出大部分客戶的問題及期望的解決方案，再去設計、生產產品或提供服務，進而創造價值。

2. 客戶成本

客戶成本不是只有產品或服務的售價，而是指客戶爲了購買產品或服務，所需付出的相關成本，創業者要事先調查客戶爲了滿足需求，所願意付出的價格是多少，要讓客戶感覺這個價格是值得的。客戶所付出的成本，除了產品或服務的售價外，其實還包含了時間成本、體力成本、購買風險……等，企業應該要思考如何爲客戶降低整體的購買成本。

3. 便利性

創業者除了從自己的角度思考通路策略外，還要重視服務流程，從客戶的角度去思考購買產品、使用產品及售後服務的便利性，在銷售的過程中，不斷思考客戶的便利性，客戶才會再回購。

4. 溝通

傳統的促銷活動，不論是採取推動策略還是拉動策略，它的廣告模式都是單向的促銷活動，現在因爲網路發達，容易在網路上取得資訊，企業應該要主動跟客戶溝通，從溝通中建立共識，才能提供客戶需要的產品或服務。

在營運計畫書的這一節中，創業者不只是從自己的角度去思考 4P 的行銷組合，還要再由客戶的角度考量 4C 的需求，這二者不是替代關係，而是互補關係，唯有客戶的需求被滿足，企業才有獲利可言。

七、營運計畫

企業是永續經營的，因此，在營運計畫書的這一節，創業者應該試著去規劃自己企業未來短、中、長程想要達到的目標，目標是指一定期間，企業營運活動可以達到的成果，它必須是具體可行的，目標達成前也要有里程碑（Milestone）做為計畫的檢核點（Check Point）。

營運計畫除了用文字描述外，企業短、中、長程的目標及所需完成的工作，也可輔以甘特圖（Gantt Chart）來表示，甘特圖的好處是可以讓讀者容易一眼看出整體規劃及完成時間，同時，經營者自己也容易定期做自我稽核用。

八、財務分析

估算成本是件非常不容易的事，尤其對於微型創業者來說，由於缺乏經驗、又不具財務專業，更是件困難的事。創業者在營運計畫書中應該要思考的財務問題包括：預估成本、預估收益、預估損益、損益二平點分析。

(一)預估成本

企業營運所需的成本包括：固定成本及變動成本，固定成本就是不受產能影響，都需要支付的成本。以製造業而言，就是廠房、生產線等固定資產投資，生產線的人力、水電費等固定費用，不會因爲產量少就少付。以餐飲業而言，就是餐廳裝潢、冷氣、桌椅、冰箱、廚房用品……等一次性的投資，及門店租金、人員薪資……等固定性費用，這些成本都是每天開門營業就要支出的，不會因爲來客數而不同。

變動成本就是會因爲產量不同而變動的成本。以製造業而言，變動成本就是生產的材料費用、生產線員工的加班費，會因爲產量不同而增減。以餐飲業爲例，變動成本就是食材的費用、水電費、瓦斯費、工讀生……等的費用，食材費用、水電費、瓦斯費都會因來客數的增減而變動，工讀生人數也會因營業的淡旺季而增減，對業者而言，都是變動的成本。

創業者在撰寫營運計畫書時，要仔細計算各項成本，才能知道初期投資及週轉金等營運資金的需求，有了營運資金需求，才能規劃未來的財務槓桿運作。財務槓桿的運作包括自有資金與負債的比例，依據企業營運資金的需求，創業者就可以評估自有資金是否可以完全支應？如果不夠支應，哪些部分需要以貸款方式籌措？

（二）預估收益

預估收益的方法很多，可以從同業中找出跟自己類似的競爭者，從他們過去的實績中，推估自己的銷售額，也可以透過市場調查結果再行預估。但是，從同業實績推估自己的營收，會有一定的誤差，自己去做市場調查，所需的成本高，所得的結果又會因爲樣本而有誤差。

微型創業者因爲經營規模小，可以用預估來客數及客單價進行簡易的估算，由於店內產品的單價都不一樣，所以，客單價可以採用平均值或加權平均值，單日營業額就可以用這個公式算出來。

營業額 = 客單價 × 預估來客數

例如一家位於商業區的餐廳，專門提供商業午餐，共有 3 種套餐：A 餐每客 300 元、B 餐每客 400 元、C 餐每客 500 元，如果採用平均客單價則是 400 元。若採用加權平均，假設來店的客人中，有 40% 客人會選擇 A 餐、40% 客人選擇 B 餐、20% 客人選用 C 餐，則其加權平均客單價則爲 380 元。

預估來客數時，應考量商圈特性、時間週期……等因素，不同的商圈特性，在不同的時間點，來客數也不同，在估算時，要特別注意。例如在辦公區的早餐店，在週休二日或國定假日期間，來客量就會相對減少。

（三）預估損益

在財務計畫中，還要預估各項收入及支出，以便算出營業的損益，如果有可能，甚至於還要能預估未來 3 至 5 年的損益，一來可讓經營者能確實計算利潤，二來也可讓投資者或融資者知道預期的收益。

表 12-1　收支預估表範例

月份	一	二	三	四	五	六	七	八	九	十	十一	十二	合計
前期餘額		-1	-2	-3	-3	-3	-2	4	10	18	26	34	78
收入	15	15	15	25	25	30	35	35	40	40	40	50	365
成本	6	6	6	10	10	12	12	12	15	15	15	17	136
費用	10	10	10	15	15	17	17	17	17	17	17	20	182
本期結餘	-1	-2	-3	-3	-3	-2	4	10	18	26	34	47	125

本書提供一個預估收支的範例供讀者參考，本範例以 1 年爲估算期間，如表 12-1 所示，創業者可以把每個月的收入、成本及費用分別估算出，塡入表 12-1 相對欄位，就可以算出當月結餘，再把 12 個月的資料加總，就可預估 1 年的損益。由收支預估表也可以看到企業從初創到有盈餘，大約需要多久的時間。

再用同樣的方法，就可以估算出未來 3 至 5 年的盈收損益，在估算時，除了需要考量淡、旺季之外，還要合理地把成長加入。

(四) 損益二平點分析

損益平衡點就是收入等於支出的點，也就是企業不賺不賠的點，在損益平衡點之前，總成本較總收入高，企業營運處於虧損狀態，直到損益平衡點之後，總收入才會大於總成本，企業才會有淨利存在。

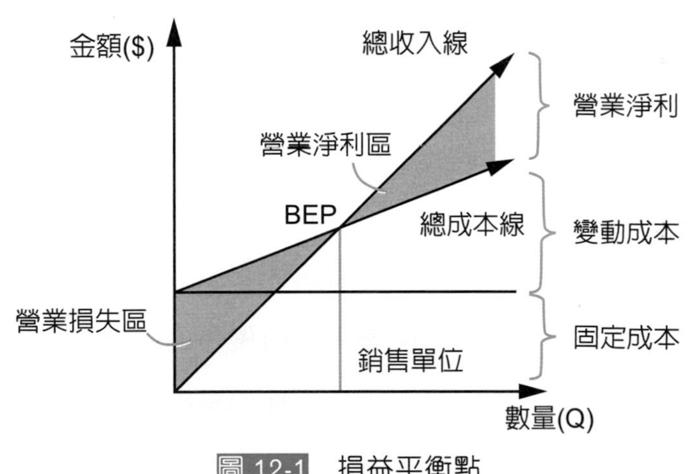

圖 12-1 損益平衡點

企業的成本包括固定成本及變動成本，其中變動成本理論上已由售價涵蓋，創業者要設法彌平的應該是固定成本，至於固定成本要多久才能彌平，則跟企業的毛利率有關，因爲銷售產生了利潤，才有可能去塡平固定成本，多久才能塡平固定成本達到損益平衡，可由以下公式算出：

$$\text{損益平衡點} = \frac{\text{固定成本}}{1-\dfrac{\text{變動成本及費用}}{\text{營業收入}}} = \frac{\text{固定成本}}{\text{毛利率}}$$

小胖開了一家兒童服飾店，店租每月 2 萬 5,000 元、員工薪資每月 6 萬元，銷貨成本約爲 30%，每月工作 26 天，該店每天需有多少營業額，才能達到損益平衡？

$$損益平衡點 = \frac{固定成本}{毛利率} = \frac{25,000 + 60,000}{1\text{-}30\%} = 12,1429$$

12429 ÷ 26 ＝ 4,870

該店要能達到損益平衡點，每月的銷售額需達 121,429 元，換算每日營業額約 4,870 元。

九、風險評估

創業本來就不會一帆風順的，它是一種具風險的活動，創業者在創業初期，就要考量到創業可能面臨的風險，如景氣的變動、消費者的喜好變動、產業的競爭態勢……等，進行先期評估，並提出對策，擬訂相關應變計畫，才能降低風險發生時對企業的衝擊。

風險評估要考量的項目有：

1. 可能的營運風險
2. 競爭者的反制行爲
3. 企業內部管理議題
4. 政府法律與法規問題
5. 產品或服務的變動
6. 喪失技術優勢的因應策略
7. 全球經濟的影響
8. 產業週期的影響

參考文獻

1. 陳明惠（2012.1），創業管理，初版二刷，華泰文化。
2. 陳振遠、田文彬、朱國光、林財印、林靜香、孫思源、陳彥銘、趙沛、薛兆亨、蘇永盛、蘇國瑋（2013.3），創新與創業，初版，華泰文化。
3. 陳振遠、張思源、龍仕璋、蘇國瑋、蘇永盛、楊景傅、賴麗華、田文彬、廖欽福、林財印、鄭莞鈴、呂振雄、王朝仕、王明杰（2014.9），創業管理，初版，新陸。
4. 魯明德、陳秀美（2017.12），創業管理—微型創業與營運實務，二版，全華圖書。
5. 鄭雅穗、盧以詮（2009.6），創業管理，初版，普林斯頓。

CHAPTER 13

籌資與股權設計

13-1 公司籌資階段介紹

一、創業重點及避免事項

「創業」是充滿魔力的兩個字，看似離我們非常遙遠，但其實經常在我們生活周遭發生，事實上創業模式會一直隨著經濟型態改變而一直發生。早在物聯網時代來臨之前，電子商務時代就已經有一批人利用網拍方式進行各式各樣的「創業」。

而回到更早的1960年代，家庭代工及郵購模式其實也提供專職家庭主婦或家庭以一種家庭創業方式，藉由外包手工代工、按件計酬，讓家庭主婦及家庭可以利用閒暇時間提供適當勞作，以換取填補家用之額外收入（其實這就是共享經濟的雛型）。

而到了2019年，創業的商業模式則演變成藉由一家家夾娃娃機台的方式，提供個人一個最低金額簡便的創業模式。藉由台主跟場主的分層分工，建立一個新的供需模式，提供小資族一個看似新穎的創業管道。因此，走筆至此，實際上創業模式非常多，各著眼點也非常不同，但是其實創業所蘊含的商業模式的核心沒有改變。

事實上商業環境的變革，一直會帶來很多新的需求跟想法，而引領創業變革多半是察覺商業模式改變的先覺者，這些也是引領並改變世界商業活動的成功創業家，而這就是創業的重要因素——敢於夢想。當然除了先覺者外，其他跟隨著商業模式改變的追隨者也很重要。畢竟商業模式生態鏈的建立，需要各環節的夢想者盡情發揮互相配合，才能夠蓬勃建立一個新的商業模式。

以手機軟體商業模式觀察，無論是iOS或是Android的手機系統，在缺乏軟體商共襄盛舉投入軟體市場下，則手機軟體也無法發揮其完整且無限想像的應用可能性。

談了創業的夢想，第二件面臨的事情就是創業組織型態選擇。以臺灣最常看到的創業型態「早餐店」來說，開設一家早餐店時就有非常多不同選擇。創業者可以「自己個人」、「商號」或「公司」型態，選擇「自行開設」或「加盟」連鎖品牌方式開立早餐店。讀者可以發現，在前面短短一句話當中，其實就涉及到非常多種不同排列組合，所影響出來的法律關係、稅務關係就會完全不同，相對的，產生出的創業成果也會相當不同。持續以早餐店的例子作爲說明，選擇以連鎖加盟方式創業者，根據連鎖加盟協會統計資料統計，即高達10,394家，密度僅次於便利商店。以這種方式創業的業者，創業重點反而不會落在商業組織型態、股權設計等等議題上，創業者反而應該將心力先集中在評估加盟主品牌、加盟費用、加盟條件、設置地點及鄰近相類型店家密度等其他不同面向，本文討論的大部分內容及困境反而都不大會碰到。相反的，以自己作爲創業主體的早餐店，則有機會成長成知名早餐店（如新世界永和豆漿或是阜杭豆漿），甚至可以轉變成新的加盟主，發展新的加盟體系成爲連鎖早餐店的領導者。

創業重點第三部分就是來自於資金面。這是所有創業者最辛苦的部分，尤其初始創業基金，或來自於自身努力積蓄，或來自於親友借款。因此，創業基金每分錢都非常珍貴，而且每分錢都是刀口前，因爲撐到現金流產生正循環之前，每分錢其實都是救命錢。創業資金除了可以讓新創公司度過前期資金燃燒期外，當有產品出現追求正向資金循環時，資金取得速度，也會影響公司成長速度及成長規模，而如何快速成長，成爲產品先行者，讓消費者產生黏著及品牌或通路習慣。

延續著前面資金面的重點，或許有人也會產生疑問，當一個商業模式或是商機可以創造正向現金流時，是不是一定利用資金工具來快速籌措資金？這問題引導出創業第四件事情，就是「時機」。簡單講，在正確時間推出正確產品或是服務，也是創業能否成功的重要關鍵要素之一。

以智慧型手機及傳統手機發展爲例，其實兩者差距最大的部分，是智慧型手機結合手機及行動手持上網裝置，並且在通信技術如3G、4G有大幅優化突破時，迅速地重新定義產品市場，並且獲得大幅獲利。然而這跟「時機」有何關係？事實上在當時手持數位電腦裝置PDA（Personal Digital Assistant）早已推出並且銷售多年，所差別的僅是通信技術突破所造成的產業生態環境差異。

而這差異，就是「時機」所呈現的最大不同，過早優秀的前瞻產品，在缺乏產品環境時，還是無法獲得正確的市場評價。

相反的，過晚而無突出差異之產品，亦不會被市場所接受，這就要提到另外一個經典案例足以說明「時機」的重要。該項例子則是 Facebook 與 Google+ 的競爭發展，在看到 Facebook 社群商業模式成功下，Google 也試圖發展類似商業模式以複製 Facebook 的成功，並以 Google+ 商品試圖打造相類似的社群平台。然而該項產品無論在使用界面跟市場區隔上都無法給予使用者太深刻印象，致使始終無法有效追上 Facebook 活躍用戶人數，隨後乾脆在 2018 年 10 月時以資安問題爲由宣佈將該商品退場。

在社群平台發展上，使用者及其社群所衍生的生態鏈初步建立，會影響後續活躍使用者持續使用的意願及動力。因此，在該類型產業發展上，市場先行者除了需要掌握「時機」優勢外，快速並且有效開拓活躍用戶，同時也是「時機」所代表的第二層含意，即「看準時機」後，要積極快速「掌握時機」，建立商業模式或產品黏著，也可以防止因爲商業模式被抄襲而喪失的發展先機。

二、籌資管道介紹

創業需要資金，無論是個人、商號或是公司組織進行創業都需要資金。資金需求高低差別，除了因創業模式不同而產生高低不同外，但基本上一定程度營運資金仍屬於必要花費，包含人事、辦公處所以及其他資產投資都需要資金。因此，第一筆資金及後續資金投入每分錢都是非常珍貴的創業資源。除了創業者自身投入資金或是親友借貸外，新創公司在取得資金上，還有其他管道可以嘗試，主要區分三種類型，包含獎勵補助、融資貸款、投資三種，獎勵補助及融資貸款請見本書第 14 章。

投資者主要區分一般投資者以及專業投資者。一般投資者可以是認識的個人（如親人、好朋友等等），也可能是完全陌生的人（如中國之前很流行 P2P 或 P2B 借款平台），甚至是利用募資平台籌措資金時的參與者，都是一般投資者。專業投資者則是指創投與天使投資人，這兩種差別在於基金成立目的差別（有關成立目的，天使基金在成立目的跟績效評估上，相較於一般創投基金多很多公益目的，也會影響投資選擇時對象的評估），也會影響該基金是否將獲利績效看作爲基金效益的比重。下面將針對募資平台、創投及其他法人投資三部分加以說明：

（一）募資平台

募資平台又稱群眾募資（Cloud Funding），簡單而言，募資平台經營者主要是提供一個公眾平台，讓一般社會大眾有機會接觸並且參與特定議題、新創產品或新創服務，平台業者同時可以藉由收取手續費或是平台上架費方式達到互助互利的狀態。

另外，要先說明，募資平台並非僅針對新創業者服務。任何想法、作法、社會運動或是公眾活動，只要是公眾可能有興趣願意參與之活動，都可以與平台業者聯繫（臺灣募資平台還有支援太陽花社會運動及很多慈善募款運動，讀者有興趣可以查閱相關紀錄），針對特定活動、服務、產品或是其他有特色的想法，利用募資平台宣傳方式，由社會不特定個人以贊助、早鳥預購等不同方式（外國尚有股權或是債權形式募資之型態，惟我國目前尚未開放）提供資金。

以現在新創事業利用募資平台進行募資方式觀察，通常最多形式是新創業者與募資平台合作，針對新創產品或服務的獨特性，利用平台的廣大活躍流量及社群媒體方式結合推廣，藉此讓特定募資議題可以達成設定之募資門檻，達到開啓量產設計產品的資金水平。因此，在未達到設定募資門檻時，該募資計畫仍可能失敗，同時即使募資成功後，相關出貨或是服務之承諾，則也會是新創公司龐大的生產或服務壓力。因此，在設定募資計畫及募資水位時，審慎的財務及生產評估規劃是非常必要的。

表 13-1　國內外知名群眾募資平台

募資平台（國內）	FlyingV
	嘖嘖
	群募貝果
	貝殼放大
	Pressplay
募資平台（國外）	Kickstarter
	Indiegogo
	Pozible
	RocketHub
	Crowdfunder
	AngelList
	Mightycause

（二）創投公司

創投是新創產業的重大推手，早期在臺灣更協助創造出如新竹園區的科技聚落，建置了臺灣數十年經濟及產業發展。因此，創投一直是產業環節中相當重要的一環，甚至扮演新創公司與大型法人之間的重要橋樑。回到根本，創投究竟是什麼？其實不用講得太過於複雜，創投其實比較接近共同基金，而創投經理人其實比較接近基金經理人。簡單講，在基於特定目的或是基於信賴特定人投資眼光下（假設如股神巴菲特等級的投資之神），一群人共同集資一筆資金成立投資機構，並且設定其退場時間及條件（如五年退場或績效達到200%），由基金經理人來主導並管理投資業務，同時管理績效及基金獲利水位。

根據上面初步解釋，相信大家也可以理解創投比較實質的概念，也可以同時了解不同創投所設定搜索的投資標的會受到原始基金大小規模差距影響而不會相同。根據基金規模大小不一，能夠投資金額大小差距也會很大。同時，基金經理人能夠同時管理的投資案也有客觀上限制（畢竟每個人每天時間都是非常公平的24小時），所以專業的創投經理人，也會衡量自身有限時間而謹慎分配投資數量。因此，新創業者在找尋創投合作之前，除了應該先評估並了解自己初期成長所需大概的資金水位、技術面向外，也要積極去了解不同創投基金約略投資金額、熟悉投資領域等不同資訊，才可以避免浪費雙方寶貴的時間。

另外，創投獲利基礎來自於協助公司各階段成長，並且藉此讓創投投資獲得的原始股份可以成長成更高股價，最後在IPO後藉由自由市場賣出獲利了結；也可以是幫忙找到潛在相關企業作爲收購者，作爲新創公司與大企業間的媒合橋樑，幫忙新創者找到更大金主，同時創投業者也可獲利了結。因此，創投業者與新創業者間，可以是拉新創事業一把的天使、可以是投資者，但是絕對不是天長地久的夥伴。正確掌握合作創投想要的獲利方式，將會是新創公司選擇創投的重要課題之一。

藉由本文介紹創投的組成及概念後，相信這些初步概念之建立，對於讀者在掌握後文中介紹之創投投資條款及談判困境時，應可以更深入了解相關條款所著重的權利及利益保護，且更快速達成雙方投資歧見。謹由下列表格介紹臺灣國內大型投資公司：

表 13-2 國內大型創投公司

國內大型創投公司
台新創業投資股份有限公司
中加投資發展股份有限公司
誠宇創業投資股份有限公司
宏誠創業投資股份有限公司
永豐創業投資股份有限公司
華南金創業投資股份有限公司
新光金國際創業投資股份有限公司
普訊創業投資股份有限公司
玉山創業投資股份有限公司
中華開發創業投資股份有限公司
國票創業投資股份有限公司
富邦金控創業投資股份有限公司
元大創業投資股份有限公司
中國信託創業投資股份有限公司

（三）其他法人

新創業者如果能夠將新創的想法、技術或是商業模式，順利以合理價值賣給其他大型企業，也是一種非常好的出場方式。所謂站在巨人的肩膀看開闊世界，藉由其他大企業收購方式，也可以使新創團隊快速看到自身商業模式或技術可能帶來的市場改變。因此，該種出場方式也是新創業者應該認識並且思考的方式。畢竟，隨著公司規模放大，如何有效管理並經營公司本身就是一種高度專業性商業管理，與新創團隊共同患難聚焦在特定技術或產品的患難精神不同。因此，雖然新創的夢想都美好遠大，如果可以抱持成功不必在我的觀念，相信對於販售新創公司給其他大法人這件事情更能釋懷，且更可快速投入另一個美好領域改變世界。

三、新創者應具備的基本認知

新創者應該先了解，新創公司失敗率非常高，大約九成都會在第一年失敗，將時間序拉到第三年者往往接近高達九成九的失敗率。因此，天使創投基金投資人或一般創投公司，在找尋被投資人時，有時候會依賴最簡單判斷投資與否的投資門檻，就是看被投資人是否已經獨立營業並且存活三年時間。三年時間通常代表創業團隊在共同創業是有非常程度的堅持，且自身也投入非常多心力心血來經營，因此，如果收到新資金的協助，則成功率將顯著提高。因此，創業者應該善盡所有可以爭取到的資源，只有一個目標就是創業成功。

也因爲創業是這麼不容易的事情，新創團隊應該檢視自身最有價值且最可以利用之部分，爭取最大資源以邁向成功。因此，原始股權的募資方式或是以公司債的方式籌資，就是大家經常使用的籌資方式，且可以讓創業者受到最低程度的創業失敗損失。

簡單結論，創業應該賭上生命熱情去追求成功，但不應該賭上身家讓自己永遠無法翻身（臺灣還沒有如美國般超級完整破產制度，可以一路善用破產制度成爲成功企業家，最後變成美國總統），才可以在一次又一次創業過程當中，眞正抓到那少數機會邁向成功。後續小節，將針對投資談判、投資契約條款及創業組織型態持續介紹。

13-2 談判成本與談判賽局

一、談判成本與風險

企業間進行談判時，應先理解談判充滿內部及外部成本，而且光進行談判取得共識的階段，都需要花費談判雙方大量時間精力。以一般流程，除了以競賽方式快速了解內容外，一般通常在搜尋適當投資者及投資標的上就充滿成本。

第二成本部分來自於資訊揭露風險跟成本。當幸運找尋到可能適合的投資者，完成一場完美的前景報告時，雙方就會進入談判深水區，簡單說，新創團隊將必須主動或被動提供投資者更深入的確認，包含技術、商業模式、財務狀況、股權健康程度、新創團隊間分工及持股比例等深入揭露。這些揭露過程，雖然都會簽署一定保密規範加以防止保密資訊外漏，然而如果投資方是其他大型企業時，則重要資訊揭露，反而使得原本洽談的大企業，可以窺見或是快速模仿其商品技術或是商業模式，甚至更可以直接挖角掌握技術之關鍵人才或是團隊。因此，資訊揭露及核心技術及核心團隊的保護及向心力，將會是可以降低此部分談判成本與風險的核心關鍵。

在順利完成前面兩階段，新創業者一定要對投資方可能考慮及在乎點有所體諒及尊重。畢竟，投資者本身亦有必須承受的獲利壓力，也需要面對投資股東對於基金管理績效的考核。因此，應該先確認投資者設定的成長規劃及出場模式是否符合新創團隊期待，並且確認投資條款內容是否有潛在地雷。此部分關於投資條款可能應用目的及潛在地雷，將會於後續第四節部分詳細分析。該條款之掌握，可以快速減少雙方在投資條款及方式上的疑慮，並可加速凝聚雙方共識。

二、談判賽局—投資者與被投資者角度分析

(一)投資者角度

1. 投資規模及獲利出場方式

如同前面一再提到，創投實際接近基金經理人，基金有大小差別不同，創投基金也會有一樣差距。因此在人力資源分配上，創投經理人所能夠找的標的數量是有限制的，而這限制主要在經理人能夠兼顧專業獲利及時間分配上，影響其能夠投資數量。因此，創投經理人在尋找投資標的時，通常會依據其管理基金規模大小來找尋適當投資標的。簡單講，大型創投基金在看到小型投資標的時，即使該標的商業模式很漂亮，也已經有現金流正向循環了，但是經理人評估新創公司估值過低及成長規模不夠大時，他也只能忍痛或是轉介給其他中小型創投基金來操作了。畢竟時間對任何一個人都是公平的，有限時間獲取最大效益是創投經理人一定會面臨到的壓力課題。

另外，除了天使創投外，投資者念茲在茲者，就是獲利。因此，在考慮是否投資之要素上，除了需要考量技術或商業模式未來市場價值外，針對新創團隊彼此股權結構、現有股權數量是否健康等不同因素都會考量。同時也會預先設想好可能的獲利了結出場方式。通常獲利出場方式可能包含 IPO 或是出售給其他大型法人股東，獲利出場方式不同，相對應也會有不同的特殊合約或條款設計，也會對新創公司實質產生影響，特別是對於新創團隊預想的發展方向。

2. 股權結構

另外，回到投資金額及預設收購股權比例面向，創投與大型法人投資者著眼點就會有明顯不同。以股權結構來說，天使投資人在投資時通常會選擇較少比例股權，雖然相同的投入金額亦低於純獲利考量之一般創投，但是還是可以替毫無資源的種子團隊帶來關鍵起始資金。一般創投投資所換取之股權比例通常會跟出場模式有關連，如果循一般 IPO 方式獲利出場，則通常會希望在 IPO 之前，新創團隊仍保有新創公司超過 50% 的股權，以確保新創公司仍可以由新創團隊確實擁有主導權。因此，在通常會經歷三輪融資的情況下，通常每一輪融資股權約 20%，以確保在經過三輪融資後，新創公司仍還保有約 52% 股權可以主導新創公司。

不同於創投方式，如果是大型法人投資時，則可能一開始就將股權直接定位到剛好允許新創團隊過半之水準，亦即 49% 及 51%，直接以子公司方式加以規劃股權。簡言之，直接由大型法人提供發展資金及市場規劃，但是仍尊重創始團隊能力，由創始團隊主導技術開發或是商業模式開發。與母公司業務結合上，將會在一開始的研發階段就開始主導，視未來業務發展趨勢，可能維持獨立公司成長，或是利用企業併購方式消滅法人地位，納入母公司部門。

3. 確保投資資金及未來投資權益

在極端情況且沒有任何特別約定下，按照現行公司法規定，新創公司在收到投資人資金後，在新創公司仍持有多數股權下，新創公司可以完全合法地解散公司，並將剛取得的投資資金按照股權比例返還股東。因此，自這種情況下新創公司將立即面臨高額損失。

另外一種情形也是投資者非常避免的部分，就是投資資金並未進入公司內部使用，反而是被放入大股東私人的情形，這種情形會發生在認購之股份並非公司新發股票，而是大股東手頭持股（又通常稱爲老股）。這種情形下，投資者投入資金購買股權，其資金將會進入大股東個人收入，而不是進入公司，所影響部分，除了會使得大股東荷包滿滿外，即使大股東將資金再挪用到公司發展上，也將使得大股東個人因爲賣股所得而可能面臨稅賦問題，可以說是毫無好處。因此，這也是投資者會避免的情形。

舉例來說，新創公司原始資金假設有 500 萬，A 輪投資者投資 4,000 萬取得 20% 股權，總公司資本額增加到 4,500 萬。此時如果新創團隊清算公司，則新創團隊在擁有 80% 股權下將可以合法清算公司，並且按股權數量（新創公司 80%、創投 20%）返還股東。此時創投公司按股權數 20% 僅可以取回 900 萬元，直接損失 3,100 萬元，且新創公司股東可以合法取得其他 3,600 萬元。

另外，投資者在面臨投資技術或對於團隊不信任度比較高時，也會採取另外一種方式，即以可轉換式公司債方式加以投資新創公司。這種債券方式，除了可以保有借貸利息約定效果，同時在公司經營轉好時，亦保有公司債可以按照一定價額轉換成股份之效果。因此，此種附帶條件式的投資行為，可以替投資者提供較為完整的權利保護，保障投資者投資資金。

4. 確保資訊透明

就如同之前關於創投背景介紹，創投管理者比較接近基金經理人地位，除了要有管理績效外，勢必要做到風險分散以及停損等不同考量，因此，理性基金經理人會藉由調整基金組成成份來汰換績效不良的投資標的，而在創投案當中，這些考量當然也是理性創投經理人所需要考慮的重點。因此，在創投經理人基於風險分散的基本原則下，整體投資基金通常會多筆分散投資，並且視基金規模來挑選適當投資標的。

同時，在創投經理人需要分心管理多筆投資案時，基於有限時間及快速資訊掌握，創投經理人勢必需要非常準確即時的公司經營資訊，包含公司財務、重大業務、股權變動等對於公司影響重大事項的即時掌握需求。因此，就創投經理人角度，任何能賦予其可以即時及定期掌握公司重要資訊的方式都是創投經理人可以接受的方式，包含擔任董事、監察人或是以特別股方式賦予其特別股股東擁有資訊查閱權及定期資訊接收權等等，都是創投經理人可以接受的方式。

（二）被投資者

1. 資金

錢不是萬能，沒錢萬萬不能，新創事業也是會面臨到一樣的困境，而且感受一定會更深刻。如同前面籌資管道介紹，無論是獎勵補助或是融資貸款，新創公司仍需要部分資金是來自於原始股東籌措支應，同時融資貸款仍面臨需要償還的壓力。因此，在新創公司可以應用籌資的有限資源當中，股份是確實可以拿來加以應用的資源，同時對於公司珍貴的資金壓力最輕且效益最大，因此，以新創公司角度，如何在最短時間運用手頭資源度過現金流週期，將會是公司最想要解決的點，同時也會是新創者最不應該被投資者掌握的點，因爲該弱點將會嚴重影響投資談判條件，甚至被迫簽下類似賣身契約的投資條款。

2. 時機

時間要素也是新創團隊認爲的重點。會毅然邁向創業之路的創業者，通常是針對特定技術或是特定商業模式有所專精或信心，同時新創團隊心中認爲此時正是相當有先機及價值的時刻，因此，才會勇敢邁向辛苦創業道路。時機因素的重要性，隨著商業模式改變而更顯得重要，尤其在網路世代的商業模式，包含共享經濟或是社群經濟模式，通常在商業模式本身很容易被複製，眞正能夠維持良久的反而是持續的口碑跟活躍社群的維護，這部分的經營才是品牌先行且持續領先者維持商業模式的根基，因此掌握時機並持續優化使用者體驗都是不可偏廢的經營部分。

3. 保密資訊外漏

新創團隊在與投資者洽談時，勢必揭露特定事項，包含商業模式架構、技術領先核心以及商業化後大概的產業價值，才能夠喚起投資者投資意願。因此，在資訊揭露風險上，雖然通常都會與投資者以簽署保密協議方式形式拘束資訊外流，但是如果遇到有心惡意抄襲商業模式的競爭者，即使在簽署保密協議情況下，要請求損害賠償仍必須循法律途徑加以訴訟，除了漫長司法訴訟期間外，往往無法阻止競爭者快速擴張市場版圖，獲取原屬於新創團隊的甜美果實，此部分也是新創團隊在展開與投資者洽談時非常擔心的觀點。

三、談判賽局困境及解決

從投資者與新創團隊各自考慮點出發，則可以看出雙方要達成共識多不容易，甚至要找到正確的投資者及被投資者都是相當困難。因此，光找尋彼此就必須花費大量時間，找尋後的談判，更是會造成新創團隊與投資者莫大的成本浪費。另外，投資者與新創團隊的最大問題，通常是資訊理解落差，包含投資價值及不清楚投資條款意含等。

簡單講，缺乏經驗的新創團隊，經常一頭熱地專研自身認為有價值的自身技術或產品，除了忽略現有商業市場活動外，另外面對創投投資時，如果又對於投資條款不了解，非常容易對於創投常用的條款感到害怕且擔心被掠奪新創成果；相反的，投資者面對新手新創團隊（相較於新手新創團隊，老手新創團隊指已有創業經歷或是已經成功賣出新創公司的老鳥）時，相關技術及成本的成熟程度、財務狀況及股權分佈狀況等等資訊的不明確，很多時候即使投資者在經過投資風險評估（Due Diligence, DD）程序後仍有所擔心，在洽談投資條件時，又要花費大量時間、精力就投資條款從頭溝通，這種資訊落差會影響雙方談判達成共識之困難度，將會花費大量時間在溝通跟理解過程。因此下列事項是有效減少談判溝通成本花費的幾個建議：

（一）參加媒合管道

創業競賽是一個非常好的平台，同時可以解決創業者聚落、投資者聚落及減緩投資規模差距三種困境。另外還有很重要的一點，創業團隊可以看到競爭者，也可以看到潛在的合作者。

藉由參與創業競賽，除了可以藉由與專業投資者交流上了解自己商業模式不足外，也可以藉由參與競賽快速靈感衝擊，產生新的想法與創新。

因此，參與這類活動，即使無法順利贏得投資，對於新創團隊及投資者彼此認識交流及人脈累積上都會有實質幫助。另外，政府在鼓勵新創事業上，亦有推廣新創基地及新創輔導方式，可以讓新創團隊及投資團隊擁有更多水平及垂直交流空間，減少媒合時間。

（二）實踐商業模式

商業模式是必須要實踐的。同時一個可行的商業模式必須要從實踐當中滾動優化調整，當有消費者付錢並且享受服務時的回饋，才是對於該商業模式最直接有用的回饋。因此，如何在有限的資源下能夠維持新創公司的熱情與運作，甚至如何讓預想中的商業模式初步運轉，獲得些許現金流的進帳，其實也是考驗新創團隊及商業模式是否可行的重要實踐，而這些實踐，其實也是投資者評價該新創公司是否值得投資的重要指標之一。

簡單講，如果在沒有外部資源，僅依靠公司初始資金運作而可以支撐二到三年，並且有些許現金流量可以正向回饋公司支出，這樣的投資標的，將會讓投資者認為是風險較低且更趨向成熟的投資標的，在說服投資上，無論是公司未來價值評估或是商業模式可行性上，都更具有說服力。

（三）了解自身產品特性

創業初期在僅有原始股東投資資金下，資金壓力是非常巨大的。因此，急切找到維持資金的壓力，有可能使得缺乏經驗的創業團隊為了資金，而簽署了不適合的投資條件，最後導致新創團隊解散的惡果。

因此，雖然一直強調「時機」的重要性，尤其是在以商業模式新創的公司中，「時機」這個要素佔有非常重要影響。然而摒除前述情形外，如果新創產品或服務的核心，偏向技術或是商品創業時，則「時機」要素反而影響較小，資金來源可以選擇的選項反而增加更多思考空間。在其他可以選擇的籌資方式上，以參與群眾募資平台，藉由群眾募資中預購模式反而是更有彈性及回饋的好管道。

新創團隊可以一邊藉由群眾募資說明部分，宣傳自家產品或服務的特色及吸引力，同時可以藉由募資過程預購程度的回饋，讓新創團隊知道部分消費者的直接反應，在過程中更可以取得資金以外更多有用的資訊，並且解決部分資金壓力而獲得正向現金流。在這種條件下再與投資者洽談投資，則可以更有立場及實際成績爭取更好投資條件。

（四）理解創投角度及考量

前一段了解自身產品特性部分應該算是知己，而理解創投角度及考慮風險則是知彼。在知己知彼情況下，雙方要達成共識的機會便提高很多。畢竟，創投條款下雖然看似有很多會讓新創團隊擔心的條款，但是大部分都是反應創投投資人相對應擔心的事項，甚至影響到創投獲利出場的方式及評估。因此，在了解特約條款背後目的之後，新創團隊也可以更快速地針對其背後目的，建議比較和緩且雙方都接受的其他方案來加以討論。

畢竟，一段好的投資與被投資關係，雖然不像要走向天長地久的婚姻關係，但是獲取成功的共同目標，也是要如同一場完美的短期約會般，讓雙方都可以放下心防一起投入才能達成。畢竟要達到相同目的的手段很多，過多枝節條款堅持，對於達成共識的平衡都是不利的。

(五) 試著簽署 SAFE 或 KISS 合約

SAFE 或 KISS 合約，主要是創投界面對初期投資常用的投資合約。這兩種合約共通特點是，都簡化或遲延很多投資合約中的約定條款，除了可以減少專業人士協助談判費用外，並且同時簡化雙方應確定之談判條件項目，加快雙方達成共識的速度及效率。關於兩種合約部分將於 13-3 節再次詳談。

四、關於籌資談判的理解及觀念

在分析新創團隊與投資者彼此考量及擔心因素後，相信在洽談過程中，可以讓彼此溝通落差有效減少。另外，建議新創團隊在思考投資者投資意願時，應該也要檢視目前新創團隊擬發展的商業地區，而這可能會影響資金募集對象，以及是否設立或一開始就成立海外公司的重要轉折。

此外，新創團隊應該要了解到經營新創公司與經營上市櫃公司的差距。新創團隊領導人當然會希望自己能夠主導新創事業最後的蓬勃發展，然而當公司規模擴大，承擔更大的營運壓力，且股東來源更加多元時，新創團隊領導人仍有可能會被自己的新創事業所否定，最後離開自己親手創立的公司。如 1985 年蘋果電腦曾經開除了其創始人賈伯斯（Steve Jobs），臺灣部分則如博客來數位科技商城之創辦人張天立，在引入統一超商的大資金後，也因爲經營理念不同而離開，並且另外創立讀冊電子商城。

創業及公司經營是一個持續的過程，而管理企業本身就是一門專業，並且在公司規模越加龐大下越發重要。因此，新創團隊面對創投獲利出場之方式與自身新創團隊想法如果有所不同時，其實可以更中立地看待投資者給予的意見及想法。

以新創者創業過程的收穫，除了創業團隊克服困難的專業經驗累積外，創業者本身對於商業模式的敏銳度及商業市場的趨勢眼光，這些內化累積給創業者的敏銳直覺，才是創業者能夠持續邁入下一個新戰場的創業家養分。

13-3 投資契約重要條款分析

一、投資契約重要條款及概念分享

如前面所說，投資者在面臨不同發展階段之新創公司，包含種子階段公司、初輪投資與接近 IPO 前第二或第三輪投資者時，各階段新創公司都有不同考量之風險點。

一般而言，不同輪的定義是公司從新創公司階段到上市公司階段，不同階段所需要資本提升過程的籌資。假設新創公司資本額只有五十萬元，最後達到臺灣證券市場上市的門檻，設立年限要達三年，實收資本額需要達到新臺幣 6 億元且市值 50 億元，且獲利程度需要達到一定程度才能夠上市。在這樣成長過程中，如果在公司種子時期就有創投投入，爲了加速公司 IPO 速度，則勢必會建議新創公司引用外部資金，以加快公司成長速度及改善現金流。

另外，在不同引資階段的投資人，因爲新創公司面臨的風險及公司狀況不同、談判地位不同，投資者與新創公司協議的投資條款也會不同。面對複雜的投資條款談判磋商，也就是經歷了慘烈的公司估值談判及投資風險評估後，投資者通常會把投資條件更簡化成大約一張紙的投資條件（Term Sheet）來進行投資條件協商。本節前段有將常見 Term Sheet 條款的目的加以介紹，後面會更詳細介紹。

另外，以談判角度來看，當然越接近 IPO 新創公司風險越低，相反的，越是剛成立新創公司風險越高，而通常對資金的需求也會跟風險成反比。因此，當新創團隊在最需要錢的初期，找到願意投資種子輪投資者是非常困難的。

因此，本文第二段將針對常見種子輪投資合約 CB（Convertible Bond）、SAFE（Simple Agreement for Future Equity）及 KISS（Keep It Simple Securities）與讀者分享。謹先分享投資契約重要條款如下：

（一）公司估值（Money Valuation）

公司估値的認定，在以股權作爲投資標的之投資契約當中是非常重要的一環。這部分認定，還會影響投資股數、投資金額、公司增資前價值（Pre Money Valuation）、公司增資後價值（Post Money Valuation）等不同要素。這部分應該是新創團隊最應注意的部分，簡單說，在考慮未來成長空間及股權應用空間上，應該要保持新創團隊持股的健康程度，即在經歷第二輪及第三輪等後續增資後，仍可保有新創團隊對於新創公司的主導權，避免造成股權過度提早被稀釋分散，這樣才能足以吸引後續投資者投入資金投資。

（二）優先股（Preferred Stock）

優先股之定義其實是相較於一般普通股（Common Shares）定義，簡單說，只要跟一般股享有不同權利或是義務者，都是屬於優先股，包含後列清算優先權、特殊投票權利等等權利之約定，都是優先股常見約定項目。

另外，新創公司在不同籌資階段發行的優先股，則通常在優先權的順序上面，採取堆疊法。簡單講，越後面發行的優先股擁有越高順位的權利。因此，通常結算優先股權利時，都是後順位優先股優先結算完後，再往前結算先順位之優先股，最後才是普通股。然後在公開發行後，才都是以普通股爲主，原優先股也會依照設定的轉換條件全數轉換成普通股。

增資前價值與增資後價值計算示例

假設公司已發行 10 萬股，每股金額 10 元，則公司實收資本為 100 萬元。如果本次增資預計發行 5 萬股，每股金額溢價發行 20 元，則可以募到 100 萬元。

這時新股佔總股數約 33%，總股數量為 15 萬股，新股價為 20 元。此時增資後公司價值就是 300 萬元，而這也代表增資前公司價值是 300 萬元減去新增加的 100 萬元，即 200 萬元。

因此，原始股東股票價值從原本 100 萬元增加到 200 萬元，但也因為新股發行關係，而產生新股稀釋情形。按照發行比例，每股權利被稀釋為 67% 的權利。

(三)清算優先權(Liquidation Preferences)

清算優先權中的「清算」，通常指被併購、所有權易主、倒閉或是破產時，需要用清算程序加以結清公司資產，在還清負債後，將剩餘財產分派回去各股東。通常除了上市外，被併購、所有權易主也是投資者喜歡的獲利出場方式。而且在有經驗的創業者來說，讓新創公司被其他大公司併購而出場之獲利，事實上並不會少於上市的價值。而且往往利用這種方式出場的創業者，仍會保有相當程度被併購時之新股權，可以持續藉由大企業經營而獲得持續性獲利。

回到條款介紹，因爲被併購出場方式是新創公司常見的出場方式之一，因此投資者在投資時通常會約定清算優先權，並且會約定在清算時應返還之乘數（即原始投資金額的 1~N 倍不等）。在面對清算時，投資人有權按照該項約定優先取得清算資金，剩餘才會回到清算程序按股權比例加以分派。

此外，還有一種約定方式屬於比較特殊的方式，即參與型（Participation）優先返還方式，相同的會約定倍數（即清算時投資人股數應分派金額的 1~N 倍不等）。這部分約定條件通常除了保障其投資風險外，更是新創公司出場時，優先確保高風險高報酬的主要工具之一。惟這對新創團隊來說則是優先要注意的被投資風險條件之一。

(四)董事席次權或資訊權

投資者在投資後，通常會持續監督被投資公司經營情況，確保資金及經營方向符合投資者預期。如果是股權投資情形，則投資者可以要求擔任一定席位董事，以獲得充分及完整的資訊及自主查閱權，或是直接修改章程，賦予該種特別股持有人，擁有與公司董事或是監察人相同權利之公司簿冊查閱權利。此外如果採取債權投資時，則會改以債權人方式約定不同查閱方式，實質達到公司資訊掌握及經營方向掌握的效果。

清算優先權與參與式清算優先權計算示例

假設公司以 1 億 2,000 萬元賣給了另外一家公司，扣掉債務 2,000 萬以後 1 億元資金，創投原先投入 500 萬元取得 20% 股權，並且約定清算優先權數為 2，則 500 萬乘 2 即 1,000 萬元就是創投可以先拿回入袋的錢，剩餘金額即 9,000 萬依照股權加以分派。此時創投仍有 20% 之股權，因此仍可再取得九千萬的五分之一，可以再獲得 1,800 百萬元，並共可以獲得 2,800 萬元。

延續前例，如條款同時亦有約定參與試清算優先權時，假設倍數也是 2，則扣除清算優先權分派金額後，創投可以優先取得該分派金額的 2 倍，及 3,600 百萬後，在將剩餘金額由一般股東均分。

（五）特殊投票權利

特殊投票權利約定範圍及效果其實擁有非常大的彈性空間。除了可以約定投票股數外，甚至在特殊投票議題時，該種特別股可以擁有較高的表決權數，甚至擁有否決權。以實際例子來說，可以約定特別股在公司經營或其他一般事項擁有與其他普通股相同之投票權數，然而在公司增資、減資事項擁有兩倍特別投票權數。然後在公司合併、清算部分擁有單獨否決權。在這種情形下，未來公司如果面臨增資事項或是公司被併購情形時，投資者就會擁有非常高的主導性，甚至可以一票否決所有其他股東之決定。

（六）反稀釋條款

反稀釋條款（Anti Dilution）是需要特殊解釋的條款。首先要澄清，只要發行新股，舊有持股無論是普通股或是特別股，都會因爲新股份之發行而影響原有股份比例，都屬於實質的股份稀釋。然而不同的，隨著新股發行後，因爲有實質資金入賬，按正常情形，次階段投資時新發行之每股金額通常會高於原投資階段每股金額，所以每股價值仍會維持相當程度的提高。那反稀釋條款何時會生效呢，也就是只有在不正常情形，公司次階段投資每股金額比原階段投資每股金額更低之情形，才會發生反稀釋條款。

另外，除了前述次階段投資價格比原階段投資每股價格低的情形外，如果因爲股票分割、股權合併，或是發行股利等情形，也有可能造成股權稀釋情形，如果在契約條款約定中有列爲股權稀釋條件之一時，亦會觸發該條款之發動。

通常反稀釋條款核心在於投資損失風險的轉嫁效果，簡單講，次階段投資股價不佳原因很多，可能源自於創始團隊後續經營方式不佳，可能源自市場大環境不佳，也可能是其他重大經濟因素造成，然而基於風險轉嫁的作法，投資人可以依照雙方契約精神，一部分或大部分將被稀釋的損失由新創團隊吸收。

應該注意部分，反稀釋條款在不同設計下，產生反稀釋效果差距非常高，而且在發動條件上，新創團隊應該認眞檢視，避免輕忽，造成未來發展隱憂。

反稀釋條款計算示例

反稀釋條款大致分成加權平均型（Weighted Average Calculation Anti Dilution）及全輪型（Full Ratchet Anti Dilution）兩種。

採取全輪型比較好理解。假設原階段投資條件是每股 20 元投資 100 萬股，而次階段投資條件降為每股 10 元，則依照全輪型反稀釋條款，原階段投資者可以依照價值減損部分，取得另外 100 萬股，或是特別股轉換比例變成 1：2。

採取加權平均型時，則會先計算計算權數，即如果仍要募足 2,000 萬時，原每股 20 元僅需要 100 萬股，而現在每股 10 元則需要 200 萬股。實際權數計算方式就是（200 萬股初輪 +100 萬股）/（200 萬股初輪 ＋ 200 萬股）＝ 0.75。

在加權下，初輪金額從每股 20 元乘上權數變成每股 15 元。這時候要還原原投資金額 2,000 萬時，則投資股數則應該增加為 1,333,333 股，相較於原股數 1,000,000 股，則應再補給 33 萬多股給原投資股東。

（七）對賭條款

首先說明，並不是所有投資合約都會有對賭條款，尤其是如果還有經過調查程序時，投資者也應該對投資標的要負擔一定程度的注意義務及承擔一定程度的損失風險。但是縱使有前述「理論上」的說明，投資合約中還是可以就對賭條款加以約定，且仍需要尊重契約雙方訂定自由。因此，在審查投資合約時，當有對賭條款出現時，新創團隊應該優先針對對賭條款加以檢視，避免誤踩地雷。

所謂對賭條款，其實並無固定的對賭條款約定內容，簡單來說，其實對賭條款就是附帶條件之投資，而所附帶條件內容，通常會與新創公司成長、獲利或是其他條件，以未來一段時間必須達成作爲投資條件的對價。如果沒有達成，則會依照合約執行對賭條件。這種條款因爲自由度高，因此在投資條件上容易完全偏袒強勢談判方。因此，如果新創團隊碰到完全是賣身契的對賭條款，則可能反而顯示對方並不是一個善意的投資者，此時則建議另外再尋覓良人了。

二、投資者與股東間簽署協議

投資者除了與公司簽立投資合約外，在確保投資者權利上，投資者也會與原始股東共同簽立其他合約，以確保投資權利及未來獲利出場之權利。針對投資者也會跟其他股東簽立其他投資條款分享如下：

（一）股票優先購買權（Preemptive Right）

股票優先購買權之發動，主要是新創公司之原始股東，如果有出脫股權之情形發生時，投資者可以自己或要求其他公司股東用約定金額優先購買。這種做法的目的，主要在防止股權落入不確定外部股東手中，同時投資者可以選擇藉由該種手段增加手中持股。

（二）領賣權（Drag-along Right，DAR）與共賣權（Tag-along Right，TAR）

領賣權與共賣權都是在新創公司如果採取被併購方式進行退場時，爲達成被併購的共識，可由事先約定擁有領賣權的權利人（通常是投資人在投資初期已經預想好以該種方式獲利出場），如果在未來將股份出售給特定對象時，其他股東必須同意一起出售股權給特定收購人。與領賣權不同者，共賣權則是相反，即當新創公司決定以特定價格出售股權時，擁有共賣權人可以以相同條件出脫手中持股，並且通常會附帶否決權，一樣可以選擇賣出對象或價格。

（三）賣回權（Buyback）

賣回權其實也算是廣義對賭條款形式，但是簽立對象是與一般股東而非公司。簡單講，投資者也可以與其他股東約定，如果公司未來成長幅度未達到一定預期績效，或未達到原先設定成長規模（如研發商品應達到可商品化之類條件），這時候投資者除可以利用對賭式條款約定由公司買回以外，也可以與各股東簽立賣回權，由各股東以特定價格買回原投資人投資之股份。

三、CB、KISS 及 SAFE 投資合約

從上述條款介紹，相信大家可以初步理解不同投資條款主要架構及目的，也可以理解如果所有條件都要逐步談妥，實際上是一件非常複雜且困難的事情。所耗費的除了投資者與新創團隊彼此時間及洽談外，事實上有很多條件洽談，是建立在未來不可預測風險上，且幾乎不可能發生，或是發生時根本就難以完全發揮效果。

因此，投資者在眞正要投資初期新創團隊時，通常會採取比較簡化的投資合約，包含 CB、SAFE、KISS，以加快並且迴避無謂的談判條件，並且將部分條件建構在未來實際發生的發展過程中來實現。以下就這三種不同類型合約來進行介紹：

（一）CB

CB 其實就是 Convertible Bond 的簡稱，就是可轉換債權的意思。簡單講，投資者利用債權方式投資新創團隊，並且該種特殊債權可允許債權人自行選擇將原本債權投資部分，依照約定條件轉換成股權投資，本質上仍然是債務性質。這種可轉換債的投資方式，雖然舊公司法並未開放非公開發行公司可以發行該種債券，然而在這次公司法修正後，已經允許非公開發行公司發行可轉換債。因此，現行法規已經允許投資人以這種方式投資新創公司。

以可轉債投資的好處，除了只要確定投資金額、債務利率、債務到期日等債權投資條件外，其他前述複雜條款其實可以省略非常多不必要的討論。甚至在未來轉換後特別股的條件部分，都可以直接約定成比照該輪特別股權利或是可以獲得特定優惠折數等等條件，就可以直接將合約爭執部分延後到未來。

(二) SAFE

1. 基本介紹

SAFE 是矽谷著名新創育成中心 Y-Combinator（YC）針對非常初期的投資時，草擬的一份投資協議，並且公佈該版本給大家參考。這份投資合約的提出其實更加簡化了舊有投資架構，更加簡便，而且將更多條件挪移到後面階段投資時再加以認定，像是公司估值、每股價值等等條件。同時，SAFE 的投資也不同於前面 CB 的債權性質，因爲在債權性質裡面應該要約定事項，如利息、到期日等等要件，SAFE 合約裡面也沒有加以約定。因此，這種不同於可轉債類型或是股權類型的投資，並且只有在有下一輪成功融資或是上市時，才能對 SAFE 的持有人眞正發揮價值。因此，是對於新創團隊非常優惠的投資條件。

因此，簽署 SAFE 後，投資者將爲新創公司提供資金，以換取在未來某些事件（如次輪投資發生）中將其投資轉換爲股權的權利。當次輪投資發生並發行優先股時，SAFE 的持有投資者將在次輪後續發行中，可以以折扣或約定比例獲得特別股。也因爲 SAFE 將複雜難以確定的要件往後推遲（如每股價值或是特別股權利等）到未來的交易（未來的股權融資），這使得初始融資談判可以更快達到共識。

2. SAFE 類型

SAFE 有四種不同類型，但是其實僅有兩個要件需要確定，即估值上限、折扣兩種要件的排列組合。第四種類型則爲最優惠模式（Most Favored Nation, MFN），唯一的談判要點是估值上限及轉換時的折扣價。SAFE 合約就 YC 公佈的標準版本中是缺乏投資者保護機制的。特別是當如果新創公司並未進行次輪籌資或是次輪籌資失敗時，SAFE 合約對投資者保障是不足的。因此，傳統上會認爲，SAFE 合約是偏袒新創公司的有利條件。也因爲該標準合約簡化非常多傳統認爲可以保護投資者的條款，因此在投資上，反而更回歸於投資者眼光精準與否，並且可以快速與被投資者達成投資協議。

3. 各模式之內容說明

(1) 估值上限模式（Valuation Cap）

當 SAFE 投資者以估值上限作爲投資條件時，代表投資人與新創團隊約定，他們投資之金額，在未來第二輪融資中，將不會超過該上限價格來轉換股票。以實際案例來說，假設天使投資人用 SAFE 來投資新創公司 50 萬元，並約定估值上限爲 450 萬元。當第二輪融資發生時，新創公司估值達到 900 萬的價值，這時候回頭計算天使投資人持股認股價值時，就會以最高估值與實際估值作爲轉換比例基準（900 萬 / 450 萬），SAFE 持有人就可以以該基準除以新股價格，換算應該取得的持股比例（假設以每股 1 元方式發行，則 SAFE 持有人就可以回頭以每股 0.5 元回算持股數量）。

另外，當第二輪籌資估值未達估值上限或是等於估值上限時，SAFE 持有人與第二輪投資者則享有相同價格的股價。此時 SAFE 持有人並不會享有比較優惠的投資權利。

(2) 折扣率模式（Discount Rate）

從估值上限的例子可以看到，估值上限的意義也是與實際第二輪估值作爲投資金額轉換股票的比例基準。當然，SAFE 投資者可以直接先預定一個轉換比例（折扣率）作爲未來第二輪投資時，回頭計算持股的基準。相同的，如果同時採用估值上限及折扣率的版本中，就會額外約定當兩組數字發生，則應該採取較低股價數字爲準。

(3) 最優惠模式

當投資者以最優惠模式投資時，基本上屬於不約定投資上限或折扣率，而是約定當有其他 SAFE 投資人加入投資新創公司時，原採取最優惠模式的 SAFE 投資人將會比照其他 SAFE 投資人之投資條件調整最優惠模式的投資條件。而如果新創公司並沒有其他 SAFE 投資人投資而直接進入第二輪融資時，則最優惠模式的投資人就只能按第二輪發行每股金額直接換算持股比例了。

(三) KISS

1. 基本介紹

在 SAFE 推出後，2014 年 7 月，著名新創投資團隊 500 Startups 也推出 KISS 投資合約，在同樣強調輕薄短小的合約架構下，作爲其投資種子輪新創事業的投資合約。但是如同前面所說，SAFE 一般被認為過於偏袒新創團隊，相同的，可以帶來的優勢是如果願意以這種模式投資時，則通常會更得到新創團隊的青睞而獲得投資權利，然而實際上，爭相投資種子輪公司的情形相當稀少且幾乎難以預期，因此，通常採取 SAFE 投資者其實都是天使投資人。相較於 SAFE 投資條件過於偏袒新創團隊的缺點，KISS 則是一個比較平衡投資者權利，但是同樣強調輕薄短小的投資架構。

2. 類型介紹

KISS 有兩種類型，包含股權投資版本以及債權投資版本。就股權投資版本中，KISS 非常接近之前介紹的 CB 類型，不同的是，它會在它公佈的標準版本中，除了規定較為合理的利率（5%）及到期日（18 個月）外，在未來新輪投資後，KISS 投資者可以在新輪公司優先股中獲得轉換相關投資利息之股權。

另外在 MFN 條款中則與 SAFE 的條件不同。KISS 的 MFN 條款主要約定方式，是針對被投資公司，如果在未來發行更優惠的股權時，KISS 投資者可以擁有轉換權，而不是針對其他 KISS 投資者投資條件。畢竟 KISS 投資者通常是在被投資公司非常初期時就會投資該公司。因此同時意味著其實承擔相當高的投資風險。在這種前提下，賦予 KISS 投資人可以擁有優惠特別股轉換權利實際上也是相對公平的條款。

3. 契約實現方式

KISS 合約相較於 SAFE 合約，多了一些保障投資方條款，包含增加籌資金額門檻及轉換期間，同時以債權投資時，還會約定基礎利息。這部分同時也可以給予被投資人保障，可以明確限制 KISS 投資不會爆炸性獲利，並且不會過於侵蝕新創團隊的未來獲益。

4. 轉換門檻及轉換期間

按照 KISS 標準版本，新創公司在籌集到達 100 萬美元的股權融資時，KISS 投資額就會轉換成特別股。而當新創公司向次輪投資人提出次輪融資金額時，KISS 持有人將會自動轉換為該輪優先股，然而關於轉換上限或折扣則會回到個別 KISS 契約上加以談判約定。另外，KISS 有另外約定到期日 18 個月，如果在到期日之前沒有達成至少 100 萬股權融資，KISS 持有人可以原先預定估值上限計算權數，轉換成應得股數。

並且，如果被投資新創公司在達到轉換門檻前（100 萬元美金、18 個月），以被併購方式出售公司時，投資者可以選擇獲得 2 倍的投資或按估值上限進行股權轉換。（即之前投資條款中介紹的隨賣權）。

(四) SAFE 與 KISS 合約的比較

原則上，會選擇採取用 SAFE 及 KISS 來進行投資者，都可以歸類爲天使投資人。因爲如果認眞檢驗兩種合約的投資條款，除了被歸類爲無法完整保障投資人投資風險外，這兩種投資方式共同特點都是無法替投資人帶來爆發性獲利。因此，實際上一般投資人在面對高達九成以上失敗率的新創投資時，鮮少採取這種投資方式進行投資。

再進一步比較 KISS 與 SAFE 投資架構，KISS 投資架構又被認爲偏向中間合理，而不像 SAFE 投資架構被認爲偏袒被投資新創事業。以 KISS 類型投資架構觀察，其內容架構無論是股權或是債權投資，都比 SAFE 類型投資更複雜但更平衡，同時也比較受到投資者青睞。

四、新創公司與投資人關係

新創團隊與投資人的關係，其實是彼此互相扶持成長的關係。因此，一個專業的投資團隊，在設計投資條款上，是著眼在能與被投資人順利達成實質成長，藉此才能伴隨著讓投資者的投資股權可以隨之水漲船高，才能在適當時間出脫手中持股獲利出場，然後再尋求下一個投資標的。

另外，本文受限篇幅，僅能就重要投資條款架構及大概操作方式粗略介紹，目的在讓新創團隊初步理解投資條款目的性及操作方式，以減少雙方資訊落差，並有效縮短雙方溝通時間。但是仍必須提醒，實際將投資條件落實成投資合約是相當繁瑣複雜的（SAFE 跟 KISS 算是例外的簡單），新創團隊在檢視投資條款及投資合約時，務必尋求外部專業人士協助審閱，並且確保投資合約與投資條款相符，且沒有潛在未發現合約地雷。

13-4 新創事業型態的選擇

公司種類的選擇，主要需要依據創業者實際對於創業著重領域加以考量。除了傳統商號組織外，以公司型態進行創業時，我國法規剛好做出大幅度放寬。依據 2018 年 11 月 1 日修正上路之新公司法，修正幅度屬於史上最高，且實質調整幅度亦非常之高。人合型公司或是資合型公司都有做出大幅修正，並且給予小型公司高度彈性及空間加以應用。因此，新創企業選擇上，則多了更多彈性及選項可以依照需求選擇，並且各有不同利弊。

一、商號

國內新創事業選擇以商號模式進行創業者，其實佔新創事業當中非常多數。以 2018 年 8 月臺北市政府新設立商號數字觀察，可以發現總商號數量為 57,650 家，並且該月新增數量為 473 家。相較於同期統計數量比較，臺北市總公司家數為 179,799 家，新增公司家數為 1,071 家，顯見創業者在創業選擇上，商號是大家經常選擇之創業商業型態，因此，了解該商業組織創業之優缺點則相當重要。

(一) 商號法律特性及優點

商號的法律特性，其實就是創業負責人之延伸。簡單說，雖然商號有獨立的稅法上地位，但是關於商號衍生債務部分，則會連結回到個人部分。因此，以商號進行創業時，將會與專屬於創業人個人技藝有充分關聯性。因此，商號相當適合本身擁有獨特技術者，如餐飲業者選擇。

依照臺北市 2018 年 8 月統計資料，依照產業分佈，商號數量第一名為批發及零售業，數量 29,207 家，第二名為住宿及餐飲業，數量 8,827 家，第三名為運輸及倉儲業，數量 5,294 家。反應在市場則為大量連鎖便利商店及連鎖餐飲店。

另外，以商號作爲創業選擇之主要考量，除了低成本之外，最大考量則是稅務規劃。早期商號因爲交易額小，查核不易，通常未達一定營業額之前，可以免開立統一發票。因此，使得在實際稅務繳納上有相當大模糊空間可以減少營業稅之繳納。以統一發票開立標準觀察，爲平均每月營業額 20 萬元。在稽核人力有限之客觀事實下，商號在稅務上仍有相當大的優惠空間可提供創業者靈活應用。惟應該注意者，如果創業係採取連鎖加盟、網路銷售或以電子方式如 POS 機、號碼牌等方式進行銷售時，則即使未達到免用發票營業額，則仍認爲應該有能力開立發票而必須開立發票。

知識補充

1. 依照商業登記法第 3 條，依照組成成員數量可以分為獨資商號或合夥。
2. 法律責任上，獨資商號負責人對於獨資商號所造成之民事責任負責。合夥時依照民法 681 條規定合夥財產不足清償合夥之債務時，各合夥人對於不足之額，連帶負其責任。

（二）商號創業缺點

商號雖然有前述稅賦上面優惠，但是其最大缺點，則也因爲商號並沒有獨立法人地位而產生難以規劃的法律風險。首先是針對投資人部分，因其內部關係屬於民法上合夥關係，並不像公司有基本章程架構及公司法可以規範股東間基礎關係。因此，在合夥關係上，則回到私法自治範疇上，擁有寬廣私法自治空間。因此，俗話說「共患難易，共享福難」的情形，很容易發生在採取這種模式創業者。因爲實際上不可能在創業初期就把所有未來可能的法律風險或糾紛情形，通通以雙方契約方式規劃或釐清清楚，所以當面臨到部分創業夥伴離開或新加入時，將會增加合夥關係的複雜化，並因此限制了其他投資者投資意願。

1. 依「加值型及非加值型營業稅法」第十三條規定：小規模營業人、依法取得從事按摩資格之視覺功能障礙者經營，且全部由視覺功能障礙者提供按摩勞務之按摩業，及其他經財政部規定免予申報銷售額之營業人，其營業稅稅率為百分之一。

   農產品批發市場之承銷人及銷售農產品之小規模營業人，其營業稅稅率為百分之零點一。

   前二項小規模營業人，指第十一條、第十二條所列各業以外之規模狹小，平均每月銷售額未達財政部規定標準而按查定課徵營業稅之營業人。

2. 另依照前法施行細則規定第九條：本法稱小規模營業人，指規模狹小，交易零星，每月銷售額未達使用統一發票標準之營業人。

   第十條：本法稱其他經財政部規定免予申報銷售額之營業人，指左列營業性質特殊之營業人：

   一、理髮業。

   二、沐浴業。

   三、計程車業。

   四、其他經財政部核定之營業。

3. 「稽徵機關核定營業性質特殊營業人使用統一發票作業要點」規定，同樣須開立統一發票的類型還有以連鎖或加盟方式經營，透過網路銷售，以電子方式或收銀機開立收據、處理或管控帳務，依其營業狀況、商譽、季節性及其他情形致銷售額倍增等 4 種情形。

此外，商號沒有獨立法人地位這項缺點，也會發生在產權糾紛上面。在商號發展上，以一般餐飲業爲例，如果獲利後，勢必想要購買永久的營業店面。這時候如果是獨資商號，則相當清楚應該是由創業者自身購買不動產。然而如果是合夥情形，則可能會約定用共有方式購買該房產。短期乍看不會有太多法律爭議，然而當時間拉長有其他投資者加入或退出時，當初產權約定的使用內容，則可能替現仍持續經營的經營團隊帶來嚴重困擾。

從商業市場觀察，採取商號方式進行創業者並且獲得成功者，不乏很多知名老店，包含鼎泰豐、世界豆漿大王或是舊鎭南餅店、李鵠餅店等知名老字號店家。前述店家多數在發展到一定規模程度時，會重新註冊改以公司型態延續經營，轉換原因主要也是源於前述提及商號型態缺點。因此，以商號創業者雖然有稅賦優惠的利基，然而創業者亦應該了解商號未來發展上可能之限制，提早規劃因應調整。

知識補充

以實際案例觀察，新北市永和知名早餐店「世界豆漿大王」，在創下家喻戶曉的「永和豆漿」的傳奇下，也證明事實上以商號方式創業，也可以達到相當豐碩的成功果實。然而該早餐店在獲得成功後，針對原始投資人間爭議，亦應作為採取該類模式發展之創業者借鏡。

在該糾紛案例中，主要亦源於早餐店現址不動產產權，屬於早期共同創辦人共有。然而在共同創辦人退出經營後，關於不動產雖以契約方式約定使用方式或對價，然而當後續加入新進經營團隊對該對價有所爭議時，則容易影響並傷害商號營運的根基。

除上述產權情形外，囿於商號並無獨立法人格之影響，在智慧財產權如商標權、專利權之申請上，亦必須由自然人加以申請，此部分勢必由合夥人單獨或共同申請智慧財產權。這部分智慧財產權之所有權及使用權利，也容易跟隨著原始創業夥伴之離開或是爭執，而影響整個商號營運的根基。

二、公司

公司與商號最大不同，主要差別在於公司有獨立法律人格，並且有基本法律規範可以規定公司各組成成員間權利義務及行使方式等等，並且早期公司成立必須要求要有一定最低資本額限制，因此相較於商號創業模式，公司創業模式的進入門檻相對較高，也沒有商號獨享的稅賦優惠機制。然而隨著法規放寬調整，除已經取消最低資本額之要求外，在 2018 年公司法大幅修正後，基於鼓勵新創及小公司法規鬆綁兩大修正方向下，目前公司法無論在人合公司或未公開發行的資合公司上，均有採取大幅放寬之調整修法，詳述如下。

(一) 人合型公司

1. 基本介紹

人合型公司包含無限公司及兩合公司兩種型態。其重要特色在於股東出資型態及責任型態不同。無限公司顧名思義就是由無限責任股東所組成的公司型態。兩合公司則是由無限責任股東及有限責任股東兩種股東組成的公司型態。從這點觀察，實際上人合型公司與商號創業型態非常類似，差別僅在公司組織擁有獨立法律地位。並且可以避免前述商號組織創業經過長時間後創業資產及智慧財產權布局困擾的缺點。然而相對的，在稅賦上也無法享受商號組織創業可以享有的優惠。

2. 人合型公司創業優點

人合型組織創業型態上會與商號組織相當接近。簡單講，如同商號組織一樣，人合型公司中，各股東成員特性將會非常直接影響人合型公司商譽評價。並且因爲無限股東承擔無限連帶責任，因此，人合型公司對外形象、商譽建立以及整體價值評估都會與無限股東個人息息相關。在這種情況下，如果新創事業型態必須與個人能力息息相關時，如餐飲業、投資業或是醫療等非常依靠個人專業能力者，利用人合公司型態創業，實際上可以收到高度加成的功效。除此之外，相較於商號組織創業，創業資產以及智慧財產權規劃複雜情形，公司型態創業在享有獨立法律地位上，對於長久經營的穩定性部分將會有大幅優勢。是以雖然稅賦上可能相較於商號略趨於弱勢，然而如果能夠善用其他資金管道加以平衡後，人合型公司創業也是一個非常值得嘗試的創業型態。

3. 人合型公司創業缺點

人合型公司在 2018 年公司法修法前，其實存在若干不便之處，包含公司型態只能在無限公司及兩合公司中擇一，並且只能相互轉換。並且在公司內部決議部分，多數決策方式都是採取全體股東同意之超高門檻標準。因此，在舊公司法時代，人合型公司與商號差異極小，但是缺點更多，因此相較之下，多數強調股東特性的創業型態之優先選擇都是商號組織而非人合型公司。歸納舊公司法時代的創業缺點如下：

(1) 組織轉換缺乏彈性

人合公司包含無限公司及兩合公司，在舊公司法架構下屬於人合性質公司。據此，與資合性質公司有根本上差異，包含外部代表權及內部決策權行使及表決上都與資合性公司截然不同。也因此，過往人合公司類型間僅能交互轉換，亦即無限公司及兩合公司僅能交互轉換而已，並無法轉換成資合型有限公司或股份有限公司型態。因此在該種限制下，人合公司實際上與商號組織差距不大，反而還缺少稅賦優惠這項利多。當面臨新創產業需要運用財務工具籌措成長資金時，仍然會面臨需要重新申請資合公司的窘迫境界，並且被迫成立兩家公司而增加管理困境。該困境在公司法 2018 年大幅修正後有明顯改善，並允許人合公司在特定條件下轉換成資合公司，已經明顯大幅改善該種公司經營困境，後續將於修法內容說明之部分詳細補充。

(2) 決策方式缺乏彈性

相較於商號可以利用合約方式約定各投資者權利義務及分派方式等等，公司法針對無限公司及兩合公司股東間之權利義務關係規範相對明確，並且基於人合公司特性，非常強調股東全體同意的超高門檻，包含變更章程，出資轉讓他人等等情事，都需要得到全體股東同意。也因此，當原始股東產生經營方向歧異時，即使多數股東同意，而僅有少數一名股東不同意，則公司仍無法進行該項經營方向。此種情形下，會造成該少數股東反而擁有杯葛公司經營的絕對少數力量。另外，需要全體股東同意這件事情，在經營初期當然較容易達成。然而如果經過時間發展，則部分股東如果不是執行業務股東時，股東聯繫困難情形是非常可能發生的，這部分困境也隨著本次公司法修法有大幅放寬，並將於公司法修法部分詳細論述補充之。

(3) 外部籌資困難

如同商號組織創業困境，人合公司股東強調人合性質，各股東都是重要且深具影響力的存在。因此，股東成員變動及所牽連的章程變更等等，都需要全體股東同意才可以進行。在這種情況下，即使外部投資者有意願投資人合公司，也必須花費大量時間精神說服全數股東才能加入或變更公司章程，而且還可能承擔超高的無限風險。因此，實際上理性外部投資人應該會試圖遊說公司多數股東成立或轉換資合公司後才會加以投資。這部分困境已隨著本次修法調整放款，並將會在公司法修法部分詳細論述補充之。

(4) 缺乏紛爭解決機制

針對決策方式缺乏彈性乙事，所衍生的後續缺點，即是如果當公司部分創業股東彼此不合甚至反目時，則少數股東杯葛權利將會使得公司難以經營。雖然在新公司法中有開放部分手段可以解決前開困境，但是對於少數杯葛股東除股東自行離開外，缺乏其他手段可以讓不同意股東藉由多數股東決策而離開。雖然相較於商號創業情形相去不遠，但是比起資合公司採取多數決方式決議，則仍有其不便利之處。

（二）資合型公司

1. 基本介紹

資合型公司，顧名思義即是公司係由有限責任股東組成，並且僅就出資義務部分享有出資責任，且不像無限公司股東般針對公司債務承擔無限責任。就資合型公司類型上，大項區分爲有限公司及股份有限公司兩種。其中股份有限公司又有包含一般股份有限公司及閉鎖性股份有限公司兩種細部分項。僅概略說明如下：

(1) 有限公司

有限公司在公司法原始架構規劃上，屬於小型資合公司，並且在法規上仍擁有若干人合公司的性質，包含決策影響力不是以出資額作爲區分，而是各股東均有同等地位之表決權，因此在決策上，亦容易產生如同人合公司中之情形，亦即如有少數股東不同意時，將會產生類似絕對少數力量的杯葛情形。當然有限公司在決策門檻上相較於人合公司有較低且較有彈性之門檻，因此，形成絕對少數力量之可能性較低。此外，在2018年公司法修法後，允許有限公司以章程約定方式，可以允許有限公司改採取出資額作爲表決權計算比例方式。換言之，在有限公司多數股東同意下，可以改以出資額比例來決定公司表決權數量，使得出資比例較高之股東擁有較高表決權，更接近資合公司色彩。

另外，有限公司在組成人數上充滿彈性。在組成人數上，有限公司是資合公司中最早允許僅有一名股東組成公司，並且同時放寬公司組成最低資金限制。因此，有限公司成爲成立公司組織中成本最低，門檻最低，且自主性最高的一種資合公司，並且成爲目前公司組織數量之最大宗，高達 53 萬 4 千家數量，遠高於股份有限公司 16 萬 6 千家，並佔公司組織數量之 2/3 強。並且根據智庫之統計資料，在 53 萬家有限公司中，接近半數屬於一人公司。因此，根據上述數字可以發現，有限公司實際上是一般創業者最愛。除了設立方便，擁有獨立法律地位外，更沒有出資額限制，同時可以享受有限責任等多項優點。

(2) 股份有限公司

股份有限公司過往公司法架構上，一直都是預設爲中大型公司組織之使用型態。因此，除了傳統在公司組成股東上要求三名董事及一名監察人之最低數量外（俗稱之三董一監），並且在公司內部運行架構及監督制衡上，都以法令明文加以規範選舉及監督平衡機制。此外，如果規模大到如上市、上櫃、興櫃之規模時，在法遵上又會增加證券交易法及金管會多項金融法規加以規範，據此，實際上股份有限公司在遵循法規成本上是所有創業組織型態上最爲嚴格。

然而扣除實際資本市場上市公司約 923 家、上櫃公司約 744 家、登錄興櫃公司約 277 家，總數約 2,000 家之上市、上櫃、興櫃公司外，以股份有限公司總數約爲 16 萬 6 千家之數量觀察，約九成以上之公司屬於小型公司，實際上並不需要如此高昂的法遵成本，並且其缺乏彈性之股權設計也影響創投投資意願，甚至引起部分新創廠商改以海外公司作爲新設公司，始能符合創投投資架構。因此，在最近幾次公司法修法上，均針對前開困境加以調整法規。除先設立閉鎖性股份有限公司專節，賦予閉鎖性股份有限公司高度自治彈性外，在 2018 年公司法全盤修法上，更將放寬中小企業法遵成本及賦予公司治理彈性列爲修法重點。因此，除在新法規中賦予非公開發行股份有限公司擁有與閉鎖性股份有限公司接近的高度自治空間外，先前介紹之創投投資條款多數都可於新公司法下設計建制草擬於章程當中，並作爲雙方投資保障。

另外，在經過公司法修正後，閉鎖性股份有限公司並未功成身退。閉鎖性公司當初雖然係爲了新創公司而以專節特設之特別股份有限公司類型，並且相較於舊公司法時代享有更寬闊的金融工具可以使用（包含公司債、特別股等限制放寬），然而爲維護股權封閉性之特性，所以要求該種類型公司，都必須對於股東之進入及退出設有一定門檻，已達到其閉鎖性之目的。然而修法後，現行非公開發行股份有限公司業已可享受與閉鎖性公司相同的放寬及籌資工具應用，閉鎖性公司所伴隨的受限的股東進出權利，除了可能衍生強勢少數反對者外，也對於新創公司籌資股權應用上產生潛在困擾。因此，在新公司法修正後，會建議直接採取股份有限公司型態創業即可，不需要再選擇以閉鎖性公司加以創業。閉鎖性股份有限公司在修法後，雖然不再建議新創事業採取該種組織類型創業，然而該種組織型態反而會是家族公司非常適合的一種公司型態，仍有其存在的價值。

2. 資合型公司創業優點

資合型公司無論是有限公司或是股份有限公司，在現行公司法下，都是創業非常好的選擇。尤其在目前沒有資本額最低限制下，成立公司組織難度很低。創業者甚至可以先以單一股東身份成立有限公司後，隨著公司發展規模慢慢加入新股東。如果需要吸引外部投資者資金時，可以再轉換公司型態成股份有限公司，或直接採取有限公司型態以加入新股東方式取得外部資金，將可以使新創公司可以在自行掌握公司成長進度，並可以更順利利用外部資金發展公司規模，有效減少公司成長時間的浪費。

3. 資合型公司創業缺點

資合型公司缺點恰好就是人合型公司的優點，簡言之就是股東個人特質與公司結合程度強弱，以及公司主導性及可能被稀釋化的情形。簡單講，在人合公司中，公司各股東對於公司都有強悍的主導地位，甚至可以將部分無限股東之個人姓名與公司名稱相結合，可以快速將該股東之個人特質與公司相結合。因此，在股東個人特質影響較大的產業領域，包含設計、餐飲或是新媒體等相關領域，新創團隊都會試圖將擁有該項專業特質之股東盡量與公司商譽相結合，以達到商譽與個人特質快速加乘的效果。這種操作方式，在資合公司則較難操作，反而需要依賴其他大量商業模式操作下，才能將該股東光環與資合公司形成較高度連結。

另外，資合公司因爲資合性質，如果引入外部投資人的情況下，在公司表決及經營上，多數均依賴手中持股或是出資比例。在這種情況下，原始創業者如果不謹慎處理每次增資過程中持股數量，或是增資過程所談判之增資條件時，很可能因爲誤簽極端對賭式投資條款，導致公司經營權落入他人手中之情形都有可能發生。

三、公司法修法變革及影響

2018 年公司法修正幅度龐大，包含鼓勵新創以及強化大型公司治理及透明等多方議題，甚至還包含洗錢防治法配套等不同面向，都在這次公司法修法中併呈，因此實際涉及多方面向，將會在不同階段影響新創公司。因此，謹先就修法重點中涉及新創事業部分與讀者分享。

（一）公司治理彈性放寬

1. 開放人合公司轉換成資合公司

人合公司包含無限公司及兩合公司，長期鮮少人使用，導致目前存在之人合公司數量僅約 30 家左右。如果觀察商號數量及每月新設數量仍高於新設公司數量，則可以明確發現，負擔無限責任這條件並非新創團隊所擔心部分，反而更多新創團隊採取商號創業之考量是來自於稅賦上商號有較高優惠，以及人合公司亦無法轉換成資合公司兩項原因。然而公司組織獨立法人格在企業長期發展上仍有其明顯助益，據此，此次修法針對人合公司部門，即開放人合公司得在多數股東同意下，轉換成資合公司，簡單講，即將原本以商號創業面臨資金及成長需求而轉換成公司組織之蜿蜒創業道路，截彎取直讓新創事業可以直接以人合公司方式直接創業，並且在有需要引入外部資金時，再直接轉換成資合公司，同時維持法人獨立性及財產權同一性，減少創業過程不必要的法律紛爭。

2. 降低表決比例

在過往人合公司及有限公司中，仍存有全體股東同意等超高門檻的表決事項，包含有限公司修正章程、出資轉讓、變更組織等等，都仍需要全體股東同意才能夠通過。此種高門檻，將會造成少數不同意股東有超強杯葛權利，甚至如果已經是反目時，則該少數股東的杯葛或是阻止資金進入，將會成爲新創團隊崩解的主要原因。緣此，此次修法調降有限公司之決策比例，最高僅到 2/3 股東同意即可通過，並且可以利用章程調整，將有限公司改以出資比例來計算投票比例，大幅減少公司僵局產生可能性。另外針對人合公司部分，則針對人合公司轉換成資合公司部分，允許經 2/3 股東同意下，即可轉換成資合公司，並允許不同意股東退股，以保障其權益。

3. 組織彈性放寬

過往股份有限公司強制要求最低至少要有三位董事及一位監察人，即俗稱三董一監，如果套用在新創公司中，往往不見得新創團隊人數足夠擔任三董一監，因此造成人頭董事或是人頭監察人畸形情形。在本次修法中，則回歸企業自治範圍，非公開發行公司得由章程決定僅設置一位或二位董事，如果非一人股份有限公司時，則仍需要設置監察人一名，以保障股東利益。

（二）公司籌資工具放寬

籌資工具放寬，主要係針對資合公司在面對投資者特別是創投業者，在常用投資約定內容部分，特別在非公開發行股份有限公司中，允許利用特別股或是制定於章程中之方式，將國內外創投業者習慣使用的投資方式，可以藉由創投業者與新創團隊共同協議下加以約定調整。就股票方面，除允許公司發行無面額股或超低面額股之股票外，並且在特別股上面，亦開放讓投資者與新創團隊就特別股條件自行約定，並記載於章程當中。因此，目前投資契約各項條款，大致都可以在現有公司法架構下加以合法約定。

這對於新創公司在接軌世界資金上有非常正面的幫助，甚至可以藉由世界級創投加持下，讓新創團隊可以更早開打世界盃，打開國際市場。此外，特別提醒新創團隊，目前仍有閉鎖性股份有限公司之存在，雖然該種股份有限公司在公司法修法前有其特殊爲新創公司開設自由貿易園區的概念地位，但在現行公司法修正上路後，除非有特殊考量，否則並無須特別採取該種組織，可以直接採取股份有限公司型態進行新創事業即可。

四、公司法修法對新創影響說明

在這次公司法大幅修法後，原先人合公司及資合公司針對新創事業可能產生之法規障礙，幾乎都已經加以調整。相較於商號創業，雖然在稅賦上仍有些許弱勢，但是在國家鼓勵新創之政策下，在補助上面相信也有其他資源可以彌補公司營運資金。並且，採取公司組織創業，其獨立法人地位，對於公司商譽之累積以及公司創業資產歸屬甚至智慧財產權累積等等，都會有非常正面的幫助。因此，相當建議新創團隊在考慮創業主體時，可以考慮直接以公司類型進行創業。唯一提醒者，新法調整後，非公開發行股份有限公司在放寬程度上幾乎等同於閉鎖性股份有限公司，據此，以新創產業之角度，並無必要再採取閉索性公司來當作創業組織，可以直接以股份有限公司方式創業即可。

13-5 結論及建議

本文試著從廣義商業活動角度，用比較宏觀的視野分析創業者在資金面、組織選擇面可能會碰到的利弊，提供有意邁向創業之路的讀者一個比較完整的評估地圖，讓有意創業者可以更精準地減少企業成長的冤枉路徑。

另外，我國在經過 2018 年公司法大幅放寬修正後，原本國外投資人經常使用之投資條款，在本次公司法大修改後，多數都可以在新公司法中落實實現，所帶來的影響，除了讓國內新創公司可以與國內投資者接軌外，更能藉由跨國新創孵化器的幫忙，直接前往美國矽谷參加新創大賽，爭取國外投資者投資機會。

以英國吸塵器大廠 Dyson 公司為例，在離開英國後選擇新加坡當作新企業總部，其主要考量因素還是基於法規熟悉度（新加坡法規高度承襲英國法規）及國際化程度。因此，讓國外投資者可以利用其本身熟悉的投資架構投資之公司，才是國外創投願意投資的基礎入門門票而已。

除了外部投資機會外，回到修法本身，除賦予資合公司高度自治及籌資工具之調整外，人合公司之調整也是回應企業經營需求，同時開放人合公司轉換成資合公司之轉換彈性，大幅消弭原本人合公司存在的法規困境。因此，新創家如果有考慮創業組織時，本文優先建議可以考慮直接以公司型態作為發展的起始點。除了對外可以擴大國內外投資者投資機會外，對內又可以立即享受新公司法所賦予的經營彈性，在保有法人獨立人格及未來寬闊的成長空間上，都可以替新創公司避免多餘產權方面的法律糾紛，同時擁有更多揮灑經營的空間。

參考文獻

1. 桂曙光（2010.5），創業之初你不可不知的融資知識　尋找風險投資全揭密，機械工業出版社。
2. 劉連煜（2018.9），現代公司法，增訂十三版，新學林。
3. 王聖藜，永和世界豆漿產權案 王家勝訴，聯合影音網，20140904，連結網址 https://video.udn.com/news/189599，<Access 2019/01/19>。
4. 黃敬翔，食力 foodnext，西式連鎖早餐店破萬家 密度逼近便利超商！，2018-10-05，網路連結：https://www.foodnext.net/news/industry/paper/5616141169，<Access 2018/10/12>。
5. 臺北市商業處商業登記家數異動統計資料：https://www.tcooc.gov.taipei/News.aspx?n=7C9F87E0377FCFBD&sms=20686AFD87066AAF，<Access 2018/10/12>。
6. Oliver Hart（2016.11），公司、合約與財務結構，P32-132，聯經出版社。
7. Tim O'reilly（2018.11），未來地圖，P93-164，天下雜誌。
8. KISS AGREEMENT 介紹及電子檔案下載：https://500.co/kiss/，<Access 2018/11/19>。
9. SAFE AGREEMENT 介紹及電子檔案下載：https://www.ycombinator.com/documents/，<Access 2018/11/17>
10. 新北地方法院 100 年重訴字第 18 號
11. 臺灣高等法院 101 年 重上 字 000522 號
12. 臺灣最高法院 104 年 台上 字 000715 號
13. 臺灣高等法院 104 年 重上更 (一) 字 000061 號
14. 臺灣最高法院 106 年 台上 字 000373 號

NOTE

CHAPTER 14

政府資源的運用

創業者在創業初期總是缺乏資源，這個階段如果能善用政府的資源，將有助於創業的發展，在本章中，將介紹政府提供給微型企業的政策性貸款及補助。

14-1 政策性貸款

政府因應不同性質的目的，提供不同的優惠貸款項目，整理如表 14-1 所示，讀者可以自行尋找適合自己的貸款方案，以下將介紹幾個適合微型創業者的貸款方案。

表 14-1 各種政策性貸款一覽表

<table>
<tr><th colspan="2">類別</th><th>承辦單位</th><th>融資項目</th></tr>
<tr><td rowspan="9">特定族群</td><td rowspan="2">青年</td><td>經濟部</td><td>青年創業及啓動金貸款</td></tr>
<tr><td>臺北市政府</td><td>臺北市青年創業融資貸款</td></tr>
<tr><td>婦女及中高齡</td><td>勞動部</td><td>微型創業鳳凰貸款</td></tr>
<tr><td rowspan="3">弱勢族群</td><td>新北市政府</td><td>新北市幸福創業微利貸款</td></tr>
<tr><td>信保基金</td><td>信扶專案創業貸款</td></tr>
<tr><td>雲林縣政府</td><td>雲林縣艱苦人創業微利貸款</td></tr>
<tr><td>農民</td><td>農業委員會</td><td>青年從農創業貸款</td></tr>
<tr><td>身心障礙</td><td>高雄市政府</td><td>身心障礙者創業貸款</td></tr>
<tr><td>原住民</td><td>原住民委員會</td><td>原住民微型經濟活動貸款</td></tr>
<tr><td colspan="2" rowspan="6">策略產業</td><td>高雄市政府</td><td>高雄市中小企業商業及策略性貸款（太陽光電）</td></tr>
<tr><td>教育部</td><td>教育部體育署運動服務產業貸款（運動服務產業）</td></tr>
<tr><td>澎湖縣政府</td><td>澎湖縣中小企業融資貸款（仙人掌）</td></tr>
<tr><td>臺北市政府</td><td>臺北市中小企業融資貸款（資通訊、綠能、健康照護、文創）</td></tr>
<tr><td>臺南市政府</td><td>臺南市中小企業貸款（文創、流行時尚、綠能、生技）</td></tr>
<tr><td>新北市政府</td><td>新北市中小企業融資貸款（綠能、文創）</td></tr>
</table>

類別	承辦單位	融資項目
一般需求	經濟部	企業小頭家貸款
	臺北市政府	臺北市中小企業融資貸款
	臺中市政府	臺中市幸福小幫手貸款
	宜蘭縣政府	宜蘭縣政府幸福小幫手貸款
	屏東縣政府	屏東縣中小企業貸款
	新竹市政府	新竹市中小企業奠基貸款
	桃園市政府	桃園市中小企業融資貸款

一、青年創業及啓動金貸款

有關於青年創業的貸款，以前有青年輔導委員會的青年築夢創業啓動金貸款、經濟部中小企業處的青年創業貸款，因爲行政院組織整併，青年輔導委員會部分業務移至經濟部，所以，也將兩個性質類似的貸款合併，自 2014 年 1 月改名爲青年創業及啓動金貸款，由經濟部業管轄。

（一）貸款對象

青年創業及啓動金貸款係由公民營金融機構的自有資金辦理核貸，協助青年創業者取得創業經營所需資金，新創或所營事業負責人、出資人或事業體，如符合下列條件，得依個人或事業體名義，擇一提出申貸：

1. 個人條件

(1) 負責人或出資人於中華民國設有戶籍、年滿 20 歲至 45 歲之國民。

(2) 負責人或出資人 3 年內受過政府認可之單位開辦創業輔導相關課程至少 20 小時或取得 2 學分證明者。

(3) 負責人或出資人登記之出資額應占該事業體實收資本額 20% 以上。

2. 事業體條件

(1) 所經營事業依法辦理公司、商業登記或立案之事業。

(2) 其原始設立登記或立案未超過 5 年。

(3) 以事業體申貸，負責人仍須符合個人條件前二目之規定。

（二）貸款範圍及額度

青年創業及啓動金貸款跟一般坊間的抵押貸款不同，必須由申貸人備妥創業貸款計畫書及相關文件，向承貸銀行提出申請，由承貸的金融機構審查評估後才會核貸，因此，它的用途是有限制的，包括：營業所需準備金及開辦費用、週轉性或資本性支出，其貸款額度亦因用途而有不同。

1. 準備金及開辦費用

申貸人貸款的目的是爲了營業準備金及開辦費用，應於事業籌設期間至該事業依法完成公司、商業登記或立案後 8 個月內申請所需之各項準備金及開辦費用，貸款額度最高爲新臺幣 200 萬元，得分次申請及分批動用。

2. 週轉性支出

貸款的目的是爲了營業所需週轉性支出，貸款額度最高爲新臺幣 300 萬元，如果是經中小企業創新育成中心輔導培育之企業，貸款額度可提高至新臺幣 400 萬元，得分次申請及分批動用。

3. 資本性支出

爲購置（建）廠房、營業場所、相關設施，購置營運所需機器、設備及軟體等所需資本性支出，貸款額度最高爲新臺幣 1,200 萬元，得分次申請及分批動用。

（三）貸款期限與償還方式

青年創業及啓動金貸款的利率，是以中華郵政股份有限公司 2 年期定期儲金機動利率加 0.575% 機動計息，依貸款的用途不同，而有不同的貸款期限與償還方式。

1. 準備金及開辦費用、週轉性支出

貸款期限最長 6 年，含寬限期最長 1 年。

2. 資本性支出

(1) 廠房、營業場所及相關設施：貸款期限最長 15 年，含寬限期最長 3 年。

(2) 機器、設備及軟體：貸款期限最長 7 年，含寬限期最長 2 年。

(3) 在貸款的寬限期間只付利息，期滿之後才按月平均攤還本金或本息，貸放後，承貸的金融機構得視個案實際需要調整期限與償還方式。

(四) 承貸金融機構

自 2019 年開始，已不限制簽約銀行，只要有意願承做的銀行，都可以向其申請。

二、微型創業鳳凰貸款

微型創業鳳凰貸款是勞動部主辦，主要目的在提升我國婦女及中高齡國民勞動參與率，建構創業友善環境，協助婦女及中高齡者發展微型企業，創造就業機會，它也是由銀行的自有資金所提供的免擔保貸款。

(一) 貸款對象

微型創業鳳凰貸款的貸款對象分爲三大類：20 歲至 65 歲婦女、45 歲至 65 歲國民及 20 歲至 65 歲設籍於離島的居民，申請時要以事業登記負責人的名義提出，同時要注意的是：申請人要有實際經營該事業的事實，而且不能同時經營其他事業。

只要在 3 年內曾參與政府創業研習課程 18 小時以上，並經創業諮詢輔導，所經營事業員工數（不含負責人）未滿 5 人，具有下列條件之一者，就可以申請貸款。

1. 所經營事業符合商業登記法第 5 條規定得免辦理登記之小規模商業，並辦有稅籍登記未超過 5 年。
2. 所經營事業依法設立公司登記或商業登記未超過 5 年。
3. 所經營私立幼稚園、托育機構或短期補習班，依法設立登記未超過 5 年。

前述所謂免辦理登記之小規模商業，係指下列情形之一：攤販、家庭手工業者、民宿經營者、每月銷售額未達營業稅起徵點者及家庭農、林、漁、牧業者。

(二) 貸款範圍及額度

微型創業鳳凰貸款的用途以購置或租用廠房、營業場所、機器、設備或營運週轉金爲限，貸款額度依申請人創業計畫所需資金，最高以新臺幣（以下同）200 萬元爲限。有稅籍登記免辦理登記的小規模商店，其貸款額度上限爲 50 萬元。

（三）貸款期限與償還方式

微型創業鳳凰貸款的利率計算，是按郵政儲金 2 年期定期儲金機動利率加年息 0.575% 機動計息，貸款人在前 2 年完全免息、只還本金，由勞動部全額補貼利息。2 年後按月平均攤還本息，貸款期間最長 7 年。

如果貸款人的經濟狀況不佳，以至於償付貸款本息發生困難時，經過承貸金融機構同意後，勞動部得於最長貸款期間 7 年內，給予 1 年寬限期，期間只繳息不繳本。

對於遭遇職業災害致死亡之配偶，或身體遺存障害符合勞工保險失能給付標準第一等級至第十等級規定之項目者，只要檢具勞工保險局核定給付通知文件影本，前 3 年免息，第 4 年起固定負擔年息 1.5%，利息差額由勞動部補貼。符合就業服務法第 24 條第 1 項第 1 款所定獨力負擔家計者，亦可比照辦理。

（四）限制條件

申請人或所經營事業有下列情形之一，不得申辦本貸款：

1. 經向票據交換所查詢其所使用之票據受拒絕往來處分中，或知悉其退票尚未清償註記之張數已達應受拒絕往來處分之標準。
2. 經向金融聯合徵信中心查詢或徵授信過程中知悉其有債務本金逾期未清償、未依約定分期攤還已超過 1 個月、應繳利息未繳付而延滯期間達 3 個月以上或有信用卡消費款項逾期未繳納，遭發卡銀行強制停卡，且未繳清延滯款項。

（五）承貸金融機構

申辦微型創業鳳凰貸款者，需撰寫計畫書送審查小組審查，申請案件經審查通過後，申請人應於 3 個月內持通知書及辦理貸款之相關文件，向承貸金融機構或所屬各地分支機構辦理貸款。

如果因故未能於 3 個月內辦理貸款者，在期間屆滿日前，得敘明理由向勞動部申請展延 1 次，展延期間最長 3 個月。目前提供貸款的金融機構有：臺灣銀行、臺灣土地銀行、臺灣中小企業銀行、合作金庫商業銀行、第一商業銀行、彰化商業銀行及華南商業銀行等 7 家行庫。

三、企業小頭家貸款

企業小頭家貸款是經濟部爲促進小規模事業發展，協助取得營運所需資金，活絡經濟動能，創造就業機會，所提供的政策性貸款，它也是利用承貸金融機構的自有資金辦理貸款。

(一) 貸款對象

企業小頭家貸款的對象是依法辦理公司、有限合夥、商業或營業（稅籍）登記，僱用員工人數 10 人以下之營利事業。

(二) 貸款範圍及額度

貸款的用途分爲週轉性支出及資本性支出，其貸款額也不同。

1. 週轉性支出

每一事業爲週轉性支出所申請的貸款，最高額度爲新臺幣 500 萬元，惟受災事業不受額度限制。

2. 資本性支出

資本性支出每一事業最高以不超過計畫經費之 80% 爲原則，得由承貸金融機構依個案情形調整。

(三) 貸款期限與償還方式

企業小頭家貸款的貸款利率由承貸金融機構自行訂定，按月繳納利息，寬限期滿後按月平均攤還本金或本息，其中短期週轉性支出貸款期限最長 1 年，中期週轉性支出貸款期限最長 5 年，寬限期最長 1 年，資本性支出貸款期限最長 7 年，寬限期最長 2 年。

如果是經中小企業信用保證基金保證之案件，貸款利率可以依不同保證成數做調整，保證成數 80% 以上者，貸款利率最高依郵政儲金 2 年期定期儲金機動利率加 2.625% 機動計息。保證成數在 70% 以上但未滿 80% 者，貸款利率最高依郵政儲金 2 年期定期儲金機動利率加 3.625% 機動計息。保證成數未滿 70% 者，由承貸金融機構依個案情形決定。

四、文化創意產業優惠貸款

文化部為促進我國文化創意產業升級，改善產業結構，依據文化創意產業發展法第十九條，建立融資與信用保證機制，協助各經營階段之文化創意事業取得所需資金，於 2000 年 12 月推出文化創意產業優惠貸款，由中華郵政股份有限公司提撥專款，遴選適當之金融機構辦理。

(一)貸款對象

本貸款的對象是從事文化創意產業，且依公司法或商業登記法登記之文化創意產業業者。文化創意產業的定義，依據文化創意產業發展法第三條第一項規定，包括：

1. 視覺藝術產業。
2. 音樂及表演藝術產業。
3. 文化資產應用及展演設施產業。
4. 工藝產業。
5. 電影產業。
6. 廣播電視產業。
7. 出版產業。
8. 廣告產業。
9. 產品設計產業。
10. 視覺傳達設計產業。
11. 設計品牌時尚產業。
12. 建築設計產業。
13. 數位內容產業。
14. 創意生活產業。
15. 流行音樂及文化內容產業。
16. 其他經中央主管機關指定之產業。

（二）貸款範圍及內容

貸款的用途包含：

1. 有形資產

指從事投資或創業活動必要取得之營業場所（包含土地、廠房、辦公室、展演場）、機器設備、場地佈景、電腦軟硬體設備（包含辦理資訊化之軟硬體設備）。

2. 無形資產

指從事投資或創業活動必要取得之智慧財產權（包含專利權、商標權、著作財產權等）。

3. 營運週轉金

從事投資或創業活動時必要之營運資金。

4. 新產品或新技術之開發或製造

從事研究發展、培訓人才之計畫。

（三）貸款類別及額度

1. 第一類

核貸額度以申請計畫實際需要之 80% 爲限，且每一申請計畫之核貸額度最高不得超過新臺幣 1 億元，沒有利息補貼。

2. 第二類

核貸額度最高以申請計畫金額 80% 爲限，且每一申請計畫之核貸額度最高不得超過新臺幣 3,000 萬元。申請人通過審查後，信保基金同意授信後，貸款利息由文化部按年利率補貼最高 2%。

3. 第三類

取得政府機關各類計畫補助之申請者，核貸額度最高不得超過新臺幣 500 萬元；其以同一補助計畫申請貸款者，核貸額度最高以申請計畫金額 80% 爲限，核貸額度已受政府補助者須先扣除。申請人通過審查後，信保基金同意授信後，貸款利息由文化部按年利率補貼最高 2%。

4. 第四類

已自行向金融機構取得貸款，僅爲申請利息差額補貼者，申請人通過審查後，貸款利息由文化部按年利率補貼最高 2%，其利息補貼最高額度計算基礎，以核定融資總額度新臺幣 3,000 萬元爲上限。同一額度貸款契約以一次核准爲限，並就申請時已動撥之額度內核定。

（四）貸款期限

1. 有形資產

以取得有形資產之土地、廠房、辦公室、展演場、機器設備、場地佈景、電腦軟硬體設備等項目爲目的之申貸案，其貸款期限，應按申請人償還能力核定，最長不得超過 15 年，寬限期限以 3 年爲限。

2. 無形資產或研發

以取得無形資產或新產品、新技術開發、製造及從事研究發展、培訓人才計畫等項目爲目的之申貸案，其貸款期限，應按申請人償還能力核定，最長不得超過 7 年，寬限期限以 2 年爲限。

3. 營運週轉金

以取得營運週轉金爲目的者，其貸款期限，應按申請人償還能力核定，最長不得超過 5 年，寬限期限以 1 年爲限。

14-2 研發補助

上一節介紹的政策性貸款，都是創業者向銀行申貸，即使政府有政策性的提供利息補貼，但是，申貸者還是要還本息。政府另外還提供創業者很多的研發補助，它是不需要按期歸還的資金，但是，每項補助都有特定的對象，本節將介紹幾個適合微型創業者申請的補助計畫。

一、天使投資方案

行政院國家發展基金爲健全新創事業投資市場機制，改善國內天使投資環境，於 2019 年 1 月底通過行政院國家發展基金創業天使資方案，執行期間 5 年，由行政院國家發展基金匡列新臺幣 10 億元支應。

（一）投資對象

設立未逾 3 年、實收資本額或實際募資不超過新臺幣 8,000 萬元的企業。

（二）申請資格

由天使投資人或新創事業提出申請。

（三）退場機制

基金投資後 7 年內辦理現金增資時，基金得以該次現金增資價或每股淨值孰高 90% 為出售價格，將全數持股售予共同投資之天使投資人或該事業經營團隊，以天使投資人優先。若 7 年內未辦理現金增資，被投資事業應以每股淨值買回基金全數持股或辦理清算解散。

二、中小企業即時技術輔導計畫

微型企業與中小企業不同，它的資源、規模都小，不易獲得政府資源的補助，而中小企業即時技術輔導計畫之定位在於政府補助 80% 的輔導經費，以減輕業者負擔，結合財團法人、大專院校及技術服務業者等輔導單位既有成熟技術能量，提供企業短期程、小額度、全方位之技術輔導，協助業者排除急迫性之技術障礙及運用科技、美學、新材料、新營運模式等創新元素加值傳統產業，以提升附加價值。

（一）輔導單位資格

1. 依法在中華民國境內成立之財團法人或大專院校，其成立宗旨或研究範圍限自動化服務、資訊服務、研發服務、設計服務及永續發展服務等類別。
2. 依法在中華民國境內辦理營業登記之技術服務業者，營業登記項目限自動化服務、資訊服務、研發服務、設計服務及永續發展服務等類別。
3. 不得為行政院公共工程委員會公告拒絕往來廠商及經濟部投資審議委員會公告之陸資企業。
4. 財團法人與技術服務業者財務狀況應符合：淨值不得為負值、非金融機構拒絕往來戶、3 年內無欠繳應納稅捐情事、大專院校財務狀況淨值不得為負值。

（二）受輔導業者的資格

1. 依法辦理公司登記或商業登記的中小企業

(1) 製造業、營造業、礦業及土石採取業實收資本額在新臺幣 8,000 萬元以下或經常僱用員工數未滿 200 人者。

(2) 其他行業前一年營業額在新臺幣 1 億元以下或經常僱用員工數未滿 100 人者。

2. 因應貿易自由化加強輔導型產業

經濟部因應貿易自由化加強輔導產業專案小組認定之加強輔導型產業，目前包含成衣、內衣、毛衣、泳裝、毛巾、寢具、織襪、鞋類、袋包箱、家電、石材、陶瓷、木竹製品、農藥、環境用藥、動物用藥及其他（紡織帽子、圍巾、紡織手套、紡織護具、布窗簾及傘類等 6 項產業）等 17 類 22 項產業之產品或其製程。

（三）輔導標的

1. 企業升級轉型所需之研發、生產、物流、設計（限產品設計、包裝設計、品牌識別設計、空間設計及時尚設計）、節能減碳、自動化及電子化（套裝軟體客製化程度須達 60% 以上）等技術輔導。
2. 輔導標的不包含策略規劃、市場行銷、品質管理系統等經營管理領域及網站建置、網頁設計。

三、協助傳統產業技術開發計畫

我國傳統產業以前的核心競爭優勢，爲大量生產之代工模式及生產後之運籌能力，因中國大陸、東歐等新興國家投入國際市場，挾其勞資低廉和高成長之內需市場等因素而逐漸式微。

爲解決傳統產業所面臨之困境，經濟部於 2010 年推動協助傳統產業技術開發計畫，希望透過提供傳統產業研發補助資金，鼓勵業者自主研發，以厚植我國傳統產業之創新研發能力、加速升級轉型及提升競爭力。

（一）補助類別

本計畫補助的類別有：產品開發、產品設計、研發聯盟。

1. 產品開發

申請產品開發的標的，其所開發的新產品（標的）應超越目前國內同業之一般技術水準，依產業屬性分成金屬機電、金屬材料、民生化學、民生紡織、民生醫材、民生食品、電子資訊及技術服務等 8 個類組，提供製造業有關自動化、電子化工程、智慧財產技術、設計、管理顧問、研究發展、檢驗及認證、永續發展等服務創新的補助。

2. 產品設計

申請產品設計的標的，其開發之新產品（標的）應超越目前國內同業之一般設計水準，包括針對袋、包、箱、服飾……等商品的時尚設計及產品外觀設計、人機介面、人因工程、機構設計、模型製作、模具設計、生產技術、工業包裝、綠色設計及通用設計等工業設計，補助範疇包括需求調查、產品設計、模型製作、小量試產、市場驗證，但市場驗證不包括推廣、銷售等實際市場行銷內容。

3. 研發聯盟

以研發聯盟所開發或設計之新產品（標的）應超越目前國內同業之一般技術水準，新產品之開發或設計須具市場性，且為量產前之研發聯盟案，計畫須針對共通性、關鍵性及關聯性大之研究開發議題。

（二）申請資格

1. 產品開發類

申請產品開發的業者皆須依法辦理公司登記或商業登記，製造業須依法辦理工廠登記，技術服務業所營事業之營業項目應含自動化服務、電子化工程服務、智慧財產技術服務、設計服務、管理顧問服務、研究發展服務、檢驗及認證服務、永續發展服務等類別。

2. 產品設計類

申請產品設計類的業者須符合的申請資格有：

(1) 技術服務業自行設計。

(2) 若為製造業委託設計，則須導入委託設計單位及顧問諮詢單位協同推動，委託設計單位可以是設計相關業者或法人機構，顧問諮詢單位則是經濟部所屬具設計專業之法人單位。

(3) 委託設計單位與顧問諮詢單位不能爲同一單位，委託設計單位受託設計每年補助以 3 案爲限。

3. 研發聯盟

申請研發聯盟至少需要有 3 家（含）以上成員共同申請，其中主導業者須符合產品開發類別申請資格，聯盟成員須符合產品開發類別申請資格，或可聯合法人單位或國內、外研究機構等，惟以 1 家爲限，聯盟申請投件後，不得變更任一成員。

(三) 補助金額及執行期間

1. 產品開發類

每個補助案補助上限爲新臺幣 200 萬元，執行期程以 1 年爲限。

2. 產品設計類

每個補助案補助上限爲新臺幣 200 萬元，執行期程以 1 年爲限。

3. 研發聯盟

每個補助案補助上限爲新臺幣 1,000 萬元，其中主導業者補助上限爲新臺幣 250 萬元，其餘參與聯盟成員上限爲新臺幣 200 萬元，執行期程以 16 個月爲限。

不論是申請哪一類的補助，申請業者每一梯次以申請 1 類別且 1 案爲限，每年以補助 1 案爲原則，以申請當年往前推，3 年內僅能累計補助 2 次，政府補助款每案不得超過計畫總經費的 50%，且補助款金額不能超過自籌款、自籌款的金額不得少於補助款，這些都是申請時要注意的。

四、文化創意產業創業圓夢計畫

文化部爲鼓勵優秀人才投入文化創意產業創業，對有意投入文創產業之個人或團體，提供創業資源，依文化創意產業發展法第 12 條設立文化創意產業創業圓夢計畫，從事文化創意產業的創業者，可以考量申請該計畫的補助。

(一) 補助類別

本計畫的申請分爲個人 / 團體申請及公司 / 行號申請，各組的資格限制如下：

1. 個人 / 團體申請

(1) 申請組成可為個人或團隊。申請人及團隊成員須為年滿 20 歲且具中華民國國籍，並未曾擔任公司或商號（行號）之負責人。

(2) 以團隊組織申請時，其申請人須為團隊成員共同推派之代表人，且為未來公司或商業登記設立之負責人，不得任意變更。

2. 公司 / 行號申請

(1) 須為本公告生效日前一年內已依公司法或商業登記法完成設立登記，且登記之營業所地址須在國內，並從事文創產業之本國公司或商號（行號）申請。

(2) 申請人申請時須為公司或商號（行號）申請負責人且具有中華民國國籍。

（二）申請條件及限制

1. 申請人僅能選擇一類申請資格進行申請，並以申請一案為限。
2. 申請人申請之計畫期程可為 1 年期或 2 年期；選擇 2 年期者須於初審時提報 2 年創業構想；決審時提供 2 年計畫。
3. 申請人須填寫具開放性之工作據點詳細地址，必要時得進行查核。
4. 申請人及其團隊成員、公司或商號（行號）負責人未曾獲文化部文創產業創業圓夢計畫獎補助。

五、農業業界科專計畫

為鼓勵企業主動投入經費於自行研發，或將已有初步研發成果之技術與產品商品化，以加速農業科技之產業化及提升農業產業競爭力，行政院農業委員會依據產業創新條例，提供農產品創作事項以外之農業創新或研究發展相關活動補助。

（一）申請範圍

1. 規劃或開發農業產業所需之關鍵性、前瞻性、整合性、共通性或基礎性技術。
2. 農產品品牌之開發研究、應用或加值之服務平台、系統或模式。

3. 促進農業產業技術發展之知識創造、流通或加值，以發展創新商業營運模式或流程。
4. 其他創造具體知識資本、創新農業產業價值或提升產業創新能力之研究發展活動。

（二）申請資格

1. 國內依法規登記成立之獨資、合夥事業、農業產銷班、法人或公司。
   (1) 獨資、合夥事業、農業產銷班、法人非屬銀行拒絕往來戶。
   (2) 公司淨值爲正值，非屬銀行拒絕往來戶。
2. 符合第一項資格，其具有農場、種苗場、林場、畜牧場、養殖場、工廠等場所，應領有合法登記或設立之證明文件。

（三）申請類型

1. 研究開發

單一申請人已完成初步可行性分析且已有明確驗證平台，具創新之技術、產品或應用服務標的，可直接切入技術、產品或服務發展之計畫。申請人需敘明所要解決之關鍵問題、具體可行之創新構想、預期達成之產業效益與相關研發經驗與執行規劃。

2. 創新研發聯盟

由 3 家（含）以上之機構組成研發聯盟，其成員半數（含）以上應爲企業機構，並由其中 1 家企業機構擔任主導廠商，且得與學校、法人或國內、外研究機構共同合作，並僅限「研究開發」階段之計畫向農委會提出計畫申請。

（四）補助金額及執行期間

1. 開發

補助的額度依申請人而不同，申請人爲獨資、合夥事業、公司或法人者，同時執行 1 項以上研發計畫時，累計每年度總補助金額原則不得超過 500 萬元。申請人爲農業產銷班者，計畫總補助金額不得超過 200 萬元。計畫期程不超過 3 年爲原則。

2. 創新研發聯盟

每年度總補助金額以不超過聯盟成員家數乘以500萬元爲原則，全程總補助金額以不超過5,000萬元爲原則。計畫期程以不超過3年爲原則。

六、大專畢業生創業服務計畫

大專畢業生創業服務計畫是由教育部主辦，藉由政府提供創新創業的實驗場域，來激發創業熱情並實踐青年學子之理想，也希望利用微型企業的彈性及創新育成單位之協助，蘊育未來經濟發展能量，以形塑大專校院創新創業風氣及落實建立我國成爲創新創業之社會。

(一) 申請資格

創業團隊至少由3人組成，其中應有3分之2以上的成員是近5學年度畢業之大專畢業生，其餘成員可以是社會人士或碩博士在校生，每人限參與1組團隊，且團隊的代表人需爲近5年的畢業生，參與的團隊由設有育成中心的公私立大專校院報名。

(二) 補助經費

本計畫的補助經費分兩階段，第一階段創業計畫審核通過後，補助學校育成費用新臺幣15萬元、創業團隊創業基本開辦費新臺幣35萬元。第二階段則是參加成效評選績優者，可再補助新臺幣25萬元至100萬元的創業開辦費。

不論第一階段抑或第二階段的經費補助，都是分二期撥付，第一階段在創業團隊與學校育成單位簽約進駐，並完成公司行號籌備處設立後，撥付補助款計新臺幣35萬元，其中學校育成費用新臺幣10萬元、創業團隊創業基本開辦費新臺幣25萬元。第二期則是在創業團隊接受學校育成單位輔導滿6個月後，撥付補助款計新臺幣15萬元，其中學校育成費用新臺幣5萬元、創業團隊創業基本開辦費新臺幣10萬元。

第二階段的補助款也是分二期給付，第一期的補助款在績優團隊核定後，撥付60%的補助款，第二期的補助款，則是在獲獎團隊接受學校育成單位輔導滿1年後，再撥付剩餘的40%。

七、推動中小企業城鄉創生轉型輔導計畫

爲協助中小企業導入循環經濟、數位經濟及體驗經濟等三大概念所設計之生產流程及創新營運模式，以健全企業經營體質，引導國內中小企業走向「生產、生活、生態」之三生一體永續經營模式。經濟部中小企業處依行政院核定的「前瞻基礎建設—城鄉建設—開發在地型產業園區計畫」，規劃「推動城鄉特色產業園區發展」子計畫，發展城鄉特色產業。

(一)申請類別

本計畫的申請類別分爲 4 類，A 類爲單一企業型：由個別企業提出申請。B 類爲企業聯合型：由 5 家以上企業共同提出申請。C 類爲平台經營型：由平台經營業者提出申請。D 類爲設計活化型：需由設計業者提出申請。

(二)申請資格

國內依法登記成立之獨資、合夥事業或公司，並符合：

1. **A 類**：符合行政院認定標準之中小企業。
2. **B 類**：提案業者三分之二以上須爲符合行政院認定標準之中小企業。
3. **C 類**：提案業者須具備創新場域之經營能力，並具輔導進駐企業之經驗與能力。
4. **D 類**：設計業者之公司 / 商業登記營業項目符合以下之一者：
   (1) I501010 產品設計業：從事服飾、景觀、室內、花藝設計以外，針對人類價值（方便品味、邏輯及美學）在特別著重結構、功能、價值及經濟性下，將美學及人體工學應用到逐漸大量機器生產之環境裡，而創造出能反映製造者之精巧技術且具視覺吸引力之產品設計之行業。積體電路之設計、專利商標之設計、企業產品形象塑造之設計、顧問亦歸入本細類。
   (2) I503010 景觀、室內設計業：從事室內裝潢設計、景觀設計等行業。
   (3) I599990 其他設計業：凡從事 I501 至 I504 小類以外其他設計之行業。

(4) I401010 一般廣告服務業：從事報紙、雜誌或其他媒體廣告之設計、繪製等行業。從事廣告代理之行業亦歸入本類。包括廣播電視以外之廣告代理及其策劃製作；廣告及多媒體幻燈片、相片之企劃設計、製作；各類商品之型錄、海報、報紙廣告、傳單、說明書之設計製作；公車、站牌、車身、車廂、廣告之設計製作；慶典彩牌、霓虹燈、汽球廣告之設計製作；戶外海報、活動看板之設計製作；廣告工程等業務。

(5) I101061 工程技術顧問業：依工程技術顧問公司管理條例規定之土木工程、水利工程、結構工程、大地工程、測量、環境工程、都市計劃、機械工程、冷凍空調工程、電機工程、電子工程、化學工程、工業工程、工業安全、水土保持、應用地質、交通工程及其他經主管機關認定科別之工程（如採礦工程等），在地面上下新建、增建、改建、修建、拆除構造物與其所屬設備、改變自然環境之行爲等技術服務事項，包括規劃與可行性研究、基本設計、細部設計、協辦招標與決標、施工監造、專案管理及其相關技術性服務；並以向工程技術顧問公司主管機關辦理登記之技師科別工程爲限。

(6) E801060 室內裝修業：依建築物室內裝修管理辦法，從事建築物室內裝修設計或施工、維護業務。

（三）申請內容

1. A 類單一企業

A 類提案的重點在於提出城鄉特色發展藍圖，以發揮示範性及影響力，執行期程約 6 至 8 個月，經費上限爲 200 萬元。

2. B 類企業聯合

B 類的提案重點在能展現團隊經營共識，在地深耕、擘劃城鄉事業，執行期程 12 至 24 個月，經費上限爲 1,000 萬元。提案前應已有明確之創新場域範圍，並擁有或取得該場域使用權。

3. C 類平台經營

C 類希望能在既有的營運模式與具體場域，發揮以大帶小能量，輔導進駐創業，執行期程 12 至 24 個月，經費上限爲 3,000 萬元。平台主導業者負責創新場域之經營管理，並具備扶植進駐中小企業之能力。提案前應有明確之創新場域範圍，並擁有或取得該場域使用權。

4. D 類設計活化

D 類是針對既有場域或商街進行整體形象設計與設計重塑，執行期程 12 至 18 個月，經費上限為 500 萬元。本計畫係由設計業者提出申請，亦可由設計業者 / 建築師事務所與有場域使用權之中小企業共同提出申請，提案前應有明確之創新場域範圍，並擁有或取得該場域使用權。

參考文獻

1. 大專畢業生創業服務計畫，https://ustart.yda.gov.tw/bin/home.php，<Access 2019.4.24>。
2. 中小企業即時技術輔導計畫，https://www.itap.tw/act_02.php?action_id=39，<Access 2019.4.24>。
3. 文化創意產業創業圓夢計畫，http://grants.moc.gov.tw/Web/PointDetail.jsp?Key=40&PT=2315，<Access 2019.4.24>。
4. 文化創意產業優惠貸款，https://cci.culture.tw/cht/index.php?code=list&flag=detail&ids=22&article_id=11906，<Access 2019.4.24>。
5. 行政院國家發展基金創業天使投資方案，http://www.tvca.org.tw/angel_investment_project，<Access 2019.4.24>。
6. 企業小頭家貸款，https://www.moeasmea.gov.tw/ct.asp?xItem=10590&ctNode=609&mp=1，<Access 2019.4.24>。
7. 青年創業暨啓動金貸款，https://www.moeasmea.gov.tw/ct.asp?xItem=11715&ctNode=609&mp=1，<Access 2019.4.24>。
8. 協助傳統產業技術開發計畫，https://www.citd.moeaidb.gov.tw/CITDWeb/Web/Default.aspx，<Access 2019.4.24>。
9. 推動中小企業城鄉創生轉型輔導計畫，https://sbtr.org.tw/frontend/index.aspx，<Access 2019.4.24>。
10. 微型創業鳳凰貸款，https://beboss.wda.gov.tw/cht/index.php?code=list&ids=75，<Access 2019.4.24>。
11. 新創圓夢網，http://sme.moeasmea.gov.tw/startup，<Access 2019.4.24>。
12. 農業業界科專計畫，https://agtech.coa.gov.tw/News/news_more?id=ff8d8f915a7741018073035c49a0c7d1，<Access 2019.4.24>。

CHAPTER 15

新創事業品牌策略經營

15-1 新創事業的品牌行銷新趨勢

新創一個新事業必須具有外部變動環境的敏銳直覺力，並能掌握消費者與競爭者的想法，才能有效找出新商機點，同時找到品牌行銷的新趨勢與新機會點。

一、動態環境下的行銷演變

21e 時代行銷環境的演變明白告知企業經營者，目前正處於一個具複雜性的動態改變（Dynamic Change）與不確定性（Uncertainty）尖銳競爭環境之下，企業對大環境的認知與自我提升，以及競爭力塑造變得日益重要。

新 21e 世紀是個充滿變動的時代，它變動的二大主因來自「全球國際化」與「資訊 e 化」，這兩個因素促使整個世界面臨了嚴峻挑戰，產業也面臨著關鍵性轉型與變革（Transformation & Re-engineering）的轉折點，2016 至 2018 年臺灣年終的關鍵字是「苦、茫、翻」，顯示出絕大部分的中小企業對於整個經濟環境的苦悶、茫然與尋求事業經營翻轉改變之期盼。

「國際化、全球化」，「資訊 e 化」與「人工智慧 AI 化」促使 21 世紀成爲一個充滿快速變動的時代，臺灣與中國大陸，甚至全球都面臨了嚴峻的挑戰，經濟成長力道趨緩，產業面臨必須創新轉型的大改變，臺灣目前以「服務經濟」爲主，政府應重視加強綠色環保智慧製造服務業、高端內需投資與服務業，藉以促使整體投資有更佳成績。高端內需投資與服務產業已是現在與未來臺灣及全球發展的重要趨勢之一，我們在此時應深入思考提升具品牌優質形象的服務產業與提升服務品質及卓越服務，並導入「企業再造與組織變革」、「品牌策略經營」及「卓越顧客滿意服務經營」之理念。

企業效能要做向上提升，就必須要做大幅度改變，例如：企業重新定位（Corporate Re-positioning）、創新的商業經營模式經營（Innovative Business Model Management）。企業競爭力才會更加累積並發揮集中的綜效效果，企業有了清楚定位或重新定位，必須依靠獨特差異化進一步落實，企業若能透過設計規劃一組有意義的商品與服務差異化執行策略，方能達成與競爭者有顯著區別的獨特差異特色與風格。

二、如何覺察出市場的商機與機會點

掌握市場趨勢才能創造出新機會點與優良商機，所謂優良商機就是「要有實現的可能性」、「要有明確意義的追尋價值」及「可以採取的一系列行動」而言。一個良好的商業機會需要再深入探討以下三個重點：

1. 是否能被市場所接受（市場接受性）？亦即是否具有市場潛力（未來潛力性）？
2. 是否有合理的利潤？
3. 是否能提出具獨特差異化的創新型商業模式？

具潛力的優良商機就是在思考討論是否會形成一個潛力市場的商機與機會點？能掌握趨勢就是所謂的創造事業的商機與機會點，密切注意趨勢就可以創造各種可能性與機會。將優勢（Strengths）+ 機會（Opportunities）+ 整合資源（Resources），以【S】+【O】+【R】建構前進策略（Go Strategy），前進策略更可以展開三個子策略，分別為「行動策略 Action」、「保護策略 Protection」及「合作策略 Collaboration」如圖 15-1。

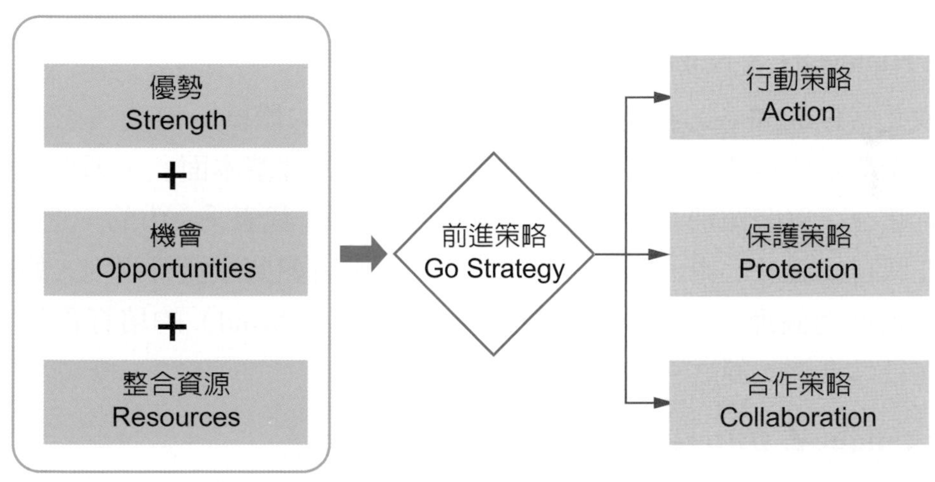

圖 15-1 S+O+R 之前進策略

三、探討品牌意涵與品牌行銷新趨勢

品牌（Branding）是一個能創造市場價值的無形資產經營管理概念，品牌就是將優質形象轉換成正向的資產與產權（Asset & Equity），創造出更有意義的品牌價值—品值（Value of Branding）。品牌 BRAND（如圖 15-2），將個別英文字母拆解並詮釋代表的意義分述如下：

1. B（Believe & Beliefs）確信

品牌代表「品質保證」與「價值承諾」，人們對於信心會經歷三段過程，即「相信 Trust」→「確信 Believe」→「信仰 Beliefs」。

2. R（Record）記錄

Recall & Remember 召喚與記得，人們在做決策的關鍵時刻點，由於您的優質記錄，使他們終究還是選擇您。

3. A（Art & Aesthetics）藝術與美學

要使人們不但能記得您的好，更要感受到您優質內涵與精湛獨特的藝術之美；法國精品卡地亞品牌 Cartier 建立於 1847 年，品牌標語 Slogan — Art of being Unique ！精湛獨特的藝術之美！

4. N（Humanity & Norms）人性與行爲準則規範

人性化（Humanity）在說明品牌來自於對人性的體驗、感受與感動，要將您與企業定位爲「人性化」其特質是「回歸到人性基本面」，即您與企業是否眞正在乎與關懷別人。行爲準則規範（Norms）代表「心中的一把尺」，時時要將自律置於心中，保有自我省思之心，唯有如此才能得到別人的尊重；職業道德與倫理（紀律）與心智習性（Habits of Mind）的培育再造，皆包含在行爲準則規範之中。

5. D（Unique & Differentiation）獨特與差異化

品牌的獨特與差異化在於呈現：(1) 您是與別人不相同的；(2) 您必須具有某些功能上專業與專長；(3) 您要比一般人更超越與卓越。

圖 15-2 BRAND 之涵義

品牌代表品質保證與價值承諾，品牌皆經由優質形象來提升它在消費者心中的價值。研究報告指出：企業若從事於 PSG「慈善公益奉獻（Philanthropy & Charity）、運動事件行銷（Sport Event Marketing）、綠色生態行銷（Green Ecology Marketing）」，其企業形象也會逐步向上提升，更創造企業品牌知名 / 指名度與市場價值。

「綠色生態行銷」是一種能辨識、預期符合消費者與社會的需求，並且可以帶來利潤和永續經營（Sustainable Management）的經營管理過程，綠色生態行銷是一種負起社會責任的行銷方式。日本作家中野博在 2011 年發表的「綠海策略（The Green Ocean Strategy）」提出二個思考點：

1. 我們該如何向大地與環境報恩？
2. 爲了疼惜下一代，我們應做些什麼？應如何疼惜下一代？

企業應以提供符合消費者需求的商品與服務，並以提供具生活形態品質的顧客滿意作爲行銷原點，綠色生態行銷的精神應建立在進一步展現社會責任（Social Responsibility），追求整體永續性的信念上。

臺灣在 2010 年提出六大新興產業發展方向：(1) 生物科技；(2) 觀光旅遊；(3) 綠色生態；(4) 健康醫療照護 / 健康照護管理；(5) 精緻農業；(6) 文化創意。臺灣的南進政策（Southern Policy）第一波南向投資在 1993 年，於 2017 年再提出新南向政策（New Southbound Policy），品牌可以經由行銷新趨勢與政府新南向政策執行，運用價值提升的主張，將臺灣國際化品牌在東協市場發揚光大，創造出臺灣品牌新價值。

15-2 新創事業的品牌策略創新思維

運作一個新創事業常經由創意、創新、創業、創值的步驟與過程，品牌經營就是創值——創造新事業品牌價值的最佳呈現。

一、新創事業的創意創新思維

創意的產生常來自於鼓勵與啓發，美國3M公司鼓勵員工創意的機制聞名國際，3M公司爲所屬員工保留一週工作時數的15%用來醞釀創意（8H*5*0.15= 6H）。創意來自人類內心的許多聯想，人們常會從聯想中，選出特別有趣且有用的部份予以重新組合；3M創新中心提出：創造（創造力）是想出（Think-out）新事物，創新是做出（Do & Create-out）新事物，創新的意涵就是「將既有的予以正向與好的改變，再加以組合應用並創造出新價值即爲創新。」，從創新到創新價值就在說明，創新一定要加以應用並產生更多更大的價值，才能符合創新的眞意。

事業經營的創新學說就在強調：經濟成長的核心是創新（Innovation），創新的推手來自於創業家（Entrepreneur）既堅持又勇於做對的改變之創業家精神。

二、新創事業的創業與創值

新創事業須具備的創業精神，也就是一種追求新商業機會的行爲，它是促成新事業形成、發展與成長的原動力。創業者要新創事業就要考量企業本身是否具有特色差異化的專長能力，核心專長（Core Competency）與核心競爭力（Core Competence）是一種您比別人擁有更獨特專精、差異的特色與競爭力。

新創事業的經營者不論走到哪裡、走到哪種地步，都應確實掌握自己的特質，並思考如何加以活用；能掌握自己的特長，就能掌握自己的個性能力與能量，並創造出個人與新創事業的獨特核心專長與核心競爭力。如果人對（擁有熱忱）、目標市場對（精準）、市場趨勢對（時機），加上有穩定的資金來源支持與資源整合，這就形成新創事業成功的關鍵因素。

三、品牌策略創新思維創造新創事業價值

品牌經營就是一種企業的深入與用心經營，「用心、關心、愛心」是企業品牌能永續經營（Sustainable Management）與基業長青（Built to Last）的基本要素。綠色生態環保熱潮將是臺灣在經營品牌行銷的重點努力方向，綠色生態環保行銷已漸漸形成國內與國際企業「永續經營與發展」的關鍵點，並成為21e時代企業品牌競爭力的核心。

價值的定義：價值是一種持續的信念（Consistent Conviction），這種信念從個人或社會上來看，某種行為模式優於另一種行為模式：「萬般皆下品，唯有讀書高」或「萬般皆下品，唯有賺錢高」，這都是每個人皆有其不同價值與價值觀的信念主張；價值是維繫顧客忠誠的要素，顧客最終要的是價值，不一定全然是價格；所以企業應該要以獨特差異化策略來創造出價值，網羅忠誠的顧客。

經由重新定位與創新其優質形象，可以做到企業品牌與自有品牌的自我改造與向上提升；重新轉型符合當前趨勢與需求並創造品牌新價值。我們要找到臺灣新競爭力（如圖 15-3）的新價值 ABCD（A-Art & Aesthetics 藝術 / 美學，B-Branding 品牌，C-Creativity & Culture 創意 / 文化，D-Design & Differentiation 設計 / 差異化）+ EFGH（E- Ecology & Environment 生態環境，F-Feeling 感受，G-Green Ecology 綠色生態，H-Health 健康）。

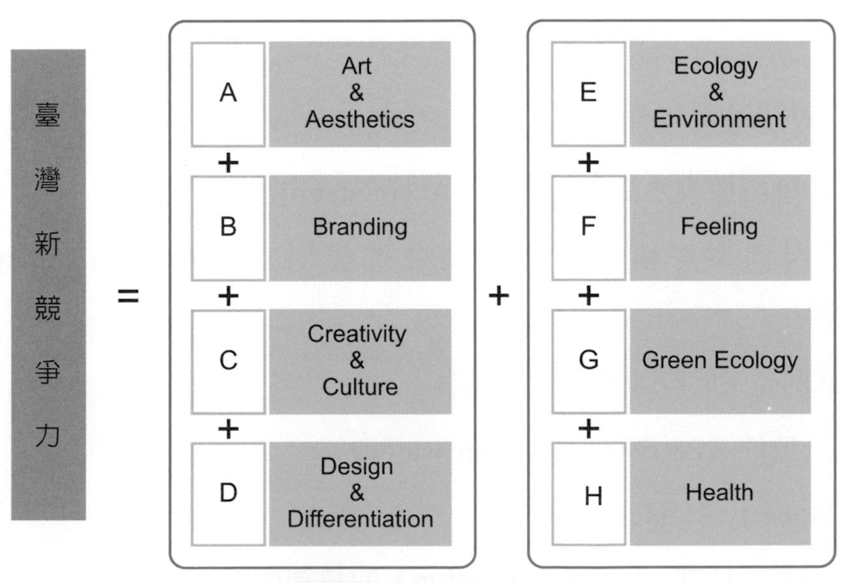

圖 15-3 臺灣新競爭力

15-3 建立新創事業的品牌關鍵成功要素

企業不僅僅只是單純地建立品牌而已，企業經營者更需要具備有品牌經營理念的堅持及以顧客爲尊（Customer Focused）的價值主張，經營者的經營理念是建立品牌的必備因子，也是品牌成功與否的主要關鍵要素。

一、新創事業建立品牌的經營理念與價值主張

商業模式的執行首重價值主張；而價值主張是在說明品牌商品能否爲使用者帶來什麼樣的助益與利益點；企業經營除了要有獨特的商業經營模式之外，更應擁有商品與事業的經營理念，經營理念（Management Concepts & Philosophy）（如圖 15-4）包含：願景（Vision）、使命 / 使命感（Mission）以及價值觀（Values）。

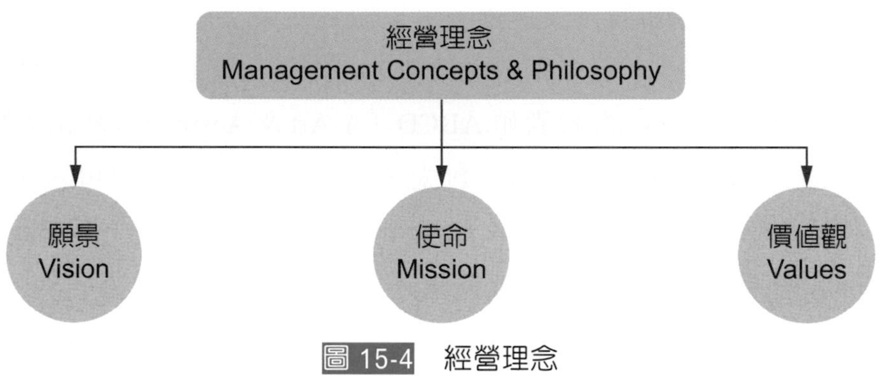

圖 15-4 經營理念

使命（使命感）具有二個重點：

1. 對事業的堅持與視爲當然的責任（Accountability）。
2. 充分呈現創業家精神與企業社會責任（Corporate Social Responsibility，CSR）。

所以新創事業的經營者理念應具有：

1. 堅持與一致性（Persistence & Consistency）。
2. 誠信（Honesty & Integrity）。
3. 新事業創業家精神（Entrepreneurship）的精神與內涵。

什麼是企業家精神的新思維呢？創業經營者在察覺商業機會後，能創立一個新的組織來實現它的企業。具企業家精神的新思維必須是積極的動機、願景、決心、注重（重視）、投入、速度、願意承擔風險、經營者理念；個人與企業的改變要從創新思維開始，創新的本質在於知識的有效應用。創新理論的思維在 1912 年由熊彼得（Joseph Schumpeter）教授所提出，熊彼得界定了創新的五種形式：(1) 開發新產品；(2) 引進新技術；(3) 開闢新市場；(4) 發掘新的原材料來源；(5) 實現新的組織形式和管理模式。創新能激勵團隊成員，加強合作夥伴關係，並提升個人與組織競爭力。

企業能否轉型成爲企業品牌（Corporate Branding）的關鍵要素在於是否擁有：(1) 具品牌創新思維的經營者理念；(2) 能運作品牌的優勢與熱情的人才力；(3) 團隊對企業品牌力的共識與全面參與。

二、建立新創事業品牌的四個關鍵步驟

1. 建立品牌—注入品牌建立的成功關鍵要素（Key Success Factor，KSF）
2. 品牌（行銷）策略規劃與策略執行（Strategic Planning & Implementation）
3. 布建品牌通路與品牌國際化推廣經營（Channels & Internationalized Promotion Management）
4. 創造品牌價值：品牌價值—品值

如圖 15-5：

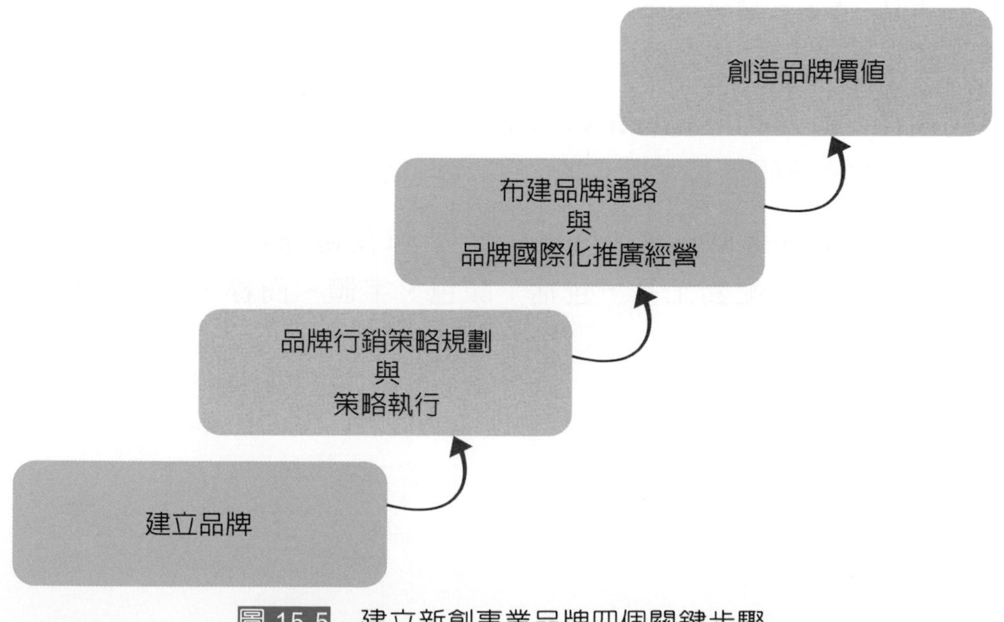

圖 15-5 建立新創事業品牌四個關鍵步驟

建立自創品牌 OBM（Own Branding & Manufacturing），甚至從 OBM 提升到 OCM —理念（Concept）、創造力（Creativity）、文化（Culture）。（如圖 15-6）

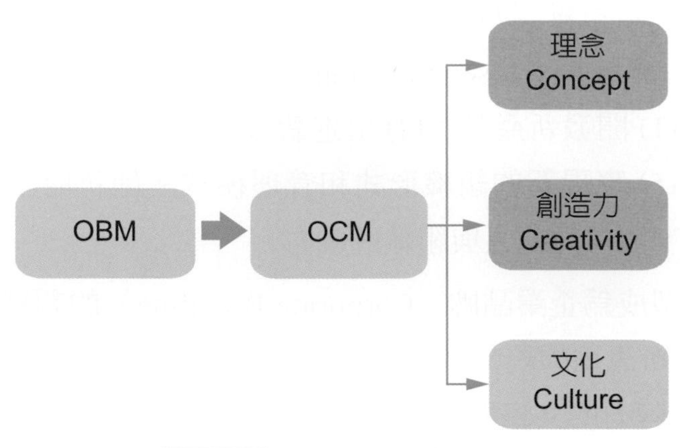

圖 15-6　從 OBM 到 OCM

若以策略地圖的角度觀之，品牌策略地圖（Brand Strategic Roadmap）如圖 15-7 是在討論：每家企業都應具備事業經營步驟的專屬文件，所記載的要項必須是全體工作同仁的理念共識與行事依據，以確保品牌形象的整體一致。只要確定事業願景與目標，手中又有品牌策略地圖，則每家企業都可以擁有自己的品牌經營策略，走出自己的品牌風格，訂作品牌策略地圖的四大要素為：

1. **核心理念（Core Concept）**：品牌所賴以維繫的理念，是企業存在的基礎，核心理念也是支配我們所傳遞的每項訊息。
2. **核心訊息（Core Message）**：品牌所傳達的主要訊息與次要訊息也不能背離主核心原則，甚至要進一步強化落實。
3. **品牌個性（Brand Personality）**：品牌在傳遞訊息時，所採用的語調、態度，皆具有濃厚的情感成分，期能讓消費者留下正面而且深刻的印象。
4. **品牌符號（Brand Sign & Symbol）**：品牌在傳遞核心訊息、品牌個性時，必須用到的配套工具，包括：顏色、字體、商標、版面、配音、動畫……等。

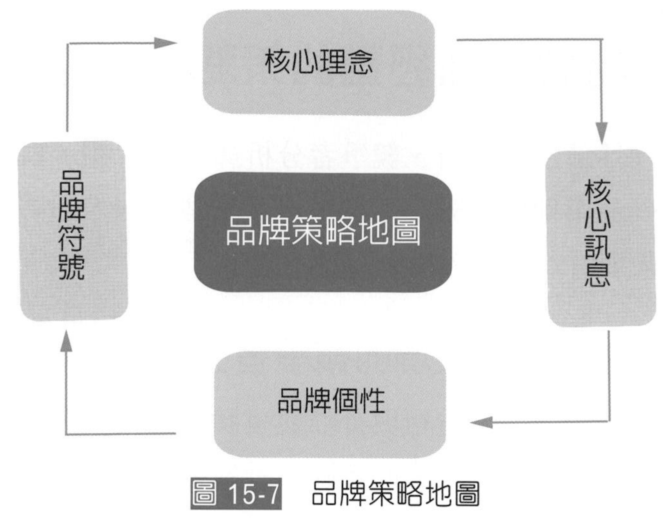

圖 15-7 品牌策略地圖

三、品牌策略地圖實作

企業在規劃建立品牌策略地圖前，應先思考以下幾個問題：

1. 什麼理念若被捨棄，則企業也會被鄙視或除名？
2. 什麼理念在企業遭逢重大危機時，仍被維護與堅持？
3. 什麼理念讓您與市場大眾聽到後會印象深刻，感受良深與激動？
4. 建立優質品牌的成功關鍵要素為何？

一個企業再大，一種商品再有名，當遇到不明確與重大危機時，很可能在一瞬間消失或變成負面價值。建立優質品牌的成功關鍵要素，若以處於「思考人的要素」，則包含：

1. 新創事業的經營者理念應具有：(1) 堅持與一致性；(2) 誠信；(3) 新事業 / 創業家精神。
2. 有共識與熱情的人才與經營團隊，優質的團隊成員除了具備專業知識技能，更須擁有團隊運作的共識與對企業積極熱情並且常願意提出創意構想，則企業才會具有創新的生命力向前邁進永續經營，品牌不僅僅只是單純地建立而已，更需要有經營者品牌理念的堅定堅持，有共識（熱情）的人才與團隊合作（TEAM = Together Everyone Achieves More）與以顧客為尊的價值主張，並將其注入建立品牌的必備因子，是品牌得以成功與否的成功關鍵要素。

15-4 品牌創新經營的策略規劃與執行

新創事業進行外部市場分析、競爭者分析與策略規劃，就是爲了要讓事業能持續運轉經營，運用創新思維的商業模式（品牌代理、品牌授權、品牌加盟連鎖等）能使企業更有效益地運作與經營。

一、行銷對於企業外在環境的競爭者分析

經由對產業界競爭對手做分析與實際競爭狀況評估，來說明新創企業的優勢與差異化作法，證明能得到顧客的青睞；針對競爭對手了解越透徹，則新創事業的計畫就越有說服力，充分了解競爭對手，就能從中找出因應對策與新商機，並且突顯本身與其他競爭者的差異性與定位也就愈強。

波特教授（Michael Porter）提出競爭力（Competitiveness）是一種相對指標（Relative Indicator），企業績效力必須通過競爭才能眞正表現出來，競爭力所測定與著重的是「現在」與「未來」，企業競爭力來自於企業處在競爭性市場條件下，企業通過培育自身資源和能力，並爲顧客（客戶）創造價值，這也是一種「價值主張」的呈現。

競爭優勢與競爭策略（Competitive Advantage）是哈佛大學商學院（Harvard U. Business School）波特教授在 1980 年提出的論述，競爭策略在談論如何「知己知彼，百戰不殆」；要贏就要「知己知彼」，我們在此應思考如何將此智慧用在今日的商業競爭上，競爭策略已經成爲當今哈佛大學與全球各大學院校最受歡迎的課程之一。

從波特教授競爭策略的三個面向來看定位：(1) 成本領導（Cost Leadership）；(2) 集中性（Focus）；(3) 差異化（Differentiation），企業必須找到最突出、最耀眼的不同面向點來做新創事業的策略性定位。

競爭力現在已成爲企業在 21e 時代的重要經營管理指標，國際學者提出競爭力的 3R 是指：

➡ **1st R-Response：**企業是否能即時回應顧客（客戶）的速度。

➡ **2ndR-Results：**企業每次的努力是否呈現累加結果。

➡ **3rd R-Resources：**企業是否能善用資源，積極運作資源規劃，就是要使資源具有效益互補性與整合性才會更具意義，亦即使所產生的效益能有效累加並且擴大其正面的效益整合。

爲了使競爭力可以升級，在此特別提出 Mikko 老師個人對「競爭力的 4th R 與 5th R」的新論述：

➡ **4th R - Rights of Intellectual Property, IPR智慧財產權：**企業是否重視與擁有智慧財產權（IPR），IPR是無形資產的具體表現，一般都以「商標權」、「專利權」、「著作權」、「營業秘密」、「積體電路佈局」代表智慧財產之主體，如果企業擁有優質的人才與同心協力的團隊，取得品牌代理、授權、拓展新通路等，皆可說是擁有無形資產的另類呈現。

➡ **5^{th}R-Relationship：**企業是否能積極布建與外界「良善（Goodness）」循環的關係。

競爭力 5R（如圖 15-8）在指引企業界，若要提升自身競爭實力就必須要用心著力於更深、更柔性的軟實力耕耘。美國哈佛大學甘迺迪戰爭學院院長 Joseph Nye 教授於 1990 年提出柔性國力的論述，「軟實力」（Soft Power）頓時成爲全球國際重視的焦點；軟實力就是一種無形資產（Intangible Asset），也是促使企業增長與對外競爭最重要的力量，企業經營就是一種品牌策略經營，應用軟實力是企業品牌能永續經營與基業長青的最基本要素。

競爭力5R

1st R-Response　企業是否能即時回應顧客（客戶）的速度

2^{nd}R-Results　企業每次的努力是否呈現累加結果

3rd R-Resources　企業是否能善用資源

4th R-Rights of Intellectual Property, IPR　智慧財產權

5th R-Relationship　企業是否能積極布建與外界「善」的關係

圖 15-8　競爭力 5R

二、新創事業品牌行銷策略規劃與執行

策略規劃（Strategic Planning），從 1960 年開始，策略規劃的重點是：如果企業要改變事業的經營目標與競爭能力，就需要以創新策略來調整與因應。例如：開發新的市場、增加設計研發預算、新競爭能力的培養、提升爲企業品牌……等，均是調整策略能力的表現。策略規劃是一種過程，最終目的是要找出最妥適的創新策略，好的策略需有優質的團隊組織相配合，才可達到目標或給企業帶來預期的利潤。策略規劃又稱策略性行銷規劃（Strategic Marketing Planning），它是一種週期性的中長期規劃系統，強調預測對市場環境之深入瞭解——外部市場導向，特別是對競爭者與顧客（客戶）；期望能洞察現有的情況，也希望能預測到有策略意義之改變。

策略性行銷（Strategic Marketing）以一家製造業行銷服務導向的企業而言，一件商品的產生需投入事先規劃好的原料，再經由生產部門處理、檢驗後，生產出符合規範的產品，所生產出來的產品經由行銷組合 4P/4C/4S 的商品過程，就成爲企業的行銷商品；相對就行銷而言，除了投入對此商品全盤整合性考量的策略性方案外，更需對此商品做 SWOT 分析，以優勢【S】+ 機會【O】+ 資源【R】，建構前進策略（Go Strategy），再經由策略事業單位（Strategic Business Unit，SBU）來規劃，訂出整合性的經營方案與未來行銷發展方向，所形成出的便是符合客戶需求或對商品更加完美的策略性品牌行銷與經營（見表 15-1）。

表 15-1　品牌建立的策略行銷規劃因子

重點因子	觀察	執行	調整
外部市場與競爭者分析			
增加設計研發與行銷預算			
國際化+開發新市場			
企業文化與策略調整（品牌重新定位）			
團隊能力培養			
了解新趨勢（消費者與競爭者）			
面對與提升顧客滿意經營			
勇於做有意義的改變			

藉由行銷策略 STP、生產者 4P 與消費者 4C 的結合（如圖 15-9），針對策略性行銷的投入、過程及產出進行分析。

1. **S-Segmentation（市場區隔）**

   市場的消費者各有其不同的需求，企業的商品或服務應該針對不同消費族群做出具有彈性的市場區隔或組合；企業選定一個或多個市場區隔，並針對每一區隔擁有相同欲求、購買能力、地理位置、消費態度或購買習慣的族群，發展其商品與行銷組合，以有效地接觸這些不同區隔的族群。

2. **T-Target Market（目標市場）**

   企業從過去由生產導向只講求大量生產、大量配銷，及以相同的方式對所有的消費者促銷相同的商品的大量行銷，演進到企業注重與個別客戶互動關係；有明確的目標市場，再經由市場行銷策略的應用，則更利於滿足目標市場與目標消費族群的需求。

3. **P-Positioning（市場行銷定位）**

   企業開始採行目標行銷之際，即必須確認再將商品設定成動態競爭性的定位，並且發展出更詳細及具體的企業策略性行銷計劃。

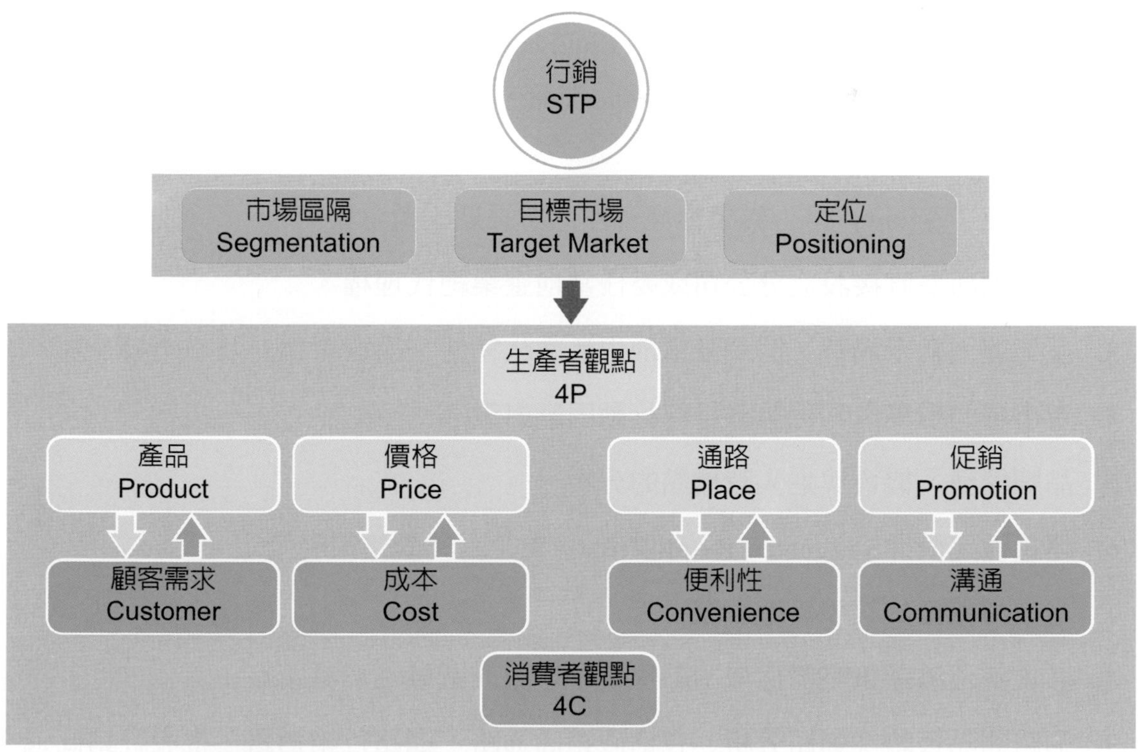

圖 15-9 行銷策略 STP、生產者 4P 與消費者 4C 的結合

定位（Positioning）的理論依據，最初是由美國著名行銷專家 Al Ries 與 Jack Trout 於 1970 年代早期提出來。Ries & Trout 認爲：「定位是企業對未來的潛在顧客的心中所下的功夫，也就是把商品定位在企業未來潛在顧客的心中」。主要關注重點爲：

1. 任何企業、商品、品牌、服務都具有別於它者之特質。
2. 定位在談企業存在於潛在消費者心目中之印象、地位。
3. 定位在談企業與競爭者有何不同之處。
4. 定位在談企業擁有何種核心專長，競爭者無法在一段時間內超越或取代。
5. 每一種定位策略都需有不同的組織文化與管理系統。

三、運作創新思維的品牌代理與授權商業模式

品牌代理（Brand Agency）是一種非常重視合約的商業經營模式，內容重點包括：(1) 品牌代理的項目範圍；(2) 代理期間；(3) 區域範圍與其他約定款項；(4) 商品購買預算；(5) 通路經營拓展計劃；(6) 廣告與推廣費用；(7) 品牌總部對於代理商的支持與協助輔導；(8) 終止、轉移與其他約載事項。

此處要非常注意違約賠償條款（Liquidated Damages and Penalty Clauses）；品牌總部要找到國際當地合適的品牌代理商，品牌總部對於指派代理商所要討論的要點如下：

1. 代理商（Agent）是否具事業經營理念與長期經營之堅持。
2. 品牌總部要直接設立分公司或委任當地企業總代理權。
3. 品牌進入新市場時，需考量當地生活文化特性、消費者偏好及市場接受性。
4. 新市場的環境情報蒐集分析與行動因應對策。
5. 品牌優勢、機會與進入時機點的分析。
6. 建議性定價（Suggested Retail Price，SRP）與價格策略設定。
7. 市場情報搜集與競爭者對策。
8. 形象定位溝通策略需採取國際性統一形象或區域性形象策略。
9. 通路開點策略（通路分析）包括直銷商通路、網路行銷通路、批發經銷商通路與直營通路點設立。

10.訂貨配送系統需符合快速回應（Quick Response，QR）與配送。

11.品牌做市場深耕策略。

12.新商品上市或巡迴展示計劃等。

有關品牌總部與合適代理商做國際談判時的思考點：(1) 如何做國際談判；(2) 您要談什麼；(3) 您要清楚您所談判的最後的目標是什麼？要獲得什麼；(4) 設定談判的策略與方向；(5) 一定要獲得高階主管的支持；(6) 要了解當地國家文化與生活習慣；(7) 要找到許多對您有利的關係、通路；(8) 營造有利合宜的談判環境；(9) 談判的每個重點都要能環境相扣。

21e 新時代，經濟景氣處於巨大變動狀態，企業經營品牌以創造出更合理的價值，品牌除了以正式的型態運作外，尚可運用「品牌授權」（Brand Licensing）、「加盟連鎖」（Franchised Chain）等商業模式來做大力的發揮與轉型。

根據 Licensing Industry Merchandisers Association（LIMA）的估計，2017 年全球品牌授權金額估計約達美金 US$2,716 億，對於中國大陸市場與亞太東協市場，此刻新創企業更適宜加入此種創新運作模式。

授權是一種在權益有效或雙方同意的期限內，由「授權方權利人」（Licensor）許可他人行使其排他權益的意思。授權（License）源自於拉丁文 Licentia，有「自由」（Freedom/Liberty）之意；授權在法律上是一種允許被授權方（Licensee）的使用，是一種「許可」但不涉及「所有權益之轉讓」（Assignment），授權被許可擁有「使用權」（Right to Use），（所謂「使用」之定義係指不毀損物體或變更其性質），但不擁有「所有權」（Ownership）。

品牌授權成功的關鍵要素，在於整個授權協商開始前，權利人授權方與被授權方的基本理念、政策方針與相關策略要彼此取得共識，授權要非常重視合作與人際關係；品牌授權應具有 5P 授權概念（Protection 保護、Portfolio 項目組合、Persistence 堅持、Promotion 推廣、Profit 利潤）。

運作品牌授權需思考下述關鍵要點：

1. 分項授權項目彼此形象能否做關聯性整合。

2. 被授權方（Licensee）能否持久配合。

3. 提出家族成員觀念。

4. 總授權者的主要任務：(1) 統籌區域市場的廣告、促銷、公關、事件行銷策略，並成立行銷推廣促銷基金；(2) 維持並提升品牌形象於一定規格之水準。

授權作業程序的關鍵要素在於確立：(1) 透明度；(2) 合理注意（確認授權者與被授權商是在同一個平台上運作，對雙方而言是一種雙贏之商業模式），此處所謂合理注意（Due Diligence）的意涵係指從事專業的人須盡到合理的注意與努力，更要避免不當的延誤；合理注意必須要採取合法與合乎道德規範的措施，充分行使與維護客戶的權利。

參考文獻

1. 今津美樹 Miki Imadu（2014），獲利世代實戰演練入門 Business Model Generation Work Book，如果出版社。
2. 中野博 Hinoshi Nakano（2012），從藍海，到綠海：報恩與施恩的新經營方式 GREEN OCEAN SENRYAKU，中國生產力中心。
3. Erik Deckers & Kyle Lacy（2012），Branding Yourself：How to Use Social Media to Invent or Reinvent Yourself.
4. Ernest Gundling（2000）， The 3M Way to Innovation：Balancing People and Profit, Kodansha International.
5. Frances Hesselbein（1997），The Drucker Foundation：The Community of the Future.
6. Jeremy Miller（2016），Sticky Branding 12.5 Principles to Stand Out, Attract Customers, and Grow an Incredible Brand , Dundurn.
7. Michael E. Porter（1998），Competitive Advantage : Creating and Sustaining Superior Performance, SIMON SCHUSTER.

CHAPTER A

索引表

數字

英文

C

K

O

P

S

T

U

中文

一劃

二劃

三劃

四劃

五劃

六劃

七劃

八劃

九劃

十劃

十一劃

十二劃

十三劃

十四劃

十五劃

NOTE

CHAPTER B

矛盾矩陣

惡化的參數 欲改善的參數		1 移動件的重量	2 固定件的重量	3 移動件的長度	4 固定件的長度	5 移動件的面積	6 固定件的面積	7 移動件的體積	8 固定件的體積	9 速度	10 力	11 應力或壓力	12 形狀	13 物體的穩定性	14 強度	15 移動件的耐久性	16 固定件的耐久性	17 溫度	18 亮度
1	移動件的重量			15,8, 29,34		29,17, 38,34		29,2, 40,28		2,8, 15,38	8,10, 18,37	10,36 37,40	10,14, 35,40	1,35, 19,39	28,27, 18,40	5,34, 31,35		6,29, 4,38	19,1, 32
2	固定件的重量				10,1, 29,35		35,30, 13,2		5,35, 14,2		8,10, 19,35	13,29, 10,18	13,10, 29,14	26,39, 1,40	28,2, 10,27		2,27, 19,6	28,19, 32,22	19,32, 35
3	移動件的長度	8,15, 29,34				15,17, 4		7,17, 4,35		13,4, 8	17,10, 4	1,8, 35	1,8, 10,29	1,8, 15,34	8,35, 29,34	19		10,15, 19	32
4	固定件的長度		35,28, 40,29				17,7, 10,40		35,8, 2,14		28,10	1,14, 35	13,14, 15,17	39,37, 35	15,14, 28,26		1,10, 35	3,35, 38,18	3,25'
5	移動件的面積	2,17, 29,4		14,15, 18,4				7,14, 17,4		29,30, 4,34	19,30, 35,2	10,15, 36,28	5,34, 29,4	11,2, 13,39	3,35, 40,14	6,3		2,15, 16	15,32, 19,13
6	固定件的面積		30,2, 14,18		26,7, 9,39						1,18, 35,36	10,15, 36,37		2,38	40		2,10, 19,30	35,39, 38	
7	移動件的體積	2,26, 29,40		11,7, 4,35		1,7, 4,17				29,4, 38,34	15,35, 36,37	6,35, 36,37	1,15, 29,4	28,10, 1,39	9,14, 15,7	6,35, 4		34,39, 10,18	2,13, 10
8	固定件的體積		35,10, 19,14	19,14	35,8, 2,14						2,18, 37	24,35	7,2, 35	34,28, 35,40	9,14, 17,15		35,34, 38	35,6,4	
9	速度	2,28, 13,38		13,14, 8		29,30, 34		7,29, 34			13,28, 15,19	6,18, 38,40	35,15, 18,34	28,33, 1,18	8,3, 26,14		28,30, 36,2	10,13, 19	8,15, 35,38
10	力	8,1, 37,18	18,13, 1,28	17,19, 9,36	28,10	19,10 15	1,18, 36,37	15,9, 12,37	2,36, 18,37	13,28, 15,12		18,21, 11	10,35, 40,34	35,10, 21	35,10, 14,27		35,10, 21		19,17, 10

	21	22	23	24	25	26	27	28	29	30	31	32	33	34	35	36	37	38	39
	功率	能源損失	物質損失	資訊損失	時間損失	物質數量	可靠度	測量精確度	製造精確度	物體外在有害因素	物體產生有害因素	易製造性	易操作性	易維修性	適應性	裝置複雜性	偵測與量測困難度	自動化程度	生產力
	12,36,18,31	6,2,34,19	5,35,3,31	10,24,35	10,35,20,28	3,26,18,31	1,3,11,27	28,27,35,26	28,35,26,18	22,21,18,27	22,35,31,39	27,28,1,36	35,3,2,24	2,27,28,11	29,5,15,8	26,30,36,34	28,29,26,32	26,35,18,19	35,3,24,37
9,1	15,19,18,22	18,19,28,15	5,8,13,30	10,15,35	10,20,35,26	19,6,18,26	10,28,8,3	18,26,28	10,1,35,17	2,19,22,37	35,22,1,39	28,1,9	6,13,1,32	2,27,28,11	19,15,29	1,10,26,39	25,28,17,15	2,26,35	1,28,15,35
	1,35	7,2,35,39	4,29,23,10	1,24	15,2,29	29,35	10,14,29,40	28,32,4	10,28,29,37	1,15,17,24	17,15	1,29,17	15,29,35,4	1,28,10	14,15,1,16	1,19,26,24	35,1,26,24	17,24,26,16	14,4,28,29
	12,8	6,28	10,28,24,35	24,26	30,29,14		15,29,28	32,28,3	2,32,10	1,18		15,17,27	2,25	3	1,35	1,26	26		30,14,7,26
	19,10,32,18	15,17,30,26	10,35,2,39	30,26	26,4	29,30,6,13	29,9	26,28,32,3	2,32	22,33,28,1	17,2,18,39	13,1,26,24	15,17,13,16	15,13,10,1	15,30	14,1,13	2,36,26,18	14,30,28,23	10,26,34,2
	17,32	17,7,30	10.14,18,39	30,16	10,35,4,18	2,18,40,4	32,35,40,4	26,28,32,3	2,29,18,36	27,2,39,35	22,1,40	40,16	16,4	16	15,16	1,18,36	2,35,30,18	23	10,15,17,7
	35,6,13,18	7,15,13,16	36,39,34,10	2,22	2,6,34,10	29,30,7	14,1,40	25,26,28	25,28,2,16	22,21,27,35	17,2,40,1	29,1,40	15,13,30,12	10	15,29	26,1	29,26,4	35,34,16,24	10,6,2,34
	30,		10,39,35,34		35,16,32,18	35,3	2,35,16		35,10,25	34,39,19,27	30,18,35,4	35		1		1,31	2,17,26		35,37,10,2
,	19,35,38,2	14,20,19,35	10,13,28,38	13,26		10,19,29,28	11,35,27,28	28,32,1,24	10,28,32,25	1,28,35,23	2,24,35,21	35,13,8,1	32,28,13,12	34,2,28,27	15,10,26	10,28,4,34	3,34,27,16	10,18	
,	19,35,18,37	14,15	8,35,40,5		10,37,36	14,29,18,36	3,35,13,21	35,10,23,24	28,29,37,36	1,35,40,18	13,3,36,24	15,37,18,1	1,28,3,25	15,1,11	15,17,18,20	26,35,10,18	36,37,10,19	2,35	3,28,35,37

欲改善的參數 \ 惡化的參數		1 移動件的重量	2 固定件的重量	3 移動件的長度	4 固定件的長度	5 移動件的面積	6 固定件的面積	7 移動件的體積	8 固定件的體積	9 速度	10 力	11 應力或壓力	12 形狀	13 物體的穩定性	14 強度	15 移動件的耐久性	16 固定件的耐久性	17 溫度	18 亮度
11	應力或壓力	10,36,37,40	13,29,10,18	35,10,36	35,1,14,16	10,15,36,28	10,15,36,37	6,35,10	35,24	6,35,36	36,35,21		35,4,15,10	35,33,2,40	9,18,3,40		35,39,19,2		14,24,10,37
12	形狀	8,10,29,40	15,10,26,3	29,34,5,4	13,14,10,7	5,34,4,10		14,4,15,22	7,2,35	35,15,34,18	35,10,37,40	34,15,10,14		33,1,18,4	30,14,10,40		22,14,19,32	13,15,32	2,6,34,14
13	物體的穩定性	21,35,2,39	26,39,1,40	13,15,1,28	37	2,11,13	39	28,10,19,39	34,28,35,40	33,15,28,18	10,35,21,16	2,35,40	22,1,18,4		17,9,15	39,3,35,23	35,1,32	32,3,27,16	13,19
14	強度	1,8,40,15	40,26,27,1	1,15,8,35	15,14,28,26	3,34,40,29	9,40,28	10,15,14,7	9,14,17,15	8,13,26,14	10,18,3,14	10,3,18,40	10,30,35,40	13,17,35			30,10,40	35,19	19,35,10
15	移動件的耐久性	19,5,34,31		2,19,9		3,17,19		10,2,19,30		3,35,5	19,2,16	19,3,27	14,26,28,25	13,3,35	27,3,10		19,35,39	2,19,4,35	28,6,35,18
16	固定件的耐久性		6,27,19,16		1,40,35				35,34,38					39,3,35,23			19,18,36,40		
17	溫度	36,22,6,38	22,35,32	15,19,9	15,19,9	3,35,39,18	35,38	34,39,40.18	35,6,4	2,28,36,30	35,10,3,21	35,39,19,2	14,22,19,32	1,35,32	10,30,22,40	19,13,39	19,18,36,40		32,30,21,16
18	亮度	19,1,32	2,35,32	19,32,16		19,32,26		2,13,10		10,13,19	26,19,6		32,30	32,3 37	35,19	2,19,6		32,35,19	
19	移動件使用能源	12,18,28,31		12,26		15,19,25		35,13,18		8,35	16,26,21,2	23,14,25	12,2,29	19,13,17,24	5,19,9,35	28,35,6,18		19,24,3,14	2,15,19
20	固定件使用能源		19,9,6,27								36,37			27,4,29,18	35				19,2,35,32
21	功率	8,36,38,31	19,26,17,27	1,10,35,37		19,38	17,32,13,38	35,6,38	30,6,25	15,35,2	26,2,36,35	22,10,35	29,14,2,40	35,32,15,31	26,10,28	19,35,10,38	16	2,14,17,25	16,6,19

0	21	22	23	24	25	26	27	28	29	30	31	32	33	34	35	36	37	38	39
定使能	功率	能源損失	物質損失	資訊損失	時間損失	物質數量	可靠度	測量精確度	製造精確度	物體外在有害因素	物體產生有害因素	易製造性	易操作性	易維修性	適應性	裝置複雜性	偵測與量測困難度	自動化程度	生產力
35,4	10,35,14	2,36,25	10,36,3,37		37,36,4	10,14,36	10,13,19,35	6,28,25	3,35	22,2,37	2,33,27,18	1,35,16	11	2	35	19,1,35	2,36,37	35,24	10,14,35,37
6,	4,6,2	14	35,29,3,5		14,10,34,17	36,22	10,40,16	28,32,1	32,30,40	22,1,2,35	35,1	1,32,17,28	32,15,26	2,13,1	1,15,29	16,29,1,28	15,13,39	15,1,32	17,26,34,10
35,31	32,35,27,31	14,2,39,6	2,14,30,40		35,27	15,32,35		15	18	35,24,30,18	35,40,27,39	35,19	32,35,30	2,35,10,16	35,30,34,2	2,35,22,26	35,22,39,23	1,8,35	23,35,40,3
26,28	10,26,35,28	35	35,28,31,40		29,3,28,10	29,10,27	11,3	3,27,16	3,27	18,35,37,1	15,35,22,2	11,3,10,32	32,40,25,2	27,11,3	15,3,32	2,13,25,28	27,3,15,40	15	29,35,10,14
0,38	19,10,35,38		28,27,3,18	10	20,10,28,18	3,35,10,40	11,2,13	3	3,27,16,40	22,15,33,28	21,39,16,22	27,1,4	12,27	29,10,27	1,35,13	10,4,29,15	19,29,39,35	6,10	35,17,14,19
	16		27,16,18,38	10	28,20,10,16	3,35,31	34,27,6,40	10,26,24		17,1,40,33	22	35,10	1	1	2		25,34,6,35	1	20,10,16,38
	2,14,17,25	21,17,35,38	21,36,29,31		35,28,21,18	3,17,30,39	19,35,3,10	32,19,24	24	22,33,35,2	22,35,2,24	26,27	26,27	30,24,14,5	2,18,27	2,17,16	3,27,35,31	26,2,19,16	15,28,35
5,	32	13,16,1,6	13,1	1,6	19,1,26,17	1,19		11,15,32	3,32	15,19	35,19,32,39	19,35,28,26	28,26,19		15,1,19	6,32,13	32,15	2,26,10	2,25,16
	6,19,37,18	12,22,15,24	35,24,18,5		35,38,19,18	34,23,16,18	19,21,11,27	3,1,32		1,35,6,27	2,35,6	28,26,30	19,35	15,29,28,11	15,17,13,16	2,29,27,28	35,38	32,2	12,28,35
			28,27,18,31			3,35,31	10,36,23			10,2,22,37	19,22,18	1,4		32,28,3,16			19,35,16,25		1,6
		10,35,38	28,27,18,38	10,19	35,20,10,6	4,34,19	19,24,26,31	32,15,2	32,2	19,22,31.2	2,35,18	26,10,34	26,35,10	2,32,10	19,17,34	20,19,30,34		28,2,17	28,35,34

惡化的參數 欲改善的參數		1 移動件的重量	2 固定件的重量	3 移動件的長度	4 固定件的長度	5 移動件的面積	6 固定件的面積	7 移動件的體積	8 固定件的體積	9 速度	10 力	11 應力或壓力	12 形狀	13 物體的穩定性	14 強度	15 移動件的耐久性	16 固定件的耐久性	17 溫度	18 亮度
22	能源損失	15,6,19,28	19,6,18,9	7,2,6,13	6,38,7	15,26,17,30	17,7,30,18	7,18,23	7	16,35,38	36,38			14,2,39,6	26			19,38,7	1,13,32,15
23	物質損失	35,6,23,40	35,6,22,32	14,29,10,39	10,28,24	35,2,10,31	10,18,39,31	1,29,30,36	3,39,18,31	10,13,28,38	14,15,18,40	3,35,37,10	29,35,3,5	2,14,30,40	35,28,31,40	28,27,3,18	27,16,18,38	21,36,39,31	1,6,13
24	資訊損失					30,26	30,16		2,22	26,32						10	10		19
25	時間損失	10,20,37,35	10,20,26,5	15,2,29	30,24,14,5	26,4,5,16	10,35,17,4	2,5,34,10	35,16,32,18		10,37,36,5	37,36,4	4,10,34,17	35,3,22,5	29,3,28,18	20,10,28,18	28,20,10,16	35,29,21,18	1,19,26,17
26	物質數量	35,6,18,31	27,26,18,35	29,14,35,18		15,14,29	2,18,40,4	15,20,29		35,29,34,28	35,14,3	10,36,14,3	35,14	15,2,17,40	14,35,34,10	3,35,10,40	3,35,31	3,17,39	
27	可靠度	3,8,10,40	3,10,8,28	15,9,14,4	15,29,28,11	17,10,14,16	32,35,40,4	3,10,14,24	2,35,24	21,35,11,28	8,28,10,3	10,24,35,19	35,1,16,11		11,28	2,35,3,25	34,27,6,40	3,35,10	11,32,13
28	測量精確度	32,35,26,28	28,35,25,26	28,26,5,16	32,28,3,16	26,28,32,3	26,28,32,3	32,13,6		28,13,32,24	32,2	6,28,32	6,28,32	32,35,13	28,6,32	28,6,32	10,26,24	6,19,28,24	6,1,32
29	製造精確度	28,32,13,18	28,35,27,9	10,28,29,37	2,32,10	28,33,29,32	2,29,18,36	32,23,2	25,10,35	10,28,32	28,19,34,36	3,35	32,30,40	30,18	3,27	3,27,40		19,26	3,32
30	物體外在有害因素	22,21,27,39	2,22,13,24	17,1,39,4	1,18	22,1,33,28	27,2,39,35	22,23,37,35	34,39,19,27	21,22,35,28	13,35,39,18	22,2,37	22,1,3,35	35,24,30,18	18,35,37,1	22,15,33,28	17,1,40,33	22,33,35,2	1,19,32,13
31	物體產生有害因素	19,22,15,39	35,22,1,39	17,15,16,22		17,2,18,39	22,1,40	17,2,40	30,18,35,4	35,28,3,23	35,28,1,40	2,33,27,18	35,1	35,40,27,39	15,35,22,2	15,22,33,31	21,39,16,22	22,35,2,24	19,24,39,32
32	易製造性	28,29,15,16	1,27,36,13	1,29,13,17	15,17,27	13,1,26,12	16,40	13,29,1,40	35	35,13,8,1	35,12	35,19,1,37	1,28,13,27	11,13,1	1,3,10,32	27,1,4	35,16	27,26,18	28,24,27,1

0	21	22	23	24	25	26	27	28	29	30	31	32	33	34	35	36	37	38	39
定使能	功率	能源損失	物質損失	資訊損失	時間損失	物質數量	可靠度	測量精確度	製造精確度	物體外在有害因素	物體產生有害因素	易製造性	易操作性	易維修性	適應性	裝置複雜性	偵測與量測困難度	自動化程度	生產力
	3,38		35,27,2,37	19,10	10,18,32,7	7,18,25	11,10,35	32		21,22,35,2	21,35,2,22		35,32,1	1,18		7,23	23	2	28,10,29,35
7,31	28,27,18,38	35,27,2,31			15,18,35,10	6,3,10,24	10,29,39,35	16,34,31,28	35,10,24,31	33,22,30,40	10,1,34,29	15,34,33	32,28,2,24		15,10,2	35,10,28,24	35,18,10,13	35,10,18	28,35,10,23
	10,19	19,10			24,26,28,32	24,28,35	10,28,23			22,10,1	10,21,22	32	27,22	15,17,27			35,33	35	13,23,15
	35,20,10,6	10,5,18,32	35,18,10,39	24,26,28,32		35,38,18,16	10,30,4	24,34,28,32	24,26,28,18	35,18,34	35,22,18,39	35,28,34,4	4,28,10,34	32,1,10	35,28	6,29	18,28,32,10	24,28,35,30	
5,	35	7,18,25	6,3,10,24	24,28,35	35,38,18,16		18,3,28,40	13,2,28	33,30	35,33,29,31	3,35,40,39	29,1,35,27	35,29,25,10	2,32,10,25	15,3,29	3,13,27,10	3,27,29,18	8,35	13,29,3,27
23	21,11,26,31	10,11,35	10,35,29,39	10,28	10,36,4	21,28,40,3		32,3,11,23	11,32,1	27,35,2,40	35,2,40,26		27,17,40	1,11	13,35,8,24	13,35,1	27,40,28	11,13,27	1,35,29,38
	3,6,32	26,32,27	10,16,31,28		24,34,28,32	2,6,32	5,11,1,23			28,24,22,26	3,33,39,10	6,35,25,18	1,13,17,34	1,32,13,11	13,35,2	27,35,10,34	26,24,32,28	28,2,10,34	10,34,28,32
	32,2	13,32,2	35,31,10,24		32,26,28,18	32,30	11,32,1			26,28 10,36	4,17,34,26		1,32,35,23	25,10		26,2,18		26,28,18,23	10,18,32,39
,7	19,22,31,2	21,22,35,2	33,22,19,40	22,10,2	35,18,34	35,33,29,31	27,24,2,40	28,33,23,26	26,28,10,18			24,35,2	2,25,28,39	35,10,2	35,11,22,31	22,19,29,40	22,19,29,40	33,3,34	22,35,13,24
2,	2,35,18	21,35,2,22	10,1,34	10,21,29	1,22	3,24,39,1	24,2,40,39	3,33,26	4,17,34,26							19,1,31	2,21,27,1	2	22,35,18,39
	27,1,12,24	19,35	15,34,33	32,24,18,16	35,18,34,4	35,23,1,24		1,35,12,18		24,2			2,5,13,16	35,1,11,9	2,13,15	27,26,1	6,28,11,1	8,28,1	35,1,10,28

惡化的參數 欲改善的參數		1	2	3	4	5	6	7	8	9	10	11	12	13	14	15	16	17	18
		移動件的重量	固定件的重量	移動件的長度	固定件的長度	移動件的面積	固定件的面積	移動件的體積	固定件的體積	速度	力	應力或壓力	形狀	物體的穩定性	強度	移動件的耐久性	固定件的耐久性	溫度	亮度
33	易操作性	25,2,13,15	6,13,1,25	1,17,13,12		1,17,13,16	18,16,15,39	1,16,35,15	4,18,39,31	18,13,34	28,13,35	2,32,12	15,34,29,28	32,35,30	32,40,3,28	29,3,8,25	1,16,25	26,27,13	13,17,1,24
34	易維修性	2,27,35,11	2,27,35,11	1,28,10,25	3,18,31	15,13,32	16,25	25,2,35,11	1	34,9	1,11,10	13	1,13,2,4	2,35	11,1,2,9	11,29,28,27	1	4,10	15,1,13
35	適應性	1,6,15,8	19,15,29,16	35,1,29,2	1,35,16	35,30,29,7	15,16	15,35,29		35,10,14	15,17,20	35,16	15,37,1,8	35,30,14	35,3,32,6	13,1,35	2,16	27,2,3,35	6,22,26,1
36	裝置複雜性	26,30,34,36	2,26,35,39	1,19,26,24	26	14,1,13,16	6,36	34,26,6	1,16	34,10,28	26,16	19,1,35	29,13,28,15	2,22,17,19	2,13,28	10,4,28,15		2,17,13	24,17,13
37	偵測與量測困難度	27,26,28,13	6,13,28,1	16,17,26,24	26	2,13,18,17	2,39,30,16	29,1,4,16	2,18,26,31	3,4,16,35	30,28,40,19	35,36,37,32	27,13,1,39	11,22,39,30	27,3,15,28	19,20,39,25	25,34,6,35	3,27,35,16	2,24,26
38	自動化程度	28,26,18,35	28,26,35,10	14,13,17,28	23	17,14,13		35,13.16		28,10	2,35	13,35	15,32,1,13	18,1	25,13	6,9		26,2,19	8,32,19
39	生產力	35,26,24,37	28,27,15,3	18,4,28,38	30,7,14,26	10,26,34,31	10,35,17,7	2,6,34,10	35,37,10,2		28,15,10,36	10,37,14	14,10,34,40	35,3,22,39	29,28,10,18	35,10,2,18	10,10,16,38	35,21,28,10	26,17,19,1

21	22	23	24	25	26	27	28	29	30	31	32	33	34	35	36	37	38	39
功率	能源損失	物質損失	資訊損失	時間損失	物質數量	可靠度	測量精確度	製造精確度	物體外在有害因素	物體產生有害因素	易製造性	易操作性	易維修性	適應性	裝置複雜性	偵測與量測困難度	自動化程度	生產力
35,34, 2,10	2,19, 13	28,32, 2,24	4,10, 27,22	4,28, 10,34	12,35	17,27, 8,40	25,13, 2,34	1,32, 35,23	2,25, 28,39		2,5, 12		12,26, 1,32	15,34, 1,16	32,26, 12,17		1,34, 12,3	15,1, 28
15,10, 32,2	15,1, 32,19	2,35, 34,27		32,1, 10,25	2,28, 10,25	11,10, 1,16	10,2, 13	25,10	35,10, 2,16		1,35, 11,10	1,12, 26,15		7,1, 4,16	35,1, 13,11		34,35, 7,13	1,32, 10
19,1, 29	18,15, 1	15,10, 2,13		35,28	3,35, 15	35,13, 8,24	35,5, 1,10		35,11, 32,31		1,13, 31	15,34, 1,16	1,16, 7,4		15,29, 37,28	1	27,34, 35	35,28, 6,37
20,19, 30,34	10,35, 13,2	35,10, 28,29		6,29	13,3, 27,10	13,35, 1	2,26, 10,34	26,24, 32	22,19, 29,40	19,1	27,26, 1,13	27,9, 26,24	1,13	29,15, 28,37		15,10, 37,28	15,1, 24	12,17, 28
18,1, 16,10	35,3, 15,19	1,18, 10,24	35,33, 27,22	18,28, 32,9	3,27, 29,18	27,40, 28,8	26,24, 32,28		22,19, 29,28	2,21	5,28, 11,29	2,5	12,26	1,15	15,10, 37,28		34,21	35,18
28,2, 27	23,28	35,10, 18,5	35,33	24,28, 35,30	35,13	11,27, 32	28,26, 10,34	28,26, 18,23	2,33	2	1,26, 13	1,12, 34,3	1,35, 13	27,4 1,35	15,24, 10	34,27, 25		5,12, 35,26
35,20, 10	28,10, 29,35	28,10, 35,23	13,15, 23		35,38	1,35, 10,38	1,10, 34,28	18,10, 32,1	22,35, 13,24	35,22, 18,39	35,28, 2,24	1,28, 7,10	1,32, 10,25	1,35, 28,37	12,17, 28,24	35,18, 27,2	5,12, 35,26	

NOTE

NOTE

國家圖書館出版品預行編目資料

創新創業管理 / 魯明德.編著. -- 初版. --
新北市：全華.
2019.11
面 ； 公分
參考書目：面
ISBN 978-986-503-270-8 (平裝)
1.創業 2.創意 3.企業管理
494.1 108016902

創新創業管理

作者 / 魯明德、文金陵、陳珍妮、王世勳、曾曼意、連華德、趙榮輝、初炳瑞、韓駿逸、林業修、林天祥、簡義源

發行人 / 陳本源

執行編輯 / 陳翊淳

封面設計 / 曾霈宗

出版者 / 全華圖書股份有限公司

郵政帳號 / 0100836-1 號

印刷者 / 宏懋打字印刷股份有限公司

圖書編號 / 08293

初版一刷 / 2019 年 11 月

定價 / 新台幣 540 元

ISBN / 978-986-503-270-8 (平裝)

全華圖書 / www.chwa.com.tw

全華網路書店 Open Tech / www.opentech.com.tw

若您對書籍內容、排版印刷有任何問題，歡迎來信指導 book@chwa.com.tw

臺北總公司(北區營業處)
地址：23671 新北市土城區忠義路 21 號
電話：(02) 2262-5666
傳真：(02) 6637-3695、6637-3696

中區營業處
地址：40256 臺中市南區樹義一巷 26 號
電話：(04) 2261-8485
傳真：(04) 3600-9806

南區營業處
地址：80769 高雄市三民區應安街 12 號
電話：(07) 381-1377
傳真：(07) 862-5562

得 分

創新創業管理 本章習題
CH01
啓發新思維

班級：＿＿＿＿＿＿＿＿
學號：＿＿＿＿＿＿＿＿
姓名：＿＿＿＿＿＿＿＿

選擇題

(　　) 1. 50 年代幼齡學習教育方式為 (A) 填鴨記憶的學習方式 (B) 啓發式的學習 (C) 觀察與思考方式。

(　　) 2. 探討企業價值存在的目的為 (A) 為顧客創造價值 (B) 為產品創造價值 (C) 為收益創造價值。

(　　) 3. 創新革命往往起於周邊 (A) 傳統包袱的拖累 (B) 周邊有轉換成本 (C) 穩健思慮。

(　　) 4. 智慧型手機的崛起，Nokia 當時為何沒有掌握先機？ (A) 領導階層墨守成規 (B) 資金不足 (C) 缺乏創新人才。

(　　) 5. 在探討文化利器中我們重視 (A) 無彈性的文化 (B) 有彈性的文化 (C) 群組互動學習。

問答題

1. 幼童學習過程中，如何選擇機會贏在起跑點？

得 分

創新創業管理 本章習題
CH02
心智圖

班級：＿＿＿＿＿＿＿＿

學號：＿＿＿＿＿＿＿＿

姓名：＿＿＿＿＿＿＿＿

選擇題

(　　) 1. 心智圖的創始人是誰？ (A) 巴利 · 博贊（Barry Buzan） (B) 東尼·博贊（Tony Buzan）。

(　　) 2. 下列有關「心智圖」的說法何者是正確的？

(A)「心智圖」是一張可以見樹又見林的繪圖

(B)「心智圖」可以提升記憶力、專注力、創造力、邏輯力等多方面的能力

(C)「心智圖」應用廣泛，可用於做計畫、做簡報、幫助創意開發

(D) 以上皆是。

(　　) 3. 下列敘述何者錯誤？

(A) 水平思考是「發散性的聯想」

(B) 垂直思考是「延續性的聯想」

(C)「發散性的聯想」屬於開放性的創意思維

(D)「發散性的聯想」屬於有脈可循的邏輯思維。

(　　) 4. 繪製心智圖紙張應 (A) 橫放 (B) 直放 (C) 沒有限制。

(　　) 5. 繪製心智圖的關鍵字應 (A) 由右至左 (B) 由左至右 (C) 沒有限制。

實作題

1. 請自選任一個主題繪製一張心智圖（閱讀、計畫、問題分析、簡報、名勝導覽……）

得　分

創新創業管理 本章習題
CH03
TRIZ

班級：＿＿＿＿＿＿＿＿
學號：＿＿＿＿＿＿＿＿
姓名：＿＿＿＿＿＿＿＿

選擇題

(　　) 1. 以下有關 TRIZ 的敘述，何者是錯的？　(A) 物理矛盾適合用矛盾矩陣來解決　(B)39 個工程參數是從專利中歸出來的　(C) 物質——場模型中的元件包括物質及場。

(　　) 2. 一物體每單位面積的受力是哪一種參數的定義？　(A) 力　(B) 強度　(C) 應力。

(　　) 3. 將物體分成獨立部分是哪一種發明原則？　(A) 分離　(B) 分割　(C) 預先作用。

(　　) 4. 下列何者非場的形式？　(A) 機械力　(B) 風力　(C) 熱力。

(　　) 5. 在物質——場分析中，應用自然現象是屬於哪一類的標準解？　(A) 第一類　(B) 第三類　(C) 第五類。

問答題

1. 臺灣民謠「天黑黑」的一段歌詞：阿公仔要煮鹹、阿媽仔要煮淡，請問這是哪種衝突？應如何解決？

得 分

創新創業管理 本章習題
CH04 職場服務及創業的創新策略

班級：________________

學號：________________

姓名：________________

選擇題

( ) 1. 哪一個不是新品上市的通路行銷 4 個關鍵？ (A) 通路外也要有好創意 (B) 找適合品牌定位的通路 (C) 通路內決勝負 (D) 掌握接觸點。

( ) 2. 經濟部推動的「商業服務業生產力 4.0」計劃，是指什麼計劃？ (A) 宅配到府計畫 (B) 網路服務計畫 (C) 零售店計畫 (D) 大數據智慧科技。

( ) 3. 國內首間異業結盟、E 化「保險概念店」，搭配星巴克咖啡店進駐的是哪一家保險公司？ (A) 新光人壽 (B) 國泰人壽 (C) 南山人壽 (D) 富邦人壽。

( ) 4. 哪一個不是企業組織變革的三個階段？ (A) 解凍 (B) 再行動 (C) 再凍結 (D) 行動。

( ) 5. 哪一個是完整顧客經驗架構的四個要素之一？ (A) 第一時間就做到位建立 (B) 全方位所需的通路管道 (C) 提供數位銷售的服務 (D) 解決客訴衝突的服務。

問答題

1. 品牌定位的三大要求？

得　分

創新創業管理 本章習題
CH05 從健身房營運看健身產業的創新思維

班級：

學號：

姓名：

選擇題

(　　) 1. 臺北市政府自 2000 年初開始，於臺北市幾個行政區內各蓋一個市民運動中心？　(A)10 個　(B)11 個　(C)12 個　(D)13 個。

(　　) 2. 1980 年，臺灣第一家健身運動教室成立，名為　(A) 克拉克健康俱樂部　(B) 亞力山大健康休閒俱樂部　(C) 佳姿韻律中心　(D) 加州健身俱樂部。

(　　) 3. 一般人在挑選健身房時，以下哪一個不在考慮的重點？　(A) 地點　(B) 老闆帥不帥　(C) 教練課程　(D) 團體課程。

(　　) 4. 根據 Retention GURU 團隊的調查，有效的什麼可以減少 44% 的會員流失率？　(A) 降價　(B) 互動　(C) 促銷　(D) 廣告。

(　　) 5. 地點絕對是顧客找健身房時最重視的考量因素之一，但若是交通時間超過多少分鐘就不會想再去了？　(A)5 分鐘　(B)8 分鐘　(C)3 分鐘　(D)10 分鐘。

問答題

1. 教練課程最常被會員客訴或為人詬病的有哪二件事？

得　分

創新創業管理 本章習題
CH06 地方創生與鄉鎮復興之創新創業

班級：____________

學號：____________

姓名：____________

選擇題

(　　) 1. 請問哪一個是日本地方創生的案例？　(A) 玉里　(B) 天空島　(C) 淡路島　(D) 景德鎮。

(　　) 2. 書中所提日本地方創生案例，哪一個是在廣島縣？　(A) 神山町　(B) 土湯溫泉町　(C) 淡路島　(D) 尾道市。

(　　) 3. 請問書中提到東里德德的家與紅豆姊姊是在花蓮哪個鄉鎮　？(A) 富里鄉 (B) 瑞穗鄉　(C) 玉里鎮　(D) 花蓮市。

(　　) 4. 請問臺灣的 SBTR 是哪個政府部門的補助計畫？　(A) 工業局　(B) 技術處　(C) 中小企業處　(D) 國發會。

(　　) 5. 書中提到地方創生浪潮下我們有幾種可以扮演的角色？　(A)8 種　(B)3 種　(C)6 種　(D)4 種。

問答題

1. 書中提到臺灣本土的先驅與案例，有舉哪幾種類型的例子？

得　分

創新創業管理 本章習題
CH07
餐飲業的創新與創業

班級：＿＿＿＿＿＿＿＿
學號：＿＿＿＿＿＿＿＿
姓名：＿＿＿＿＿＿＿＿

選擇題

(　　) 1. 所謂餐飲業的黑金商機是指　(A) 巧克力　(B) 芝麻　(C) 茶　(D) 咖啡。

(　　) 2. 下列何者不是經營連鎖咖啡店的硬體優點？　(A) 集中採購以及統一發包，提高議價能力，降低商店成本，提高毛利率　(B) 因注重品牌形象，新加盟店裝潢的設計費用較高　(C) 因有標準化的店面設計及裝潢形式，可節省開辦之籌備時間　(D) 具有統一之店面形象。

(　　) 3. 下列何者不是開咖啡店之基本要素？　(A) 開店經驗　(B) 開店的規模大小及裝潢　(C) 專業技術　(D) 開店地點

(　　) 4. 下列何者不是波特五力分析？　(A) 潛在新進入者　(B) 替代品　(C) 老闆　(D) 供應商。

(　　) 5. SWOT 分析四個字母分別代表　(A) 優勢、劣勢　(B) 機會　(C) 威脅　(D) 以上皆是。

問答題

1. 咖啡沖煮共有哪些方式？

得　分

創新創業管理 本章習題
CH08 如何運用大數據及人工智慧創新與創業

班級：

學號：

姓名：

選擇題

(　　) 1. 下列何者不是物聯網的技術？ (A) 感知層 (B) 網路層 (C) 模組層 (D) 應用層。

(　　) 2. 下列何者不是大數據的特性？ (A) 結構性 (B) 大量性 (C) 即時性 (D) 多樣性。

(　　) 3. 讓系統與環境互動，透過試錯（Try and Error）的方式學習到最佳行動的方法為 (A) 監督學習 (B) 強化學習 (C) 非監督學習 (D) 以上皆非。

(　　) 4. 下列何者不是監督學習的結果？ (A) 分類 (B) 回歸 (C) 關聯。

(　　) 5. 人工智慧的產業結構可分為 (A) 基礎層 (B) 技術層 (C) 應用層 (D) 以上皆是。

問答題

1. 你想要讓機器學習辨識已知的圖像，你會用哪種機器學習方法？

得　分

創新創業管理 本章習題
CH09
樂活在地創生

班級：＿＿＿＿＿＿＿＿
學號：＿＿＿＿＿＿＿＿
姓名：＿＿＿＿＿＿＿＿

選擇題

(　　) 1. 執行：每一個行動都一定是起因於這七種原因中，何者為是？　(A) 機遇　(B) 信服　(C) 快樂　(D) 錢。

(　　) 2. 「開創行為」是持續改變的歷程，若利害關係人能有何改變？　(A) 創造連結　(B) 創造流動　(C) 創造改變　(D) 以上皆是。

(　　) 3. SOP 規定各階文件之編輯格式哪些要求？　(A) 發行日　(B) 編碼　(C) 版別　(D) 頁碼　(E) 以上皆是。

(　　) 4. 構思策略的三個核心：策略 3S 為何？　(A) 選擇　(B) 差異化　(C) 集中　(D) 價格。

(　　) 5. 運用價值主張及人性需求，對於吸引顧客要素為何？　(A) 生理需求　(B) 安全需求　(C) 友愛與社交需求　(D) 尊敬需求。

問答題

1. 吸引顧客要素分析為何？及其七項需求架構？

得　分

創新創業管理 本章習題
CH10
創業前的準備

班級：________
學號：________
姓名：________

實作題

1. 請自行評估您是否適合創業？

題號	問題	Y / N
1	大部分的人只要肯努力就能勝任工作	
2	一旦做出決定，我從不後悔	
3	一般說來，認真工作的人都能獲得應得的報償	
4	工作的時候，我總是拼命去做，直到我自己滿意為止	
5	不管事情有多困難，只要自己認為值得去做，我就會盡力而為	
6	在決策過程中，我總是扮演主導角色	
7	我的組織不能達到專案預設目標，我認為自己有責任改善這種狀況	
8	我所追求的生活目標與價值，是由我自己來決定	
9	我喜歡在充滿挑戰與變化的環境中工作	
10	我會為自己的行為負責	
11	我會觀察市場及預測市場的趨勢	
12	我對生活週遭的事物充滿好奇心	
13	我對自己的判斷力很有信心	
14	我樂於投入自己理想的工作	
15	我盡可能找尋更好的方法來完成事情	
16	我總是能夠影響團體會議的氣氛	
17	我願意奉獻生命去實現人類應有的理想生活方式	
18	我願意善盡社會責任，回饋社會	
19	看到自己的理想付諸實現，我會感到興奮	
20	遭遇失敗時，我會檢討、反省，希望失敗得有價值	

評估結果　總分：________

自我分析：

得 分

創新創業管理 本章習題
CH11 商業模式：找到新藍海的方法論

班級：＿＿＿＿＿＿＿＿
學號：＿＿＿＿＿＿＿＿
姓名：＿＿＿＿＿＿＿＿

選擇題

( ) 1. 請問下列哪一個並非本文「商業模型」九宮格內的要素？ (A) 成本結構 (B) 關鍵活動 (C) 關鍵資源 (D) 專利分析。

( ) 2. 請問社群媒體 LINE 收購國內最大的學生社群，主要的目的是聚焦取得何種資源？ (A) 媒體資源 (B) 通路資源 (C) 人力資源 (D) 專利資源。

( ) 3. 一般來說，顧客素描（Customer Profile）應包涵三個面向，下列哪一個不在顧客素描的考慮範疇中？ (A) 顧客信任 (B) 顧客任務 (C) 顧客痛點 (D) 顧客獲益。

( ) 4. 學者 Osterwalder 認為通路有五個不同的階段，請問「宣傳產品」會在哪一個階段？ (A) 認知 (B) 評估 (C) 購買 (D) 傳遞。

( ) 5. 商業模式建立是幫助企業成功很重要的思考方式，請問思考「如何從客戶端產生營收」是屬於商業模式九宮格中的哪一個要素？ (A) 關鍵活動 (B) 收益流 (C) 關鍵夥伴關係 (D) 顧客素描。

問答題

1. 價值主張包涵產品和服務（Products and Services）、痛點解方（Pain Relievers）與獲益引擎（Gain Creators）三個面向，可否舉一個例子，說明價值主張？

得　分

創新創業管理 本章習題
CH12
撰寫營運計畫書

班級：________________
學號：________________
姓名：________________

選擇題

(　　) 1. 營運計畫書的讀者有哪些？ (A) 投資人 (B) 融資人 (C) 經理人 (D) 以上皆是。

(　　) 2. 下列何者不是撰寫計畫書的原則？ (A) 有故事性 (B) 與市場結合 (C) 前後一致 (D) 完整。

(　　) 3. 你想知道門店附近的人流狀況，可採用哪種資料進行分析？ (A) 初級資料 (B) 次級資料 (C) 以上皆可。

(　　) 4. 水電費、工讀生的費用屬於 (A) 變動成本 (B) 固定成本 (C) 人事費 (D) 以上皆是。

(　　) 5. 從客戶觀點撰寫的行銷計畫，應包含 (A) 促銷 (B) 便利性 (C) 通路 (D) 以上皆是。

問答題

1. 請為您的創業寫一份營運計畫書。

得　分

創新創業管理 本章習題
CH13
籌資與股權設計

班級：______________

學號：______________

姓名：______________

選擇題

(　　) 1. 新創事業建議的籌資管道有哪些？ (A) 群眾募資平台　(B) 天使創投或一般創投　(C) 政府融資方案　(D) 以上皆是。

(　　) 2. 關於創業，哪一個描述完全正確？ (A) 創業一定要以公司型態創業 (B) 創業一定要以未來上市上櫃當作創業目標　(C) 利用股權來找尋投資人，對新創公司是成本相對較低的選擇　(D) 一開始就要找規模最大而且資金最多的創投來洽談投資。

(　　) 3. 關於投資條款，哪些描述是正確的？ (A) 投資條款簽訂前，最好找尋專業人士分析合約風險　(B) 只要是天使投資人的投資都是安全的，可以安心簽約　(C) 所有投資人都是以公司上市上櫃為投資方向來投資新創公司 (D) 外國常見投資條款，在臺灣公司法架構下幾乎都無法適用。

(　　) 4. 關於創業組織，哪些描述是正確的？ (A) 採取人合公司創業之新創公司，不能轉換成資合公司　(B) 只有股份有限公司才能走向上市上櫃的公開股票市場　(C) 人合公司資本額一定比較小　(D) 商號可以有獨立的法律人格，並且可以購買房地產。

(　　) 5. 關於投資條款，哪些描述是錯誤的？ (A) 特別股可以約定不同投票股權，甚至可以約定特定事項否決權　(B) 一般股份有限公司的特別股可以約定當選一定席次監察人　(C) 領賣權及隨買權是投資人可以控制公司股權買賣的投資條款約定工具　(D) 採取 SAFE 投資架構是比較有利於新創公司的。

問答題

1. SAFE 合約為何可以縮短投資談判？同時 SAFE 合約有幾種類型？

得　分

創新創業管理 本章習題
CH14
政府資源的運用

班級：＿＿＿＿＿＿＿＿

學號：＿＿＿＿＿＿＿＿

姓名：＿＿＿＿＿＿＿＿

選擇題

(　) 1. 小強今年大學畢業，因為不用服役，想自行創業，他可以申請哪種貸款？ (A) 青年創業暨啓動金貸款 (B) 微創鳳凰創業貸款 (C) 以上都可以。

(　) 2. 小花在學校即跟同學一起研發一款用於加工機上的並列式虎鉗，畢業後想直接創業生產，他可以選擇哪種補助計畫減少研發成本？ (A) 青年創業暨啓動金貸款 (B) 大專畢業生創業服務計畫 (C) 推動中小企業城鄉創生轉型輔導計畫。

(　) 3. 新創公司登記幾年内可以申請微型創業鳳凰貸款？ (A)3 年 (B)5 年 (C) 隨時都可以。

(　) 4. 潔西卡找了 6 位志同道合的朋友一起創業，想要參加大專畢業生創業服務計畫，請問這個團隊至少要幾位 5 年内的畢業生？ (A)1 位 (B)3 位 (C)4 位。

(　) 5. 小花在公司成立時因建廠資金不足，已申請青年創業啓動金貸款 500 萬購置加工機具，2 年後因為接到大筆訂單，週轉金不足想再貸 100 萬，他可否再次申貸？ (A) 可以 (B) 不可以 (C) 視狀況而定。

問答題

1. 陳老師在某科技大學任教，平時戮力研發，已有多項專利，其技術受業界肯定，眼見目前學校招生不易，想退休去創業，若他資金不足想貸款，請問有哪些選擇方案？

得　分

創新創業管理 本章習題
CH15
新創事業品牌策略經營

班級：________________
學號：________________
姓名：________________

選擇題

(　　)1. 下列何者非品牌策略地圖的要素？　(A) 快速知名度與狠賺大錢　(B) 核心理念　(C) 核心訊息　(D) 品牌個性。

(　　)2. 下列何者不是品牌獨特與差異化的呈現？　(A) 您是與別人不相同的　(B) 您必須具有某些功能上的專業與專長　(C) 您要比一般人更超越與卓越　(D) 您的品牌價格一定要比別人高。

(　　)3. 下列何者非經營理念？　(A) 願景　(B) 品牌經營只需有美麗 Logo 即可　(C) 使命　(D) 價值觀。

(　　)4. 下列何者非新創事業經營者應具有的經營理念　？(A) 只求快速狠賺大錢策略規劃能力　(B) 誠信　(C) 創業家精神　(D) 堅持與一致性。

(　　)5. 下列何者非OCM英文字母C所代表的意義？　(A) 對抗 Confrontation　(B) 理念 Concept　(C) 創造力 Creativity　(D) 文化 Culture。

問答題

1. 處在動態變化與不確定的 21e 時代，新創事業如何來判斷市場上的優良商機？並就良好的商業機會請再深入探討之。

讀者回函卡

填寫日期：　/　/

姓名：＿＿＿＿　生日：西元＿＿年＿＿月＿＿日　性別：□男 □女

電話：（ ）＿＿＿＿　傳真：（ ）＿＿＿＿　手機：＿＿＿＿

e-mail：（必填）＿＿＿＿

註：數字零，請用 Φ 表示，數字 1 與英文 L 請另註明並書寫端正，謝謝。

通訊處：□□□□□＿＿＿＿

學歷：□博士　□碩士　□大學　□專科　□高中・職

職業：□工程師　□教師　□學生　□軍・公　□其他

學校 / 公司：＿＿＿＿　科系 / 部門：＿＿＿＿

・需求書類：

□ A. 電子 □ B. 電機 □ C. 計算機工程 □ D. 資訊 □ E. 機械 □ F. 汽車 □ I. 工管 □ J. 土木

□ K. 化工 □ L. 設計 □ M. 商管 □ N. 日文 □ O. 美容 □ P. 休閒 □ Q. 餐飲 □ B. 其他

・本次購買圖書為：＿＿＿＿　書號：＿＿＿＿

・您對本書的評價：

封面設計：□非常滿意　□滿意　□尚可　□需改善，請說明＿＿＿＿

內容表達：□非常滿意　□滿意　□尚可　□需改善，請說明＿＿＿＿

版面編排：□非常滿意　□滿意　□尚可　□需改善，請說明＿＿＿＿

印刷品質：□非常滿意　□滿意　□尚可　□需改善，請說明＿＿＿＿

書籍定價：□非常滿意　□滿意　□尚可　□需改善，請說明＿＿＿＿

整體評價：請說明＿＿＿＿

・您在何處購買本書？

□書局　□網路書店　□書展　□團購　□其他＿＿＿＿

・您購買本書的原因？（可複選）

□個人需要　□幫公司採購　□親友推薦　□老師指定之課本　□其他＿＿＿＿

・您希望全華以何種方式提供出版訊息及特惠活動？

□電子報　□ DM　□廣告（媒體名稱＿＿＿＿）

・您是否上過全華網路書店？（www.opentech.com.tw）

□是　□否　您的建議＿＿＿＿

・您希望全華出版那方面書籍？＿＿＿＿

・您希望全華加強那些服務？＿＿＿＿

～感謝您提供寶貴意見，全華將秉持服務的熱忱，出版更多好書，以饗讀者。

全華網路書店 http://www.opentech.com.tw　　客服信箱 service@chwa.com.tw

2011.03 修訂

親愛的讀者：

感謝您對全華圖書的支持與愛護，雖然我們很慎重的處理每一本書，但恐仍有疏漏之處，若您發現本書有任何錯誤，請填寫於勘誤表內寄回，我們將於再版時修正，您的批評與指教是我們進步的原動力，謝謝！

全華圖書　敬上

勘誤表

書號		書名		作者	
頁數	行數	錯誤或不當之詞句		建議修改之詞句	

我有話要說：（其它之批評與建議，如封面、編排、內容、印刷品質等・・・）